Full-scale mathematics

妥協しないデータ分析のための

微積分＋線形代数入門

定義と公式、その背景にある理由、
考え方から使い方まで完全網羅！

杉山聡

ソシム

はじめに

微分積分と線形代数は、理学・工学・社会科学を始めとして、数量や統計を扱うあらゆる分野の基礎を支える数学の技術群です。最近では、AIやデータ分析技術の発展によって、人文科学含むあらゆる領域へと、その応用範囲をさらに広げています。

この汎用性の背景には、微分積分や線形代数の抽象性があります。抽象的であるがゆえに汎用的なのですが、これを学ぶ身からすれば、抽象的すぎて理解しづらいと感じることも多いでしょう。また、自分が興味ある分野への基礎固めとして学ぶ場合、その応用との関連性がわかりづらくて興味が持続しなかったり、挫折してしまうこともあるでしょう。

そこで本書では、データ分析への応用をテーマに選定して過剰な抽象性を排除しつつ、定義や公式が持つ意味や使われ方にも焦点を当てた解説を用意しました。これにより、具体的な実感を持ちながら様々な概念を理解することができます。加えて、その背景にある理由や考え方も含めて厚く解説しました。そのため、単なる利用例のパターン暗記を超えて、より本質に迫った理解が得られるでしょう。

また、テーマを絞ったことによって、微分・積分・行列の定義などの基礎的な内容から始めながら、実践で活躍する回帰分析・主成分分析や、最先端の生成AIにまつわるトピックも扱うことができました。本書を読み終えた暁には、即戦力級の数学の知識を得られることでしょう。

なお、本書の解説の主軸はデータ分析ですが、多様な分野で頻出の数学的技術は網羅的に取り扱っています。また、第7章において、算数・数学の基礎の再確認に加え、難しい数式を読み解く技術も紹介しました。データ分析の文脈での深い理解とこれらの技術を合わせれば、どんな分野においても通用する数学力が得られるでしょう。

最後に、本書の構成と活用法を紹介します。

本書は大きく前半と後半に分かれており、前半の序章・第1部・第2部で基礎的内容を確認したあと、後半の第3部から第5部でデータ分析への応用例を解説します。まず、序章で数学の基礎知識を確認したあと、第1部では線形代数の基礎として行列とベクトルの計算について解説します。第 2 部では、微分積分の基礎としてこれらの定義を説明したあと、最適化問題や確率論への応用を紹介します。第 3 部では、微分の応用として Newton 法や誤差逆伝播などの最適化手法を、積分の応用としてエントロピーや KL divergence 等の情報理論を解説します。第 4 部では、線形代数の応用として主成分分析や正準相関分析などの古典的な統計手法を紹介するとともに、深層学習やマルチモーダル生成 AI など、最先端手法までを扱います。最後の第 5 部では、微分積分と線形代数の両方を活用するデータ分析の手法として、回帰分析と生成モデルを扱います。

本書を通読すれば、基礎固めから現場での利用例まで、幅広く深い理解が得られます。そのため、新しい公式や活用法に出会った時でも、自分なりの理解を構築し応用できるようになるでしょう。定義や証明等の数学的な詳細も欠かさず書いてあるので、その部分だけつまみ食いして読むことで、技術調査の参考文献にも利用できると思います。

なお、本書の各所では、筆者が運営する YouTube チャンネルである AIcia Solid Project の動画リンクを記しています。動画も合わせて観ていただくと、より理解が進むでしょう。動画は今後も追加していく予定ですので、書籍上にリンクがない場合も YouTube で検索してみることをおすすめします。

さらに本書では、「コラム」「数理解説」と銘打って、必須ではないものの面白い話題や数学的技術をそれぞれ紹介しています。知的探求が好きな方や、厳密な議論を求める方は、ぜひ活用してみてください。

読者の皆さんにとって、本書が数学の深い理解への入口となり、微分積分や線形代数の活用法を身につけるための土台となれば幸いです。

目次

第5部 微分積分と線形代数を活用したデータ分析

序章

分析者のための微分積分・線形代数

データ分析で使われる数学のほとんどは、微分積分と線形代数です。そのため、この2つをマスターすれば、数学で困ることはほとんど無くなります。ですが、データ分析での使われ方はかなり特殊であり、普通の教科書では学べないことが多々あるのも事実です。

そこで、序章ではまず「分析者にとって、微分積分・線形代数を学ぶことが必要な理由」について整理した上で、以降の基礎となる数学をまとめて紹介します。

0.1 分析者に求められる数学の知識

微分積分と線形代数でほぼ全て

データ分析で利用する数学は、微分積分と線形代数でほぼ全てだと言っていいでしょう。例えば、最も基礎的な分析モデルである回帰分析や重回帰分析は、行列とベクトルの積、逆行列、偏微分の知識があればほとんどの話を展開できます。

近年にわかに話題となったAIであるChatGPTなど、大規模言語モデルが利用されるAIでは、Transformerというモデルが用いられています。実は、このTransformerは行列とベクトルの積、内積、指数関数のみで構成されています。Transformerの学習の際は、多変数関数の偏微分と、合成関数の微分が利用されます。理論の解析や最先端研究となれば話は別ですが、一般的な範囲で理解して活用する限りにおいては、これ以上の数学は利用しません。

また、画像・音声・動画等の生成AIを実現する拡散モデルでは、ベイズ統計の文脈でややマニアックな積分を行いますが、追加される数学はこのくらいです。その他の分析モデルについても列挙してみると、使われている数学の種類は意外と多くありません。

図 0.1.1　分析モデルで使われる数学

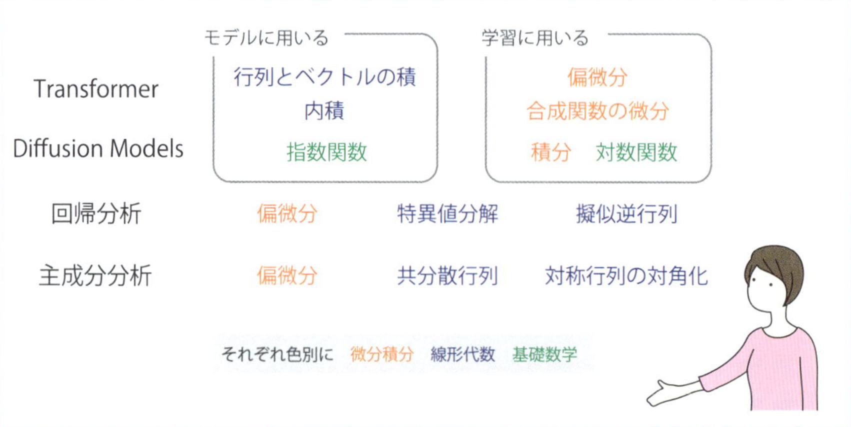

このように、微分積分と線形代数をしっかり理解してしまえば、データ分析における数学の準備は完了と言って良いでしょう。

分析者に必要な理解の流儀

「データ分析」のための知識として微分積分や線形代数を理解する場合、今までとは少し異なるスタイルでの理解が必要です。例として、指数関数 $y = f(x) = e^x$ について考えてみましょう。

ここで出てくる e はネイピア数と呼ばれる数値で、おおよそ $e \fallingdotseq 2.718$ の程度の値の定数です。このネイピア数 e には様々な定理や公式があり、それらも大事ではあります。ですが、本当に理解しておくべきなのは、指数関数 $y = f(x) = e^x$ やその e の値は「x が 0.01 増えた時に、y が約 1% 増えるように調整されている」ということです（0.3 節）。

図 0.1.2　指数関数の意味の読み取りの例

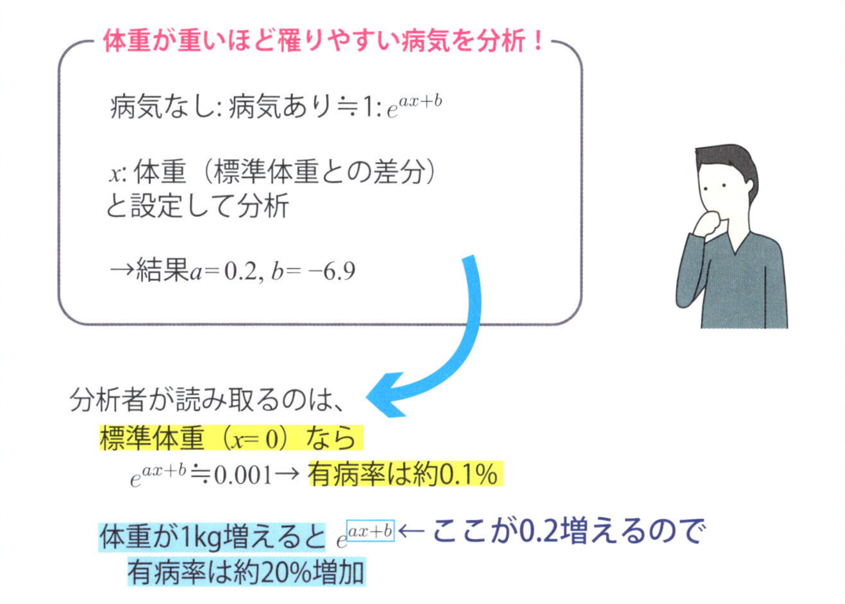
体重が重いほど罹りやすい病気を分析！
病気なし: 病気あり≒1: e^{ax+b}
x: 体重（標準体重との差分）
と設定して分析
→結果 a= 0.2, b= −6.9
分析者が読み取るのは、
標準体重（x= 0）なら
e^{ax+b}≒0.001→ 有病率は約0.1%
体重が1kg増えると e^{ax+b} ← ここが0.2増えるので
有病率は約20%増加

定義や定理、厳密な計算などはできるに越したことはありませんが、最重要ではありません。重要なのは、各種の数式を道具として使った時の挙動や特性を理

解することや、先人が作った分析モデルの意味や設計思想をその数式を通して理解すること、そしてその先に、自分なりに様々な数式を組み立てて新しいものを作って試してみることなどです[1]。

データ分析での特殊な用法

データ分析における微分積分・線形代数の技法には、かなり偏りがあります。例えば、微分積分の場合だと、受験数学で最重要だった部分積分や置換積分はあまり使いません[2]。逆に、ベイズ統計などの文脈で、log を含むマニアックな積分を多用する傾向があります。また、深層学習において利用される Adam という学習アルゴリズムでは、偏微分係数を今まで見たこともない使い方をします。

図 0.1.3　深層学習での微分積分の特殊な用法例

学習法（Adam）

パラメーター $\theta_i^{(t)}$ を、データを使って更新（学習）して、$\theta_i^{(t+1)}$を計算する方法

偏微分

$$m_i^{(t+1)} = \beta_1 m_i^{(t)} + (1-\beta_1)\frac{\partial L}{\partial \theta_i^{(t)}}$$

$$\hat{m}_i^{(t+1)} = \frac{1}{1-\beta_1^{t+1}} m_i^{(t+1)}$$

$$v_i^{(t+1)} = \beta_2 v_i^{(t)} + (1-\beta_2)\left(\frac{\partial L}{\partial \theta_i^{(t)}}\right)^2$$

$$\hat{v}_i^{(t+1)} = \frac{1}{1-\beta_2^{t+1}} v_i^{(t+1)}$$

$$\theta_i^{(t+1)} = \theta_i^{(t)} - \eta \frac{\hat{m}_i^{(t+1)}}{\sqrt{\hat{v}_i^{(t+1)}} + \epsilon}$$

偏微分以外は
＋ − ×÷√ のみだが、
見たこともない方法で
使っている!?

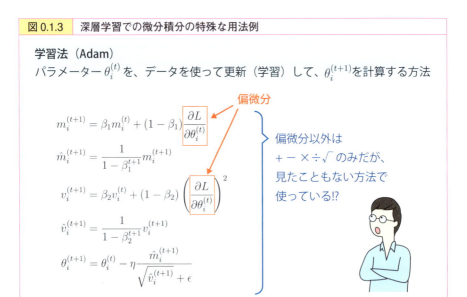

線形代数で登場する対角化や特異値分解なども同様です。数学の教科書に出てくる時は、その定義や計算方法が紹介され、その先の定理の証明の中での使い方

1) 高度経済成長期を支えた技術者たちは、幼少期に、ラジオや時計を分解しては組み立て直して遊んでいたという逸話をよく耳にします。データ・AI 時代においては、分析モデルに登場する数式を分解して部品を理解し、組み立て直して遊べる人が時代を創るのかもしれません。

2) 公式の導出には使いますが、実際のデータ分析の場面で使うことはほぼありません。実務で必要になった時も、わざわざ計算ミスの危険を冒して手計算するよりは、ネットや書籍で調べるのが一般的でしょう。

などが語られます。一方、データ分析の文脈でこれらを利用する場合、計算は計算器に任せ、私たちはその出力の数値の実務的意味の検討に多くの時間を使います。

このように、微分積分も線形代数も、普通の教科書に書かれていないかなり特殊な使い方をされます。そのため、その実践に合わせた理解を目指すことが重要です。

数学が難しいと感じる原因と、その対処法

数式の意味がわからない原因は、「概念そのものが難解」「数式の意図がわからない」「複雑で全体像が掴めない」「定義を忘れた」の 4 つに大別されます。難解な概念の代表例が微分積分で、苦労した方も多いでしょう。また、2,3 番目については、図 0.1.3 などの数式の理解で対峙することになるでしょう。また、扱う概念や記号が増えれば、定義を忘れてしまうこともしばしばです。

しかし、過去に挫折の経験があったとしても、今回は乗り越えられる可能性が高いです。そもそも、何に使うかわからない難しい概念を学ぶなんて、普通は不可能です。一方、本人が必要だと思う分野や興味がある分野であれば、どんなに難しくても意外と理解できるものです。だから、今回こそは違います。

皆さんは、データ分析への活用等の目的があって本書を読んでいるはずですよね。その想いに応えるべく、本書は「データ分析への活用」を念頭に書いており、重要度の低い概念は一掃しています（それでもなお、知っておくと便利で面白い発展的なトピックはコラムで紹介しています）。だから、今回こそは「データ分析のための微分積分・線形代数」の理解が進む可能性が高いのです。

ちなみに、本書の最後には「画像や音声・動画等を生成する AI を支える拡散モデルについての解説」を用意してあります。ここで本書の内容の多くが一気に繋がりますので、1 つのゴールとして楽しみにしつつ読んでみてください。

0.2 集合とΣとΠ

集合の基礎と記号

ここではあらためて、集合の記法とΣ, Πについて確認しておきます。その上で、次節では基礎的な関数について紹介します。

数学的対象の集まりを、**集合 (set)** と言います。よく用いられるのは数の集合です。例えば、1 から 10 までの整数の集合を次のように書きます。

$$\{1, 2, 3, 4, 5, 6, 7, 8, 9, 10\}$$

この集合を A と名付けると、1 から 10 までの整数は、この集合 A の**要素**や**元 (element)** と呼ばれます。x が集合 S の要素である時は、$x \in S$ と書きます。逆に、要素ではない時は、「≠」と同じ気持ちで $x \notin S$ と書きます。例えば、$4 \in A$ や $12 \notin A$ です。他によく使われる集合の例として、データの集合や、自然数全体の集合などがあります。このように、集合を言葉で定義することも一般的です。

特定の集合の要素のうち、その一部分のみを考えることがあります。例えば、商品の売れ筋の分析の際に、商品ID 全体の集合のうち「衣類の商品に対応する商品ID」や「先月の売上が 100 万円以上の商品ID」のみを分析対象とすることがあるでしょう。ここで、商品ID 全体の商品を I とし、衣類の商品に対応する商品ID 全体の集合を J とすると、J は I の**部分集合 (subset)** であると言い、$J \subset I$ と書きます[3]。

商品とユーザーの相性の分析など、複数種類の対象の比較を行う時は、商品ID とユーザーID の組の集合を考えると便利です。商品ID の集合を I、ユーザーID の集合を X とした時、商品ID の i とユーザーID の x との組み合わせ (i, x) 全体の集合を $I \times X$ と書き、I と X との**直積集合 ((Cartesian) product set)** と言います。

3) 厳密には、2 つの集合 I, J について、全ての J の元 $j \in J$ が I の元でもある時、J は I の部分集合であると言います。

よく使う集合

以下の集合はよく使うので、ここで紹介しておきます。

$\mathbb{N}$: 自然数全体の集合

$\mathbb{Z}$: 整数全体の集合

$\mathbb{Q}$: 有理数全体の集合

$\mathbb{R}$: 実数全体の集合

$\mathbb{C}$: 複素数全体の集合

特に、$\mathbb{N}$ と $\mathbb{R}$ が多用されます[4)]。

データは通常、複数の数値の組み合わせで表現されています。例えば、5科目のテストの点数データなら、1人分のデータは5つの数値の組み合わせです。この5つの数値（実数）の組み合わせ全体の集合は、直積集合の記法を用いて「$\mathbb{R}\times\mathbb{R}\times\mathbb{R}\times\mathbb{R}\times\mathbb{R}$」と書けます。これは少々煩雑なので、べき乗の記法を用いて $\mathbb{R}^5$ とも書かれます。一般に、n 個の実数の組み合わせ全体からなる集合を $\mathbb{R}^n$ と書きます。

ΣとΠ

足し算とかけ算についての便利な記号として、Σ（シグマ）とΠ（パイ）を紹介します[5)]。Σは大量の和を短く書くための記号で、次のように定義されます。

$$\sum_{k=1}^{n} f(k) = f(1) + f(2) + \cdots + f(n)$$

他にも、$\sum_{1\leq k\leq n} f(k)$ や $\sum_k f(k)$ と書きます。k が文脈上明らかな場合や重要でない場合は、$\sum f(k)$ と略記します。また、集合 A の要素 a 全てについて足し合わせる場合に $\sum_{a\in A} f(a)$ と書いたり、条件を満たす場合のみ足す場合に $\sum_{\text{条件}} f(x)$ と書いたりします。Σの周囲にごちゃごちゃ色々と書いてあるので、空気を読んでそれっぽいものを足しているのだと理解することが重要です。

Σはただ足しているだけなので、次の等式が成立します。

4) $\mathbb{N}$ は「自然数」の英語 "Natural Number" から来ています。他にも、$\mathbb{Z}$ は「整数」のドイツ語 "Zahren" から、$\mathbb{Q}$ は「商」のイタリア語 "Quoziente" から、$\mathbb{R}$ は「実数」の英語 "Real Number" から、$\mathbb{C}$ は「複素数」の英語 "Complex Number" から来ています。

5) Σ, Π は共にギリシャ文字の大文字で、それぞれアルファベットの S, P に対応します。Σ は「和」の英語 "Sum" の頭文字、Π は「積」の英語 "Product" の頭文字からそれぞれ来ています。

Σの重要公式

$$\sum_{1\le k\le n} af(k) = a\sum_{1\le k\le n} f(k) \tag{0.2.1}$$

$$\sum_{1\le k\le n}\bigl(f(k)+g(k)\bigr) = \sum_{1\le k\le n} f(k) + \sum_{1\le k\le n} g(k) \tag{0.2.2}$$

なお、分析者としては、これを証明できる必要はありません。何やら難しいΣの応用問題を解ける必要もありません。ただし、「Σは和である」ということを理解しつつ、この公式を感覚として理解している必要があります。公式がしっくり来ていない人は、次の図 0.2.1 を参考にしながら、時間を取って自分なりに解釈してみましょう。

図 0.2.1　Σ の公式の意味

合計金額は？　　　　全部で何個？

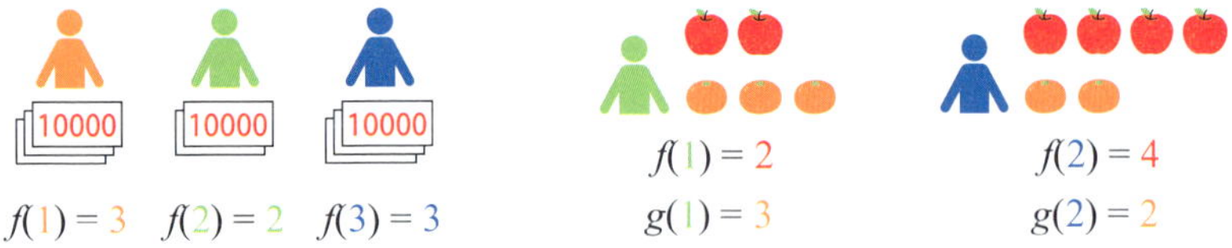

10,000

$\sum af(k) = 30{,}000$円 $+ 20{,}000$円 $+ 30{,}000$円 $= 80{,}000$円

$a\sum f(k) = 10{,}000$円 $\times (3$枚 $+ 2$枚 $+ 3$枚$)$ $= 80{,}000$円

金額の合計= 枚数の合計×10000

$\sum\bigl(f(k)+g(k)\bigr) = (2+3)+(4+2) = 11$個

$\sum f(k) + \sum g(k) = (2+4)+(3+2) = 11$個

どっちの順で足しても合計は同じ！

一方、Πは大量の積を短く書くための記号であり、次のように定義されます。

$$\prod_{k=1}^{n} f(k) = f(1)\times f(2)\times\cdots\times f(n)$$

Πについても、今後たくさん使っていく中で、「何かをたくさん掛けているだけ」という感覚を持てると良いでしょう。

0.3 関数

1次関数と2次関数

数値から数値への変換を、**関数(function)** と言います。この節では、データ分析でよく用いられる関数を紹介します。なお、登場する関数は全て高校までに習う関数ですが、使い方や勘所が異なります。そのため、数学に熟達している人も一読をおすすめします。

データ分析において、最も用いられる関数が1次関数です。**1次関数（linear function）** は、$f(x) = ax + b$ や $f(x, y) = ax + by + c$ など、**変数(variable)** の1次式で表される関数です。1次関数は最もシンプルな関数であり、様々な分析モデルで基礎的な部品として用いられます。例えば、複雑な問題を部分問題に分解し、その合計で全体の理解を試みる時などに自然に登場します（図0.3.1左）。

また、単に数式や数値を計算するのみではなく、その係数の意味を考え、意思決定の参考にするなど、データ分析特有の使い方があります（図0.3.1右）。

2次関数(quadratic function) は、変数の2次式で表される関数です。データ分析においては、2次関数は「大きさ」っぽい概念の表現によく用いられます。例えば、ズレ・誤差やエネルギーなどが代表例です。2次関数は、理論計算との相性が異常に良いです。また、幾何学や物理学とも関わりがあるため、これらの理論を援用できる場合があります。ですので、2次関数も様々な場面で活用されています。

2次関数は、数学でよく見る $f(x) = ax^2 + bx + c$ や $f(x, y) = ax^2 + bxy + cy^2 + dx + ey + f$ の形だけではなく、2乗の形の $(ax - b)^2$ や、何かの2乗の和 $\sum(\cdots)^2$ の形のものもよく使われます。

なお、数学的には3次関数、4次関数などより高次の関数もありますが、データ分析で用いられることはほとんどありません[6)]。

6)　もちろん使う時もあります。例えば、統計量の歪度や尖度、頑健回帰分析などで出番があります。

図 0.3.1　データ分析と1次関数

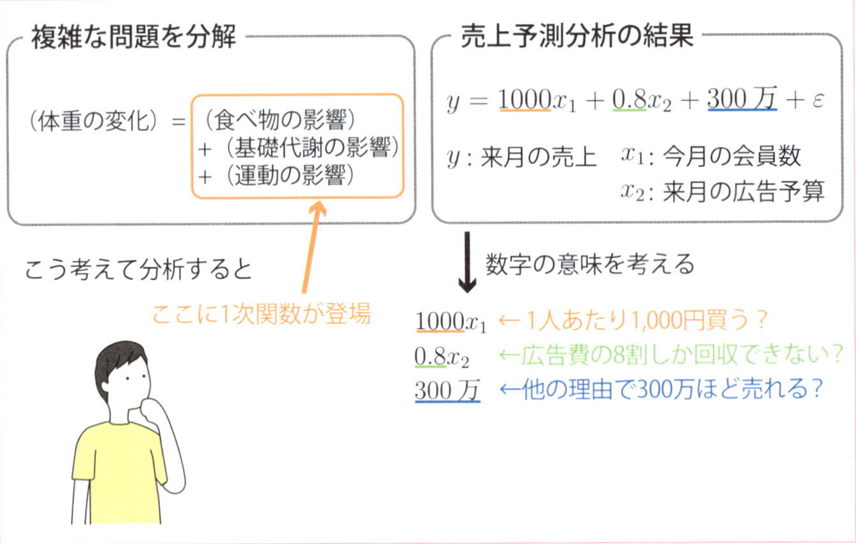

複雑な問題を分解

（体重の変化）＝（食べ物の影響）
　　　　　　　　＋（基礎代謝の影響）
　　　　　　　　＋（運動の影響）

こう考えて分析すると

ここに1次関数が登場

売上予測分析の結果

$y = \underline{1000}x_1 + \underline{0.8}x_2 + \underline{300万} + \varepsilon$

y：来月の売上　x_1：今月の会員数
　　　　　　　　　x_2：来月の広告予算

↓ 数字の意味を考える

$\underline{1000}x_1$　←1人あたり1,000円買う？
$\underline{0.8}x_2$　←広告費の8割しか回収できない？
$\underline{300万}$　←他の理由で300万ほど売れる？

図 0.3.2　データ分析と2次関数

$y = (ax - b)^2$

xが$\dfrac{b}{a}$からズレると値が大きくなる

$x = \dfrac{b}{a}$

幾何と2次関数

原点Oと点(x, y, z)の距離dは

$$d^2 = x^2 + y^2 + z^2$$

を満たす

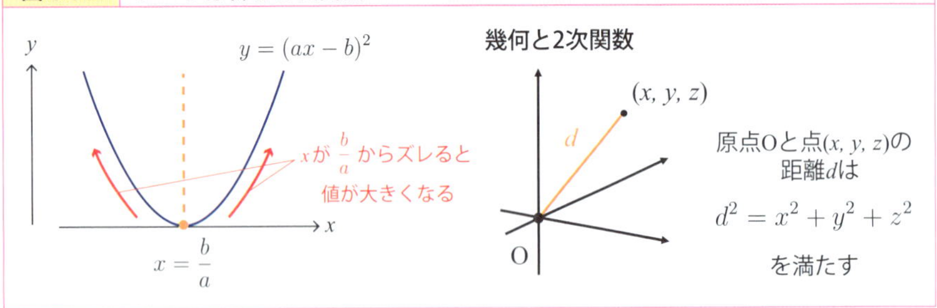

指数関数

指数関数(exponential function) は、正の数 a を用いて、$f(x) = a^x$ で定義されます。この a を**底(base)** と言い、x を**指数(exponent)** と言います。例えば、$a = 2, x = 3$ の場合は、$f(x) = 2^3 = 8$ です。

指数関数では、次の指数法則が成り立ちます。

$$a^x \times a^y = a^{x+y} \tag{0.3.1}$$

$$(a^x)^y = a^{xy} \tag{0.3.2}$$

理由は単純です。図 0.3.3 にある通り、指数はかけ算のくり返しなので、かけ算のくり返し × かけ算のくり返しは、巨大な 1 つのかけ算のくり返しなのです。

図 0.3.3　指数法則の説明

$$2^3 \times 2^4 = \underbrace{\underbrace{2 \times 2 \times 2}_{3} \times \underbrace{2 \times 2 \times 2 \times 2}_{4}}_{3+4=7} = 2^7$$

$$(2^3)^4 = 2^3 \times 2^3 \times 2^3 \times 2^3 = 2^{3\times 4} \quad (3+3+3+3 = 3 \times 4)$$

指数関数の底には、**ネイピア数 (Napier's constant)** という数 $e = 2.718\cdots$ がよく用いられます。この数値 e には様々な公式や定理が知られていますが、分析者が理解すべきはそこではありません。分析者にとって最も重要な事実は、$y = e^x$ と書いた時、x を 0.01 増やすと y が約 1% 増えるように、e の数値が調整されていることです。実際、指数が 2 や 3 の場合、$2^{0.01} \fallingdotseq 1.007$、$3^{0.01} \fallingdotseq 1.011$ なので、それぞれ約 0.7% 増加、約 1.1% 増加である一方、e の場合は $e^{0.01} \fallingdotseq 1.010050$ であり、約 1% 増加しています [7]。この e を底に用いた指数関数は、$\exp(x)$ とも書きます。つまり、$\exp(x) = e^x$ です。

データ分析での指数関数の用途は、大きく分けて 2 つあります。

1 つめは、$e^{-(\text{本質的な量})}$ の形での利用です。理由はよくわかりませんが、こういう計算をすると何もかもうまくいく場合が多くあります。そして 2 つめは、値をとにかく正にすることです。指数関数は、どんな実数 x に対しても必ず $e^x > 0$ が成立します。例えば、何かの確率 p を計算したい場合、確率は必ず 0 以上なので、$p = C \times \exp(\text{数式})$ と計算する式をよく見かけます。両者とも本書で頻出するので、経験しながら慣れていきましょう。

7) 厳密には、1% からズレています。これは、e の値が、x を 0.001 増やした時に約 0.1% 増加、0.0001 増やした時に約 0.01% 増加……という法則が続くように調整されているためです。詳しくは 3.2 節で紹介します。

対数関数

対数関数(logarithmic function) は、指数関数の逆関数として定義されます。その定義を見ていきましょう。まず、1でない正の数aについて、$a^X = x$の時、Xを$\log_a x$と書きます。この時、xから$X = \log_a x$への変換$y = f(x) = \log_a x$を、対数関数と言います。このaも**底(base)**と言います。指数関数の値は常に正なので、対数関数$f(x) = \log_a x$は、正の数$x > 0$についてのみ定義されます。対数関数についても、底にネイピア数eを用いた関数を用いることが一般的です。この対数関数では、底を省略して$\log_e x = \log x$と書かれます[8]。

対数関数の最も重要な用法は、指数へのアクセスです。底がeの場合を考えると、$e^X = x$の時に$X = \log x$なので、次の式が成立します。

$$\log e^X = \log x = X$$

このように、べき乗の形をした数式(e^X)にlogをぶつけると指数(X)が手に入ります。この性質を用いて、データ分析では、対数関数logは本質的な量の計算に用いられます。実際、$Z = e^{-(\text{本質的な量})}$に対して$-\log Z$を計算すると次のようになり、本質的な量を計算できます。

$$-\log Z = -\log e^{-(\text{本質的な量})} = -(-(\text{本質的な量})) = (\text{本質的な量})$$

その代表例が、確率pに対する$-\log p$です。確率の対数なんて意味がわからないかもしれませんが、実はデータ分析においては大活躍します。この先、本書で度々見かけるので、読んでいく中で慣れていきましょう。

また、$y = \log x$の時$e^y = x$なので、指数関数と比べてxとyの役割が逆転しています。そのため、対数関数では、xを1%増加させると、$y = \log x$が約0.01増える関係にあります。

ところで、対数関数でも次の対数法則という等式が成り立ちます。

$$\log_a xy = \log_a x + \log_a y \tag{0.3.3}$$

$$\log_a x^y = y \log_a x \tag{0.3.4}$$

8) 文献によっては底が10の指数関数を$\log x$と書き、底がeの指数関数を$\ln x$と書く場合もあります。

一応、脚注に証明を書いておきますが[9]、この証明は理解しなくても構いません。実践的に重要なのは、対数法則を当たり前だと感じられるようになることです。本書を含めて、対数法則を使う議論を大量に見て、そういうものかと慣れて受け入れてしまうのも良いでしょう。

三角関数

三角関数 (trigonometric function) は、sin や cos などの関数で、音声などの波のデータや、周期的な繰り返しのあるデータに対する分析で用いられます。実は、波や周期のデータ分析では、ウェーブレット (wavelet) と呼ばれる種類の関数を使えば問題なく分析できることが知られています。ですが、三角関数は桁違いに便利なため、分析でも圧倒的なシェアを誇っています。

三角関数と言えば、トラウマを持っている人も少なくないでしょう。しかし、データ分析の実践において難しい手計算は一切必要ありません。たしかに、難解な計算はライブラリの開発・実装や、その背景にある公式の証明には用いられるのですが、分析の場面で自ら計算する場面はほとんどありません。便利な道具は使えば良いのです。これからは割り切った大人のスタンスで三角関数と接していくのも良いでしょう。

この三角関数は、図 0.3.4（上）で定義されます。cos は**コサイン (cosine)**、sin は**サイン (sine)** と読みます。見ていただければわかる通り、これらの関数のグラフはとてもきれいな波形をしています。

三角関数について今押さえておくべきは、次の cos の性質 1 つだけです。$\cos\theta$ は、点 (0, 1) からθだけ進んだ点の x 座標なので、どちらの向きに回転したとしても、半周するまでは値が減り続けます（図 0.3.5）。そのため、この範囲の角度について、cos は角度の近さを数値の大きさに変換する性質があります。この性質は極めて便利なため、データ分析で激しく活用されており、本書でもたびたび利用されます。

9) 底が e の場合に対数法則の 1 つめを証明しておきます。突然ですが、$\exp(\log x + \log y)$ を計算すると、$\exp(\log x + \log y) = \exp(\log x) \times \exp(\log y) = x \times y$ と計算できます。この 1 つめの式変形では指数法則、2 つめの式変形では $\exp(\log x) = x$ を用いました。対数関数の定義より、$\exp(X) = xy$ となる場合、$X = \log xy$ なので、$\log x + \log y = \log xy$ がわかります。

図 0.3.4　三角関数の定義とグラフ [10]

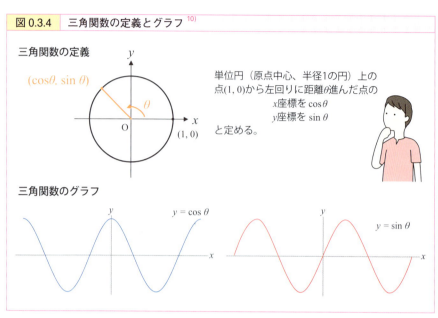

三角関数の定義

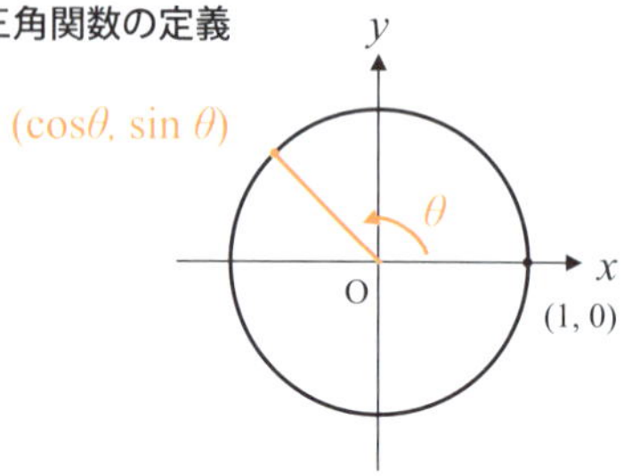

単位円（原点中心、半径1の円）上の点(1, 0)から左回りに距離θ進んだ点の
x座標を cos θ
y座標を sin θ
と定める。

三角関数のグラフ

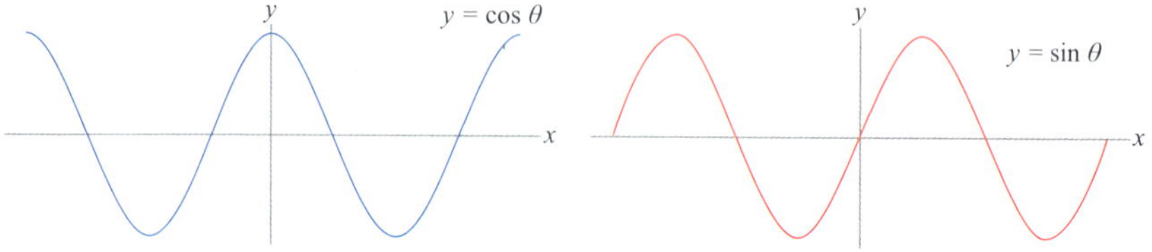

図 0.3.5　cos の性質

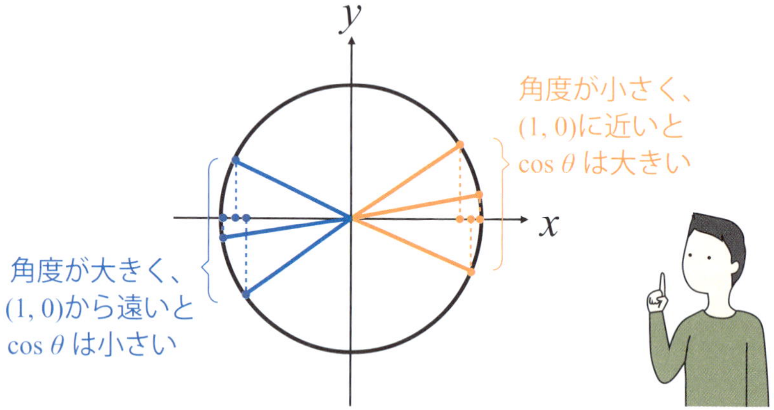

10) θが負の時は、逆向きに距離 |θ| 進んだ点の座標を考えることとします。

第 1 部

線形代数の基礎

数学での関数の果たす役割は非常に大きく、関数の性質の調査や利活用が数学の中心の１つを成します。この関数の中で最も単純なものが１次関数であり、線形代数ではこの１次関数を詳しく扱います。１次関数は、単純であるがゆえに活用範囲が広く、微分積分で多用される他、深層学習では主要な部品として利用されます。また、線形代数で登場する行列は、変換や関係の表現としても利用され、これだけで主成分分析や正準相関分析等の分析モデルが作れます。

第１部では、線形代数のうち微分積分と関わる部分だけを先に紹介し、データ分析とのかかわりは第４部で紹介します。

第1章

ベクトルと内積

ベクトルはデータ・数値、内積は係数付き和・類似度

データは数値の集まりなので、ベクトルを用いて表現できます。多くの分析モデルで利用されている、パラメーターとデータの積の合計は、内積を用いて表現できます。そのため、ベクトルと内積はデータ分析のほぼ全ての場面で登場し、使い倒されています。また、内積はベクトル同士の角度と関係があるため、内積を用いた角度計算や、角度を用いた内積の値の制御など様々な技法が開発されています。

第1章では、ベクトルとその内積について、データ分析に必要な部分のみを抽出して解説します。

1.1 ベクトル

ベクトルは「データ」時々「幾何」

ベクトルと聞けば、高校で習った図形や幾何のイメージが強いでしょう。しかし、データ分析の文脈においては、幾何的なイメージではなく、ベクトルとは単に数値が並んだものだと考える方がわかりやすい場面が多いです。本書では、ベクトルは単なるデータや数値の集まりであると捉えることを基本とし、一部の場面でのみ幾何的な対象として扱って議論します。

では、ベクトルの定義から本編を始めていきましょう。

定義（ベクトル）

数値が縦、または、横にならんだものを**ベクトル (vector)** という。

縦に並べる場合、$v_1, v_2, \cdots, v_n \in \mathbb{R}$ として、次のように書く。

$$\boldsymbol{v} = \begin{pmatrix} v_1 \\ v_2 \\ \vdots \\ v_n \end{pmatrix}$$

縦に数値が並んだベクトルを、**縦ベクトル**や**列ベクトル (column vector)** と言う。本書では、縦ベクトルは太字で表記する。

横に並べる場合は次のように書く。

$$\vec{v} = \begin{pmatrix} v_1 & v_2 & \cdots & v_n \end{pmatrix}$$

横に数値が並んだベクトルを、**横ベクトル**や**行ベクトル (row vector)** と言う。本書では、横ベクトルは文字の上に矢印を付けて表記する。

どちらの場合も、成分が n 個あるベクトルを **n 次元ベクトル (n-dimensional vector)** と言う。

もう少し、記法の紹介を続けます。

ベクトル$\boldsymbol{v}$や$\vec{v}$の中のi番目の数値v_iを、ベクトル$\boldsymbol{v}$の**第i成分（i-th element）**と言います。また、$\boldsymbol{v} \in \mathbb{R}^n$や$\vec{v} \in \mathbb{R}^n$と書いたら、$\boldsymbol{v}$は$n$次元縦ベクトル、$\vec{v}$は$n$次元横ベクトルを表すことにします[1)]。

成分の全てが0や1でできているベクトルはよく使うので、いくつか名前を付けておきましょう。全ての成分が0であるベクトルを**ゼロベクトル（zero vector）**と言い、$\boldsymbol{0}$（太字のゼロ）や$\vec{0}$で表します。また、第i成分のみ1で他の成分は全て0であるベクトルを、$\boldsymbol{e}_i$や$\vec{e}_i$と書きます。こちらには特に定まった名称は無いようですが、本書では**第i単位ベクトル**と呼ぶことにします。

ベクトルの例として、図1.1.1の試験の点数データを考えてみましょう。図左上の表が、26人の試験の点数データです。これを縦に区切ると、5つの26次元

図 1.1.1 試験結果のデータとベクトル

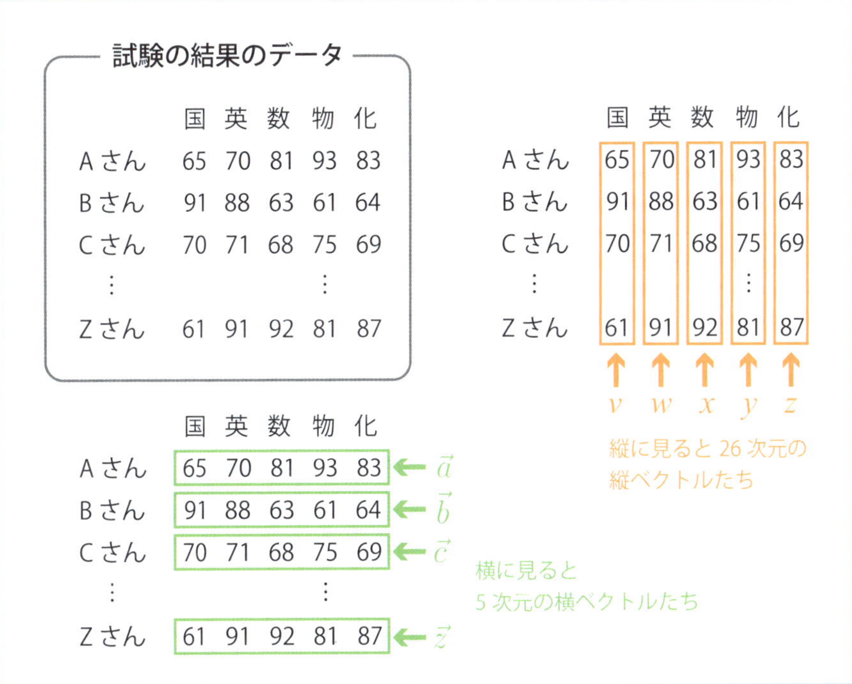

1) 厳密には、縦ベクトルと横ベクトルの集合は区別する必要がありますが、あまり気にせず同じ記号を用いることにします。

ベクトル$\boldsymbol{v}, \boldsymbol{w}, \boldsymbol{x}, \boldsymbol{y}, \boldsymbol{z}$が得られます。逆に、この表を横に区切ると、26個の5次元ベクトル$\vec{a},\vec{b},\ldots,\vec{z}$が得られます。以下は、いくつかを数式で書いたものです。

$$\boldsymbol{v} = \begin{pmatrix} 65 \\ 91 \\ 70 \\ \vdots \\ 61 \end{pmatrix}, \boldsymbol{w} = \begin{pmatrix} 70 \\ 88 \\ 71 \\ \vdots \\ 91 \end{pmatrix}, \vec{a} = \begin{pmatrix} 65\ 70\ 81\ 93\ 83 \end{pmatrix}, \vec{b} = (91\ 88\ 63\ 61\ 64)$$

次元に大した意味は無い

ちなみに、「5次元」や「26次元」に大した意味はありません。単に「5つの数値で1つのベクトル（データ）」「26個の数値で1つのベクトル（データ）」という意味でしかないのです。後で「n次元のベクトル」も扱いますが、これにも特別な意味はなく、単に次元を数えるのが面倒だから文字を使って書いているだけです。よく「5次元/n次元の意味がわからなくて挫折した」などの声を聞きますが、意味がわからないのは当たり前です。なぜなら、「5つ/nつの数値で1つのベクトル」以外の意味が無いからです。

「ベクトルは数値が並んだもの」「その数値の個数を次元という」の2つだけがわかっていれば、ここまでの理解は完璧です。

数万次元のベクトル

データ分析では、数万を超える次元のベクトルを扱うことが多々あります。例として、文章の**BoWベクトル(BoW vector / Bag-of-Words vector)**を紹介します[2)]。

BoWベクトルは、文章に登場する単語の個数を数えて作ったベクトルです。BoWベクトルでは、各成分に1つの単語が対応しています。そして、その成分の数値には、その単語の出現回数が入ります。

2) 他にも、遺伝子解析の用途では変数の個数が遺伝子の個数になる場合もあるため、数億次元のベクトルを用いることもあります。

図 1.1.2　BoW ベクトル

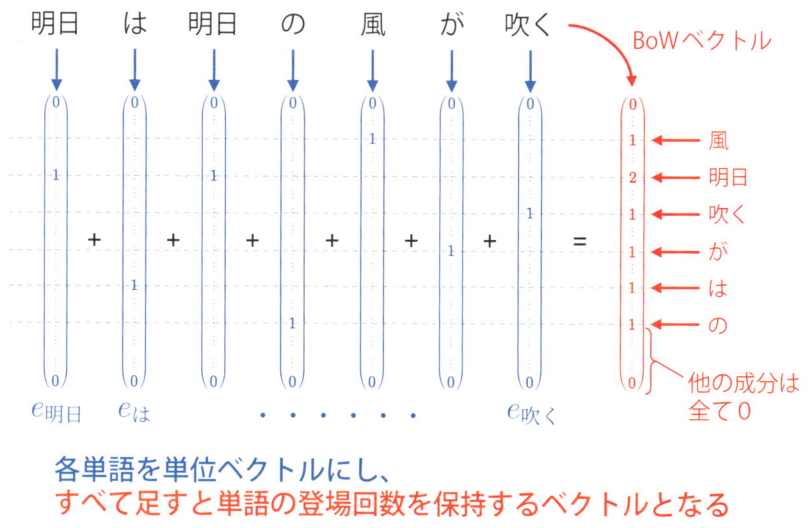

実際の分析は以下の手順で進みます。まず、利用する単語リスト $w_1, w_2, \cdots, w_N$ を作成します。その後、分析対象の文章での各単語の登場回数を数え、BoW ベクトルの各成分に格納します。よくある設定では、単語リストには数万単語程度用意するので、BoW ベクトルは数万次元のベクトルになります。

とはいえ、1つの文章に登場する単語は数百個程度なため、BoW ベクトルのほとんどの成分は0で、一部の成分だけに正の値が入ります。

ベクトルの和と実数倍

ベクトルには、和と実数倍の計算が定義されています。以下では縦ベクトルについてのみ定義しますが、横ベクトルについても同様です。今後も、横ベクトルでの定義が簡単に類推できる場合は定義を省略します。

定義（ベクトルの和、実数倍）

ベクトル $\boldsymbol{v} = \begin{pmatrix} v_1 \\ v_2 \\ \vdots \\ v_n \end{pmatrix}, \boldsymbol{w} = \begin{pmatrix} w_1 \\ w_2 \\ \vdots \\ w_n \end{pmatrix}$ に対し、その和 $\boldsymbol{v} + \boldsymbol{w}$ を、成分ごとの和で定義する。

$$\boldsymbol{v} + \boldsymbol{w} = \begin{pmatrix} v_1 + w_1 \\ v_2 + w_2 \\ \vdots \\ v_n + w_n \end{pmatrix}$$

また、ベクトル $\boldsymbol{v}$ の実数 r 倍を、すべての成分の r 倍で定義する。

$$r\boldsymbol{v} = \begin{pmatrix} rv_1 \\ rv_2 \\ \vdots \\ rv_n \end{pmatrix}$$

この計算の意味を、図 1.1.1 のベクトルで考えてみましょう。

ベクトルの和は成分ごとの和なので、ベクトル $\boldsymbol{s} = \boldsymbol{v} + \boldsymbol{w} + \boldsymbol{x} + \boldsymbol{y} + \boldsymbol{z}$ は各受験者の 5 教科の合計点を表すベクトルになります。また、このベクトル $\boldsymbol{s}$ に対して $\boldsymbol{m} = \frac{1}{5}\boldsymbol{s}$ を計算すると、ベクトル $\boldsymbol{m}$ は 5 教科の平均点を表すベクトルとなります。このように、ベクトルの計算は、データに対する操作であると理解できます。

図 1.1.3 ベクトルの和と実数倍の例

	国	英	数	物	化
Aさん	65	70	81	93	83
Bさん	91	88	63	61	64
Cさん	70	71	68	75	69
⋮			⋮		
Zさん	61	91	92	81	87

合計点ベクトル　平均点ベクトル

$$\begin{pmatrix} 65 \\ 91 \\ 70 \\ \vdots \\ 61 \end{pmatrix} + \begin{pmatrix} 70 \\ 88 \\ 71 \\ \vdots \\ 91 \end{pmatrix} + \begin{pmatrix} 81 \\ 63 \\ 68 \\ \vdots \\ 92 \end{pmatrix} + \begin{pmatrix} 93 \\ 61 \\ 75 \\ \vdots \\ 81 \end{pmatrix} + \begin{pmatrix} 83 \\ 64 \\ 69 \\ \vdots \\ 87 \end{pmatrix} = \begin{pmatrix} 402 \\ 367 \\ 353 \\ \vdots \\ 412 \end{pmatrix} \xrightarrow{\times \frac{1}{5}} \begin{pmatrix} 80.4 \\ 73.4 \\ 70.6 \\ \vdots \\ 82.4 \end{pmatrix}$$

$$\boldsymbol{v} + \boldsymbol{w} + \boldsymbol{x} + \boldsymbol{y} + \boldsymbol{z} = \boldsymbol{s} \qquad \boldsymbol{m} = \frac{1}{5}\boldsymbol{s}$$

1.2 ベクトルの内積

内積とは

ベクトルの内積を覚えているでしょうか？

高校で習った時は、幾何の問題を解くための便利な（難しい？）道具でしたが、データ分析の文脈ではまた違った活用方法があります。ベクトルの時と同様、幾何的イメージは忘れて、データに対する計算技法だと思うところから理解を始めてみましょう。

内積は、「同じ位置の数値を掛けて足す操作」として、次のように定義されます。

定義（内積）

ベクトル $\boldsymbol{v}, \boldsymbol{w} \in \mathbb{R}^n$ に対し、その**内積 (inner product / dot product)** $\boldsymbol{v} \cdot \boldsymbol{w}$ を次のように定義する。

$$\boldsymbol{v} \cdot \boldsymbol{w} = v_1 w_1 + v_2 w_2 + \cdots + v_n w_n \left(= \sum_{1 \leq l \leq n} v_l w_l \right) \tag{1.2.1}$$

内積の計算例を図 1.2.1 に示しました。ベクトルの内積 $\boldsymbol{v} \cdot \boldsymbol{w}$ は、各成分を掛けて足したものなので、これで 1 つの数値になります。

実は、これが混乱の原因となる場合があります。内積は 3 文字以上の長い数式ですが、その実態は単なる数値であり、見た目の複雑さと中身にギャップがあります。そのため、内積が登場する数式は必要以上に複雑な見た目になることがあるのです（式(12.4.6) など）。見た目に惑わされず、数式の意味を冷静に捉えるようにしましょう。

図 1.2.1　内積の計算例

例えば $\boldsymbol{u} = \begin{pmatrix} 1 \\ 2 \\ 3 \\ 4 \end{pmatrix}$, $\boldsymbol{v} = \begin{pmatrix} 5 \\ 6 \\ 7 \\ 8 \end{pmatrix}$ の場合、

$$\begin{pmatrix} 1 \\ 2 \\ 3 \\ 4 \end{pmatrix} \cdot \begin{pmatrix} 5 \\ 6 \\ 7 \\ 8 \end{pmatrix} = 1 \times 5 + 2 \times 6 + 3 \times 7 + 4 \times 8$$

$$= 5 + 12 + 21 + 32$$

$$= 70$$

同じ位置の
数字を掛けて足す

内積の使い方① - 基礎編

試験の点数データの例で内積を考えてみましょう。例えば、A さんのテストの平均点は次の式で計算できます。

$$(\text{A さんの平均点}) = \frac{65+70+81+93+83}{5}$$

$$= \frac{1}{5}\times 65 + \frac{1}{5}\times 70 + \frac{1}{5}\times 81 + \frac{1}{5}\times 93 + \frac{1}{5}\times 83$$

最後の式は 2 つの数値をかけて足した形なので、以下のように平均点を内積で表すことができます。

$$(\text{A さんの平均点}) = \frac{1}{5}\times 65 + \frac{1}{5}\times 70 + \frac{1}{5}\times 81 + \frac{1}{5}\times 93 + \frac{1}{5}\times 83$$

$$= \begin{pmatrix} \frac{1}{5} & \frac{1}{5} & \frac{1}{5} & \frac{1}{5} & \frac{1}{5} \end{pmatrix} \cdot \begin{pmatrix} 65 & 70 & 81 & 93 & 83 \end{pmatrix}$$

$$= \begin{pmatrix} \frac{1}{5} & \frac{1}{5} & \frac{1}{5} & \frac{1}{5} & \frac{1}{5} \end{pmatrix} \cdot \vec{a}$$

同様に、国語の平均点は次のように計算できます。

$$(\text{国語の平均点}) = \begin{pmatrix} \frac{1}{26} \\ \frac{1}{26} \\ \vdots \\ \frac{1}{26} \end{pmatrix} \cdot \boldsymbol{v}$$

内積の活用法について、もう少し探ってみましょう。

例えば、全5科目を理系科目の「数学」「物理」「化学」と、文系科目の「国語」「英語」に分けた時、Aさんの理系科目の平均、文系科目の平均はそれぞれ次の式で計算できます

$$(\text{Aさんの理系科目の平均}) = \begin{pmatrix} 0 & 0 & \frac{1}{3} & \frac{1}{3} & \frac{1}{3} \end{pmatrix} \cdot \vec{a}$$

$$(\text{Aさんの文系科目の平均}) = \begin{pmatrix} \frac{1}{2} & \frac{1}{2} & 0 & 0 & 0 \end{pmatrix} \cdot \vec{a}$$

ここで、理系科目と文系科目の得意さの比較のため、「理系科目の平均点」-「文系科目の平均点」を計算してみると、これも次のように内積で計算できます。

$$(\text{Aさんの文理の平均点の差}) = \begin{pmatrix} -\frac{1}{2} & -\frac{1}{2} & \frac{1}{3} & \frac{1}{3} & \frac{1}{3} \end{pmatrix} \cdot \vec{a}$$

このように、内積1つでも様々な分析を実行できます。

内積の使い方② - 回帰分析

最も重宝される分析モデルの1つに、回帰分析があります（第18章）。これは、予測したい変数yの数値を、別の変数たち$x_1, x_2, \cdots, x_n$の値から予測する分析モデルです。回帰分析では、xたちからyを予測する際に次の数式が用いられます。

$$y = a_1x_1 + a_2x_2 + \cdots + a_nx_n + b + \varepsilon$$

ここで、$a_1, a_2, \cdots, a_n, b$ は x と y の関係を表すパラメーターで、ε は予測の誤差を表す変数です。この数式の中の、$a_1x_1 + a_2x_2 + \cdots + a_nx_n$ の部分に注目すると、パラメーターと変数を掛けて足した形をしています。だから、以下 2 つのベクトル

$$\boldsymbol{a} = \begin{pmatrix} a_1 \\ a_2 \\ \vdots \\ a_n \end{pmatrix}, \boldsymbol{x} = \begin{pmatrix} x_1 \\ x_2 \\ \vdots \\ x_n \end{pmatrix}$$

を用意すると、回帰分析の数式は以下のとおり内積で書くことができます。

$$y = \boldsymbol{a} \cdot \boldsymbol{x} + b + \varepsilon$$

変数とパラメーターの積の合計は、回帰分析に限らずほとんど全ての分析モデルで利用されています。今後もたくさん登場するので、例を見ながら慣れていきましょう。

内積の使い方③ - 内積は類似度である

データ分析では「内積は類似度である」との考え方がよく登場します。例として、BoW ベクトルを見てみましょう。2 つの文章 d_1, d_2 についての BoW ベクトルを $\boldsymbol{v}_1, \boldsymbol{v}_2$ とし、この内積 $\boldsymbol{v}_1 \cdot \boldsymbol{v}_2$ の値を考えてみます。

内積は、同じ位置にある数値を掛けて足したものです。BoW ベクトルの場合、同じ位置の数値は同じ単語の登場回数を表します。そのため、どちらかの文章で登場回数が 0 回の単語は、内積の計算結果に影響を与えません。だから、BoW ベクトルの内積は、両方の文章に共通して出てくる単語について、その登場回数を掛けて足した値になります。

これを元に、実際の文章の BoW ベクトルの内積を考えてみましょう。まずは、文章 d_1 が日本語の文章で、文章 d_2 が英語の文章だった場合です。この時、基本的には共通単語が無いので、BoW ベクトルの内積 $\boldsymbol{v}_1 \cdot \boldsymbol{v}_2$ は $\boldsymbol{v}_1 \cdot \boldsymbol{v}_2 = 0$ となります。

文章がともに日本語の場合でも、文章d_1が野球の話題で、文章d_2が料理の話題の場合、ほとんど共通する単語はありません。その結果、BoWベクトルの内積の値は比較的小さくなります。一方、両方が野球の話題を扱う場合、共通する単語も増え、内積の値も大きくなります[3)]。

このように、BoWベクトルの内積は単語の共通度合いを表すため、2つの文章の意味が近いほど内積が大きく、意味が遠いほど内積が小さいのです。これは、内積が類似度を表す一例です。

図 1.2.2　BoWの内積と文章の類似度

文章 d_1	文章 d_2	BoWベクトルの内積 $\boldsymbol{v}_1 \cdot \boldsymbol{v}_2$
日本語	英語	0
野球	料理	小
野球	野球	大

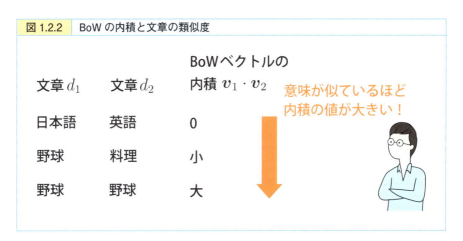

3) 実際には、「は」「を」「です」などの単語が共通するため、内積の値はそれなりに大きくなります。ただし、これらの単語は文章の意味にあまり関係が無いため、分析対象から除くことが一般的です。

1.3 ベクトルの内積と幾何

内積と長さ・角度

内積を用いると、ベクトルの長さやベクトル同士の角度が計算できます。ベクトル$\boldsymbol{v}, \boldsymbol{w}$を2次元または3次元のベクトルとします。ベクトル$\boldsymbol{v}$の長さを$\|\boldsymbol{v}\|$で表し[4)]、ベクトル$\boldsymbol{v}$と$\boldsymbol{w}$が成す角を$\theta$とすると、次の2つの式が成立します。

$$\boldsymbol{v} \cdot \boldsymbol{v} = \|\boldsymbol{v}\|^2 \tag{1.3.1}$$

$$\boldsymbol{v} \cdot \boldsymbol{w} = \|\boldsymbol{v}\| \|\boldsymbol{w}\| \cos \theta \tag{1.3.2}$$

まずは、これらの数式を復習しましょう。式(1.3.1)は、以下のように証明できます。例えば$\boldsymbol{v}$が3次元のベクトル$\begin{pmatrix} v_1 \\ v_2 \\ v_3 \end{pmatrix}$であった場合、内積の値は$\boldsymbol{v} \cdot \boldsymbol{v} = (v_1)^2 + (v_2)^2 + (v_3)^2$です。一方、ベクトルの長さの2乗$\|\boldsymbol{v}\|^2$は、三平方の定理より$\|\boldsymbol{v}\|^2 = (v_1)^2 + (v_2)^2 + (v_3)^2$ですので、この両者は一致し、$\boldsymbol{v} \cdot \boldsymbol{v} = \|\boldsymbol{v}\|^2$が成立します。

式(1.3.2)の証明はあまり重要でないので省略し、感覚を掴むことに専念します。図1.3.1に、様々な$\boldsymbol{w}$と$\boldsymbol{v}$の内積の値を計算して表示しました。

図 1.3.1　ベクトル$\boldsymbol{v}$との内積の値の比較

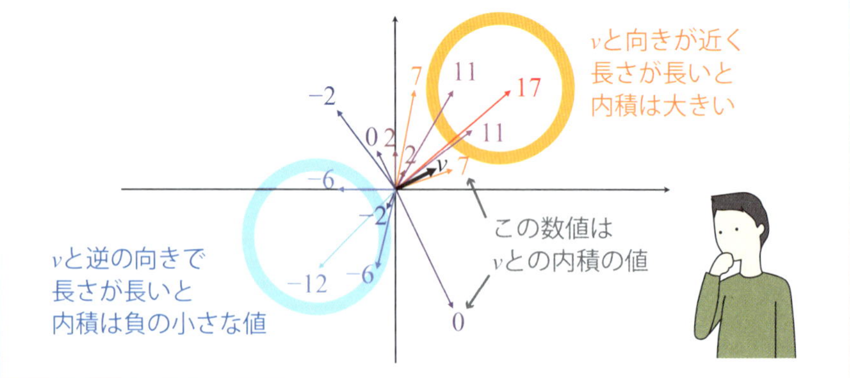

4)　ベクトルの長さを表す場合、単なる絶対値の記号$|a|$ではなく、それを2重にする$\|\boldsymbol{v}\|$もよく用いられます。数とベクトルの区別をしやすいので、本書もこの記号を採用します。

式(1.3.2)によれば、以下2つの法則が見えるはずです。

- $\boldsymbol{w}$の長さ$\|\boldsymbol{w}\|$が長いほど、内積の（絶対）値が大きい
- ベクトル$\boldsymbol{v}, \boldsymbol{w}$のなす角$\theta$が小さいほど、内積の値が大きい[5)]

実際、この2つは図1.3.1から読み取れますね。これに加えて、数式と図を精密に見てみると次のこともわかります。

- $\boldsymbol{w}$の長さ$\|\boldsymbol{w}\|$が小さいと、内積の（絶対）値は問答無用に小さい
- $\theta = 90^\circ$の時、$\boldsymbol{w}$の長さ$\|\boldsymbol{w}\|$によらず内積の値は問答無用で0である

内積の式(1.3.2)については、この4つの感覚を持てれば理解は完璧です。

最後に、よく用いる数式についてまとめておきます。これらの公式を用いると、ベクトルの長さや、2つのベクトルの成す角を計算できます。

定理（ベクトルの長さ・成す角と内積）

2次元、または3次元ベクトル$\boldsymbol{v}$について、次の式が成立する。

$$\|\boldsymbol{v}\|^2 = \boldsymbol{v} \cdot \boldsymbol{v}$$

また、$\boldsymbol{0}$でない、2次元または3次元ベクトル$\boldsymbol{v}, \boldsymbol{w}$について、それらが成す角を$\theta$とする時、次の式が成立する。

$$\cos\theta = \frac{\boldsymbol{v} \cdot \boldsymbol{w}}{\|\boldsymbol{v}\|\|\boldsymbol{w}\|}$$

5)　この法則の背景には、cosの「角度の近さを数値の大きさに変換する」性質があります。

高次元の長さと角度

2 次元や 3 次元の場合に、内積と長さや角度の関係を見てきました。実は、これを逆手に取って「n 次元のベクトルの幾何を考える」という野心的な試みがあります。この試みを紹介します。

まず、4 次元以上のベクトルについて、次のように長さと角度を定義します。

定義（高次元ベクトルの長さと角度）

n 次元のベクトル $\boldsymbol{v} \in \mathbb{R}^n$ について、その長さ $\|\boldsymbol{v}\|$ を次のように定義する。

$$\|\boldsymbol{v}\| = \sqrt{\boldsymbol{v} \cdot \boldsymbol{v}}$$

また、$\boldsymbol{0}$ ではないベクトル $\boldsymbol{v}, \boldsymbol{w} \in \mathbb{R}^n$ について、それらの成す角 θ を、次の式が成立する θ のうち、$0° \leq \theta \leq 180°$ であるものとして定義する。

$$\cos\theta = \frac{\boldsymbol{v} \cdot \boldsymbol{w}}{\|\boldsymbol{v}\|\|\boldsymbol{w}\|}$$

この定義のポイントは、2 次元、3 次元の場合と同じ形の式を用いている点です。どんな天才でも、4 次元以上のベクトルについてはよくわかりません。だから「とりあえず 2 次元、3 次元の時と同じ数式を使って、長さや角度を定義してみるか」という軽い気持ちを元に、この定義が利用されています。実は、高次元ベクトルの長さや角度をこの数式で定義すると、2 次元や 3 次元と同じ感覚で長さや角度を理解できるとわかります。これを見ていきましょう。

まず初めに、具体例で計算してみましょう。

例として、4 次元のベクトル $\boldsymbol{v} = \begin{pmatrix} 1 \\ 0 \\ 0 \\ 0 \end{pmatrix}, \boldsymbol{w} = \begin{pmatrix} 1 \\ 1 \\ 1 \\ 1 \end{pmatrix}$ の長さと角度を計算してみます。長さをそれぞれ計算すると、

$$\|\boldsymbol{v}\| = \sqrt{1^2 + 0^2 + 0^2 + 0^2} = \sqrt{1} = 1$$

$$\|\boldsymbol{w}\| = \sqrt{1^2 + 1^2 + 1^2 + 1^2} = \sqrt{4} = 2$$

が得られます。ですので、ベクトル $\boldsymbol{v}$ の長さは1、ベクトル $\boldsymbol{w}$ の長さは2とわかります。次に、この2つのベクトルの成す角 θ を計算しましょう。内積の値は

$$\boldsymbol{v}\cdot\boldsymbol{w} = 1\times 1 + 0\times 1 + 0\times 1 + 0\times 1 = 1$$

なので、次のように計算できます。

$$\cos\theta = \frac{\boldsymbol{v}\cdot\boldsymbol{w}}{\|\boldsymbol{v}\|\|\boldsymbol{w}\|} = \frac{1}{1\times 2} = \frac{1}{2}$$

$\cos\theta = 1/2$ となる θ は $\theta = 60^\circ$ なので、ベクトル $\boldsymbol{v}$ と $\boldsymbol{w}$ の成す角は 60° だとわかります。

さて、ベクトル $\boldsymbol{v}$ と $\boldsymbol{w}$ の成す角は 60° で、$\boldsymbol{w}$ は $\boldsymbol{v}$ の2倍の長さです。ここで長さを半分にしたベクトル $\frac{1}{2}\boldsymbol{w}$ に対応する点を $B\left(\frac{1}{2},\frac{1}{2},\frac{1}{2},\frac{1}{2}\right)$ とし、ベクトル $\boldsymbol{v}$ に対応する点をA(1, 0, 0, 0)、原点をOと書くと、OA = OBと∠AOB = 60° が成立します。2次元や3次元の場合と同じように考えると、△OABは正三角形であると期待できるでしょう。実は、4次元の場合も3次元までと同様に、この三角形の3辺の長さは全て等しく、内角は全て 60° だとわかります（以下の数理解説にて計算を紹介します）。

図1.3.2　高次元でも2次元・3次元と似ている

5次元でも成分が大きいと長い

$$\boldsymbol{u} = \begin{pmatrix} 0.3 \\ -0.1 \\ 0.4 \\ -1.2 \\ -1.1 \end{pmatrix} \text{ と } \boldsymbol{w} = \begin{pmatrix} 13 \\ 14 \\ -20 \\ -51 \\ 17 \end{pmatrix}$$

n次元でも角度が小さいと近い

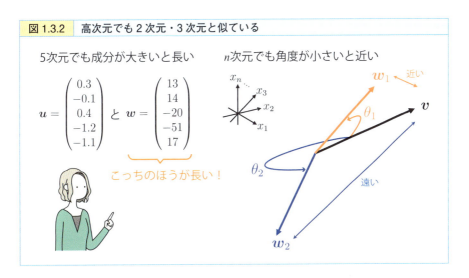

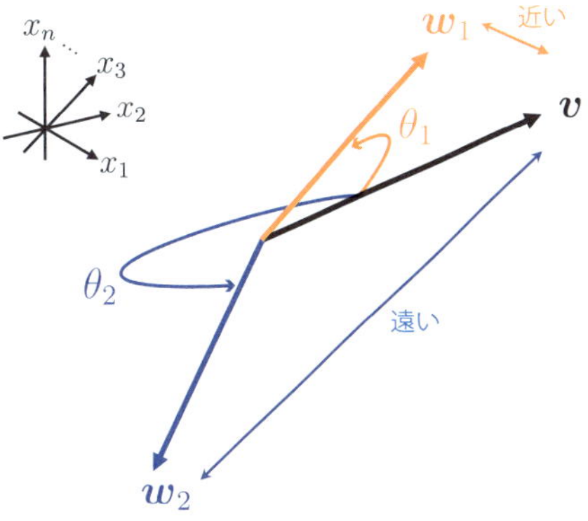

他にも、n 次元空間内の三角形の内角の和は180°になり、三角不等式[6)]がそのまま成立します。また、長さが大きいベクトルの方が成分の絶対値が大きい傾向があるとか、成す角が小さい方が2つのベクトルは近いとか、これらの事実は高次元でも同様に成立します。よって、次元がいくつであってもあまり変わらず、今までと同じ感覚で高次元ベクトルに接して問題ありません。

数理解説：正三角形であることの証明

△OABの辺の長さや角の大きさを計算しましょう。次元がいくつであっても、3点X, Y, Zについて、$\overrightarrow{XY}=\overrightarrow{OY}-\overrightarrow{OX}$ と $\cos\angle XYZ=\dfrac{\overrightarrow{YX}\cdot\overrightarrow{YZ}}{YX\times YZ}$ が成立します。だから、次のように計算できます。

$$OA=\|\overrightarrow{OA}\|=\sqrt{1^2+0^2+0^2+0^2}=1$$

$$OB=\|\overrightarrow{OB}\|=\sqrt{\left(\frac{1}{2}\right)^2+\left(\frac{1}{2}\right)^2+\left(\frac{1}{2}\right)^2+\left(\frac{1}{2}\right)^2}=1$$

$$AB=\|\overrightarrow{AB}\|=\sqrt{\left(-\frac{1}{2}\right)^2+\left(\frac{1}{2}\right)^2+\left(\frac{1}{2}\right)^2+\left(\frac{1}{2}\right)^2}=1$$

$$\cos\angle AOB=\frac{\overrightarrow{OA}\cdot\overrightarrow{OB}}{OA\times OB}=1\times\frac{1}{2}+0\times\frac{1}{2}+0\times\frac{1}{2}+0\times\frac{1}{2}=\frac{1}{2}\left(\text{なので、}\angle AOB=60^\circ\right)$$

$$\cos\angle OAB=\frac{\overrightarrow{AO}\cdot\overrightarrow{AB}}{AO\times AB}=-1\times\left(-\frac{1}{2}\right)+0\times\frac{1}{2}+0\times\frac{1}{2}+0\times\frac{1}{2}=\frac{1}{2}\left(\angle OAB=60^\circ\right)$$

$$\cos\angle OBA=\frac{\overrightarrow{BO}\cdot\overrightarrow{BA}}{BO\times BA}=\left(-\frac{1}{2}\right)\times\frac{1}{2}+\left(-\frac{1}{2}\right)\times\left(-\frac{1}{2}\right)+\left(-\frac{1}{2}\right)\times\left(-\frac{1}{2}\right)+\left(-\frac{1}{2}\right)\times\left(-\frac{1}{2}\right)$$

$$=\frac{1}{2}\left(\angle OBA=60^\circ\right)$$

6) △ABCの辺の長さについての不等式 $|AB-BC|\leq AC\leq AB+BC$ を三角不等式と言います。

コラム

高次元ベクトルの統計性

高次元のベクトルと低次元のベクトルを比較すると、長さの統計的な性質がやや異なります。例えば、次元が高いベクトルは長い傾向にあります。なぜなら、ベクトルの長さは成分の2乗の和（のルート）なので、次元が高くなり、足す個数が増えるにしたがって、ベクトルの長さが長くなる傾向にあるからです。そのため、高次元のベクトルの場合、距離が近いベクトルがほとんど存在しないという不思議な現象も起こります。

これに加えて、高次元では極端に長いベクトルもほとんど存在しません。極端に長いベクトルを作るには、成分の絶対値を極端に大きくするか、多くの成分の絶対値を大きくする必要がありますが、これは現実のデータではあまり起こりません。

そのため、高次元データのベクトルは、長さがほとんど同じになる傾向にあります。これを、**球面集中現象 (concentration on a sphere)** と言います。

内積の捉え方

以上、ここまでで内積の基礎を紹介してきました。内積の意味の捉え方は「2種の数値の積の和」か「長さと角度の計算」のどちらかである場面がほとんどです。それぞれを数式で書いておくと、次のようになります。

$$\boldsymbol{a} \cdot \boldsymbol{x} = a_1 x_1 + a_2 x_2 + \cdots + a_n x_n$$

$$\boldsymbol{v} \cdot \boldsymbol{w} = \|\boldsymbol{v}\| \, \|\boldsymbol{w}\| \cos\theta$$

内積を含む数式の理解に困ったら、この2つの式を用いて解釈を考えてみると良いでしょう。

第1章のまとめ

・ベクトルとは数値が縦または横に並んだものであり、データ分析の文脈ではデータやパラメーターを表す
・ベクトルの例として、試験の得点データや文章の BoW ベクトルがある
・ベクトルの内積は、データとパラメーターの積の和や、類似度として利用される
・内積を用いると、高次元のデータベクトルに対して、長さや角度が定義できる
・内積を「積の和」として捉える時は、内積 $\boldsymbol{a} \cdot \boldsymbol{x}$ は $a_1x_1 + a_2x_2 + \cdots + a_nx_n$ であると考えると良い
・内積を「長さと角度の計算」として捉える時は、内積 $\boldsymbol{v} \cdot \boldsymbol{w}$ は $\|\boldsymbol{v}\| \|\boldsymbol{w}\| \cos \theta$ であると考えると良い

第2章

行列とその積

行列はデータ・パラメーター・量を表し、変換・関係に使う

行列は数値を縦横に並べたものであり、代表的な用途が3つあります。1つめは、ベクトルと同様、「データ・パラメーター・量の表現」としての用途です。これに加え、2つめの用途に線形変換を用いたデータの「変換の表現」があり、3つめの用途に2次形式を用いたデータの「関係の表現」があります。データ分析とは、データを適切に変換し、データ同士の関係の比較を通して洞察を得る活動です。そのため、行列だけでもかなりの分析が可能です。

第2章では、微分積分で活躍する始めの2つの用途を中心的に説明していきます（最後の「関係の表現」については、第4部で分析モデルと共に説明します）。

2.1 行列

行列とは

ベクトルに続いて、線形代数のもう1つの主役である行列を紹介します。ベクトルはデータやパラメーターを表したのと同様に、行列もデータ・パラメーター・量を表すのに用いられるとともに、変換・関係の表現として利用されます。行列は様々な用途に使えて便利である一方、その用途の多様性が混乱を生む側面もあります。本書では、行列の用途を明確にしながら説明するので、その用途を意識しながら読み進めてください。

それでは、行列の定義から始めましょう。

定義（行列）

数値が長方形状に縦横にならんだものを、**行列 (matrix)** と言う。

縦に m 行、横に n 列並んだ行列を、**m 行 n 列の行列**や **$m \times n$ 行列 (m by n matrix)** と言い、次のように書く。

$$A = \begin{pmatrix} a_{11} & a_{12} & \cdots & a_{1n} \\ a_{21} & a_{22} & & a_{2n} \\ \vdots & & \ddots & \vdots \\ a_{m1} & a_{m2} & \cdots & a_{mn} \end{pmatrix}$$

上から i 行目、左から j 列目の数値を、**第 ij 成分 (ij-element)** や、単に **ij 成分**と言う。これは、上の a_{ij} のように、行列の文字の小文字と、i と j の添字を用いて書かれることが多い。

また、この行列 A は、以下のように略記されることもある。

$$A = \left(a_{ij}\right),\quad \left(a_{ij}\right)_{ij},\quad \left(a_{ij}\right)_{1 \leq i \leq m,\ 1 \leq j \leq n}$$

この行列について、記法と用語の紹介を続けます。

行列Aが$m \times n$行列の時、その行列Aの**サイズ (size)** が$m \times n$であると言います。ここで、縦と横の幅が等しい$n \times n$行列は、***n* 次正方行列 (square matrix of order *n*)** とも言います。一方、mとnが等しくない可能性がある行列は、その可能性を強調して**長方行列 (rectangular matrix)** と言います[1]。また、mとnのどちらかが1である時、$m \times n$行列はベクトルと同じものです。具体的には、$m \times 1$行列はm次元の縦ベクトル、$1 \times n$行列はn次元の横ベクトルと同一です。そして、1×1行列、1次元縦ベクトル、1次元横ベクトル、数値の4者もすべて同じものです[2]。

長方形状に数値が並んでいる行列を分解すると、「縦ベクトルが横に並んだもの」や「横ベクトルが縦に並んだもの」と見られます。この見方は後々大活躍するので、ここで記号を用意しておきましょう。行列Aのi番目の縦ベクトルを$\boldsymbol{a}_i$、j番目の横ベクトルを$\vec{a}_j$と書くことにします。数式で書くと以下のとおりです。

$$\boldsymbol{a}_1 = \begin{pmatrix} a_{11} \\ a_{21} \\ \vdots \\ a_{m1} \end{pmatrix}, \boldsymbol{a}_2 = \begin{pmatrix} a_{12} \\ a_{22} \\ \vdots \\ a_{m2} \end{pmatrix}, \ldots, \boldsymbol{a}_n = \begin{pmatrix} a_{1n} \\ a_{2n} \\ \vdots \\ a_{mn} \end{pmatrix}, \quad \begin{array}{c} \vec{a}_1 = \begin{pmatrix} a_{11} & a_{12} \ldots & a_{1n} \end{pmatrix} \\ \vec{a}_2 = \begin{pmatrix} a_{21} & a_{22} \ldots & a_{2n} \end{pmatrix} \\ \vdots \\ \vec{a}_m = \begin{pmatrix} a_{m1} & a_{m2} \ldots & a_{mn} \end{pmatrix} \end{array}$$

行列の略記は、各成分が複雑な場合に威力を発揮します。例えば、ij成分が$x_i \times y_j$で計算される場合、右の略記のほうがスッキリして見通しが良いでしょう。

$$\begin{pmatrix} x_1y_1 & x_1y_2 & \cdots & x_1y_n \\ x_2y_1 & x_2y_2 & & x_2y_n \\ \vdots & & \ddots & \vdots \\ x_my_1 & x_my_2 & \cdots & x_my_n \end{pmatrix} = \left(x_i y_j\right)_{ij}$$

では、行列の例として、以前にP31の図1.1.1でも紹介したテストのデータを考えてみましょう。

---

1) 長方行列の定義には2つの流儀があり、正方行列も長方行列の一種であると考える定義と、正方行列は長方行列ではないとする定義があります。本書では前者を採用します。

2) 数学的に厳密にはこれらを区別したほうがいい場面や、プログラミング時に型が異なって困る場面もありますが、本書ではこれらを区別せず用いることにします。

図 2.1.1　試験結果のデータと行列

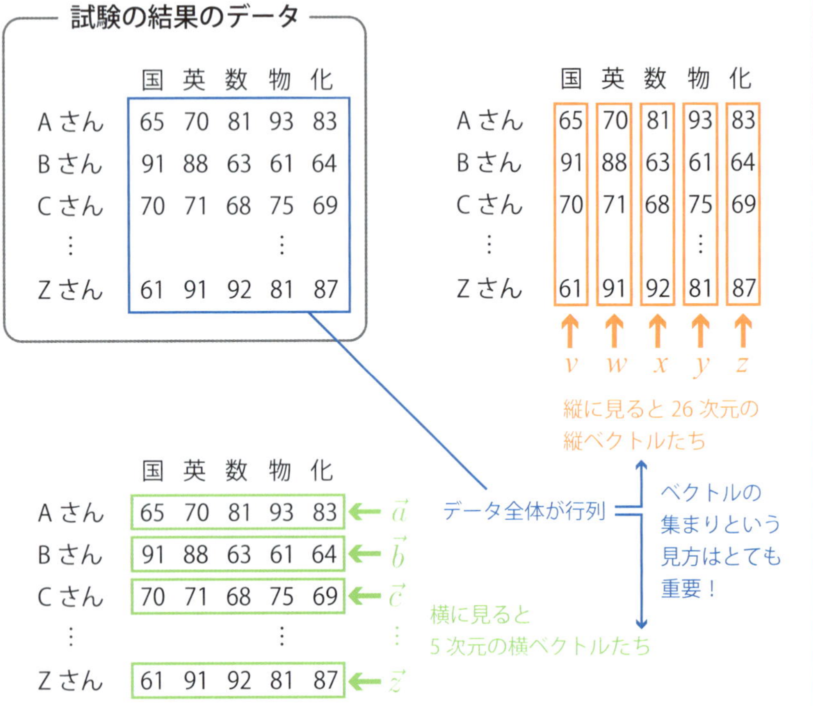

こうして見ると、試験結果のデータは長方形状に数値が並んでいるので、これは行列そのものです。これが、行列の用途の 1 つ「データを表す」です。このように、行列を用いるとデータを自然に表現できる場面が多々あります。

行列の和と実数倍

行列にも、次のように和と実数倍の計算が定義できます。

定義（行列の和、定数倍）

$$m \times n \text{ 行列 } A = \begin{pmatrix} a_{11} & a_{12} & \cdots & a_{1n} \\ a_{21} & a_{22} & & a_{2n} \\ \vdots & & \ddots & \vdots \\ a_{m1} & a_{m2} & \cdots & a_{mn} \end{pmatrix}, B = \begin{pmatrix} b_{11} & b_{12} & \cdots & b_{1n} \\ b_{21} & b_{22} & & b_{2n} \\ \vdots & & \ddots & \vdots \\ b_{m1} & b_{m2} & \cdots & b_{mn} \end{pmatrix}$$

に対し、その和 $A + B$ を、成分ごとの和

$$A + B = \begin{pmatrix} a_{11} + b_{11} & a_{12} + b_{12} & \cdots & a_{1n} + b_{1n} \\ a_{21} + b_{21} & a_{22} + b_{22} & & a_{2n} + b_{2n} \\ \vdots & & \ddots & \vdots \\ a_{m1} + b_{m1} & a_{m2} + b_{m2} & \cdots & a_{mn} + b_{mn} \end{pmatrix}$$

で定義する。また、行列 A の実数 r 倍を、すべての成分の r 倍

$$rA = \begin{pmatrix} ra_{11} & ra_{12} & \cdots & ra_{1n} \\ ra_{21} & ra_{22} & & ra_{2n} \\ \vdots & & \ddots & \vdots \\ ra_{m1} & ra_{m2} & \cdots & ra_{mn} \end{pmatrix}$$

で定義する。

行列の和と実数倍も、ベクトルの和や実数倍と似た意味を持ちます。例えば、行列 A が 1 学期の試験結果のデータで、B が 2 学期、C が 3 学期のデータだったとしましょう。この時、$S = A + B + C$ は 1 年の合計点のデータを表し、$M = \frac{1}{3}S$ は 1 年の平均点のデータを表します。

行列とベクトルの転置

表計算のソフトを使ったデータ分析で、行と列を反転する操作を行った経験がある人は多いでしょう。この操作は、線形代数の世界では「転置」と言います。正確な定義は次のとおりです。

定義（転置）

$$m \times n \text{ 行列 } A = \begin{pmatrix} a_{11} & a_{12} & \cdots & a_{1n} \\ a_{21} & a_{22} & & a_{2n} \\ \vdots & & \ddots & \vdots \\ a_{m1} & a_{m2} & \cdots & a_{mn} \end{pmatrix}$$

に対し、その**転置 (transpose)** を ${}^tA$ と書き、

$$ {}^tA = \begin{pmatrix} a_{11} & a_{21} & \cdots & a_{m1} \\ a_{12} & a_{22} & & a_{m2} \\ \vdots & & \ddots & \vdots \\ a_{1n} & a_{2n} & \cdots & a_{mn} \end{pmatrix} \tag{2.1.1}$$

で定義する。

数式は仰々しいですが、実際にやっているのは縦と横の入れ替えだけです。例えば、$A = \begin{pmatrix} 1 & 2 & 3 \\ 4 & 5 & 6 \end{pmatrix}$ の場合、その転置 ${}^tA$ は ${}^tA = \begin{pmatrix} 1 & 4 \\ 2 & 5 \\ 3 & 6 \end{pmatrix}$ です。

式(2.1.1) を見返すと、確かに A では横に並んでいた $a_{11}, a_{12}, \ldots, a_{1n}$ が ${}^tA$ では縦に並んでおり、A では縦に並んでいた $a_{11}, a_{21}, \ldots, a_{m1}$ が、${}^tA$ では横に並んでいます。まさに、転置は行列の縦と横を入れ替える操作と言えます。

縦と横を入れ替えているので、$m \times n$ 行列 A を転置すると、$n \times m$ 行列 ${}^tA$ になります。そのため、n 次元の縦ベクトル（$n \times 1$ 行列）を転置すると、n 次元の横ベクトル（$1 \times n$ 行列）になり、n 次元の横ベクトルを転置すると n 次元の縦ベクトルになります。

コラム

各種定義を略記で書くと

和・実数倍・転置の定義は、略記を用いると次のように簡潔に表現できます。

$$(a_{ij}) + (b_{ij}) = (a_{ij} + b_{ij})$$
$$r(a_{ij}) = (ra_{ij})$$
$${}^t(a_{ij})_{ij} = (a_{ji})_{ij}$$

和と実数倍はそのままですが、3 番目の転置の定義はややわかりづらいでしょう。

行列A の 23 成分の数値a_{23} は、行列${}^tA$ では 32 成分に移動します。言い換えると、行列${}^tA$ のij 成分は、元々の行列A ではji 成分のa_{ji} です。${}^tA$ は「ij 成分がa_{ji} の行列」なので、略記では ${}^tA = (a_{ji})_{ij}$ と書かれるのです。

記法はしょせん記法なので、特定の記法にはこだわらず、その時に最もわかりやすい記法を使うのが良いでしょう。

2.2 行列とベクトルの積

行列とベクトルの積

この節では、「行列同士の積」や「行列とベクトルの積」について紹介します。これらを総称して「行列の積」と呼ぶことにします。この行列の積で変換や関係を表現することが可能です。

行列の積は非常に便利なのですが、初見での意味のわからなさでも有名です。そのため、本節では定義と計算方法のみを紹介し、その意味については次の2.3節で紹介します。

まずは、行列とベクトルの積の計算例です。

例えば、$A=\begin{pmatrix}1&2\\3&4\\5&6\end{pmatrix}$, $\boldsymbol{x}=\begin{pmatrix}1\\100\end{pmatrix}$ の場合、これらの積 $A\boldsymbol{x}$ は次の式で計算されます。

$$A\boldsymbol{x}=\begin{pmatrix}1&2\\3&4\\5&6\end{pmatrix}\begin{pmatrix}1\\100\end{pmatrix}=\begin{pmatrix}1\times1+2\times100\\3\times1+4\times100\\5\times1+6\times100\end{pmatrix}=\begin{pmatrix}201\\403\\605\end{pmatrix}$$

別の例として、$B=\begin{pmatrix}1&2&3\\4&5&6\end{pmatrix}$, $\boldsymbol{y}=\begin{pmatrix}1\\100\\10000\end{pmatrix}$ の場合、これらの積 $B\boldsymbol{y}$ は次の式で計算されます。

$$B\boldsymbol{y}=\begin{pmatrix}1&2&3\\4&5&6\end{pmatrix}\begin{pmatrix}1\\100\\10000\end{pmatrix}=\begin{pmatrix}1\times1+2\times100+3\times10000\\4\times1+5\times100+6\times10000\end{pmatrix}=\begin{pmatrix}30201\\60504\end{pmatrix}$$

これらの計算をまとめたものが、図2.2.1です。

図 2.2.1　行列とベクトルの積の計算方法

Step 1

左は横に　右は縦に見る

$$\begin{pmatrix}1 & 2\\ 3 & 4\\ 5 & 6\end{pmatrix} \qquad \begin{pmatrix}1\\ 100\end{pmatrix}$$

Step 2

$$\begin{pmatrix}1 & 2\\ 3 & 4\\ 5 & 6\end{pmatrix}\begin{pmatrix}1\\ 100\end{pmatrix} = \begin{pmatrix}1\times 1+2\times 100\\ 3\times 1+4\times 100\\ 5\times 1+6\times 100\end{pmatrix} = \begin{pmatrix}201\\ 403\\ 605\end{pmatrix}$$

左or 上から順番に
対応する数値を
掛けて足す

2つめの例の場合

$$\begin{pmatrix}1 & 2 & 3\\ 4 & 5 & 6\end{pmatrix}\begin{pmatrix}1\\ 100\\ 10000\end{pmatrix} = \begin{pmatrix}1\times 1+2\times 100+3\times 10000\\ 4\times 1+5\times 100+6\times 10000\end{pmatrix} = \begin{pmatrix}30201\\ 60504\end{pmatrix}$$

この計算の意味については次節で紹介します。ここでは、この計算を一般化した厳密な定義を書いておきます。

定義（行列とベクトルの積）

$$m \times n \text{ 行列 } A = \begin{pmatrix} a_{11} & a_{12} & \cdots & a_{1n}\\ a_{21} & a_{22} & & a_{2n}\\ \vdots & & \ddots & \vdots\\ a_{m1} & a_{m2} & \cdots & a_{mn}\end{pmatrix}$$

と

$$n \text{ 次元縦ベクトル } \boldsymbol{v} = \begin{pmatrix} v_1 \\ v_2 \\ \vdots \\ v_n \end{pmatrix}$$

に対して、それらの積 $A\boldsymbol{v}$ を次のように定義する。

$$A\boldsymbol{v} = \begin{pmatrix} a_{11} & a_{12} & \cdots & a_{1n} \\ a_{21} & a_{22} & & a_{2n} \\ \vdots & & \ddots & \vdots \\ a_{m1} & a_{m2} & \cdots & a_{mn} \end{pmatrix} \begin{pmatrix} v_1 \\ v_2 \\ \vdots \\ v_n \end{pmatrix} = \begin{pmatrix} a_{11}v_1 + a_{12}v_2 + \cdots + a_{1n}v_n \\ a_{21}v_1 + a_{22}v_2 + \cdots + a_{2n}v_n \\ \vdots \\ a_{m1}v_1 + a_{m2}v_2 + \cdots + a_{mn}v_n \end{pmatrix} \tag{2.2.1}$$

やや激しい数式が出てきたので、詳細を確認しておきましょう。

積 $A\boldsymbol{v}$ の 1 番上の成分は、$a_{11}v_1 + a_{12}v_2 + \ldots + a_{1n}v_n$ です。登場する a たちは行列 A の一番上の行に横に並んだ $a_{11}, a_{12}, \ldots, a_{1n}$ で、それに順々にベクトル $\boldsymbol{v}$ の成分が掛けられ、足されています。一般に、積 $A\boldsymbol{v}$ の第 i 成分は $a_{i1}v_1 + a_{i2}v_2 + \ldots + a_{in}v_n$ で、これが縦に m 個並んだものが $A\boldsymbol{v}$ です。そのため、$m \times n$ 行列と n 次元縦ベクトルの積は、m 次元縦ベクトルになります。

今は、この積の意味はわからなくても問題ありません。ただし、本書で初めて行列とベクトルの定義を見た人は、以下の計算例を、必ず自分の手で計算してみる機会を持ってください。あまりにも異質で経験の無い計算方法なので、実際に自分で計算せずにこの先を理解することは不可能だからです。

$$\begin{pmatrix} 1 & 2 & 3 \\ 4 & 5 & 6 \\ 7 & 8 & 9 \end{pmatrix} \begin{pmatrix} -2 \\ 2 \\ 1 \end{pmatrix} = \begin{pmatrix} 1\times(-2)+2\times2+3\times1 \\ 4\times(-2)+5\times2+6\times1 \\ 7\times(-2)+8\times2+9\times1 \end{pmatrix} = \begin{pmatrix} 5 \\ 8 \\ 11 \end{pmatrix}$$

$$\begin{pmatrix} 2 & 6 \\ -1 & -5 \\ 4 & -1 \\ 1 & 5 \end{pmatrix} \begin{pmatrix} 1 \\ 2 \end{pmatrix} = \begin{pmatrix} 14 \\ -11 \\ 2 \\ 11 \end{pmatrix}, \quad \begin{pmatrix} 1 & 2 & 3 & 4 \\ 2 & -1 & 4 & -3 \\ 1 & 0 & -1 & 0 \end{pmatrix} \begin{pmatrix} 2 \\ -1 \\ 1 \\ -2 \end{pmatrix} = \begin{pmatrix} -5 \\ 15 \\ 1 \end{pmatrix}$$

行列とベクトルの積では、行列の数値を横に、ベクトルの数値を縦に見てペアを作って掛け算をしています。なので、行列の積の計算が成立するためには、行列の横幅とベクトルの縦幅（次元）が一致する必要があります。

行列同士の積

次に、行列同士の積を紹介します。行列同士の積は、行列とベクトルの積を用いて次のように定義されます。定義の後に、具体的な計算例を図 2.2.2 にて紹介します。

定義（行列同士の積）

$l \times m$ 行列 A と、$m \times n$ 行列 B の積を、以下の手順で定義する。

(1) 行列 B を縦に区切って、縦ベクトル $\boldsymbol{b}_1, \boldsymbol{b}_2, ..., \boldsymbol{b}_n$ を用意する
(2) これらと行列 A の積 $A\boldsymbol{b}_1, A\boldsymbol{b}_2, ..., A\boldsymbol{b}_n$ を計算する
(3) この結果の縦ベクトルを横に並べ、積 AB を $AB = (A\boldsymbol{b}_1\ A\boldsymbol{b}_2\ ...\ A\boldsymbol{b}_n)$ で定義する

図 2.2.2　行列同士の積

$A = \begin{pmatrix} 1 & 2 \\ 3 & 4 \\ 5 & 6 \end{pmatrix}, \quad B = \begin{pmatrix} 1 & 1 \\ 10 & 100 \end{pmatrix}$ の場合

$AB = \begin{pmatrix} 1 & 2 \\ 3 & 4 \\ 5 & 6 \end{pmatrix} \begin{pmatrix} 1 \\ 10 \end{pmatrix} \begin{pmatrix} 1 \\ 100 \end{pmatrix} = \begin{pmatrix} 1\times 1 + 2\times 10 & 1\times 1 + 2\times 100 \\ 3\times 1 + 4\times 10 & 3\times 1 + 4\times 100 \\ 5\times 1 + 6\times 10 & 5\times 1 + 6\times 100 \end{pmatrix} = \begin{pmatrix} 21 & 201 \\ 43 & 403 \\ 65 & 605 \end{pmatrix}$

　　　　　　　　　　　　$\boldsymbol{b}_1$　$\boldsymbol{b}_2$　　　　$A\boldsymbol{b}_1$　　　　$A\boldsymbol{b}_2$

数値の登場位置を見ると、A が横向き、B が縦向きに出現

1 2	1×1 + 2×10	1×1 + 2×100
3 4	3×1 + 4×10	3×1 + 4×100
5 6	5×1 + 6×10	5×1 + 6×100
	1	1
	10	100

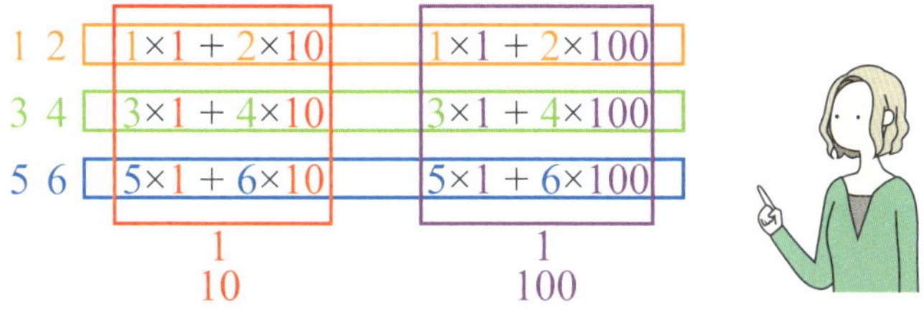

なお、$l \times m$ 行列 A と $m \times n$ 行列 B の積 AB のサイズは $l \times n$ です。これは、$A\boldsymbol{b}_i$ が l 次元縦ベクトルで、これを横に n 個並べた行列が AB だからです。また、行列の積 AB を定義するには、行列とベクトルの積と同様、A の横幅と B の縦幅が揃う必要もあります。

ちなみに、A も B も n 次正方行列なら、AB と BA の両方を計算できます。ですが、一般に AB と BA は一致しません。この理由は後々明らかになります。

コラム

なぜ、これは積と呼ばれるのか？

行列の積を初めて習う時は、とにかく混乱するものです。

混乱は、「意味がわからない」「なぜ、こういう計算をするの？」「そもそも、これは『掛け算』なのか？」の3種類に大別されます。

意味については次節で扱うので、ここではまず「なぜ、こういう計算をするの？」について検討しましょう。これは「実は別の積もある」が回答です。素直に考えると、$m \times n$ 行列 A, B の積として、以下の成分ごとの掛け算も考えたくなりますよね。

$$\begin{pmatrix} a_{11}b_{11} & a_{12}b_{12} & \cdots & a_{1n}b_{1n} \\ a_{21}b_{21} & a_{22}b_{22} & & a_{2n}b_{2n} \\ \vdots & & \ddots & \vdots \\ a_{m1}b_{m1} & a_{m2}b_{m2} & \cdots & a_{mn}b_{mn} \end{pmatrix}$$

これは、**アダマール積(Hadamard product)** と呼ばれる積の一種で、$A \circ B$ や $A \odot B$ などと書かれます。アダマール積は、深層学習などで活用されています。実は、行列に対しては様々な種類の掛け算を作れます。その1つが、前述した行列の積なのです。

「そもそも、これは『掛け算』なのか？」については、「そう呼ぶ習慣です」が回答です。実は、A, B, C を適当なサイズの行列とした時に、普通の数値の掛け算同様、次の式が成立します[3)]。

3) 行列の和や積は、行列の大きさが対応している時のみ定義しました。なので、3つの数式は「その計算が定義できる時は、右辺と左辺が一致する」という意味に解釈ください。

$$(A+B)C = AC + BC$$
$$A(B+C) = AB + AC$$
$$A(BC) = (AB)C$$

なお、数学者たちには、この3つの等式が成立する計算を全て、「積」と呼ぶ習慣があります [4)]。今回の行列の計算もこの性質を満たすので、行列の「積」と呼ばれているのです。

転置と内積

行列の積では、数値のペアを作り、それらの積の合計を計算していました。数値の積の和と言えば内積があります。実は、この内積は行列の積を用いて表現できます。実際、n 次元縦ベクトル $\boldsymbol{v}, \boldsymbol{w}$ の内積 $\boldsymbol{v}\cdot\boldsymbol{w}$ は、転置と行列の積を用いて次のように書けます。

$$\boldsymbol{v}\cdot\boldsymbol{w} = {}^t\boldsymbol{v}\boldsymbol{w} \tag{2.2.2}$$

実際、ベクトル $\boldsymbol{v}$ の転置 ${}^t\boldsymbol{v}$ は ${}^t\boldsymbol{v} = (v_1\ v_2 \dots v_n)$ なので、次のようになります。

$${}^t\boldsymbol{v}\boldsymbol{w} = \begin{pmatrix} v_1 & v_2 \cdots v_n \end{pmatrix}\begin{pmatrix} w_1 \\ w_2 \\ \vdots \\ w_n \end{pmatrix} = v_1w_1 + v_2w_2 + \cdots v_nw_n = \boldsymbol{v}\cdot\boldsymbol{w}$$

確かに、式(2.2.2)が成立しているとわかりますね。内積を転置で書いた方がきれいな数式で書ける場合も多いので、この表現はよく用いられます。

行列の積と転置

行列の積と転置については、次の式が成立します。

4)　詳細を知りたい方は、環 (ring) という数学の概念を調べてみてください。

$$ {}^t(AB) = {}^tB\,{}^tA \tag{2.2.3} $$

この式(2.2.3) は、「計算していたらなぜか出てきた時」と「変換の向きを逆向きにしたい時（18.3 節）」に登場します。

証明はあまり重要でないので、以下の「数理解説」にまとめます。便利な計算公式として、使いながら慣れていくと良いでしょう。

数理解説：行列の積と転置の公式の証明

式(2.2.3) の証明では、深い意味を求めず、「計算したらなった」と捉えるくらいがちょうど良いです。なので、ここでは淡々と計算を書くことにします。$l \times m$ 行列 A と m 次元ベクトル $\boldsymbol{v}$ の積の第 i 成分 $(A\boldsymbol{v})_i = a_{i1}v_1 + a_{i2}v_2 + \ldots + a_{im}v_m$ は、Σ を用いて

$$ (A\boldsymbol{v})_i = \sum_k a_{ik} v_k $$

と書けます。これを用いると、$l \times m$ 行列 A と $m \times n$ 行列 B の積 AB の ij 成分 $(AB)_{ij}$ は、行列 A とベクトル $\boldsymbol{b}_j$ の積の第 i 成分なので、

$$ (AB)_{ij} = \sum_k a_{ik} b_{kj} $$

と書けます。一方、${}^tA = C = (c_{ij}), {}^tB = D = (d_{ij})$ とすると、$c_{ij} = a_{ji}, d_{ij} = b_{ji}$ なので、${}^tB\,{}^tA = DC$ の ij 成分は

$$ ({}^tB\,{}^tA)_{ij} = (DC)_{ij} = \sum_k d_{ik} c_{kj} = \sum_k b_{ki} a_{jk} = \sum_k a_{jk} b_{ki} $$

と計算できます。これは行列 AB の ji 成分と一致します。ですので、これは行列 ${}^t(AB)$ の ij 成分と一致します。

以上により、${}^t(AB)$ と $DC = {}^tB\,{}^tA$ は共に $n \times l$ 行列で、各成分の値が一致するので、${}^t(AB) = DC = {}^tB\,{}^tA$ がわかります。

同様に、3 つの行列の積の転置については、${}^t(ABC) = {}^tC\,{}^tB\,{}^tA$ が成立します。これは、$(ABC)_{ij} = \sum_{k,l} a_{ik} b_{kl} c_{lj}$ と $({}^tC\,{}^tB\,{}^tA)_{ij} = \sum_{j,k} c_{li} b_{lk} a_{kj}$ を用いて証明できます。

以上が、行列の積の計算方法です。最後に本節のポイントをまとめます。

Point!

行列の積の定義と性質

- 行列とベクトルの積では、行列の成分を横に、ベクトルの成分を縦に見て掛けて足す
- 行列とベクトルの積では、行列の横幅とベクトルの縦幅が揃う必要がある
- $m \times n$ 行列 A と n 次元縦ベクトル $\boldsymbol{v}$ の積 $A\boldsymbol{v}$ は、m 次元縦ベクトルになる
- 行列 A, B の積 AB では、左の行列 A の成分を横に、右の行列 B の成分を縦に見て掛けて足す
- 行列 A, B の積 AB では、左の行列 A の横幅と右の行列 B の縦幅が揃う必要がある
- $l \times m$ 行列 A と $m \times n$ 行列 B の積 AB は、（真ん中の m が消えて）$l \times n$ 行列になる
- n 次正方行列 A, B について、一般に $AB \neq BA$ である
- 内積は、行列の積と転置を用いて $\boldsymbol{v} \cdot \boldsymbol{w} = {}^t\boldsymbol{v}\boldsymbol{w}$ と表現できる
- 行列の積と転置についての式 ${}^t(AB) = {}^tB\,{}^tA$ が成立する

理解があやしい項目があれば、その部分を読み直してみましょう。なお、ここまでは掛け算と足し算しかしていないので、読み返しても理解できない場合は、単に計算の経験が足りない可能性が高いです。以下の計算例を参考に、自分なりに例を作ったり、生成AIに問題と回答を作らせてみて、自分の手で計算練習をくり返してみましょう。

$$AB \neq BA \text{ の例}: \begin{pmatrix} 1 & 2 \\ 3 & 4 \end{pmatrix}\begin{pmatrix} 1 & 1 \\ 0 & 2 \end{pmatrix} = \begin{pmatrix} 1 & 5 \\ 3 & 11 \end{pmatrix}, \begin{pmatrix} 1 & 1 \\ 0 & 2 \end{pmatrix}\begin{pmatrix} 1 & 2 \\ 3 & 4 \end{pmatrix} = \begin{pmatrix} 4 & 6 \\ 6 & 8 \end{pmatrix}$$

$$\boldsymbol{v} \cdot \boldsymbol{w} = {}^t\boldsymbol{v}\boldsymbol{w} \text{ の例}: \begin{pmatrix} 1 \\ 2 \end{pmatrix} \cdot \begin{pmatrix} 3 \\ 4 \end{pmatrix} = 1 \times 3 + 2 \times 4 = 11, \begin{pmatrix} 1 & 2 \end{pmatrix}\begin{pmatrix} 3 \\ 4 \end{pmatrix} = (1 \times 3 + 2 \times 4) = 11$$

$${}^t(AB) = {}^tB\,{}^tA \text{ の例}: \begin{pmatrix} 1 & 2 \\ 3 & 4 \end{pmatrix}\begin{pmatrix} 1 & 1 \\ 0 & 2 \end{pmatrix} = \begin{pmatrix} 1 & 5 \\ 3 & 11 \end{pmatrix}, \begin{pmatrix} 1 & 0 \\ 1 & 2 \end{pmatrix}\begin{pmatrix} 1 & 3 \\ 2 & 4 \end{pmatrix} = \begin{pmatrix} 1 & 3 \\ 5 & 11 \end{pmatrix}$$

2.3 行列とベクトルの積の意味

行列が表す変換

行列の使い方は、大きく分けて3種類あります。「データ・パラメーター・量の表現」「変換の表現」「関係の表現」の3つです。

1つめの使い方では、各数値に意味があります。ですが、2つめと3つめの場合は、その使い方の中に本質があります。ここでは、2つめの「変換の表現」に焦点を当て、行列とベクトルの積の意味について見ていきましょう。

今、手元に$m \times n$行列Aとn次元ベクトル$\boldsymbol{v}$があるとします。この時、これらを掛け合わせることで、m次元ベクトル$A\boldsymbol{v}$を作れます。このように、行列Aを用いると、n次元ベクトル$\boldsymbol{v}$をm次元ベクトル$A\boldsymbol{v}$に変換できます。

例えば、$A = \begin{pmatrix} 1 & 2 \\ 3 & 4 \\ 5 & 6 \end{pmatrix}$の場合、

$$\boldsymbol{v} = \begin{pmatrix} 1 \\ 2 \end{pmatrix} \text{は} A\boldsymbol{v} = \begin{pmatrix} 5 \\ 11 \\ 17 \end{pmatrix} \text{に変換され、}$$

$$\boldsymbol{v} = \begin{pmatrix} 2 \\ -1 \end{pmatrix} \text{は} A\boldsymbol{v} = \begin{pmatrix} 0 \\ 2 \\ 4 \end{pmatrix} \text{に変換され、}$$

$$\boldsymbol{v} = \begin{pmatrix} 0 \\ 1 \end{pmatrix} \text{は} A\boldsymbol{v} = \begin{pmatrix} 2 \\ 4 \\ 6 \end{pmatrix} \text{に変換されます。}$$

この変換を、行列Aが表す**線形変換 (linear transformation)** や**線形写像 (linear mapping)** と言います。

図 2.3.1　線形写像の例

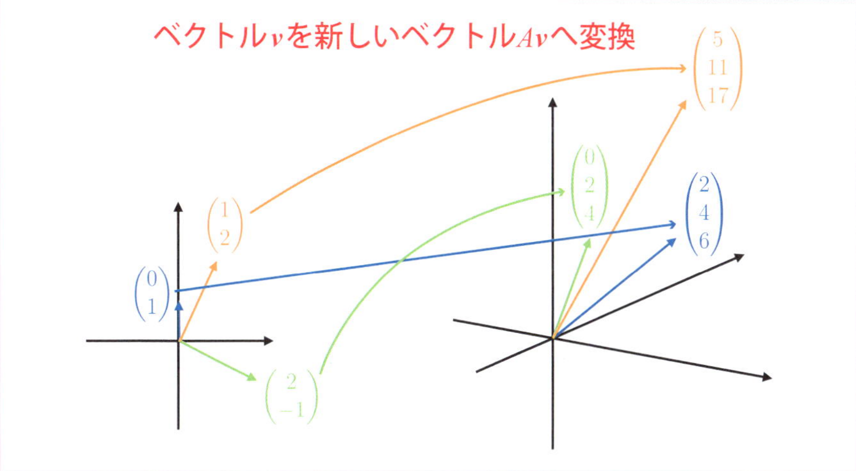

この線形変換については、以下 3 つの式が成立します。

$$A\boldsymbol{e}_i = \boldsymbol{a}_i$$
$$A\boldsymbol{v} = \Sigma\, v_i\boldsymbol{a}_i$$
$$(A\boldsymbol{v})_j = \vec{a}_j \cdot \boldsymbol{v}$$

この 3 つの式の意味がわかれば、なぜ行列の積を式(2.2.1) で定義したのか、その意図もわかるでしょう。これが本章の主テーマです。なお、この 3 式は、3.3 節の多変数関数の微分でも本質的な役割を演じます。

行列は行き先を並べたもの

まずは、1 つめの公式 $A\boldsymbol{e}_i = \boldsymbol{a}_i$ を見ていきましょう。何かを調べる時は、まずはいちばん簡単なものから調べるのが王道です。今回は、変換されるベクトル $\boldsymbol{v}$ として、第 i 単位ベクトル $\boldsymbol{e}_i$ を用いてみます。第 i 単位ベクトル $\boldsymbol{e}_i$ は、第 i 成分だけ 1 で、他は 0 のベクトルでした。実際に計算してみると、$A\boldsymbol{e}_i$ は次のように計算できます。

$$
A\boldsymbol{e}_i = \begin{pmatrix} a_{11} & a_{12} & \cdots & a_{1n} \\ a_{21} & a_{22} & & a_{2n} \\ \vdots & & \ddots & \vdots \\ a_{m1} & a_{m2} & \cdots & a_{mn} \end{pmatrix} \begin{pmatrix} 0 \\ \vdots \\ 0 \\ 1 \\ 0 \\ \vdots \\ 0 \end{pmatrix} \leftarrow i
$$

$$
= \begin{pmatrix} a_{11} \times 0 + a_{12} \times 0 + \cdots + a_{1i} \times 1 + \cdots + a_{1n} \times 0 \\ a_{21} \times 0 + a_{22} \times 0 + \cdots + a_{2i} \times 1 + \cdots + a_{2n} \times 0 \\ \vdots \\ a_{m1} \times 0 + a_{m2} \times 0 + \cdots + a_{mi} \times 1 + \cdots + a_{mn} \times 0 \end{pmatrix}
$$

$$
= \begin{pmatrix} a_{1i} \\ a_{2i} \\ \vdots \\ a_{mi} \end{pmatrix}
$$

この計算結果は、行列Aの第i列目の数値を縦に並べた縦ベクトル$\boldsymbol{a}_i$と一致します。これを改めて数式でまとめると、1つめの公式が得られます。

$$
A\boldsymbol{e}_i = \boldsymbol{a}_i \tag{2.3.1}
$$

式(2.3.1)は、具体例の方がわかりやすいです。例えば、$A = \begin{pmatrix} 1 & 2 \\ 3 & 4 \\ 5 & 6 \end{pmatrix}, B = \begin{pmatrix} 1 & 2 & 3 \\ 4 & 5 & 6 \end{pmatrix}$の計算を見てみましょう。以下の数式の中央の部分で、どこに0があり、どこに1があり、その結果として計算結果がどうなるかを観察してみてください。

$$
A\boldsymbol{e}_1 = \begin{pmatrix} 1 & 2 \\ 3 & 4 \\ 5 & 6 \end{pmatrix} \begin{pmatrix} 1 \\ 0 \end{pmatrix} = \begin{pmatrix} 1 \times 1 + 2 \times 0 \\ 3 \times 1 + 4 \times 0 \\ 5 \times 1 + 6 \times 0 \end{pmatrix} = \begin{pmatrix} 1 \\ 3 \\ 5 \end{pmatrix} = \boldsymbol{a}_1
$$

図 2.3.2 行列と単位ベクトルの積

$$A = \begin{pmatrix} a_{11} & a_{12} & \cdots & a_{1n} \\ a_{21} & a_{22} & \cdots & a_{2n} \\ \vdots & \vdots & \ddots & \vdots \\ a_{m1} & a_{m2} & \cdots & a_{mn} \end{pmatrix}$$

$\downarrow$ $\boldsymbol{a}_1$ $\boldsymbol{a}_2$ $\cdots$ $\boldsymbol{a}_n$

とすると

$$A\boldsymbol{e}_1 = \boldsymbol{a}_1,\ A\boldsymbol{e}_2 = \boldsymbol{a}_2, \cdots, A\boldsymbol{e}_n = \boldsymbol{a}_n$$

となる！

$$A\boldsymbol{e}_2 = \begin{pmatrix} 1 & 2 \\ 3 & 4 \\ 5 & 6 \end{pmatrix}\begin{pmatrix} 0 \\ 1 \end{pmatrix} = \begin{pmatrix} 1\times0+2\times1 \\ 3\times0+4\times1 \\ 5\times0+6\times1 \end{pmatrix} = \begin{pmatrix} 2 \\ 4 \\ 6 \end{pmatrix} = \boldsymbol{a}_2$$

$$B\boldsymbol{e}_1 = \begin{pmatrix} 1 & 2 & 3 \\ 4 & 5 & 6 \end{pmatrix}\begin{pmatrix} 1 \\ 0 \\ 0 \end{pmatrix} = \begin{pmatrix} 1\times1+2\times0+3\times0 \\ 4\times1+5\times0+6\times0 \end{pmatrix} = \begin{pmatrix} 1 \\ 4 \end{pmatrix} = \boldsymbol{b}_1$$

$$B\boldsymbol{e}_2 = \begin{pmatrix} 1 & 2 & 3 \\ 4 & 5 & 6 \end{pmatrix}\begin{pmatrix} 0 \\ 1 \\ 0 \end{pmatrix} = \begin{pmatrix} 1\times0+2\times1+3\times0 \\ 4\times0+5\times1+6\times0 \end{pmatrix} = \begin{pmatrix} 2 \\ 5 \end{pmatrix} = \boldsymbol{b}_2$$

$$B\boldsymbol{e}_3 = \begin{pmatrix} 1 & 2 & 3 \\ 4 & 5 & 6 \end{pmatrix}\begin{pmatrix} 0 \\ 0 \\ 1 \end{pmatrix} = \begin{pmatrix} 1\times0+2\times0+3\times1 \\ 4\times0+5\times0+6\times1 \end{pmatrix} = \begin{pmatrix} 3 \\ 6 \end{pmatrix} = \boldsymbol{b}_3$$

こうしてみると、$A\boldsymbol{e}_i = \boldsymbol{a}_i$ なので、行列 A は各単位ベクトル $\boldsymbol{e}_i$ の変換結果 $\boldsymbol{a}_i$ を横に並べたものだとわかります。また、行列 A の ji 成分 a_{ji} はベクトル $\boldsymbol{a}_i$ の第 j 成分なので、行列 A の ji 成分 a_{ji} は、A の表す線形写像による $\boldsymbol{e}_i$ の行き先の第 j 成分だともわかります[5)]。なお、この数式を初めて見た人は、この5つの計算例を必ず自分の手で計算しておいてください。

5) 変換を考える際は、文章で書いた時の添字の順番 (i, j) と、記号に登場する添字の順番 (j, i) が逆になることが多いです。はじめは違和感があると思いますが、そういうものと割り切って慣れてください。

変換結果は、a_iたちの係数付き和である

では次に、一般のベクトル $\boldsymbol{v}=\begin{pmatrix} v_1 \\ v_2 \\ \vdots \\ v_n \end{pmatrix}$ の行き先$A\boldsymbol{v}$を調べてみましょう。これが、$v_1\boldsymbol{a}_1 + v_2\boldsymbol{a}_2 + \ldots + v_n\boldsymbol{a}_n$ で計算できると主張するのが、2つめの公式 $A\boldsymbol{v} = \Sigma\, v_i\boldsymbol{a}_i$ です。

では、実際に$A\boldsymbol{v}$を計算してみましょう。式(2.2.1)にある通り、$A\boldsymbol{v}$は

$$A\boldsymbol{v} = \begin{pmatrix} a_{11} & a_{12} & \cdots & a_{1n} \\ a_{21} & a_{22} & & a_{2n} \\ \vdots & & \ddots & \vdots \\ a_{m1} & \cdots & \cdots & a_{mn} \end{pmatrix}\begin{pmatrix} v_1 \\ v_2 \\ \vdots \\ v_n \end{pmatrix} = \begin{pmatrix} a_{11}v_1 + a_{12}v_2 + \cdots + a_{1n}v_n \\ a_{21}v_1 + a_{22}v_2 + \cdots + a_{2n}v_n \\ \vdots \\ a_{m1}v_1 + a_{m2}v_2 + \cdots + a_{mn}v_n \end{pmatrix}$$

となるのでした。

最右辺のベクトルの成分は足し算で計算されており、1つめの項は全て○ × v_1の形をしています。2つめは全て○ × v_2の形で、最後に○ × v_nが続きます。

1つめのv_1倍されている部分に着目すると、上から順に $a_{11}, a_{21}, \ldots, a_{m1}$ と並んでいます。これは、行列の中の一番左の縦ベクトル $\boldsymbol{a}_1$ そのものですね。同様に、2つめでv_2倍にされている部分は $\boldsymbol{a}_2$ であり、最後にv_n倍された $\boldsymbol{a}_n$ が続きます。

この観察を数式でまとめると、図2.3.3にある通り、2つめの公式が得られます。

$$A\boldsymbol{v} = v_1\boldsymbol{a}_1 + v_2\boldsymbol{a}_2 + \cdots + v_n\boldsymbol{a}_n = \sum_{1\le i\le n} v_i\boldsymbol{a}_i \qquad (2.3.2)$$

この公式は、行列Aが表す線形変換にベクトル$\boldsymbol{v}$を入れた結果$A\boldsymbol{v}$は、ベクトル$\boldsymbol{a}_i$を“v_i個”ずつ使って足したものだと表現できます。

具体例で見てみましょう。例えば、$A=\begin{pmatrix} 3 & 1 \\ 1 & 2 \end{pmatrix}$ で $\boldsymbol{v}=\begin{pmatrix} 1 \\ 2 \end{pmatrix}$ の時は次のようになります（以下の式も、自分の手で計算して確認しておきましょう）。

$$A\boldsymbol{v} = \begin{pmatrix} 3 & 1 \\ 1 & 2 \end{pmatrix}\begin{pmatrix} 1 \\ 2 \end{pmatrix} = \begin{pmatrix} 3\times1+1\times2 \\ 1\times1+2\times2 \end{pmatrix} = 1\times\begin{pmatrix} 3 \\ 1 \end{pmatrix} + 2\times\begin{pmatrix} 1 \\ 2 \end{pmatrix} = \begin{pmatrix} 5 \\ 5 \end{pmatrix}$$

図 2.3.3　行列の積は a_i の係数付き和

$$A\boldsymbol{v} = \begin{pmatrix} a_{11}v_1 + a_{12}v_2 + \cdots + a_{1n}v_n \\ a_{21}v_1 + a_{22}v_2 + \cdots + a_{2n}v_n \\ \vdots \qquad\qquad \vdots \\ a_{m1}v_1 + a_{m2}v_2 + \cdots + a_{mn}v_n \end{pmatrix}$$

$\boldsymbol{a}_1$ の v_1 倍　$\boldsymbol{a}_2$ の v_2 倍　$\boldsymbol{a}_n$ の v_n 倍

$$= v_1\boldsymbol{a}_1 + v_2\boldsymbol{a}_2 + \cdots + v_n\boldsymbol{a}_n$$

$$= \sum v_i\boldsymbol{a}_i$$

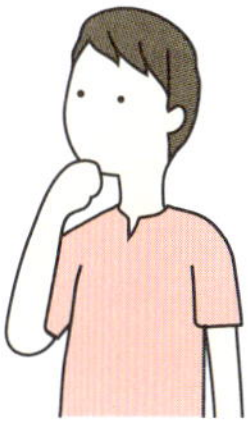

図 2.3.4　線形変換の電車のイメージ

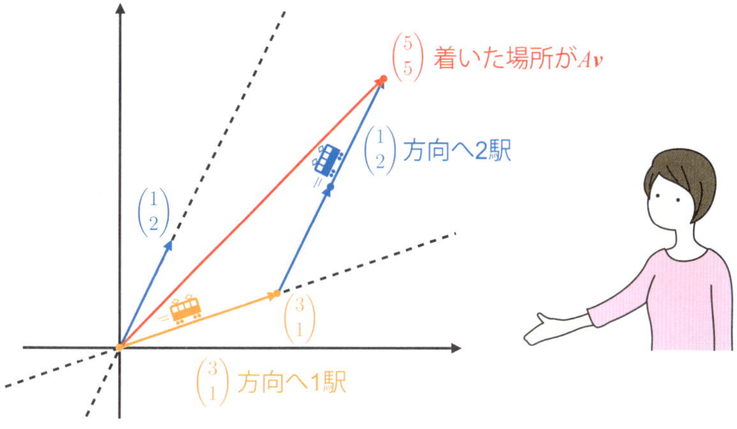

これは、図 2.3.4 のように、$\begin{pmatrix}3\\1\end{pmatrix}$ 方向に進む電車に乗って 1 駅進み、$\begin{pmatrix}1\\2\end{pmatrix}$ 方向に進む電車に乗り換えて 2 駅進んだ結果が $A\boldsymbol{v}=\begin{pmatrix}5\\5\end{pmatrix}$ であると解釈できます。この電車のイメージは、線形写像の理解や計算の際に大変便利です。

線形写像の線形性

3つめの公式に入る前に、線形写像の線形性について紹介します。

とある関数$y = f(x)$が、入力x, yと実数rについて$f(x+y) = f(x) + f(y)$と$f(rx) = rf(x)$を満たす時、その関数は**線形 (linear)** であると言います。実は、行列Aが定める線形写像も線形で、行列A、ベクトル$\boldsymbol{v}, \boldsymbol{w}$、実数$r$について次の式が成立します。

$$A(\boldsymbol{v}+\boldsymbol{w}) = A\boldsymbol{v} + A\boldsymbol{w} \tag{2.3.3}$$

$$A(r\boldsymbol{v}) = r(A\boldsymbol{v}) \tag{2.3.4}$$

この2式が成立するので、実数$r_1, r_2, \ldots, r_n$とベクトル$\boldsymbol{v}_1, \boldsymbol{v}_2, \ldots, \boldsymbol{v}_n$についての式

$$A(r_1\boldsymbol{v}_1 + r_2\boldsymbol{v}_2 + \ldots + r_n\boldsymbol{v}_n) = r_1A\boldsymbol{v}_1 + r_2A\boldsymbol{v}_2 + \ldots + r_nA\boldsymbol{v}_n$$

や、これをΣで表現した

$$A\left(\sum_i r_i\boldsymbol{v}_i\right) = \sum_i r_iA\boldsymbol{v}_i \tag{2.3.5}$$

が成立します。これは本書でもよく使う計算です。証明の方法は次のコラムにまとめておくので、興味のある人は見ておいてください。

コラム

線形性の証明と、証明を理解する方法

ここでは、式(2.3.3)についての3つの説明を紹介します。一般の場合は煩雑なので、$A = \begin{pmatrix} a_{11} & a_{12} \\ a_{21} & a_{22} \end{pmatrix}, \boldsymbol{v} = \begin{pmatrix} 1 \\ 2 \end{pmatrix}, \boldsymbol{w} = \begin{pmatrix} 3 \\ 4 \end{pmatrix}$の場合で考えてみましょう。

この時、$A\boldsymbol{v}$は$\boldsymbol{a}_1$方向の電車で1駅、$\boldsymbol{a}_2$方向の電車で2駅進んだ場所であり、$A\boldsymbol{w}$は$\boldsymbol{a}_1$方向の電車で3駅、$\boldsymbol{a}_2$方向の電車で4駅進んだ場所です。なので、この2つのベクトルの合計$A\boldsymbol{v} + A\boldsymbol{w}$は$\boldsymbol{a}_1$方向の電車で$1 + 3 = 4$駅、$\boldsymbol{a}_2$方向の電車で$2 + 4 = 6$駅進んだ場所と計算できます。進んだ駅数は結局$\begin{pmatrix} 4 \\ 6 \end{pmatrix} = \boldsymbol{v} + \boldsymbol{w}$で表されているため、このベクトルは$A(\boldsymbol{v}+\boldsymbol{w})$と等しくなります。

これを数式で表現すれば、よりシンプルです。$A\boldsymbol{v}$は$1 \times \boldsymbol{a}_1 + 2 \times \boldsymbol{a}_2$であり、$A\boldsymbol{w}$は$3 \times \boldsymbol{a}_1 + 4 \times \boldsymbol{a}_2$なので、この2つのベクトルの合計$A\boldsymbol{v} + A\boldsymbol{w}$は4

$\times\ \boldsymbol{a}_1 + 6 \times \boldsymbol{a}_2$ ですが、これは $A(\boldsymbol{v}+\boldsymbol{w})$ と等しいです。

更に圧縮して表現すると、次のようになります。

$$\begin{aligned} A\boldsymbol{v} + A\boldsymbol{w} &= (1 \times \boldsymbol{a}_1 + 2 \times \boldsymbol{a}_2) + (3 \times \boldsymbol{a}_1 + 4 \times \boldsymbol{a}_2) \\ &= (1+3) \times \boldsymbol{a}_1 + (2+4) \times \boldsymbol{a}_2 \\ &= A(\boldsymbol{v} + \boldsymbol{w}) \end{aligned}$$

一般の場合や、式 (2.3.4)(2.3.5) の証明も同様です[6)]。

以上、紹介した3つの説明のうち、皆さんはどの説明が一番納得できたでしょうか？

数学の訓練を十分に積んだ人にとっては最後の数式が一番わかり易いと思われます。一方、多くの人にとっては電車の説明が新鮮でわかりやすかったのではないでしょうか。

数式の意味を理解するとは、最後の数式の説明から、最初の電車のイメージを頭で思い浮かべられるようになることです。

本書では、電車のイメージのようなわかりやすい伝え方をなるべく心がけますので、「カンペも何も見ずに、その説明をスラスラ再現できる」状態を目指してみてください。実は、これは大学での数学者の訓練の1つです。大変ですが効果的なので、興味がある人はぜひ挑戦してみてくださいね。

変換結果は類似度を並べたものである

最後に、第3の公式を紹介します。前節で「内積は行列の積で表現できる」と説明しましたが、同じ考え方で、行列の積を内積で表現することができます。実際、ベクトル $A\boldsymbol{v}$ の第 j 成分 $(A\boldsymbol{v})_j = a_{j1}v_1 + a_{j2}v_2 + \ldots + a_{jn}v_n$ は、A の第 j 行目の横ベクトル $\vec{a}_j = (a_{j1}\ a_{j2} \ldots a_{jn})$ と、$\boldsymbol{v} = \begin{pmatrix} v_1 \\ v_2 \\ \vdots \\ v_n \end{pmatrix}$ の内積に一致します[7)]。これを式で表現すると、

6) 式 (2.3.5) を証明する場合は、同じ考え方を用いて、まず $A(\boldsymbol{v}_1 + \boldsymbol{v}_2 + \ldots + \boldsymbol{v}_n) = A\boldsymbol{v}_1 + A\boldsymbol{v}_2 + \ldots + A\boldsymbol{v}_n$ を示すと良いです。すると、$A(r_1\boldsymbol{v}_1 + r_2\boldsymbol{v}_2 + \ldots + r_n\boldsymbol{v}_n) = A(r\boldsymbol{v}_1) + A(r\boldsymbol{v}_2) + \ldots + A(r\boldsymbol{v}_n) = r_1A\boldsymbol{v}_1 + r_2A\boldsymbol{v}_2 + \ldots + r_nA\boldsymbol{v}_n$ と証明できます。

7) 細かいことを言うと、横ベクトルと縦ベクトルの内積は定義しておらず、数学的に厳密にはやや問題があります。ですが、細かいことは気にせず進むことにしましょう。

$$Av = \begin{pmatrix} \vec{a}_1 \cdot \boldsymbol{v} \\ \vec{a}_2 \cdot \boldsymbol{v} \\ \vdots \\ \vec{a}_m \cdot \boldsymbol{v} \end{pmatrix} \tag{2.3.6}$$

が成立します。なので、行列 A と縦ベクトル $\boldsymbol{v}$ の積 $A\boldsymbol{v}$ は、行列 A の中の横ベクトル $\vec{a}_j$ と縦ベクトル $\boldsymbol{v}$ の内積 $\vec{a}_j \cdot \boldsymbol{v}$ が、縦に並んだベクトルだと捉えられます。この捉え方は、深層学習や多変量解析でよく用いられており、本書でもたびたび登場します。

行列とベクトルの積の３種の意味

ここまでで、行列の積の意味「ベクトルの係数付き和（式(2.3.2)）」「内積（類似度）を並べたもの（式(2.3.6)）」の２つを紹介してきました。そしてこれに加えて、「ブラックボックス的変換」としての用途があります。これは「意味はどうでもいいから、とにかくベクトル $\boldsymbol{v}$ が別のベクトル $A\boldsymbol{v}$ に変換されていれば良い」とか、「意味はよくわからないが、計算したらこういう変換をすることになった」といった場面で用いられます。前者は、深層学習など複雑で巨大な分析モデルの一部分で線形写像が使われている場面（第16章）に多く、後者は多変量解析で数式を計算したら出てきた場面が代表的です（P366の式(18.1.1)など）。

同じ積 $A\boldsymbol{v}$ であっても、文脈に応じてその意味は様々です。本書ではできる限りこの違いに触れながら解説するので、気になったものについては自分なりに考えてみると良いでしょう。

コラム

行列の積が非可換な理由

行列 A, B について、一般に AB と BA は等しくありません。つまり、一般には $AB \neq BA$ なのです。このように、順序を入れ替えると結果が変わることを、**非可換 (non-commutative)** と言います。行列の積が非可換である理由は、行列の積が変換であると考えるとわかりやすいです。なぜなら、変換は、適用する順番を変えると結果が変わるためです。例えば、卵に対して行う以下２つの変換を考えてみましょう。

・熱する変換：卵を熱することで「卵を熱された卵にする」変換
・殻むき変換：卵の殻をむくことで「殻の中身を取り出す」変換

先に「熱する変換」を行ってから「殻むき変換」を行うとゆで卵ができる一方、先に「殻むき変換」を行ってから「熱する変換」を行うと目玉焼きができますよね。このように、変換を適用する順番を変えれば、結果が変わるのは当たり前のことなのです。

これを、行列による線形変換に当てはめてみましょう。

行列ABによる変換は、ベクトル$\boldsymbol{v}$をベクトル$AB\boldsymbol{v}$に変換します。これは、まず$\boldsymbol{v}$を$B\boldsymbol{v}$に変換し（Bの表す変換）、$B\boldsymbol{v}$を$A(B\boldsymbol{v})$に変換する（Aの表す変換）２段階に分解できます。一方、BAの表す変換は、先にAの表す変換を行い、次にBの表す変換を行います。そのため、変換の適用順序がABとBAでは逆です。変換の順序が変わっているので、この２つの変換は一致しない方が当たり前と言えるでしょう。

積なのに$AB \neq BA$であることには、納得できない人も多いでしょう。これに対処するには、諦めて受け入れて慣れるか、この計算を「積」と呼ばないかの２択です。個人的には、諦めて受け入れて慣れる方針がおすすめです。なぜなら、2.2節のコラム「なぜ、これは積と呼ばれるのか？」で紹介した通り、３つの式が成立するものを「積」と呼ぶのが世界の慣習だからです。

Point!

行列による線形変換の意味と性質

・行列の積を用いると、ベクトルを変換できる
・行列とベクトルの積の意味には「行列の中の縦ベクトルの係数付き和」「行列の中の横ベクトルとの内積を並べたもの」に加え、「意味はどうでもいいので、とりあえずその式で変換しておくというブラックボックス的変換」の３種がある
・行列同士の積は変換の合成なので、積の順序で結果が変わる（$AB \neq BA$）

第2章のまとめ

・行列とは数字が縦横に並んだものであり、データ分析ではデータ・パラメーター・量の表現や、変換・関係の表現に用いられる

・行列 A を用いると、ベクトル $\boldsymbol{v}$ をベクトル $A\boldsymbol{v}$ に変換する線形変換が定義できる

・内積は、行列の積と転置を用いて、$\boldsymbol{v} \cdot \boldsymbol{w} = {}^t\boldsymbol{v}\boldsymbol{w}$ と表現できる

・行列の積と転置についての式 ${}^t(AB) = {}^tB{}^tA$ が成立する

・行列 A の ji 成分 a_{ji} は、A の表す線形写像での第 i 単位ベクトル $\boldsymbol{e}_i$ の行き先の j 番目の成分である

・行列 A に第 i 単位ベクトル $\boldsymbol{e}_i$ を掛けると、行列の第 i 列 $\boldsymbol{a}_i$ が出てくる（式 (2.3.1)）

・行列 A とベクトル $\boldsymbol{v}$ の積は、行列の各縦ベクトル $\boldsymbol{a}_i$ に重み v_i を付けて足した重み付き和である（式 (2.3.2)）

・行列 A とベクトル $\boldsymbol{v}$ の積は、行列の各横ベクトル $\bar{a}_j$ と $\boldsymbol{v}$ の内積が縦に並んだものである（式 (2.3.6)）

第1部のまとめ

第１部では、ベクトルの内積や行列の表す線形変換など、線形代数のうち微分積分との関係が深い部分を中心に紹介しました。行列の積などは、用いる計算が足し算と掛け算のみなので、計算するだけなら簡単です。一方、単なる足し算掛け算とはいえ、その計算の意味の理解には一苦労あったでしょう。ここで紹介した計算はこの後もたくさん使うので、実践で利用する中で、行列の計算の意味を体得していってください。

ポイントは？

- ベクトルも行列も数字が縦横に並んだものであり、データやパラメーターの表現に利用される
- データ分析におけるベクトルの次元は、単に変数の数やデータの数である
- ベクトルの内積は、データとパラメーターの積の和や、類似度として利用される
- 行列とベクトルの積の意味を考える上では、行列を「縦ベクトルが横に並んだもの」や「横ベクトルが縦に並んだもの」と考えると良い
- 理解できなかった場合は、計算の経験不足の可能性が高い。練習問題を作って、くり返し解いてみると良い

続く第２部では、微分と積分を扱います。これらの定義には「極限」が用いられます。極限は数学の中で最も難しい概念の１つであるため、単に計算するだけでもかなり難しいのですが、その意味は意外とシンプルです。線形代数とは難しい箇所が反転しているこの微分と積分を、データ分析の観点から改めて理解してみましょう。

第 2 部

微分積分の基礎

微分積分は、関数を深く調べ活用するために発展してきた一連の技法群です。これらの定義には、「極限」という、数学的に最も難しい概念の１つが用いられているため、厳密な計算や証明は極めて難解です。これは変えがたい事実なのですが、微分積分の意味はとてもシンプルで、微分は変化の倍率、積分は総和として理解できます。

微分は変化を司っており、複雑な関数の変化を線形な関数で単純化することで、深い解析を可能にします。一方、積分は関数の値の総和なので、量的・統計的な概念を計算の土台に載せることを可能にします。

本書は数学書ではなく、データ分析での活用を目的とした数学の理解を目指す本です。過度に厳密な議論には立ち入らず、その意味や本質を捉えた説明をお届けします。

第3章

微分

微分は変化の倍率・変換である

深層学習や生成モデルなど、発展的な分析モデルでは複雑な関数が利用されます。微分は、関数の変化に着目して関数の振る舞いを捉える技術であり、どんなに複雑な関数であっても解析の足がかりを与えてくれます。

本章では、微分の定義を紹介した後、1変数関数の微分は「変化の倍率」、多変数関数の微分は「変化の変換」であるという見方について解説しつつ、代表的な関数の微分公式を紹介します。

3.1 微分の定義と意味

「微分は難しい」を認めて前に進む

はっきり言って微分は難しいです。「極限」という数学的に最も難しく、直感的でない操作が用いられることがその原因です。ただし、データ分析への微分の利用であれば、その困難はかなり軽減されます。

微分にまつわる人間の努力は、計算・証明・理解・利用の4つに大別できます。このうち、試験などで求められる計算と証明は極めて難しく、それ専門の特殊な訓練を数年間かけて積んで、やっとできるかどうかです（皆さんの経験の通りです）。一方、微分と言っても所詮は変化の倍率なので、微分の意味の理解や活用はそこまで難しくありません。データ分析のための微分の理解は、試験のための微分の理解とは別物です。心機一転、改めて微分の理解に挑戦していきましょう。

図 3.1.1　求められる微分理解の違い

	難しさ	試験で必要	データ分析で必要
微分の手計算	難しい	○	△ } ベイズや多変量解析でたまに使う
微分を含む証明	難しい	○	△
計算結果の理解	ふつう	△ } あると良い	○ } こちらがメイン
微分の利用	ふつう	△	○

なお、説明の都合上、微分の細かい計算がたくさん登場します。ですが、線形代数の時とは異なり、これらの計算全てを完璧に理解する必要はありません。それよりは、計算の結果得られる公式の意味や、議論の全体像を捉えることに集中すると良いでしょう。余力がある人は計算一つひとつの理解にも挑戦してみてください。

微分の定義と記号

微分とは「変化の倍率」です。変化を司る概念であるため、速度や 1 次近似に用いられます。その考え方を応用し、モデル化や最適化（最大・最小の探索）などに幅広く用いられます。

まずは記号の定義から始め、意味や用法はその後に見ていくことにしましょう。

定義（微分）

関数 $y=f(x)$ に対し、f の $x=a$ での**微分 (derivative)** を

$$\lim_{h\to 0}\frac{f(a+h)-f(a)}{h}$$

で定義する。この値を、$f'(a)$、$\dfrac{df}{dx}(a)$、$\dfrac{d}{dx}f(a)$ などと書く。

また、入力 x に対して、その点での微分 $f'(x)$ を出力する関数を、**導関数 (derivative function)** と言う。

説明に入る前に、いくつかの用語と記号を追加で紹介します。

関数 $y=f(x)$ を微分すると、別の関数 $y=f'(x)$ が手に入ります。この関数 $f'(x)$ をさらに微分することもよくあり、以下のような様々な記号で書かれます。

$$\left(f'(x)\right)'=f''(x)=f^{(2)}(x)=\frac{d^2 f}{dx^2}(x)=\frac{d}{dx}\frac{df}{dx}(x)=\left(\frac{d}{dx}\right)^2 f(x)$$

さらに微分した場合も、同様の記号を用います。状況によって便利な記法が異なるので、どれもよく利用されています。非常に多くの種類がありますが、諦めて慣れてしまうと良いでしょう。ここで、微分を 2 回行うことを **2 階微分 (2nd order derivative)** と言い、$f''(x)=f^{(2)}(x)=\ldots$ を 2 階の導関数と言います。3 階以上も同様です。

図 3.1.2 微分の様々な記法

1階微分	$f'(x)$	$f^{(1)}(x)$		$\frac{df}{dx}(x)$	$\frac{d}{dx}f(x)$
2階微分	$f''(x)$	$f^{(2)}(x)$	$\frac{d^2 f}{dx^2}(x)$	$\frac{d}{dx}\frac{df}{dx}(x)$	$\left(\frac{d}{dx}\right)^2 f(x)$
⋮					
n 階微分		$f^{(n)}(x)$	$\frac{d^n f}{dx^n}(x)$		$\left(\frac{d}{dx}\right)^n f(x)$
⋮					

なお、一般の関数 f では、この極限 $\lim_{h\to 0}\frac{f(a+h)-f(a)}{h}$ が存在せず、$f'(a)$ が計算できない場合もあります。その場合、関数 f は点 $x=a$ で**微分不可能 (indifferentiable)** と言われます。一方、データ分析で使うほとんどの関数は、どの点でも何階の微分でも計算できます。そのため、本書では特に断らない限り、関数と言えば何階でも微分可能であるとします。また、何階でも微分できる関数を、本書では**なめらかな (smooth)** 関数と呼ぶことにします。

変化の倍率

ここから、微分の意味やその使い方を見ていきます。

微分の定義式は、$\lim_{h\to 0}$ と $\frac{f(a+h)-f(a)}{h}$ の 2 つの部分に分けられます。まずは、分数の部分の意味を見ていきましょう。この分数の分子 $f(a+h)-f(a)$ は、$x=a+h$ の時の y の値 $f(a+h)$ と、$x=a$ の時の y の値 $f(a)$ の差です。数学ではよく◯◯の差を「Δ◯◯」と書くので、この値も Δy と書くことにします。

一方、分母の h は、比較に使った 2 つの x の値の差なので、これも Δx と書くことにしましょう。すると、この分数は次のように書けます。

$$\frac{f(a+h)-f(a)}{h}=\frac{\Delta y}{\Delta x}$$

この値は、入力の変化 Δx から出力の変化 Δy への倍率を表しています。

この計算はデータ分析でよく使うので、馴染みがある人も多いでしょう。

例えば、家賃相場と駅からの距離の分析の結果、図 3.1.3 の中のグラフが得られたとします。この分析によると、駅からの距離が 500m から 1000m になると、家賃相場が 15 万円から 10 万円に変化します。駅からの距離が 500m 変化すると家賃相場が-5 万円になるので、おおよそ 1m あたり家賃が-100 円される傾向があるとわかります。この 1m あたり -100 円という数値が変化の倍率です。

図 3.1.3　入出力の変化の倍率

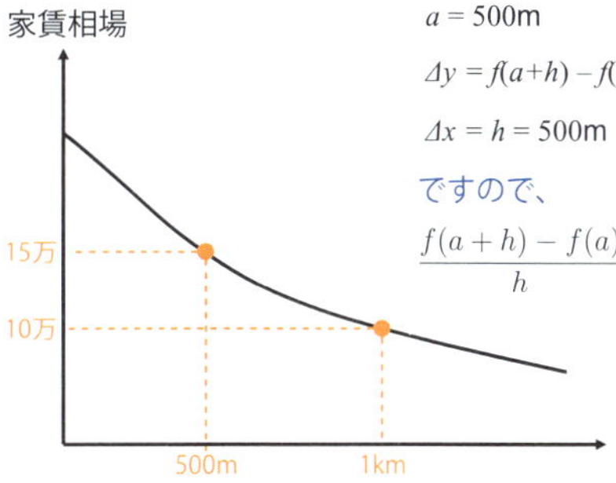

先ほどの数式に当てはめると

y: 家賃相場、x: 駅からの距離

$a = 500\mathrm{m}$　　$a + h = 1000\mathrm{m}$　　$f(a) = 15$万円　　$f(a+h) = 10$万円

$\Delta y = f(a+h) - f(a) = 10$万円 $-$ 15万円 $= -$ 5万円

$\Delta x = h = 500\mathrm{m}$

ですので、

$$\frac{f(a+h)-f(a)}{h} = \frac{\Delta y}{\Delta x} = \frac{-5\text{万円}}{500\,\mathrm{m}} = -100\,\text{円}/\mathrm{m}$$ ←変化の倍率

この変化の倍率を用いると、駅からの距離が 600m なら家賃相場はおおよそ 14 万円、700m ならおおよそ 13 万円と予測できます。

図 3.1.4　変化の倍率を用いた予測

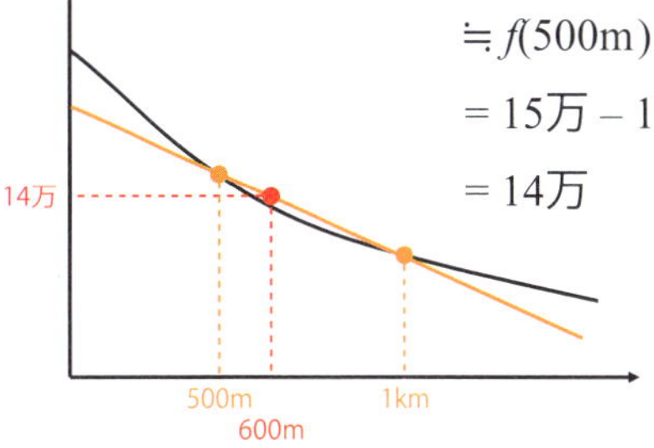

$$f(600\mathrm{m}) = f(500\mathrm{m} + 100\mathrm{m})$$

500mからの変化は1mあたり-100円だろうと近似

$$\fallingdotseq f(500\mathrm{m}) + (-100\,\text{円}/\mathrm{m}) \times 100\mathrm{m}$$

$$= 15\text{万} - 1\text{万}$$

$$= 14\text{万}$$

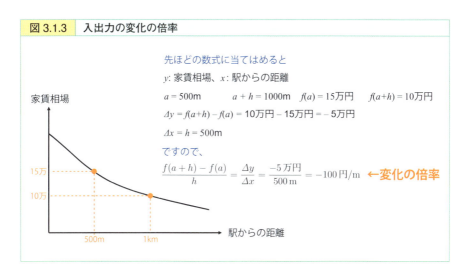

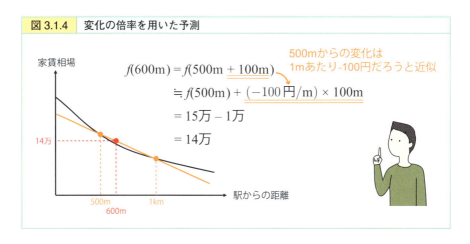

一般の場合、基準となる500mをa、そこからの変化をbと書けば、家賃相場の予測値は次のように計算できます。

$$f(a+b) \fallingdotseq f(a)+\frac{\Delta y}{\Delta x}\times b \tag{3.1.1}$$

このように、変化の倍率を用いた予測はデータ分析ではよく用いられます。この変化の倍率を用いた周辺の値の予測が、微分の真髄です。

1次近似

次に、微分を構成する部品のもう一方である$\lim_{h\to 0}$の役割を紹介します。実は、近似式(3.1.1)はΔxが小さいほど正確で、$\Delta x \to 0$の極限で精度が最良になると知られています。なので、関数fの点$x=a$の周りでの値を近似する時は、以下の式が用いられています。

$$\begin{aligned} f(a+b) &\fallingdotseq f(a)+\lim_{\Delta x\to 0}\frac{\Delta y}{\Delta x}\times b \\ &= f(a)+\lim_{h\to 0}\frac{f(a+h)-f(a)}{h}\times b \\ &= f(a)+f'(a)\times b \end{aligned} \tag{3.1.2}$$

この式(3.1.2)は、入力の変化bについての1次式です。そのため、式(3.1.2)は関数$f(x)$の$x=a$の周りの**1次近似(first order approximation)**と呼ばれています。

これが微分です。つまり、関数の値の変化を近似するため、変化の倍率を用いる発想が微分の本質であり、その近似精度の最大化のために極限が用いられているのです。

Point!

微分の意味 - 微分は変化の倍率である

$$f'(a) = \lim_{h \to 0} \frac{f(a+h) - f(a)}{h}$$

- $\dfrac{f(a+h) - f(a)}{h}$ は、関数 $y = f(x)$ の入力の変化 Δx と出力の変化 Δy の倍率 $\dfrac{\Delta y}{\Delta x}$ である
- 入出力の変化の倍率を用いると、関数の値を近似できる
- 近似精度が最良である倍率は、$h \to 0$ $(\Delta x \to 0)$ の極限で計算できる
- つまり、微分 $f'(a)$ は、精度最良の 1 次近似を与える変化の倍率である

最後に、別の記法を紹介します。

a や b など文字を増やしたくない場合は、基準点の a の代わりに x を使い、基準点からの変化 b の代わりに Δx を用いて、次のように書きます。

$$f(x + \Delta x) \fallingdotseq f(x) + f'(x)\,\Delta x \tag{3.1.3}$$

この式の意味も式(3.1.2) と同じで、「x から Δx だけズレた点での f の値 $f(x + \Delta x)$ は、$f(x)$ と $f'(x)\,\Delta x$ の和で近似できる」です。

また、基準点を x_0 と書き、$x + \Delta x$ を改めて x と書いて、

$$f(x) \fallingdotseq f(x_0) + f'(x_0)\,(x - x_0) \tag{3.1.4}$$

とする記法もあります。見ためは異なりますが、どれも全く同じ意味の数式です。

変化の速度

ここからは、微分の他の意味合いについて紹介します。入力の変数が時刻を表す場合、微分は変化の速度を表します。この説明のため、まずは記号の紹介から入ります。

入力が時刻を表す場合、入力を表す変数を t とし、出力を表す変数は x を使うことが多いです。また、f も用いず、$x = x(t)$ と書きます[1)]。

また、時刻 t での微分は、$x'(t)$ や $x''(t)$ ではなく、$\dot{x}(t)$ や $\ddot{x}(t)$ という記号を用いることが多いです。またも記号が多いですが、そういう習慣なので慣れてしまいましょう。

時間での微分が変化の速度を表す理由はシンプルです。微分の定義式

$$\dot{x}(t) = \lim_{\Delta t \to 0} \frac{x(t + \Delta t) - x(t)}{\Delta t}$$

の分数の部分を見てみましょう。分子の $x(t + \Delta t) - x(t)$ は x の変化量 Δx であり、分母の Δt はその変化に要した時間です。この場合、変化の倍率 $\frac{\Delta x}{\Delta t}$ は変化の速度なので、その極限の $\dot{x}$ も変化の速度を表すのです。

特に x が位置を表す場合を考えると、様々な概念を理解しやすくなります。例えば、とある物体が 40m/s で進んでいる場合を考えてみましょう。すると、5 秒後にはこの物体は 200m ほど進むだろうと考えられますよね。実は、これは先程紹介した 1 次近似の計算そのものです

実際、今の時刻を t、時間差を $\Delta t = 5$ 秒として、現在の位置を $x(t)$、速度を $\dot{x}(t) =$ 40m/s と書いて 1 次近似の式 $x(t + \Delta t) = x(t) + \dot{x}(t)\Delta t$ に代入すると、$x(t + \Delta t) = x(t)$ + 40m/s × 5 秒 $= x(t)$ + 200m が得られます。このように、この 200m という数値は、1 次近似で計算された数値だったのです。

ちなみに、$x = x(t)$ が物体の位置を表す場合、1 階微分 $\dot{x}(t)$ は**速度 (velocity)** を表し、2 回微分 $\ddot{x}(t)$ は、その速度の変化である**加速度 (acceralation)** を表します。これらは物理的な場面でよく使われます[2)]。

---

1) $x = x(t)$ は、「x と $x(t)$ が等しい」という意味ではなく、「変数 x は、実は時刻 t に依存して変化する関数だよ」という意味で使われます。例えば、物体の温度 u が時刻 t や位置 x, y, z によって変化する場合、$u = u(t, x, y, z)$ と書きます。

2) ちなみに、時間での 3 階微分 $\dddot{x}(t)$ は**加加速度 (jerk)** や**躍度**と言います（加加速度は「かかそくど」と読みます）。乗り物の運転を考えると、加速度は慣性力（の逆）なので、その変化である加加速度は乗り物の揺れを表します。実際にはその揺れの変化である 4 階微分 $\ddddot{x}(t)$ がなめらかになるよう心がけると、快適な運転になるでしょう。この 4 階微分は**加加加速度 (snap)** と言います。

グラフと微分

関数のグラフを用いると、微分の別の側面が見られます。微分の定義の中の分数 $\dfrac{f(a+h)-f(a)}{h}$ は、2点 $(a, f(a))$ と $(a+h, f(a+h))$ を通る直線の傾きです。ここで h を 0 に近づける極限では、この2点を通る直線は関数 $y=f(x)$ の点 $(a, f(a))$ での接線となります。

図 3.1.5 微分と接線

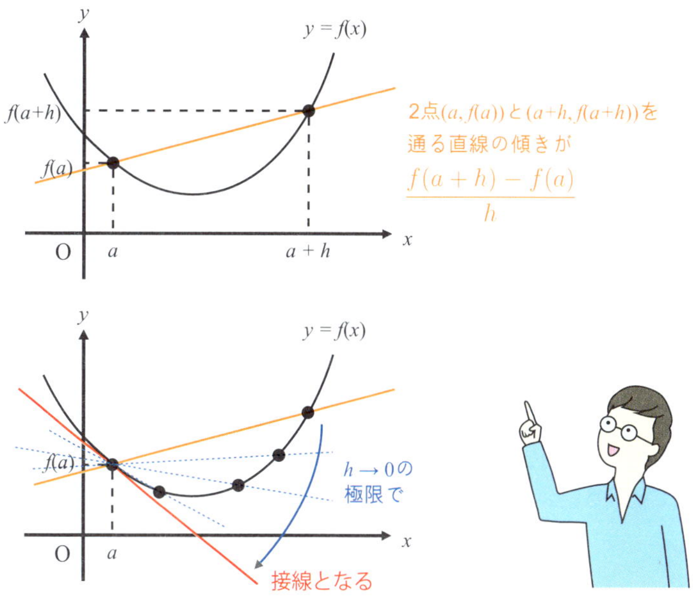

では、グラフを見ながら再び1次近似について考えてみましょう。

以下の、1次近似の式

$$f(x) \fallingdotseq f(a)+f'(a)(x-a)$$

の左右をそれぞれグラフ化すると、左の $y=f(x)$ は元の関数のグラフであり、右の $y=f(a)+f'(a)(x-a)$ は点 $(a, f(a))$ での接線のグラフになると知られています。確かに、点 a の周りに注目すると、接線の時、つまり、変化の倍率として微分を用いた時に最も近似精度が良いとわかるでしょう。

図 3.1.6　接線が最良の 1 次近似

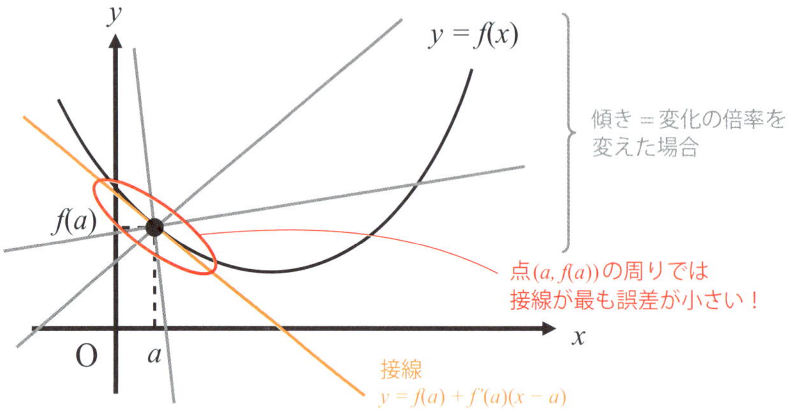

ただし、微分を接線の傾きとして理解するのはおすすめしません。グラフに描ける関数のみを扱うなら、これも有効な理解です。しかし、データ分析で用いる関数はとてもグラフには描けないため、グラフのイメージでは微分を用いた技法を理解できません。基本的に、微分とは入出力の変化の倍率であると理解しつつ、接線の傾きとしての理解が活用できる場面でのみ、たまに使う程度が良いでしょう。実際、本書では、8.1 節での補助説明を除いて接線の利用はありません。

最後に、本節で紹介した微分の本質をまとめます。

Point!

微分の本質

- 微分は入出力の変化の倍率である（微分 $= \lim_{\Delta x \to 0} \frac{\Delta y}{\Delta x}$）
- 変化の倍率なので、1 次近似に利用できる（$f(x + \Delta x) \fallingdotseq f(x) + f'(x)\,\Delta x$）
- 入力の変数が時刻を表す場合、微分は変化の速度を表す
- グラフを用いて考えると、$f'(a)$ は、$y = f(x)$ のグラフの点 $(a, f(a))$ での接線の傾きである

この 4 つの中でも前半の 2 つは特に重要です。本書でも、以降何度も利用していきます。

3.2 微分の計算例

微分の線形性

本節では、よく使う関数の微分公式について解説します。ここでも、細かい式変形より、公式の意味の理解が重要です。本節で登場する公式はこの後に何度も利用されます。その時に、その公式を用いた式変形がすんなりと受け入れられる状態を目指すと良いでしょう。

まず始めに、微分の線形性と呼ばれる公式を紹介します。

定理（微分の線形性）

実数 a と関数 $f(x), g(x)$ と、これらから作った関数 $p(x) = af(x), q(x) = f(x) + g(x)$ について、次の公式が成立する。

$$p'(x) = af'(x) \tag{3.2.1}$$

$$q'(x) = f'(x) + g'(x) \tag{3.2.2}$$

これらの式は、$af(x)$ や $f(x) + g(x)$ を微分しているという気持ちを込めて、

$$(af(x))' = af'(x)$$
$$(f(x) + g(x))' = f'(x) + g'(x)$$

とも書きます。

これらの 2 式が成立する理由は非常に単純です。関数 $p(x) = af(x)$ の値は常に $f(x)$ の a 倍です。そのため、出力の変化も a 倍なので、入出力の変化の倍率も a 倍になります。そのため、微分の値も a 倍になります。関数 $q(x) = f(x) + g(x)$ の値は $f(x)$ と $g(x)$ の合計なので、$h(x)$ の変化は $f(x)$ の変化と $g(x)$ の変化の合計になります。そのため、変化の倍率である微分も合計になるのです。

今の説明を、それぞれ数式で書いておきましょう。式 (3.2.1) は次のように計算できます。

$$
\begin{aligned}
p'(x) &= \lim_{\Delta x \to 0} \frac{p(x+\Delta x)-p(x)}{\Delta x} \quad \cdots\cdots(1)\\
&= \lim_{\Delta x \to 0} \frac{af(x+\Delta x)-af(x)}{\Delta x} \quad \cdots\cdots(2)\\
&= \lim_{\Delta x \to 0} \frac{a\times\big(f(x+\Delta x)-f(x)\big)}{\Delta x} \quad \cdots\cdots(3)\\
&= \lim_{\Delta x \to 0} a\times\frac{f(x+\Delta x)-f(x)}{\Delta x} \quad \cdots\cdots(4)\\
&= af'(x) \quad \cdots\cdots(5)
\end{aligned}
$$

（1）微分の定義を用いて変形
（2）$p(x)$ の定義を用いて変形
（3）出力が a 倍だから変化も a 倍
（4）変化が a 倍だから倍率も a 倍
（5）倍率が a 倍だから微分も a 倍

また式 (3.2.2) は次のように計算できます。

$$
\begin{aligned}
q'(x) &= \lim_{\Delta x \to 0} \frac{q(x+\Delta x)-q(x)}{\Delta x} \quad \cdots\cdots(1)\\
&= \lim_{\Delta x \to 0} \frac{\big(f(x+\Delta x)+g(x+\Delta x)\big)-\big(f(x)+g(x)\big)}{\Delta x} \quad \cdots\cdots(2)\\
&= \lim_{\Delta x \to 0} \frac{\big(f(x+\Delta x)-f(x)\big)+\big(g(x+\Delta x)-g(x)\big)}{\Delta x} \quad \cdots\cdots(3)\\
&= \lim_{\Delta x \to 0}\left(\frac{f(x+\Delta x)-f(x)}{\Delta x}+\frac{g(x+\Delta x)-g(x)}{\Delta x}\right) \quad \cdots\cdots(4)\\
&= f'(x)+g'(x) \quad \cdots\cdots(5)
\end{aligned}
$$

（1）微分の定義を用いて変形
（2）$q(x)$ の定義を用いて変形
（3）出力が合計だから変化も合計
（4）変化が合計だから倍率も合計
（5）倍率が合計だから微分も合計

$f(x)=a$（定数）の時、$f'(x)=0$

ここからは具体的な関数の微分を扱います。まずは、最も簡単な場合を計算してみましょう。関数 $f(x)$ が定数関数の時、その微分は 0 になります。理由は単純で、出力の変化が常に 0 なので、入出力の変化の倍率も 0 だからです。一応、数式でも計算しておくと、次のようになります。

$$
\begin{aligned}
f'(x) &= \lim_{\Delta x \to 0} \frac{f(x+\Delta x)-f(x)}{\Delta x} \\
&= \lim_{\Delta x \to 0} \frac{a-a}{\Delta x} \\
&= \lim_{\Delta x \to 0} 0 \\
&= 0
\end{aligned}
$$

$f(x)=x^n$ の時、$f'(x)=nx^{n-1}$

ここから本格的な計算が始まります。n 次式 x^n の微分では、$(x+\Delta x)^n - x^n$ の計算が求められます。ここで二項定理と呼ばれる公式を用いると、

$$
(x+\Delta x)^n = x^n + {}_nC_1\, x^{n-1}\, \Delta x + {}_nC_2\, x^{n-2}\, \Delta x^2 + \ldots + {}_nC_{n-1}\, x\, \Delta x^{n-1} + \Delta x^n
$$

と計算できることが知られています。これを用いると、

$$
\begin{aligned}
f'(x) &= \lim_{\Delta x \to 0} \frac{f(x+\Delta x)-f(x)}{\Delta x} \\
&= \lim_{\Delta x \to 0} \frac{(x+\Delta x)^n - x^n}{\Delta x} \\
&= \lim_{\Delta x \to 0} \frac{(x^n + nx^{n-1}\Delta x + {}_nC_2 x^{n-2}\Delta x^2 + \cdots + \Delta x^n) - x^n}{\Delta x} \\
&= \lim_{\Delta x \to 0} \frac{nx^{n-1}\Delta x + {}_nC_2 x^{n-2}\Delta x^2 + \cdots + \Delta x^n}{\Delta x} \\
&= \lim_{\Delta x \to 0} \left(nx^{n-1} + {}_nC_2 x^{n-2}\Delta x + \cdots + \Delta x^{n-1} \right) \\
&= nx^{n-1} + \lim_{\Delta x \to 0} \Delta x({}_nC_2 x^{n-2} + \cdots + \Delta x^{n-2}) \\
&= nx^{n-1} + 0 \\
&= nx^{n-1}
\end{aligned}
$$

と計算できます。

なお、この微分の計算は、積の微分（4.1 節）を用いると、よりすっきりと理解できます。ですから、この計算の理解に苦しんでいる方も、過度に悩まず先に進んでください。

次に、この公式の計算例を紹介します。具体的な n で計算してみると、

$$f(x) = x \to f'(x) = 1$$
$$f(x) = x^2 \to f'(x) = 2x$$
$$f(x) = x^3 \to f'(x) = 3x^2$$
$$f(x) = x^4 \to f'(x) = 4x^3$$

と続きます。微分の線形性と合わせて考えると、例えば $f(x) = 2x^2 + 5x + 1$ の場合、$2x^2$ の微分が $4x$、$5x$ の微分が 5、1 の微分が 0 となるので、次のように計算できます。

$$f(x) = 2x^2 + 5x + 1 \to f'(x) = 4x + 5$$

図 3.2.1　多項式の微分の計算方法

マジメな計算

$$\frac{d}{dx}\left(2x^2 + 5x + 1\right)$$
$$= \frac{d}{dx}2x^2 + \frac{d}{dx}5x + \frac{d}{dx}1$$
$$= 2\frac{d}{dx}x^2 + 5\frac{d}{dx}x + \frac{d}{dx}1$$
$$= 2 \cdot 2x + 5 \cdot 1 + 0$$
$$= 4x + 5$$

和の微分は微分の和
$(f + g + h)' = f' + g' + h'$

定数倍の微分は
微分の定数倍
$(af)' = af'$

計算のやり方

$$\frac{d}{dx}\left(2x^2 + 5x + 1\right)$$

微分：$x^2 \to 2x$、$x \to 1$、$1 \to 0$

$$= 2 \cdot 2x + 5 \cdot 1 + 0$$
$$= 4x + 5$$

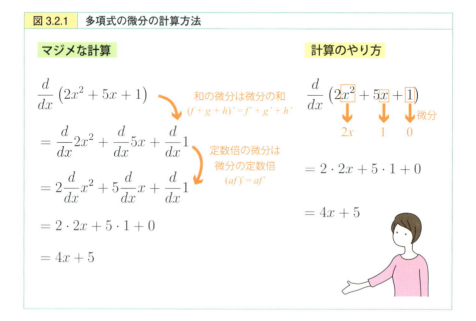

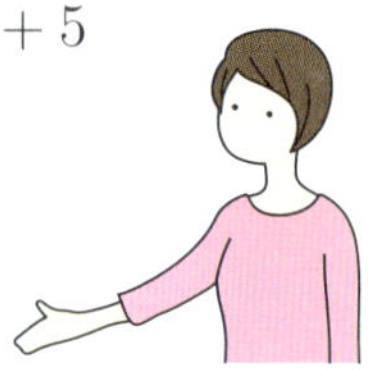

実は、0ではない実数αについて、$(x^{\alpha})' = \alpha x^{\alpha-1}$が成立します。そのため、例えば$f(x) = \sqrt{x} = x^{\frac{1}{2}}$の場合、$f'(x) = \frac{1}{2}x^{\frac{1}{2}-1} = \frac{1}{2}x^{-\frac{1}{2}} = \frac{1}{2\sqrt{x}}$と計算できます[3)]。

$f(x) = \cos x, \sin x$ の時、$f'(x) = -\sin x, \cos x$

三角関数の微分では、位置と速度を利用します。点$(\cos\theta, \sin\theta)$は、点$(0, 1)$から単位円上を左回りに距離θ進んだ点です。なので、時刻tに座標$(\cos t, \sin t)$にいる点を考えると、その速さは常に1で、進行方向は円の接線方向だとわかります。この時、図3.2.2の2つの青い三角形が合同なので、この点の速度ベクトルは$(-\sin t \;\; \cos t)$と計算できます。速度は時間での微分なので、x成分とy成分の比較で以下の式が得られます。

$$\frac{d}{dt}\cos t = -\sin t, \quad \frac{d}{dt}\sin t = \cos t$$

図3.2.2　三角関数の微分

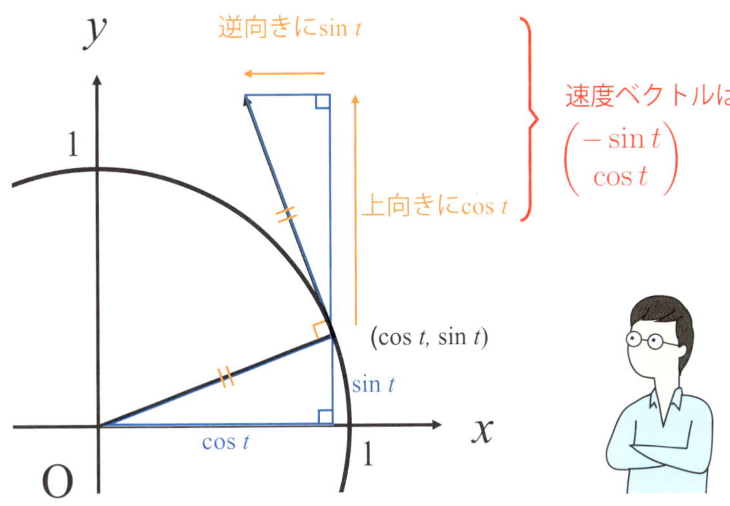

3) 厳密には、$x = 0$で微分の定義の極限が収束しないため、$x = 0$では微分不可能です。一般に、$0 < \alpha < 1$なる実数αを用いて定義される関数$f(x) = x^{\alpha}$は、$x = 0$で微分不可能です。これは、データ分析で目にする関数で、微分不可能な点を持つ数少ない例外の1つです。

$f(x) = e^x$の時、$f'(x) = e^x$

実は、指数関数$f(x) = e^x$は、その微分も同じ関数$f'(x) = e^x$となります。この性質が数学的に極めて便利で、広く応用されています。

指数関数の微分の計算では、ネイピア数eの設定が鍵を握ります。0.3節で紹介した通り、指数関数$y = f(x) = e^x$は、xの値が0.01増えた時、yの値が約1%増えるように調整されています。つまり、$\Delta x = 0.01$の時、$\Delta y \fallingdotseq 0.01\,y$です。なので、入出力の変化の倍率は以下の式で近似できます。

$$\frac{\Delta y}{\Delta x} \fallingdotseq \frac{0.01\ y}{0.01} = y = e^x$$

実は、$\Delta x \to 0$の極限で「≒」が「=」になるため、指数関数$f(x) = e^x$の微分は$f'(x) = e^x$となるのです。逆に言えば、こうなるようにeの値が設定されているのです。

一応、数式で厳密に計算すると、次のようになります。

$$\begin{aligned}
f'(x) &= \lim_{\Delta x \to 0} \frac{f(x+\Delta x) - f(x)}{\Delta x} \\
&= \lim_{\Delta x \to 0} \frac{e^{x+\Delta x} - e^x}{\Delta x} \\
&= \lim_{\Delta x \to 0} \frac{e^x e^{\Delta x} - e^x}{\Delta x} \\
&= \lim_{\Delta x \to 0} \frac{e^x (e^{\Delta x} - 1)}{\Delta x} \\
&= e^x \lim_{\Delta x \to 0} \frac{e^{\Delta x} - 1}{\Delta x} \\
&= e^x
\end{aligned}$$

この中の極限$\lim_{\Delta x \to 0} \frac{e^{\Delta x} - 1}{\Delta x}$の計算は難しそうですが、これが1になるように$e$の値が設定されているため[4)]、指数関数$f(x) = e^x$の微分は$f'(x) = e^x$となるのです。

4) 厳密には、この極限が1になることがeの定義（の1つ）です。

ちなみに、指数関数に対して1次近似の式(3.1.3)を用いると、$f'(x)=e^x$、$f'(0)=1$ なので、以下の式が得られます。

$$e^{\Delta x}=f(\Delta x)=f(0+\Delta x)\fallingdotseq f(0)+f'(0)\,\Delta x=1+\Delta x$$

$$e^{x+\Delta x}=f(x+\Delta x)\fallingdotseq f(x)+f'(x)\,\Delta x=e^x+e^x\,\Delta x=e^x\,(1+\Delta x) \qquad (3.2.3)$$

$f(x)=\log x$ の時、$f'(x)=\dfrac{1}{x}$

これも指数関数の微分と似た方法で計算できます。対数関数の定義（0.3節）より、$y=\log x$ の時、$x=e^y$ となります。指数関数と比較して、x と y の役割が逆なので、x が1% 増えると y が約0.01増えます。そのため、変化の倍率は次のように計算できます。

$$\frac{\Delta y}{\Delta x}\fallingdotseq\frac{0.01}{0.01\,x}=\frac{1}{x}$$

指数関数と同様、$\Delta x\to 0$ の極限を取るとこの「≒」が「=」となるので、対数関数 $f(x)=\log x$ の微分は $f'(x)=\dfrac{1}{x}$ とわかります。

一応、数式でも厳密に計算しておきましょう。

対数法則(0.3.3)を用いると、$\log(x+\Delta x)-\log x=\log\dfrac{x+\Delta x}{x}=\log\left(1+\dfrac{\Delta x}{x}\right)$ と計算できます。つまり、log の変化は、入力 x とその変化 Δx の比 $\dfrac{\Delta x}{x}$ を用いて計算できるのです。この式を用いると、次のように計算できます。

$$f'(x)=\lim_{\Delta x\to 0}\frac{\log(x+\Delta x)-\log x}{\Delta x}$$

$$=\lim_{\Delta x\to 0}\frac{\log\left(1+\dfrac{\Delta x}{x}\right)}{\Delta x}$$

またも、この極限の計算が難しそうに見えますが、この値がちょうど $\dfrac{1}{x}$ と一致するように e の値が設定されているのです。

なお、対数関数についても 1 次近似を計算してみると、$f'(x) = \frac{1}{x}$、$f'(1) = 1$ なので、以下のように計算できます。

$$\log(1 + \Delta x) = f(1 + \Delta x) \fallingdotseq f(1) + f'(1)\Delta x = \Delta x$$

$$\log(x + \Delta x) = f(x + \Delta x) \fallingdotseq f(x) + f'(x)\Delta x = \log x + \frac{\Delta x}{x}$$

3.3 多変数の場合の微分

偏微分

ここでは、入出力が多変数の関数の微分を紹介します。多変数であっても微分の意味は変わらず、やはり変化の倍率を表します。多変数の場合、入出力の変化はベクトルとして捉えることができ、微分はそれらの間の変換を表すこともできます。まずは、入力が多変数である関数の微分から見ていきましょう。

入力が多変数の場合、偏微分と呼ばれる計算を用います。

定義（偏微分）

関数 $y = f(x_1, x_2, \ldots, x_n)$ について、点 $(a_1, a_2, \ldots, a_n)$ での変数 x_i についての偏微分 (partial derivative) を

$$\lim_{h \to 0} \frac{f(a_1, a_2, \ldots, a_i + h, \ldots, a_n) - f(a_1, a_2, \ldots, a_i, \ldots, a_n)}{h}$$

で定め、これを $\frac{\partial f}{\partial x_i}(a_1, a_2, \ldots, a_n)$ や $\frac{\partial}{\partial x_i} f(a_1, a_2, \ldots, a_n)$ と書く。

また、入力 $\boldsymbol{x} = (x_1, x_2, \ldots, x_n)$ に対して偏微分 $\frac{\partial f}{\partial x_i}(x_1, x_2, \ldots, x_n)$ を出力する関数を**偏導関数** (partial derivative function) という。

偏微分にも大量に記法があるので、まずはこれを紹介します。

偏微分に登場する「∂」は、デルやラウンドと読みます。偏微分は $\frac{\partial f}{\partial x_i}$ や $\frac{\partial}{\partial x_i} f$ に加えて、$\partial_i f$ とも書きます。また、入力の変数が文字で区別されている $f(x, y, z, \ldots)$ などの場合、変数 x での偏微分は $\partial_x f$ や f_x とも書きます。

偏導関数に対して、さらに偏微分を適用した関数を2階の偏導関数と言い、こ

れにも様々な記号があります。$\frac{\partial f}{\partial x_i}$ をさらに x_j で偏微分した場合、以下の記号がよく用いられます。

$$\frac{\partial}{\partial x_j}\frac{\partial f}{\partial x_i} = \frac{\partial^2 f}{\partial x_j \partial x_i} = \frac{\partial}{\partial x_j}\frac{\partial}{\partial x_i} f = \partial_j \partial_i f = \partial_{ji} f$$

また、$\frac{\partial f}{\partial x}$ をさらに y で偏微分した場合、以下の記号がよく用いられます[5)]。

$$\frac{\partial}{\partial y}\frac{\partial f}{\partial x} = \frac{\partial^2 f}{\partial y \partial x} = \frac{\partial}{\partial y}\frac{\partial}{\partial x} f = \partial_y \partial_x f = \partial_{yx} f = f_{xy}$$

では、偏微分の具体例を計算してみましょう。偏導関数 $\frac{\partial f}{\partial x_i}$ は、1 変数関数の微分と同様に x_i で微分すれば計算できます。例えば、$f(x, y) = x^2 + xy + y^3$ についての $\frac{\partial f}{\partial x}$ は、y を定数とみなして、x で微分した $2x + y$ と一致します。

実は、なめらかな関数では、偏微分の順序を変えても結果が変わりません。つまり、以下の式が成立します（x_i と x_j の順序が逆になっています）。

$$\frac{\partial}{\partial x_j}\frac{\partial}{\partial x_i} f = \frac{\partial}{\partial x_i}\frac{\partial}{\partial x_j} f$$

具体例の計算で確認してみましょう。例えば、$f(x, y) = x^n y^m$ の場合は次のようになります。

$$\frac{\partial}{\partial x} f(x, y) = nx^{n-1}y^m \text{ なので } \frac{\partial}{\partial y}\frac{\partial}{\partial x} f(x, y) = nmx^{n-1}y^{m-1}$$

$$\frac{\partial}{\partial y} f(x, y) = mx^n y^{m-1} \text{ なので } \frac{\partial}{\partial x}\frac{\partial}{\partial y} f(x, y) = nmx^{n-1}y^{m-1}$$

確かに、順序を変えた偏微分が一致しています。

5) f_{xy} のみ添字の x と y の順番が逆ですが、これで正しいです。右に添え字を付ける場合、f_x をさらに y で偏微分した $(f_x)_y$ を略して f_{xy} としているのです。

多変数関数の1次近似（全微分）

偏微分も微分と同様、入力と出力の変化の倍率で定義されているので、次の式

$$f(x_1, x_2, ..., x_i + \Delta x_i, ..., x_n) \fallingdotseq f(x_1, x_2, ..., x_n) + \frac{\partial f}{\partial x_i}(x_1, x_2, ..., x_n)\Delta x_i \quad (3.3.1)$$

が、f の点 $\boldsymbol{x} = (x_1, x_2, ..., x_n)$ の周りでの最良の近似を与えます。ここでは、1つの変数 x_i のみを Δx_i だけ変化させていますが、全ての変数を変化させた $f(x_1 + \Delta x_1, x_2 + \Delta x_2, ..., x_n + \Delta x_n)$ の値はどう近似できるでしょうか？

実は、なめらかな関数については、<u>各変数に由来する変化の合計が最良の近似を与えると知られています</u>。式で書けば、次のようになります（見た目をスッキリさせるため、$(x_1, x_2, ..., x_n)$ は $\boldsymbol{x}$ と書き、偏導関数の $(\boldsymbol{x})$ は略しました）。

$$f(x_1 + \Delta x_1, x_2 + \Delta x_2, ..., x_n + \Delta x_n) \fallingdotseq f(\boldsymbol{x}) + \frac{\partial f}{\partial x_1}\Delta x_1 + \frac{\partial f}{\partial x_2}\Delta x_2 + \cdots + \frac{\partial f}{\partial x_n}\Delta x_n$$

これを、**全微分 (total differential)** と言います。これは、$\Delta f = f(x_1 + \Delta x_1, x_2 + \Delta x_2, ..., x_n + \Delta x_n) - f(\boldsymbol{x})$ と書くと、以下の式でも書けます。

$$\Delta f \fallingdotseq \frac{\partial f}{\partial x_1}\Delta x_1 + \frac{\partial f}{\partial x_2}\Delta x_2 + \cdots + \frac{\partial f}{\partial x_n}\Delta x_n = \sum_i \frac{\partial f}{\partial x_i}\Delta x_i \quad (3.3.2)$$

図 3.3.1　全微分の考え方

$$\Delta f \fallingdotseq \underbrace{\frac{\partial f}{\partial x_1}\Delta x_1}_{x_1\text{変化由来の}\,f\text{の変化}} + \underbrace{\frac{\partial f}{\partial x_2}\Delta x_2}_{x_2\text{変化由来の}\,f\text{の変化}} + \cdots + \underbrace{\frac{\partial f}{\partial x_n}\Delta x_n}_{x_n\text{変化由来の}\,f\text{の変化}}$$

全ての合計で f の変化が近似できる！

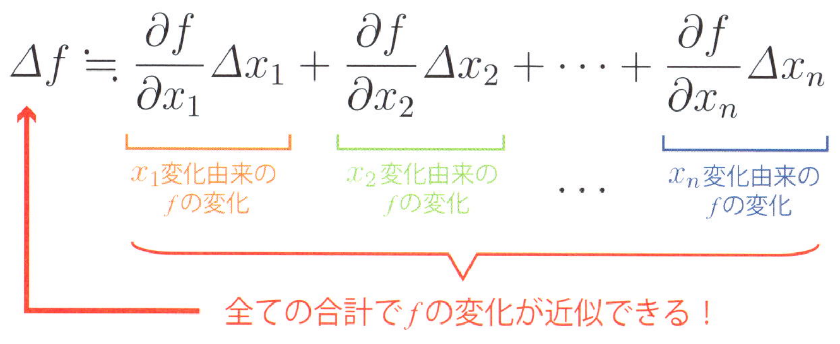

全微分と内積

直前で紹介した式は、2種のものとして、$\dfrac{\partial f}{\partial x_i}$ と Δx_i を掛けて足しているので、どう見ても内積に見えますね。実際、

$$\mathrm{grad}\ f = \begin{pmatrix} \dfrac{\partial f}{\partial x_1} \\ \dfrac{\partial f}{\partial x_2} \\ \vdots \\ \dfrac{\partial f}{\partial x_n} \end{pmatrix}, \Delta \boldsymbol{x} = \begin{pmatrix} \Delta x_1 \\ \Delta x_2 \\ \vdots \\ \Delta x_n \end{pmatrix} \tag{3.3.3}$$

というベクトルを定義すると、式(3.3.2)は

$$\Delta f \fallingdotseq \mathrm{grad} f \cdot \Delta \boldsymbol{x} \tag{3.3.4}$$

と内積を用いて書けます。この grad f は ∇f とも書かれ、f の**勾配 (gradient)** と呼びます。また、ベクトル $\dfrac{\partial f}{\partial \boldsymbol{x}}$ を

$$\frac{\partial f}{\partial \boldsymbol{x}} = \begin{pmatrix} \dfrac{\partial f}{\partial x_1} & \dfrac{\partial f}{\partial x_2} & \cdots & \dfrac{\partial f}{\partial x_n} \end{pmatrix}$$

で定義すると、式(3.3.4)は行列とベクトルの積を用いて

$$\Delta f \fallingdotseq \frac{\partial f}{\partial \boldsymbol{x}} \Delta \boldsymbol{x} \tag{3.3.5}$$

とも書けます。

さて、関数 f の出力の変化 Δf は内積で近似できるのでした。そのため、ベクトル grad f と $\Delta \boldsymbol{x}$ のなす角を θ とすると、$\mathrm{grad}\ f \cdot \Delta \boldsymbol{x} = \|\mathrm{grad}\ f\|\,\|\Delta \boldsymbol{x}\| \cos\theta$ なので、

$$\Delta f \fallingdotseq \|\mathrm{grad} f\|\,\|\Delta \boldsymbol{x}\| \cos\theta \tag{3.3.6}$$

と近似できます。そのため、変化の大きさ $\|\Delta \boldsymbol{x}\|$ に制限がある場面で、関数 f の値を効率良く増やしたい時は、$\cos\theta$ を最大にすれば良いとわかります。つまり、$\theta = 0$ とすれば良いので、grad f と $\Delta \boldsymbol{x}$ を同じ向きにすれば良いでしょう。式で書くと、正の定数 $\alpha > 0$ を用いて、$\Delta \boldsymbol{x} = \alpha$ grad f とすれば良いとわかります。

逆に、関数 f の値を効率的に減らしたい場合は、$\cos\theta$ を最小に、つまり、$\theta = \pi$ とすれば良いでしょう。そのため grad f と $\Delta \boldsymbol{x}$ を逆の向きにすれば良い（正の定数 $\alpha > 0$ を用いて $\Delta \boldsymbol{x} = -\alpha$ grad f）とわかります。

また、関数 f の値を変化させずにを $\boldsymbol{x}$ を変化させたい場合、$\cos\theta = 0$ に、つまり、$\theta = \pi / 2$ とすれば良いので、grad f と $\Delta \boldsymbol{x}$ を直交させれば良いとわかります。

Point!

多変数関数の1次近似（全微分）

- 関数 $y = f(x_1, x_2, \ldots, x_n)$ について、$\Delta f = f(\boldsymbol{x} + \Delta \boldsymbol{x}) - f(\boldsymbol{x})$ と書くと、

  $\Delta f \fallingdotseq \frac{\partial f}{\partial x_1}\Delta x_1 + \frac{\partial f}{\partial x_2}\Delta x_2 + \cdots + \frac{\partial f}{\partial x_n}\Delta x_n = \sum_i \frac{\partial f}{\partial x_i}\Delta x_i$ で近似できる

- 偏微分を縦に並べたベクトル grad f と、入力の変化を並べたベクトル $\Delta \boldsymbol{x}$ を用いると、$\Delta f \fallingdotseq$ grad $f \cdot \Delta \boldsymbol{x}$ と内積で近似できる

- 偏微分を横に並べたベクトル $\frac{\partial f}{\partial \boldsymbol{x}}$ と、入力の変化を並べたベクトル $\Delta \boldsymbol{x}$ を用いると、$\Delta f \fallingdotseq \frac{\partial f}{\partial \boldsymbol{x}}\Delta \boldsymbol{x}$ と行列の積で近似できる

- 関数 f の値の変化 Δf が内積で計算できるので、y の値を効率的に増やしたい場合は grad f と $\Delta \boldsymbol{x}$ を同じ向きに、効率的に減らしたい場合は逆の向きに、変化させたくない場合は直交させれば良い

出力も多変数の場合

次に、出力が m 次元ベクトルである関数 $\boldsymbol{f}(x_1, x_2, \ldots, x_n) = \boldsymbol{f}(\boldsymbol{x})$ の微分を検討してみましょう。まずは計算結果を紹介し、その後に意味と構造を説明します。

出力がベクトルの関数と言っても、数学的には単に m 個の関数 $f_1(\boldsymbol{x}), f_2(\boldsymbol{x}), \ldots, f_m(\boldsymbol{x})$ を縦に並べたものです。

$$
\boldsymbol{f}(\boldsymbol{x}) = \begin{pmatrix} f_1(x) \\ f_2(x) \\ \vdots \\ f_m(x) \end{pmatrix}
$$

出力がベクトルなので、関数の記号 $\boldsymbol{f}$ も太字で表記しています。それぞれの成分は普通の関数なので、例えば、$\boldsymbol{f}(\boldsymbol{x})$ の第 1 成分 $f_1(\boldsymbol{x})$ について、この入力を $\boldsymbol{x}$ から $\boldsymbol{x} + \Delta\boldsymbol{x}$ に変化させた時の変化 Δf_1 は

$$
\Delta f_1 \fallingdotseq \frac{\partial f_1}{\partial x_1}\Delta x_1 + \frac{\partial f_1}{\partial x_2}\Delta x_2 + \cdots + \frac{\partial f_1}{\partial x_n}\Delta x_n
$$

で計算できます。f_2 から f_n についても同様に計算すると、

$$
\begin{aligned}
\Delta f_1 &\fallingdotseq \frac{\partial f_1}{\partial x_1}\Delta x_1 + \frac{\partial f_1}{\partial x_2}\Delta x_2 + \cdots + \frac{\partial f_1}{\partial x_n}\Delta x_n \\
\Delta f_2 &\fallingdotseq \frac{\partial f_2}{\partial x_1}\Delta x_1 + \frac{\partial f_2}{\partial x_2}\Delta x_2 + \cdots + \frac{\partial f_2}{\partial x_n}\Delta x_n \\
&\vdots \\
\Delta f_m &\fallingdotseq \frac{\partial f_m}{\partial x_1}\Delta x_1 + \frac{\partial f_m}{\partial x_2}\Delta x_2 + \cdots + \frac{\partial f_m}{\partial x_n}\Delta x_n
\end{aligned}
$$

が得られます。全体の変化 $\Delta\boldsymbol{f} = \boldsymbol{f}(\boldsymbol{x} + \Delta\boldsymbol{x}) - \boldsymbol{f}(\boldsymbol{x})$ は、これらを縦に並べたベクトルなので、

$$
\Delta\boldsymbol{f} = \begin{pmatrix} \Delta f_1 \\ \Delta f_2 \\ \vdots \\ \Delta f_m \end{pmatrix} \fallingdotseq \begin{pmatrix} \frac{\partial f_1}{\partial x_1}\Delta x_1 + \frac{\partial f_1}{\partial x_2}\Delta x_2 + \cdots + \frac{\partial f_1}{\partial x_n}\Delta x_n \\ \frac{\partial f_2}{\partial x_1}\Delta x_1 + \frac{\partial f_2}{\partial x_2}\Delta x_2 + \cdots + \frac{\partial f_2}{\partial x_n}\Delta x_n \\ \vdots \\ \frac{\partial f_m}{\partial x_1}\Delta x_1 + \frac{\partial f_m}{\partial x_2}\Delta x_2 + \cdots + \frac{\partial f_m}{\partial x_n}\Delta x_n \end{pmatrix} \tag{3.3.7}
$$

で近似できます。

この式(3.3.7)の右辺のベクトルを見てみると、各成分に $\Delta x_1, \Delta x_2, \ldots, \Delta x_n$ が入っていて、それに係数が掛けられて足されています。P52の行列とベクトルの積の定義式(2.2.1)と見比べてみると、この式の右辺は行列とベクトルの積になっているとわかるでしょう。実際に書き換えてみると、次のようになります。

$$\Delta \boldsymbol{f} \fallingdotseq \begin{pmatrix} \frac{\partial f_1}{\partial x_1} & \frac{\partial f_1}{\partial x_2} & \cdots & \frac{\partial f_1}{\partial x_n} \\ \frac{\partial f_2}{\partial x_1} & \frac{\partial f_2}{\partial x_2} & & \frac{\partial f_2}{\partial x_n} \\ \vdots & & \ddots & \vdots \\ \frac{\partial f_m}{\partial x_1} & \frac{\partial f_m}{\partial x_2} & \cdots & \frac{\partial f_m}{\partial x_n} \end{pmatrix} \begin{pmatrix} \Delta x_1 \\ \Delta x_2 \\ \vdots \\ \Delta x_n \end{pmatrix} \tag{3.3.8}$$

ここに出てくる行列を**ヤコビ行列(Jacobi matrix)**と言い、$\frac{\partial \boldsymbol{f}}{\partial \boldsymbol{x}}$ や $J\boldsymbol{f}$ などと書きます。これは、第 ji 成分に $\frac{\partial f_j}{\partial x_i}$ が入る行列です。この記号を用いると、式(3.3.8)は次のように書けます。

$$\Delta \boldsymbol{f} \fallingdotseq \frac{\partial \boldsymbol{f}}{\partial \boldsymbol{x}} \Delta \boldsymbol{x} \tag{3.3.9}$$

この式(3.3.9)では、偏微分が集まったヤコビ行列 $\frac{\partial \boldsymbol{f}}{\partial \boldsymbol{x}}$ が、入力の変化ベクトル $\Delta \boldsymbol{x}$ を、出力の変化ベクトル $\Delta \boldsymbol{f}$ に変換しています。

1変数関数の場合、微分は入出力の変化の倍率でした。入出力が多変数の場合は、微分を集めたヤコビ行列で入力の変化を出力の変化へ変換できます。どちらの場合も結局、微分とは入力の変化を出力の変化に変換するものであり、ヤコビ行列 $\frac{\partial \boldsymbol{f}}{\partial \boldsymbol{x}}$ がその変換を担っていると言えます。

図 3.3.2　ヤコビ行列が出てくる流れ

入力が1変数　$\Delta f \fallingdotseq \dfrac{df}{dx}\Delta x$

↓ 入力が増えると横に並ぶ

$$\Delta f \fallingdotseq \frac{\partial f}{\partial x_1}\Delta x_1 + \frac{\partial f}{\partial x_2}\Delta x_2 + \cdots + \frac{\partial f}{\partial x_n}\Delta x_n$$

$$\left(\Delta f = \frac{\partial f}{\partial \boldsymbol{x}}\Delta \boldsymbol{x} = \mathrm{grad} f \cdot \Delta \boldsymbol{x}\right)$$

↓ 出力が増えると縦に並ぶ

$$\begin{aligned}
\Delta f_1 &\fallingdotseq \frac{\partial f_1}{\partial x_1}\Delta x_1 + \frac{\partial f_1}{\partial x_2}\Delta x_2 + \cdots + \frac{\partial f_1}{\partial x_n}\Delta x_n \\
\Delta f_2 &\fallingdotseq \frac{\partial f_2}{\partial x_1}\Delta x_1 + \frac{\partial f_2}{\partial x_2}\Delta x_2 + \cdots + \frac{\partial f_2}{\partial x_n}\Delta x_n \\
&\vdots \\
\Delta f_m &\fallingdotseq \frac{\partial f_m}{\partial x_1}\Delta x_1 + \frac{\partial f_m}{\partial x_2}\Delta x_2 + \cdots + \frac{\partial f_m}{\partial x_n}\Delta x_n
\end{aligned}$$

これが行列による線形変換で

$\Delta \boldsymbol{f} \fallingdotseq \dfrac{\partial \boldsymbol{f}}{\partial \boldsymbol{x}}\Delta \boldsymbol{x}$　と書ける！

ヤコビ行列の計算の構造

ここまでの議論で明らかになった通り、ヤコビ行列は入出力の変化の変換を表します。この変換が行列の積で書けるので、線形代数の知識を用いると様々な意味を読み取ることができます。

その 4 つの意味を、図 3.3.3 にまとめてみました。

図 3.3.3　ヤコビ行列と線形代数の関係

線形代数

Aのji成分a_{ji}は
$\boldsymbol{e}_i$の行き先の第j成分

$$A\boldsymbol{e}_i = \boldsymbol{a}_i$$

$$A\boldsymbol{v} = \sum v_i \boldsymbol{a}_i$$

$$(A\boldsymbol{v})_i = \vec{a}_i \cdot \boldsymbol{v}$$

多変数関数の微分

$\dfrac{\partial \boldsymbol{f}}{\partial \boldsymbol{x}}$の$ji$成分$\dfrac{\partial f_j}{\partial x_i}$は
Δx_iからΔf_jへの変化の倍率

x_iを$x_i + \Delta x_i$に変化させると

$$\Delta \boldsymbol{f} \fallingdotseq \frac{\partial \boldsymbol{f}}{\partial x_i} \Delta x_i$$

全てのx_iを変化させると

$$\Delta \boldsymbol{f} = \sum \frac{\partial \boldsymbol{f}}{\partial x_i} \Delta x_i$$

$$\Delta f_i = \frac{\partial f_i}{\partial \boldsymbol{x}} \Delta \boldsymbol{x} = \mathrm{grad} f_i \cdot \Delta \boldsymbol{x}$$

1つめの対応から見ていきましょう。行列Aを変換と見た時、そのji成分a_{ji}は、第i単位ベクトル$\boldsymbol{e}_i$の変換先$\boldsymbol{a}_i$の第j成分でした。一方、ヤコビ行列のji成分$\dfrac{\partial f_j}{\partial x_i}$は、入力の$i$番目の変数の変化$\Delta x_i$から、出力の$j$番目の変数の変化$\Delta f_j$への倍率です。共に、$i$番目の入力が$j$番目の出力に与える影響を表す数値であるという点が共通しています。

2つめは、P64の式(2.3.1) $A\boldsymbol{e}_i = \boldsymbol{a}_i$との対応です。ここからの議論は、はじめに行列とベクトルの掛け算を計算した後、1次近似の意味合いを読み取るという順番で進めます。式(2.3.1)より、ヤコビ行列$\dfrac{\partial \boldsymbol{f}}{\partial \boldsymbol{x}}$にベクトル$\boldsymbol{e}_i$を掛けると、その$i$列目のベクトルが抽出されます。

$$\frac{\partial \boldsymbol{f}}{\partial \boldsymbol{x}}\boldsymbol{e}_i = \begin{pmatrix} \dfrac{\partial f_1}{\partial x_i} \\ \dfrac{\partial f_2}{\partial x_i} \\ \vdots \\ \dfrac{\partial f_m}{\partial x_i} \end{pmatrix} \tag{3.3.10}$$

これは、$\boldsymbol{f}$の各成分のx_iでの偏微分が縦に並んでいるベクトルなので、$\dfrac{\partial \boldsymbol{f}}{\partial x_i}$と書くことにします。

この計算を、1次近似の考え方で捉え直してみましょう。ヤコビ行列$\dfrac{\partial \boldsymbol{f}}{\partial \boldsymbol{x}}$に$\boldsymbol{e}_i$を掛けたので、$\Delta\boldsymbol{x} = \boldsymbol{e}_i$での$\boldsymbol{f}$の変化$\Delta\boldsymbol{f}$を近似計算したことになります。$\Delta\boldsymbol{x} = \boldsymbol{e}_i$の時、$\Delta x_i = 1$で、他の$k$について$\Delta x_k = 0$なので、$\boldsymbol{f}$の各成分の変化を1次近似で計算すると、次のようになります。

$$\begin{aligned}
\Delta f_1 &\fallingdotseq \frac{\partial f_1}{\partial x_1}\times 0 + \frac{\partial f_1}{\partial x_2}\times 0 + \cdots + \frac{\partial f_1}{\partial x_i}\times 1 + \cdots + \frac{\partial f_1}{\partial x_n}\times 0 = \frac{\partial f_1}{\partial x_i} \\
\Delta f_2 &\fallingdotseq \frac{\partial f_2}{\partial x_1}\times 0 + \frac{\partial f_2}{\partial x_2}\times 0 + \cdots + \frac{\partial f_2}{\partial x_i}\times 1 + \cdots + \frac{\partial f_2}{\partial x_n}\times 0 = \frac{\partial f_2}{\partial x_i} \\
&\vdots \\
\Delta f_m &\fallingdotseq \frac{\partial f_m}{\partial x_1}\times 0 + \frac{\partial f_m}{\partial x_2}\times 0 + \cdots + \frac{\partial f_m}{\partial x_i}\times 1 + \cdots + \frac{\partial f_m}{\partial x_n}\times 0 = \frac{\partial f_m}{\partial x_i}
\end{aligned}$$

この最右辺を縦に並べたベクトルは、$\dfrac{\partial \boldsymbol{f}}{\partial \boldsymbol{x}}\boldsymbol{e}_i$と一致するので、確かに$\Delta\boldsymbol{x} = \boldsymbol{e}_i$の時は、式(3.3.9)の$\Delta\boldsymbol{f} \fallingdotseq \dfrac{\partial \boldsymbol{f}}{\partial \boldsymbol{x}}\Delta\boldsymbol{x}$が成立していると確認できます。

ヤコビ行列では、第i列にちょうどx_iでの偏微分を縦に並べてあるので、この縦ベクトル$\dfrac{\partial \boldsymbol{f}}{\partial x_i}$が、$x_i$を変化させた時の$\boldsymbol{f}$の変化の方向を表しているのです。

3つめの式(2.3.2) $A\boldsymbol{v} = \Sigma v_i \boldsymbol{a}_i$（P66）との対応も同様です。ヤコビ行列 $\dfrac{\partial \boldsymbol{f}}{\partial \boldsymbol{x}}$ の第 i 番目の縦ベクトルが $\dfrac{\partial \boldsymbol{f}}{\partial x_i}$ なので、式(3.3.9) の右辺に式(2.3.2) を用いると、

$$\frac{\partial \boldsymbol{f}}{\partial \boldsymbol{x}}\Delta \boldsymbol{x} = \sum \frac{\partial \boldsymbol{f}}{\partial x_i}\Delta x_i = \frac{\partial \boldsymbol{f}}{\partial x_1}\Delta x_1 + \frac{\partial \boldsymbol{f}}{\partial x_2}\Delta x_2 + \cdots + \frac{\partial \boldsymbol{f}}{\partial x_n}\Delta x_n \tag{3.3.11}$$

と計算できます。これは、図 2.3.4 の電車のイメージで考えるとわかりやすいでしょう。x_1 を変化させると、$\boldsymbol{f}$ は $\dfrac{\partial \boldsymbol{f}}{\partial x_1}$ の方向に変化します。x_1 の変化が Δx_1 なら、この $\dfrac{\partial \boldsymbol{f}}{\partial x_1}$ 方向の変化が“Δx_1 個分”起こるので、x_1 の変化による $\boldsymbol{f}$ の変化は $\dfrac{\partial \boldsymbol{f}}{\partial x_1}\Delta x_1$ で書けます。これを全 x_i について合計すると、$\dfrac{\partial \boldsymbol{f}}{\partial \boldsymbol{x}}\Delta \boldsymbol{x}$ が計算できます。全微分を用いて $\Delta \boldsymbol{f}$ を近似する場合も、各変数による変化 $\dfrac{\partial \boldsymbol{f}}{\partial x_i}\Delta x_i$ の合計で計算できるので、式 (3.3.9) $\Delta \boldsymbol{f} = \dfrac{\partial \boldsymbol{f}}{\partial \boldsymbol{x}}\Delta \boldsymbol{x}$ が成立するとわかります。

ここまでで見た通り、全微分も、行列とベクトルの積も、「◯◯が□個ある」の合計の形で計算できます。計算方法が共通しているので、全微分を行列とベクトルの積で計算する式(3.3.9) が成立するのです。

最後に、P70 の式(2.3.6) $(A\boldsymbol{v})_j = \vec{a}_j \cdot \boldsymbol{v}$ との対応を見てみます。ヤコビ行列 $\dfrac{\partial \boldsymbol{f}}{\partial \boldsymbol{x}}$ の j 番目の横ベクトルは $\left(\dfrac{\partial f_j}{\partial x_1}\ \dfrac{\partial f_j}{\partial x_2}\ \cdots\ \dfrac{\partial f_j}{\partial x_n}\right)$ なので、式(2.3.6) によれば、$\dfrac{\partial \boldsymbol{f}}{\partial \boldsymbol{x}}\Delta \boldsymbol{x}$ の第 j 成分は $\left(\dfrac{\partial \boldsymbol{f}}{\partial \boldsymbol{x}}\Delta \boldsymbol{x}\right)_j = \left(\dfrac{\partial f_j}{\partial x_1}\ \dfrac{\partial f_j}{\partial x_2}\ \cdots\ \dfrac{\partial f_j}{\partial x_n}\right)\cdot \Delta \boldsymbol{x}$ で計算できます。この計算を、再び 1 次近似の考え方で捉え直してみましょう。ここで用いた横ベクトルは、f_j の各変数での偏微分が並んでいるので、$\dfrac{\partial f_j}{\partial \boldsymbol{x}} = {}^t(\mathrm{grad}\, f_j)$ と一致します。なので、式(2.3.6) は

$$\left(\frac{\partial \boldsymbol{f}}{\partial \boldsymbol{x}}\Delta \boldsymbol{x}\right)_j = \frac{\partial f_j}{\partial \boldsymbol{x}}\Delta \boldsymbol{x} = \mathrm{grad}\, f_j \cdot \Delta \boldsymbol{x}$$

を意味します。そもそも、この左辺の $\left(\frac{\partial \boldsymbol{f}}{\partial \boldsymbol{x}}\Delta \boldsymbol{x}\right)_j$ は、第 j 番目の関数 f_j の変化 Δf_j を近似するためのものでした。その見方で見ると、中辺の $\frac{\partial f_j}{\partial \boldsymbol{x}}\Delta \boldsymbol{x}$ は式 (3.3.5)、右辺の $\mathrm{grad}\, f_j \cdot \Delta \boldsymbol{x}$ は式 (3.3.4) そのものです。ですので、ヤコビ行列による関数の 1 次近似は、出力が 1 変数の場合の 1 次近似を縦に並べたものだとわかります。

以上、ここまで見たとおり、ヤコビ行列による入出力の変化の変換の式(3.3.9) は、線形代数の公式を用いると様々な側面を見せてくれます。これらの意味を全て併せ持つ公式が、式(3.3.9) なのです。

Point!

出力も多変数の関数の微分

- 出力も多変数である場合、偏微分を集めたヤコビ行列を用いて、$\Delta \boldsymbol{f} \fallingdotseq \frac{\partial \boldsymbol{f}}{\partial \boldsymbol{x}}\Delta \boldsymbol{x}$ と近似できる
- 行列の第 ji 成分は i から j への変換を表す。実際、ヤコビ行列 $\frac{\partial \boldsymbol{f}}{\partial \boldsymbol{x}}$ の第 ji 成分には、i 番目の変数 x_i の変化 Δx_i から、j 番目の関数 f_j の変化 Δf_j への倍率である $\frac{\partial f_j}{\partial x_i}$ が入っている
- ヤコビ行列 $\frac{\partial \boldsymbol{f}}{\partial \boldsymbol{x}}$ の第 i 列目 $\frac{\partial \boldsymbol{f}}{\partial x_i}$ には $\frac{\partial f_1}{\partial x_i}, \frac{\partial f_2}{\partial x_i}, \ldots, \frac{\partial f_m}{\partial x_i}$, が縦に並んで入っている。これは、$x_i$ を変化させた時の $\boldsymbol{f}$ の変化 $\Delta \boldsymbol{f}$ の方向を示している
- 全微分も、行列とベクトルの積も、要素の合計が全体に一致する性質を持つ。そのため、$\Delta f \fallingdotseq \sum_i \frac{\partial f}{\partial x_i}\Delta x_i = \frac{\partial f}{\partial \boldsymbol{x}}\Delta \boldsymbol{x}$ が成立し、行列とベクトルの積で関数の変化を近似できる

以上が、多変数関数の微分です。

次章からは、具体的な関数についての微分の計算や、微分の応用について紹介していきます。

第3章のまとめ

- 微分とは、入力の変化から出力の変化への変換である
- 微分を用いると、関数を1次式で近似できる
- 時間に関わる変数での微分は、変化の速度を表す
- 微分は、グラフの接線の傾きを表す
- よく使われる関数の微分は、次のようになる。

$$(x^n)' = nx^{n-1},\ (\cos x)' = -\sin x,\ (\sin x)' = \cos x,\ (e^x)' = e^x,\ (\log x)' = \frac{1}{x}$$

- 指数関数の1次近似として、$e^{\Delta x} \fallingdotseq 1 + \Delta x$ と $e^{x+\Delta x} \fallingdotseq e^x(1 + \Delta x)$ が成立する
- 対数関数の1次近似として、$\log(1 + \Delta x) \fallingdotseq \Delta x$ と $\log(x + \Delta x) = \log x + \dfrac{\Delta x}{x}$ が成立する
- 入力が多変数の関数には、偏微分を用いる
- 入力が多変数の関数の微分では、ベクトルが用いられる（$\mathrm{grad}\, f$、$\dfrac{\partial f}{\partial \boldsymbol{x}}$）
- 入出力が多変数の関数の微分では、入力の変化ベクトル（$\Delta \boldsymbol{x}$）を出力の変化ベクトル（$\Delta \boldsymbol{f}$）に変換するため、ヤコビ行列$\left(\dfrac{\partial \boldsymbol{f}}{\partial \boldsymbol{x}}\right)$が用いられる

第4章

微分の技術

変化の倍率で理解する微分の諸公式

序章と第 3 章で紹介された関数を組み合わせると、実用で用いられる関数の多くを作ることができます。本章では、これらの関数に対する微分技術として、積の微分公式と合成関数の微分公式を紹介します。この 2 つの公式を駆使すれば、実践において登場するほとんど全ての関数の微分を計算できるようになるでしょう。

また、正規分布や確率解析など多くの場面で多用される関数 $y = e^{f(x)}, \log f(x)$ についても、その微分公式に加えて意味も詳細に解説します。

4.1 積の微分公式

積の微分公式

積の微分公式とは、$y = f(x) \times g(x)$ など積の形で定義された関数に対する微分公式です。この形の関数は今後よく扱うので、ここで公式を紹介しておきます。

定理（積の微分公式）

関数 $f(x), g(x), h(x)$ について、

（1）$f(x)$ と $g(x)$ の積で定義される関数 $y = f(x)\,g(x)$ の微分は

$$(f(x)\,g(x))' = f'(x)\,g(x) + f(x)\,g'(x) \tag{4.1.1}$$

（2）$f(x)$ と $g(x)$ と $h(x)$ の積で定義される関数 $y = f(x)\,g(x)\,h(x)$ の微分は

$$(f(x)\,g(x)\,h(x))' = f'(x)\,g(x)\,h(x) + f(x)\,g'(x)\,h(x) + f(x)\,g(x)\,h'(x) \tag{4.1.2}$$

（3）一般に、m 個の関数 $f_1(x), f_2(x), \dots, f_m(x)$ の積の微分は、（(x) を省略して書くと）

$$\begin{aligned}(f_1 \times f_2 \times \dots \times f_m)' = &f_1' \times f_2 \times \dots \times f_m \\ &+ f_1 \times f_2' \times \dots \times f_m \\ &+ \dots \\ &+ f_1 \times f_2 \times \dots \times f_m'\end{aligned} \tag{4.1.3}$$

と計算できる。

まずは、この式の中身について説明します。微分の記号「'」が小さくてやや見づらいですが、どの場合も、積の微分は、「1つだけ微分して他はそのまま」の形の項の合計で計算できます。例えば、$y = f(x)\,g(x)$ の微分を、(x) を省略して微分を強調した記号で書くと、次のように書けます。

$$\frac{dy}{dx} = \frac{df}{dx}g + f\frac{dg}{dx}$$

この節では、この式が成立する理由や意味について説明します。

積の公式が成立する理由

1次近似を用いると、積の微分公式が整理する理由をスッキリと理解できます。積の微分を定義通りに書くと、

$$\left(f(x)g(x)\right)' = \lim_{\Delta x \to 0} \frac{f(x+\Delta x)g(x+\Delta x) - f(x)g(x)}{\Delta x}$$

と書けます。P83 の 1 次近似の式 (3.1.3) を用いると、

$$f(x + \Delta x) \fallingdotseq f(x) + f'(x)\,\Delta x$$
$$g(x + \Delta x) \fallingdotseq g(x) + g'(x)\,\Delta x$$

と近似できるので、極限の中の分子は次のように計算できます。

$$\begin{aligned} f(x + \Delta x)\, g(x + \Delta x) - f(x)\, g(x) &\fallingdotseq (f(x) + f'(x)\,\Delta x)(g(x) + g'(x)\,\Delta x) - f(x)\, g(x) \\ &= f'(x)\, g(x)\,\Delta x + f(x)\, g'(x)\,\Delta x + f'(x)\, g'(x)\,\Delta x^2 \end{aligned}$$

これを用いて極限を計算すると、

$$\begin{aligned} \left(f(x)g(x)\right)' &= \lim_{\Delta x \to 0} \frac{f(x+\Delta x)g(x+\Delta x) - f(x)g(x)}{\Delta x} \\ &= \lim_{\Delta x \to 0} \frac{f'(x)g(x)\Delta x + f(x)g'(x)\Delta x + f'(x)g'(x)\Delta x^2}{\Delta x} \\ &= \lim_{\Delta x \to 0}\left(f'(x)g(x) + f(x)g'(x) + f'(x)g'(x)\Delta x\right) \\ &= f'(x)g(x) + f(x)g'(x) \end{aligned}$$

となります[1)]。確かに、式 (4.1.1) で積の微分が計算できると確認できます。

1) 1行目右辺から2行目への式変形で、lim の中身を「≒」で式変形しているのに、全体としては「=」で式をつないでいます。この式変形は正しいですが、厳密には証明が必要です。

この計算を詳しく見てみましょう。式変形の2行目の分子は、3つの項の合計でできています。このうち、$f'(x)\,g(x)\,\Delta x$ は f の変化のみの影響、$f(x)\,g'(x)\,\Delta x$ は g の変化のみの影響、$f'(x)\,g'(x)\,\Delta x^2$ は f と g の両方の変化の影響を表しています。これらの3つの項のうち、最後の $f'(x)\,g'(x)\,\Delta x^2$ は $\Delta x \to 0$ の極限で0になってしまいます（3行目から4行目への式変形）。そのため、積の微分では1つだけを変化させた項のみが計算結果に残り、2つ以上の変化を同時に考える必要がないことがわかります。

このことは、積に登場する関数が3つ以上の場合も同様です。式(4.1.2)の場合に実際に計算してみると、

$$
\begin{aligned}
&f(x+\Delta x)\,g(x+\Delta x)\,h(x+\Delta x)-f(x)\,g(x)\,h(x)\\
&\fallingdotseq (f(x)+f'(x)\,\Delta x)\,(g(x)+g'(x)\,\Delta x)\,(h(x)+h'(x)\,\Delta x)-f(x)\,g(x)\,h(x)\\
&=f'\,g\,h\,\Delta x+f\,g'\,h\,\Delta x+f\,g\,h'\,\Delta x+f'\,g'\,h\,\Delta x^2+f'\,g\,h'\,\Delta x^2+f\,g'\,h'\,\Delta x^2+f'\,g'\,h'\,\Delta x^3
\end{aligned}
$$

このようになります（最後の式では(x)を省略しました）。ですので、次のように計算できます。

$$
\begin{aligned}
\left(f(x)g(x)h(x)\right)' &= \lim_{\Delta x\to 0}\frac{f(x+\Delta x)g(x+\Delta x)h(x+\Delta x)-f(x)g(x)h(x)}{\Delta x}\\
&= \lim_{\Delta x\to 0}\frac{f'gh\Delta x+fg'h\Delta x+fgh'\Delta x+f'g'h\Delta x^2+f'gh'\Delta x^2+fg'h'\Delta x^2+f'g'h'\Delta x^3}{\Delta x}\\
&= \lim_{\Delta x\to 0}\left(f'gh+fg'h+fgh'+f'g'h\Delta x+f'gh'\Delta x+fg'h'\Delta x+f'g'h'\Delta x^2\right)\\
&= f'(x)g(x)h(x)+f(x)g'(x)h(x)+f(x)g(x)h'(x)
\end{aligned}
$$

ここでも、2つ以上の変化を同時に扱うと、分子に2乗以上の Δx^n の項が出てくるため、$\Delta x \to 0$ の極限で消えてしまいます。そのため、1つだけ微分し、他の関数はそのままの項を3つ合わせることで、式(4.1.2)の微分が計算できるのです。

なお、式(4.1.3)の場合も同様に計算できます。

変化の倍率と積の微分

微分は変化の倍率であるという視点で、積の微分を見てみましょう。

x を $x+\Delta x$ に変化させると、$f(x)g(x)$ が $f(x+\Delta x)g(x+\Delta x)$ に変化します。当た

り前ですが、x の変化が f の変化と g の変化の 2 つを引き起こします。積の微分公式によれば、1 つのみの関数の変化を考えて合計すれば良いので、f の変化の全体への影響と、g の変化の全体への影響をそれぞれ考えてみましょう。

まずは、f の変化の全体への影響を考えます。x を $x + \Delta x$ に変化させると、f は約 $f'(x)\,\Delta x$ だけ変化します。関数全体は $f(x)$ の $g(x)$ 倍なので、全体の変化は $g(x)$ 倍に増幅され、f 経由の変化は約 $f'(x)\,g(x)\,\Delta x$ となります。同様に、g の変化の全体への影響は、$g(x)$ の変化 $g'(x)\,\Delta x$ が $f(x)$ 倍に増幅され、$f(x)\,g'(x)\,\Delta x$ となります。

これらを合わせると、全体の変化は約 $f'(x)\,g(x)\,\Delta x + f(x)\,g'(x)\,\Delta x$ と計算できます。微分は変化の倍率なので、このように考えても、積の微分は $(f(x)\,g(x))' = f'(x)\,g(x) + f(x)\,g'(x)$ であるとわかります。

図 4.1.1　積の微分公式と変化の倍率

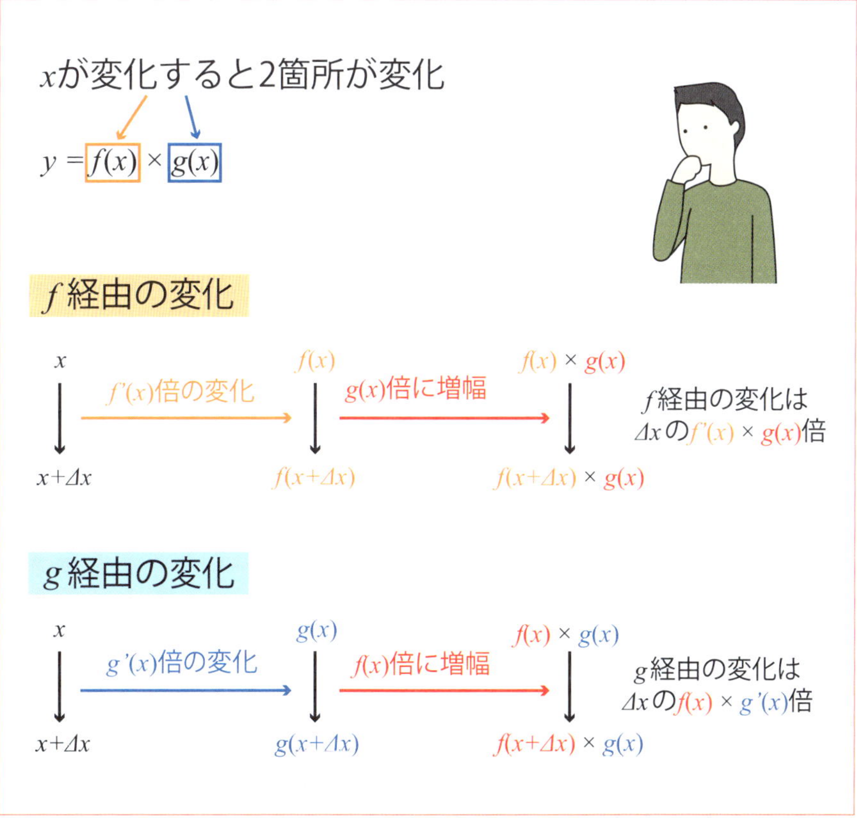

べき乗の微分

ここで、3.2節で紹介したべき乗の微分公式 $(x^n)' = nx^{n-1}$ を再び考えてみましょう。これを関数 $y = f(x) = x$ の n 個の積と考えると、次のように計算できます。

$$
\begin{aligned}
(x \times x \times \ldots \times x)' &= x' \times x \times \ldots \times x \\
&\quad + x \times x' \times \ldots \times x \\
&\quad + \ldots \\
&\quad + x \times x \times \ldots \times x' \\
&= n\,x^{n-1}
\end{aligned}
$$

一つひとつの x の変化 Δx が x^{n-1} 倍に増幅され、それが全部で n 個あるので、これらを全て合計すると $(x^n)' = nx^{n-1}$ が得られます。「積の微分では、一つひとつの変化に分解して、それを合計すれば良い」という考え方を使うと、べき乗の微分も理解しやすくなります。

4.2 合成関数の微分公式

合成関数とは

データ分析では、複数のステップを経て計算される量をよく扱います。例えば、何かの確率を表している関数 $f(x)$ について、その対数 $\log f(x)$ を計算する場面があります。逆に、何らかの関数 $f(x)$ を用いて、確率を $e^{f(x)}$ で表す場合もあります。この $\log f(x)$ や $e^{f(x)}$ のような、関数が入れ子になった関数を微分する技術を、合成関数の微分と言います。

入れ子になった関数は、部分に分けて取り扱うのが王道です。例えば、$y = \log f(x)$ の場合、まず $z = f(x)$ を計算し、次に $y = \log z$ を計算する２ステップに分けられます。２つめの関数を $y = g(z) = \log z$ と書くと、$y = \log f(x)$ は

$$y = g(z) = g(f(x))$$

と、関数の連続適用の形で書けます。この $g(f(x))$ を f と g の**合成関数（function composition）**と言い、$g \circ f(x)$ とも書きます。

図 4.2.1　合成関数は複雑な関数をシンプルな関数の連続適用に分解

Step 1

$$y = \log f(x) \rightarrow z = f(x) \ \& \ y = \log z$$

Step 2　　Step 1　　Step 2

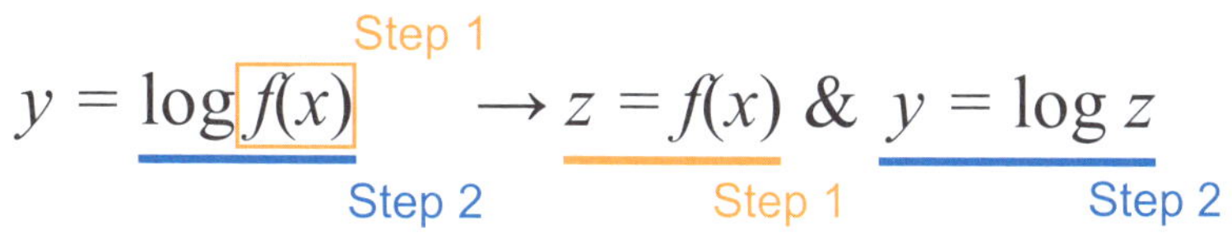

合成関数の微分

合成関数の微分公式は、微分を変化の倍率（変換）と考えるととても簡単に計算できます。$z = f(x)$ と $y = g(z)$ の合成 $y = g(f(x))$ の場合を考えてみましょう。例えば、f で変化が５倍になり（$f'(x) = 5$）、g で変化が 10 倍になる（$g'(z) = 10$）場合、$g(f(x))$ では変化が $5 \times 10 = 50$ 倍になるに決まっていますよね。実際、

$(g(f(x)))' = g'(z) \times f'(x)$ が成立します。

これを、多変数の場合も含めてまとめたものが以下の定理です。

定理（合成関数の微分公式）

関数 $z = f(x), y = g(z)$ の合成関数 $y = g(f(x))$ の微分は、

$$(g(f(x)))' = g'(z) \times f'(x) = g'(f(x)) \times f'(x) \tag{4.2.1}$$

で計算できる。

入出力がベクトルの関数 $\boldsymbol{z} = \boldsymbol{f}(\boldsymbol{x}), \boldsymbol{y} = \boldsymbol{g}(\boldsymbol{z})$ の合成関数 $\boldsymbol{y} = \boldsymbol{g}(\boldsymbol{f}(\boldsymbol{x}))$ の微分は、

$$\frac{\partial \boldsymbol{g}\left(\boldsymbol{f}(\boldsymbol{x})\right)}{\partial \boldsymbol{x}} = \frac{\partial \boldsymbol{g}}{\partial \boldsymbol{z}}(\boldsymbol{z})\frac{\partial \boldsymbol{f}}{\partial \boldsymbol{x}}(\boldsymbol{x}) = \frac{\partial \boldsymbol{g}}{\partial \boldsymbol{z}}\left(\boldsymbol{f}(\boldsymbol{x})\right)\frac{\partial \boldsymbol{f}}{\partial \boldsymbol{x}}(\boldsymbol{x}) \tag{4.2.2}$$

で計算できる。

ベクトルの場合について補足します。入出力が全てベクトルである関数 $\boldsymbol{z} = \boldsymbol{f}(\boldsymbol{x})$, $\boldsymbol{y} = \boldsymbol{g}(\boldsymbol{z})$ の合成関数 $\boldsymbol{y} = \boldsymbol{g}(\boldsymbol{f}(\boldsymbol{x}))$ の場合を考えましょう。入力 $\boldsymbol{x}$ が $\boldsymbol{x} + \Delta\boldsymbol{x}$ に変化すると、中間の変数 $\boldsymbol{z}$ の変化 $\Delta\boldsymbol{z}$ は、ヤコビ行列 $\frac{\partial \boldsymbol{f}}{\partial \boldsymbol{x}}(\boldsymbol{x})$ を用いて $\Delta\boldsymbol{z} \fallingdotseq \frac{\partial \boldsymbol{f}}{\partial \boldsymbol{x}}(\boldsymbol{x})\Delta\boldsymbol{x}$ で近似できます。さらに変数 $\boldsymbol{z}$ の変化 $\Delta\boldsymbol{z}$ によって生じる $\boldsymbol{y}$ の変化 $\Delta\boldsymbol{y}$ は、ヤコビ行列 $\frac{\partial \boldsymbol{g}}{\partial \boldsymbol{z}}(\boldsymbol{z})$ を用いて $\Delta\boldsymbol{y} \fallingdotseq \frac{\partial \boldsymbol{g}}{\partial \boldsymbol{z}}(\boldsymbol{z})\Delta\boldsymbol{z}$ で近似できます。この 2 つを合わせると、

$$\begin{aligned}\Delta\boldsymbol{y} &\fallingdotseq \frac{\partial \boldsymbol{g}}{\partial \boldsymbol{z}}(\boldsymbol{z})\Delta\boldsymbol{z} \\ &\fallingdotseq \frac{\partial \boldsymbol{g}}{\partial \boldsymbol{z}}(\boldsymbol{z})\frac{\partial \boldsymbol{f}}{\partial \boldsymbol{x}}(\boldsymbol{x})\Delta\boldsymbol{x}\end{aligned}$$

と計算できます。つまり、$\boldsymbol{y}$ の変化 $\Delta\boldsymbol{y}$ は $\boldsymbol{x}$ の変化 $\Delta\boldsymbol{x}$ を 2 つのヤコビ行列の積 $\frac{\partial \boldsymbol{g}}{\partial \boldsymbol{z}}(\boldsymbol{z})\frac{\partial \boldsymbol{f}}{\partial \boldsymbol{x}}(\boldsymbol{x})$ で変換したベクトルで近似できます。なので、合成関数 $\boldsymbol{y} = \boldsymbol{g}(\boldsymbol{f}(\boldsymbol{x}))$ の微分が $\frac{\partial \boldsymbol{g}\left(\boldsymbol{f}(\boldsymbol{x})\right)}{\partial \boldsymbol{x}} = \frac{\partial \boldsymbol{g}}{\partial \boldsymbol{z}}(\boldsymbol{z})\frac{\partial \boldsymbol{f}}{\partial \boldsymbol{x}}(\boldsymbol{x})$ で計算できるのです。

図 4.2.2　合成関数の微分の仕組み

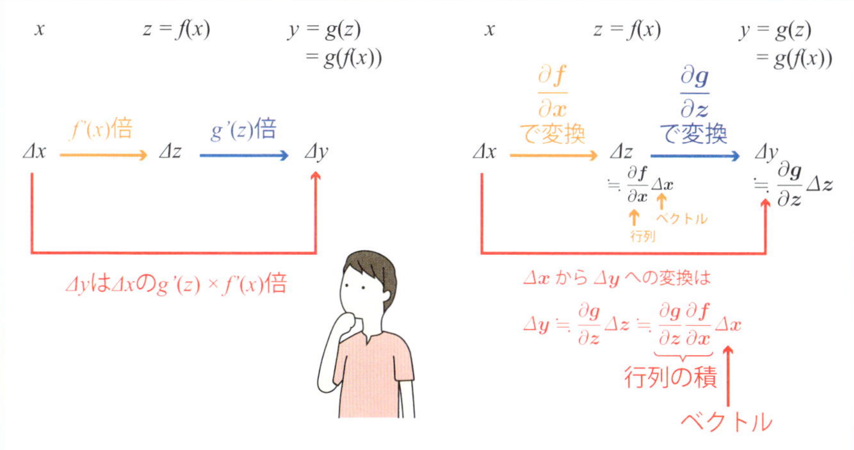

合成関数の微分の例①：$(f(x)^\alpha)' = \alpha f(x)^{\alpha-1} f'(x)$

では、具体的な合成関数について、その微分の計算してみましょう。まずは、$y = f(x)^\alpha$ の形の関数です。

この形の関数は、$y = f(x)^2, \sqrt{f(x)} \left(= f(x)^{\frac{1}{2}}\right), \frac{1}{\sqrt{f(x)}} \left(= f(x)^{-\frac{1}{2}}\right), \frac{1}{f(x)} \left(= f(x)^{-1}\right)$ などをよく見かけます。この場合、$z = f(x)$、$y = g(z) = z^\alpha$ と分解できるので、

$$
\begin{aligned}
(f(x)^\alpha)' &= g'(z) \times f'(x) \\
&= \alpha z^{\alpha-1} \times f'(x) \\
&= \alpha f(x)^{\alpha-1} \times f'(x)
\end{aligned}
$$

で微分を計算できます。関数 f による変換で入力の変化が $f'(x)$ 倍され、関数 g による変換でさらに $g'(z) = \alpha z^{\alpha-1} = \alpha f(x)^{\alpha-1}$ 倍されるため、全体では $g'(z) \times f'(x) = \alpha f(x)^{\alpha-1} \times f'(x)$ 倍されるのです。

この式を用いると、以下の微分公式が計算できます。

$$
\left(f(x)^2\right)' = 2f(x)f'(x) \tag{4.2.3}
$$

$$
\left(\sqrt{f(x)}\right)' = \frac{1}{2} f(x)^{-\frac{1}{2}} f'(x) = \frac{f'(x)}{2\sqrt{f(x)}} \tag{4.2.4}
$$

$$\left(\frac{1}{\sqrt{f(x)}}\right)' = -\frac{1}{2} f(x)^{-\frac{3}{2}} f'(x) = -\frac{f'(x)}{2f(x)^{\frac{3}{2}}} \tag{4.2.5}$$

$$\left(\frac{1}{f(x)}\right)' = -f(x)^{-2} f'(x) = -\frac{f'(x)}{f(x)^2} \tag{4.2.6}$$

ちなみに、この微分公式は積の微分を用いて考えると理解しやすくなります。例えば、αが正の整数nの場合、$f(x)^n = f(x) \times f(x) \times \ldots \times f(x)$なので、次のように計算できます。

$$\begin{aligned}(f(x)^n)' &= f'(x) \times f(x) \times \ldots \times f(x) \\ &\quad + f(x) \times f'(x) \times \ldots \times f(x) \\ &\quad + \ldots \\ &\quad + f(x) \times f(x) \times \ldots \times f'(x) \\ &= n f(x)^{n-1} f'(x)\end{aligned}$$

1つのfの変化は約$f'(x)\,\Delta x$であり、これが$f(x)^{n-1}$倍に増幅されたものがn個あるので、これらの合計で微分が計算できて、$(f(x)^n)' = n f(x)^{n-1} f'(x)$がわかります。

合成関数の微分の例②：$(f(ax-b))' = a f'(ax-b)$

手持ちの関数の中身に1次関数を入れた関数はよく用いられます。例えば、$y = (ax-b)^n$は、関数$g(z) = z^n$に1次関数$z = f(x) = ax - b$を代入して作られる関数です。このような関数$y = g(ax-b)$の微分を計算すると、次のように計算できます。

$$\begin{aligned}(g(ax-b))' &= g'(z) \times f'(x) \\ &= g'(ax-b) \times a \\ &= a\, g'(ax-b)\end{aligned} \tag{4.2.7}$$

関数gの中身の$ax-b$は、xのa倍早く変化するので、変換の倍率も$g'(ax-b)$のa倍になるのです。

例として、関数$y = (ax-b)^n$の微分を計算してみましょう。関数$g(z) = z^n$の微分は$g'(z) = nz^{n-1}$なので、次のように計算できます。

$$\frac{d}{dx}(ax-b)^n = an(ax-b)^{n-1} \tag{4.2.8}$$

合成関数の微分の例③：$(e^{f(x)})' = e^{f(x)} f'(x)$

指数関数の指数部分に関数が入る、$y = e^{f(x)}$ の形の関数もよく見かけます。

この場合、$z = f(x)$ と $y = g(z) = e^z$ に分解できます。微分を実際に計算してみると、次のようになります。

$$\begin{aligned}(e^{f(x)})' &= g'(z) \times f'(x)\\ &= e^z \times f'(x)\\ &= e^{f(x)} \times f'(x)\end{aligned}$$

指数関数 $y = e^x$ の微分は e^x でしたが、$y = e^{f(x)}$ の微分は $e^{f(x)}$ の $f'(x)$ 倍になります。

この式の意味をもう少し掘り下げてみましょう。

x を $x + \Delta x$ に変化させると、$f(x)$ はおよそ $f'(x)\,\Delta x$ だけ変化します。つまり、$f(x)$ の変化の速さは x の変化の早さの $f'(x)$ 倍あります。指数関数 $y = e^x$ は、x が Δx 増えると y が約 $1 + \Delta x$ 倍になるのでした（P93 の式(3.2.3)）。今回の $y = e^{f(x)}$ の場合、x の変化によって指数の f が約 $f'(x)\,\Delta x$ 変化するので、y は約 $(1 + f'(x)\,\Delta x)$ 倍に変化します。そのため、y の変化 Δy は $\Delta y \fallingdotseq y \times f'(x)\,\Delta x = e^{f(x)} \times f'(x)\,\Delta x$ と近似でき、次の公式が得られます。

$$(e^{f(x)})' = e^{f(x)} \times f'(x) \tag{4.2.9}$$

つまり、$y = e^x$ の時と比べて、$y = e^{f(x)}$ は指数の変化が $f'(x)$ 倍早いので、微分も $f'(x)$ 倍になるのです。よく考えてみると、これは指数関数を用いた場合に限った話ではありません。合成関数の微分は、$g(z)$ の変化 $g'(z)$ をベースにしつつ、中身の $z = f(x)$ が x の $f'(x)$ 倍早く変化するので、$g'(z)$ を $f'(x)$ 倍した $g'(z)f'(x)$ が $g(f(x))$ の微分を与えるのです。

合成関数の微分の例④：$(\log f(x))' = f'(x)/f(x)$

最後に、$y = \log f(x)$ の場合を紹介します。これは、$z = f(x)$ と $y = \log z$ に分解できます。よって、微分を計算すると次のようになります。

$$
\begin{aligned}
\left(\log f(x)\right)' &= g'(z) \times f'(x) \\
&= \frac{1}{z} \times f'(x) \\
&= \frac{f'(x)}{f(x)}
\end{aligned}
\tag{4.2.10}
$$

$y = \log x$ の微分は $\frac{1}{x}$ でしたが、$y = \log f(x)$ の微分は f' と f の比 $\frac{f'(x)}{f(x)}$ となります。

式(4.2.10) の意味を深掘りしてみましょう。対数関数 $y = \log x$ は、x が 1.01 倍になると、y が約 0.01 増えるのでした。そのため、対数関数 $y = \log x$ の微分は、$\frac{\Delta y}{\Delta x} \fallingdotseq \frac{0.01}{0.01x} = \frac{1}{x}$ を用いて、$(\log x)' = \frac{1}{x}$ と計算されるのでした。

では、log の中身が $f(x)$ の場合を考えてみましょう。この時、x が Δx 増えると、log の中身は $\frac{f(x+\Delta x)}{f(x)}$ 倍に変化します。この倍率は、

$$
\frac{f(x+\Delta x)}{f(x)} \fallingdotseq \frac{f(x) + f'(x)\Delta x}{f(x)} = 1 + \frac{f'(x)}{f(x)}\Delta x
$$

と計算できます。そのため、$\log f(x)$ は約 $\frac{f'(x)}{f(x)}\Delta x$ 増えるとわかります。入力の変化 Δx が出力の変化 $\frac{f'(x)}{f(x)}\Delta x$ を生み出しているので、この変化の倍率を用いて $(\log f(x))' = \frac{f'(x)}{f(x)}$ と計算できます。

このように、log の変化や微分を考える際は、log の中身が何倍になったかが重要な役割を担います。

第4章のまとめ

・積で定義される関数の微分は、$(fg)' = f'g + fg'$ で計算できる（積の微分公式）

・積の微分は、積の要素のうち1つだけを変化させた影響を考えて、その合計で計算できる

・積の微分公式を用いると、べき乗の微分 $(x^n)' = nx^{n-1}$ が再び得られる

・複雑な関数も、単純な関数の組み合わせで表すことができる。これが合成関数の用途である

・合成関数の微分は、$(g(f(x)))' = g'(z) \times f'(x) = g'(f(x)) \times f'(x)$ で計算できる（合成関数の微分公式）

・微分は変化の倍率なので、合成関数の微分は各関数の微分の積と一致する

・指数関数を用いた合成関数 $y = e^{f(x)}$ の微分の場合、指数 $f(x)$ の変化が x の変化の $f'(x)$ 倍なので、微分も $f'(x)$ 倍の $(e^{f(x)})' = e^{f(x)} f'(x)$ となる

・合成関数の微分は、$g'(z)$ をベースとしつつ、関数 g の中身の $z = f(x)$ が x の $f'(x)$ 倍早く変化するため、結果として $g'(z) \times f'(x)$ が微分を与える

・対数関数を用いた合成関数 $y = \log f(x)$ の微分の場合、対数関数の微分は log の中身の倍率なので、変化の速度 $f'(x)$ と元の関数の大きさ $f(x)$ の比で計算できる。その結果、$(\log f(x))' = \dfrac{f'(x)}{f(x)}$ が得られる

第5章

関数の最大・最小

データ分析のあらゆる場面で活用される基礎問題

分析モデルを利用する際、ほぼ必ず何らかのパラメーターが計算されます。そして、それらのパラメーターは、「精度を最大に」「誤差を最小に」等の問題の解として計算される場合がほとんどです。そのため、関数の最大・最小を求める最適化問題は、非常に多くの応用を持ちます。一方、最大・最小は不等式を用いて定義されるため、直接の扱いは困難です。ここに微分を用いることで、最適化問題を等式の問題に帰着でき、様々な計算が可能になります。

本章では、微分を用いた最大・最小の取り扱いとともに、2次以上の近似公式を与えるテイラーの定理について解説します。

5.1 最大・最小と微分

関数の最大・最小

微分の最も重要な応用の1つが、関数の最大化・最小化問題です。これは、与えられた関数 $f(x_1, x_2, \dots, x_n) = f(\boldsymbol{x})$ について、その値が最大になる入力 $\boldsymbol{x}$ や最小になる入力 $\boldsymbol{x}$ を見つける問題です。この2つを合わせて、**最適化問題 (optimization problem)** と呼びます。例えば、関数 $f(\boldsymbol{x})$ が機械学習モデルの予測誤差を表し、$\boldsymbol{x}$ がそのモデルのパラメーターを表す場合を考えてみると、$f(\boldsymbol{x})$ を最小にするパラメーター $\boldsymbol{x}$ の探索は、精度の高い機械学習モデルの学習そのものです。このように、最適化問題は、研究・実学の双方の文脈で幅広く活用できます。

まずは、最大・最小の定義から始めましょう。

定義（最大・最小）

関数 $f(\boldsymbol{x})$ が点 $\boldsymbol{x} = \boldsymbol{x}_0$ で**最大 (maximum)** であるとは、

$$\text{任意の } \boldsymbol{x} \text{ に対して、} f(\boldsymbol{x}) \leq f(\boldsymbol{x}_0) \text{ が成立する} \tag{5.1.1}$$

ことと定義する。この時、点 $\boldsymbol{x} = \boldsymbol{x}_0$ での関数の値 $f(\boldsymbol{x}_0)$ を、関数 f の**最大値 (maximum value)** と言う。

関数 $f(\boldsymbol{x})$ が点 $\boldsymbol{x} = \boldsymbol{x}_0$ で**最小 (minimum)** であるとは、

$$\text{任意の } \boldsymbol{x} \text{ に対して、} f(\boldsymbol{x}) \geq f(\boldsymbol{x}_0) \text{ が成立する} \tag{5.1.2}$$

ことと定義する。この時、点 $\boldsymbol{x} = \boldsymbol{x}_0$ での関数の値 $f(\boldsymbol{x}_0)$ を、関数 f の**最小値 (minimum value)** と言う。

関数の最大化問題とは、式(5.1.1)を満たす入力 $\boldsymbol{x}_0$ を見つける問題です。以降、最大値を与える入力を $\boldsymbol{x}^{\mathrm{Max}}$、最小値を与える入力を $\boldsymbol{x}^{\mathrm{min}}$ と書くことにします。

見ての通り、最大・最小は不等式を用いて定義されます。一般に、不等式を用いた議論は等式の議論より難しい傾向にあります。微分は、この不等式を用いた最大・最小の議論を等式での議論に帰着できるため、非常に重宝されています。

最大・最小と微分の関係

関数の最大・最小と微分の関係を簡潔にまとめると、次のようになります。

(1) 関数 f が点 $\boldsymbol{x}$ で最大または最小なら、その点での微分は 0 である
(2) ある点 $\boldsymbol{x}$ で関数 f の微分が 0 でも、その点で最大・最小になるとは限らない
(3) 方程式「微分 = 0」が簡単に解ける場合、この解を全て計算し、そこでの関数の値も全て計算して、値が最大・最小のものを選択することで最大化・最小化問題を解く
(4) 方程式「微分 = 0」を解くことが困難な場合、微分 ≒ 0 かつ、なるべく関数の値が大きい・小さい入力 $\boldsymbol{x}$ を探す
(5) たまに、最大や最小を与える入力 $\boldsymbol{x}$ が存在しない場合もあるので注意する

本章では、基礎として (1) と (2) を扱い、続く章で (3) 以降を扱います。

最大・最小なら微分 = 0

最大・最小と微分の関係と言えば、次の定理が有名です。

定理（最大・最小と微分）

1 変数の関数 $f(x)$ が $x = x^{\mathrm{Max}}$ で最大の時、$f'(x^{\mathrm{Max}}) = 0$ が成り立つ。また、$x = x^{\mathrm{min}}$ で最小の時、$f'(x^{\mathrm{min}}) = 0$ が成り立つ。

多変数関数 $f(\boldsymbol{x})$ が $\boldsymbol{x} = \boldsymbol{x}^{\mathrm{Max}}$ で最大の時、任意の i について、$\partial_i f(\boldsymbol{x}^{\mathrm{Max}}) = 0$ が成り立つ。また、$\boldsymbol{x} = \boldsymbol{x}^{\mathrm{min}}$ で最小の時、任意の i について $\partial_i f(\boldsymbol{x}^{\mathrm{min}}) = 0$ が成り立つ。

この定理は、最大または最小の時、微分は0であると主張しています。高校以来、お馴染みの定理でしょう。ここでは、最小の場合について2通りの証明を紹介します。

(1) 微分を直接計算する

関数fは$x = x^{\min}$で最小なので、$f(x^{\min} + \Delta x) \geq f(x^{\min})$が成立します。なので、常に$\Delta f = f(x^{\min} + \Delta x) - f(x^{\min}) \geq 0$です。ここで、$\Delta x > 0$の時は$\dfrac{\Delta f}{\Delta x} \geq 0$だから、$\Delta x \to 0$の極限$f'(x^{\min})$でも$f'(x^{\min}) \geq 0$が成立します。一方、$\Delta x < 0$の時は$\dfrac{\Delta f}{\Delta x} \leq 0$なので、$f'(x^{\min}) \leq 0$が成立します。この2つを合わせると、$f'(x^{\min}) = 0$が得られます（図5.2.1）。

偏微分$\partial_i f(\boldsymbol{x}^{\min})$の場合も同様です。常に$\Delta f = f(\boldsymbol{x}^{\min} + \Delta \boldsymbol{x}) - f(\boldsymbol{x}^{\min}) \geq 0$なので、$\Delta x_i > 0$なら$\dfrac{\Delta f}{\Delta x_i} \geq 0$、$\Delta x_i < 0$なら$\dfrac{\Delta f}{\Delta x_i} \leq 0$です。結果、$\partial_i f(\boldsymbol{x}^{\min}) \geq 0$かつ$\partial_i f(\boldsymbol{x}^{\min}) \leq 0$とわかり、これらを合わせると$\partial_i f(\boldsymbol{x}^{\min}) = 0$が得られます。

図 5.1.1　最小値で微分が0になる理由

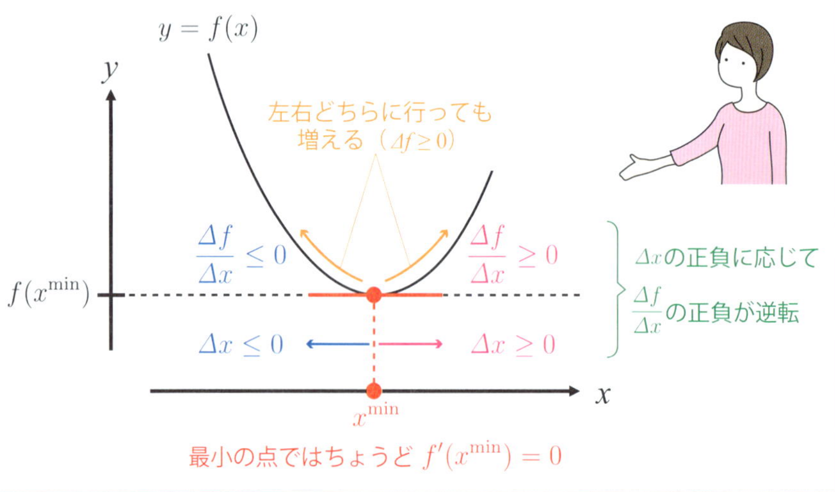

(2) 1次近似と背理法

「関数 f が $x = x^{\min}$ で最小だが、微分が $f'(x^{\min}) > 0$」だと仮定しましょう。この時、$\Delta x < 0$ とすれば、$f(x^{\min} + \Delta x) \fallingdotseq f(x^{\min}) + f'(x^{\min})\,\Delta x < f(x^{\min})$ が成立します。(厳密には証明が必要ですが) Δx の絶対値が小さい時は、この近似が限りなく精密であり、実際に $f(x^{\min} + \Delta x) < f(x^{\min})$ が成立するので、$x = x^{\min}$ が最小を与えることに矛盾します。

要するに、入出力の変化の倍率がプラスなので、入力を減らせば出力も減るということです。結局、$f'(x^{\min}) > 0$ だと矛盾が生じるため、$f'(x^{\min}) \leq 0$ だとわかります。$f'(x^{\min}) < 0$ と仮定しても、$\Delta x > 0$ の場合に $x^{\min}$ の最小性との矛盾が生じるので、結果として $f'(x^{\min}) \geq 0$ が得られます。これらを合わせると、$f'(x^{\min}) = 0$ が証明できます。

最後に、例を1つ紹介します。関数 $y = f(x) = x^2$ は $x = 0$ で最小になります。なぜなら、実数の2乗は必ず0以上で、ちょうど $x = 0$ の時 $f(0) = 0^2 = 0$ なので、全ての x に対して $f(x) = x^2 \geq 0 = f(0)$ が成立するからです。これは最小の定義の式 (5.1.2) そのものですね。

一方、最小を与える $x = 0$ での微分を計算すると、$f'(x) = 2x$ なので $f'(0) = 0$ です。確かに、最小を与える点での微分が0であると確認できます(図 5.1.2 左)。

微分＝0でも最大・最小とは限らない

微分が0でも、最大でも最小でもない場合があります。例えば、関数 $y = f(x) = x^3$ を考えてみましょう。この関数の微分は $f'(x) = 3x^2$ なので、$x = 0$ の時に $f'(x) = 0$ となります。ですが、$x = 0$ は最大でも最小でもありません(図 5.1.2 中)。

また、関数 $y = f(x)$ のグラフが図 5.1.2 右の時、微分が0である点はA, B, Cの3つあります。この時、一番左の点Aは最小を与えますが、他の2つの点B, Cは最大でも最小でもありません。

一方、点Bはその周囲のみと比較すれば最大であり、点Cもその周囲のみと比較すれば最小です。このような点B, Cは、それぞれ**極大 (maximal)**、**極小 (minimal)** と言い、そこでの関数の値を**極大値 (maximal value)**、**極小値 (minimal value)** と言います。

図 5.1.2 微分が 0 だが最大でも最小でもない場合

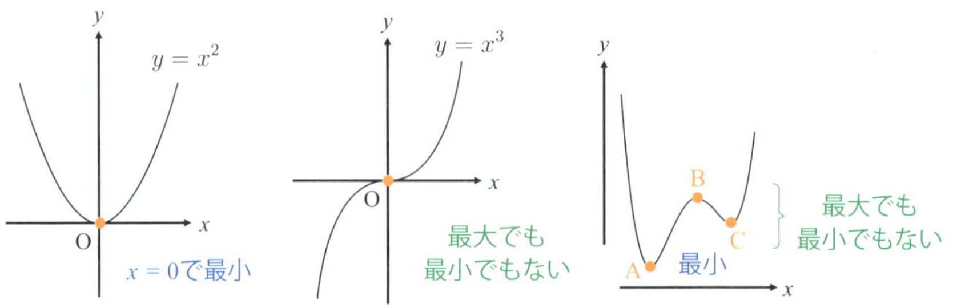

微分が 0 だが最大でも最小でもない他の例に、**鞍点 (saddle point)** があります。例えば、$f(x, y) = x^2 - y^2$ とすると、$\partial_x f(x, y) = 2x$、$\partial_y f(x, y) = -2y$ なので、点 $(x, y) = (0, 0)$ では微分が 0 です。しかし、x を増やせば f の値が増加する一方、y を増やすと f の値が減少するので、点 $(0, 0)$ は最大でも最小でもありません。

図 5.1.3 鞍点 – 方向別に極大と極小が混ざる場合

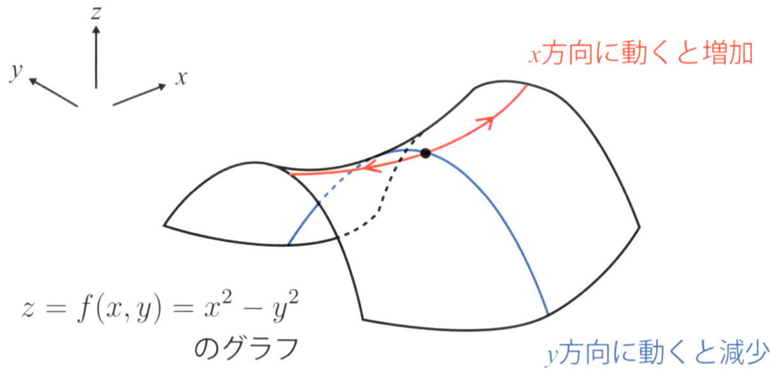

このように、入力が複数ある場合、「とある方向で見れば極大」「別の方向で見れば極小」が混ざり、微分が 0 であっても最大でも最小でもない場合が出現します。

5.2 2階微分と最大・最小（1変数）

テイラーの定理

実は、3.1節で紹介した1次近似には続きがあり、2次近似・3次近似やn次近似があります。これらの高次の近似はテイラーの定理で計算でき、特に2次近似を用いると、最大・最小問題にさらに迫ることができます。本節では、このテイラーの定理とその意味について説明した後、最適化問題への応用についても説明します。

まずは、1次近似の復習から始めましょう。関数$f(x)$の点$x = a$の周りでの1次近似は、

$$f(x) \fallingdotseq f(a) + f'(a)\,(x-a)$$

という式で書けます。これを1歩進めて、$x-a$の2乗まで用いた

$$f(x) \fallingdotseq f(a) + f'(a)\,(x-a) + a_2\,(x-a)^2$$

で、関数fの値を近似することを考えましょう。

この時、$a_2 = \frac{1}{2}f''(a) = \frac{1}{2}f^{(2)}(a)$と設定すると、近似精度が最良になると知られています。これを、**2次近似 (2nd order approximation)** と言います。

さらに、$x-a$の3乗まで用いた3次近似では、$\frac{1}{6}f^{(3)}(a)(x-a)^3$を用いると近似精度が最良であると知られています。これらをまとめて数式で書くと、次のようになります。

$$f(x) \fallingdotseq f(a) + f'(a)(x-a)$$

$$f(x) \fallingdotseq f(a) + f'(a)(x-a) + \frac{1}{2}f^{(2)}(a)(x-a)^2$$

$$f(x) \fallingdotseq f(a) + f'(a)(x-a) + \frac{1}{2}f^{(2)}(a)(x-a)^2 + \frac{1}{6}f^{(3)}(a)(x-a)^3$$

一般に、$(x-a)^n$の項まで用いる近似を**n次近似 (n-th order approximation)** と言います。n次近似式に用いる係数は、次ページのテイラーの定理が教えてくれます。

定理（テイラーの定理）

関数 $f(x)$ の点 $x = a$ の周りの n 次近似では、$(x-a)^k$ の係数を $\frac{1}{k!}f^{(k)}(a)$ とした以下の式のが最良の近似を与える。

$$
\begin{aligned}
f(x) &\fallingdotseq f(a) + f'(a)(x-a) \\
&\quad + \frac{1}{2}f^{(2)}(a)(x-a)^2 \\
&\quad + \cdots \\
&\quad + \frac{1}{n!}f^{(n)}(a)(x-a)^n \\
&= f(a) + \sum_{1 \le k \le n} \frac{1}{k!} f^{(k)}(a)(x-a)^k
\end{aligned}
\tag{5.2.1}
$$

ここからは、この式(5.2.1)の意味とともに、最大・最小問題への応用についても説明します。

まずは記号を整理しましょう。ここに登場する記号「!」は**階乗(factorial)**を表し、$n! = n \times (n-1) \times (n-2) \times \ldots \times 2 \times 1$ で定義されます。

式(5.2.1)は、点 $x = a$ の周りでの関数 f の値を近似するために、右辺を使いましょうという式です。そのため、基準となる a は定数で、x のみが変数です。a が定数なので、$f(a), f'(a), f^{(2)}(a), \ldots, f^{(n)}(a)$ も全て定数です。例えば、とある関数 $f(x)$ が、$x = a$ での $f(a), f'(a), f^{(2)}(a), f^{(3)}(a)$ の値が全て 1 の場合、$f(x)$ の値は以下の式で精度良く近似できると計算できます。

$$
\begin{aligned}
f(x) &\fallingdotseq f(a) + f'(a)(x-a) + \frac{1}{2!}f^{(2)}(a)(x-a)^2 + \frac{1}{3!}f^{(3)}(a)(x-a)^3 \\
&= 1 + 1 \times (x-a) + \frac{1}{2} \times 1 \times (x-a)^2 + \frac{1}{6} \times 1 \times (x-a)^3 \\
&= 1 + (x-a) + \frac{1}{2}(x-a)^2 + \frac{1}{6}(x-a)^3
\end{aligned}
$$

補助公式の紹介

テイラーの定理の説明に入る前に、補助公式を紹介します。$g(z) = z^n$ と書くと、P119 の式(4.2.8) より

$$\begin{aligned}\frac{d}{dx}(x-a)^n &= g'(z)\times 1 \\ &= nz^{n-1} \\ &= n(x-a)^{n-1} \end{aligned} \tag{5.2.2}$$

と計算できます。複数階の微分も続けて計算すると、

$$\begin{aligned}\left(\frac{d}{dx}\right)^2 (x-a)^n &= n(n-1)(x-a)^{n-2} \\ \left(\frac{d}{dx}\right)^3 (x-a)^n &= n(n-1)(n-2)(x-a)^{n-3} \\ &\vdots \\ \left(\frac{d}{dx}\right)^n (x-a)^n &= n(n-1)\times\cdots\times 2\times 1 = n! \end{aligned} \tag{5.2.3}$$

が得られます。n 次式の n 階微分は定数 $(n!)$ なので、それ以降の微分は 0 となります。

$$\left(\frac{d}{dx}\right)^K (x-a)^n = 0 \ (K > n) \tag{5.2.4}$$

テイラーの定理の意味

テイラーの定理の肝は、微分を合わせることです。例えば、$n = 2$ の 2 次近似の場合を考えてみましょう。テイラーの定理によれば、$f(x)$ を $f(a) + f'(a)(x-a) + \frac{1}{2}f''(a)(x-a)^2$ で近似すると、最も精度良く近似できるとわかります。実は、この近似式を $g(x)$ と書くと、

$$g(a) = f(a)$$
$$g'(a) = f'(a)$$
$$g''(a) = f''(a)$$

が成立します。つまり、関数 $f(x)$ とその2次近似 $g(x)$ は関数の値、1階微分、2階微分の値が $x = a$ で一致するのです。逆に、こうなるように2次関数 $g(x)$ を設定すると、最も精度が良い2次近似が得られるのです。これがテイラーの定理です。

実際に計算して、微分の一致を確認しておきましょう。$g(x)$ の微分は、次のように計算できます。

$$g'(x) = f'(a) + f''(a)\,(x - a)$$
$$g''(x) = f''(a)$$

そのため、$x = a$ での値を計算すると次のようになります。

$$g(a) = f(a) + f'(a)(a - a) + \frac{1}{2}f''(a)(a - a)^2 = f(a)$$
$$g'(a) = f'(a) + f''(a)\,(a - a) = f'(a)$$
$$g''(a) = f''(a)$$

以上の計算で確かに $g(a) = f(a)$, $g'(a) = f'(a)$, $g''(a) = f''(a)$ の成立がわかります。

では、なぜ微分を合わせると精度が良い近似ができるのでしょうか？

厳密な証明は技巧的で難しいので、ここでは説明にとどめます[1]。テイラーの定理は、1次近似から順番に考えるとよくわかります。1次近似 $f(x) \fallingdotseq f(a) + f'(a)(x - a)$ では、$x = a$ での微分の値 $f'(a)$ を用いています。この理由は、微分は入出力の変化の倍率なので、微分の値を合わせることで、関数の変化と近似式の変化を揃えられるからでした。しかし、$x = a$ から遠くなるにつれて、f の入出力の変化の倍率が変化するため、徐々に近似精度が悪化します（図5.2.1左）。

ここで2階微分が活躍します。2階微分は1階微分をさらに微分したものです。なので、2階微分は「変化の倍率」の変化を表します。この2階微分までを合わ

1) 厳密な証明には、コーシーの平均値の定理などを用います。大学1，2年生向けの微積分の標準的な教科書や各種Webページでも証明が見つかりますので、興味がある方は調べてみてください。

せることで、より遠くまで、より精度良く変化の倍率が揃います。その結果、2 階微分までを揃えた式が最良の近似を与えるのです（図 5.2.1 右）。

図 5.2.1　**微分を合わせると精度良い近似ができる**

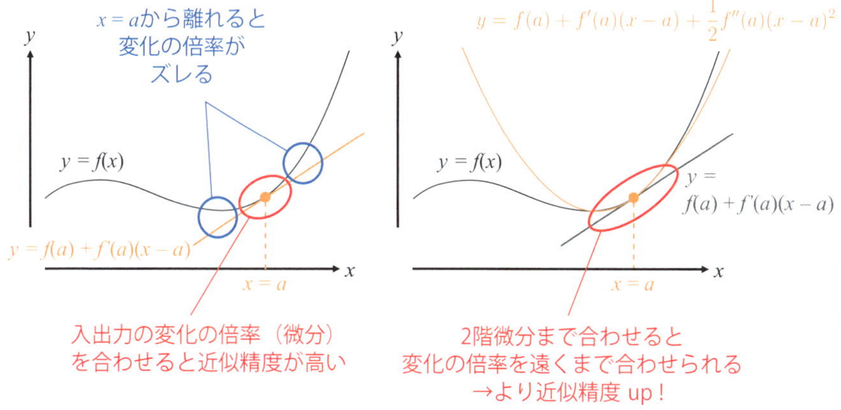

同様に、3 次近似では、3 階微分までを一致させると最良の近似が得られます。この事実を利用して、3 次近似で用いる係数を求めてみましょう。

3 次近似の式を、$g(x) = f(a) + f'(a)(x-a) + \frac{1}{2}f^{(2)}(a)(x-a)^2 + a_3(x-a)^3$ と書いて 3 階微分を計算すると、式(5.2.3)(5.2.4) より $g^{(3)}(x) = 3 \times 2 \times 1 \times a_3 = 3!\, a_3$ と計算できます。したがって、$g^{(3)}(a) = 3!\, a_3$ と $f^{(3)}(a)$ が等しくなるように a_3 の値を設定すると、$a_3 = \frac{1}{3!}f^{(3)}(a) = \frac{1}{6}f^{(3)}(a)$ とわかります。同様の計算をすれば、$(x-a)^k$ の係数を $\frac{1}{k!}f^{(k)}(a)$ とした時に、k 階微分の値が $f^{(k)}(a)$ と一致するとわかります。これが、テイラーの定理の式(5.2.1) です。

2 階微分と最大最小

テイラーの定理と 2 次近似を用いると、最適化問題にさらに迫れます。

定理（2階微分と最大・最小）

関数 $f(x)$ が点 $x = a$ で

$$f'(a) = 0 \quad \text{かつ} \quad f''(a) > 0$$

を満たすとする。この時、f は $x = a$ で極小となる。

また、関数 $f(x)$ が点 $x = a$ で

$$f'(a) = 0 \quad \text{かつ} \quad f''(a) < 0$$

を満たすとする。この時、f は $x = a$ で極大となる。

この定理が成り立つ理由はシンプルです。$f'(a) = 0$ かつ $f''(a) > 0$ の時、点 $x = a$ での2次近似を考えると、

$$f(x) \fallingdotseq f(a) + f'(a)(x-a) + \frac{1}{2}f''(a)(x-a)^2 = f(a) + 0 + \frac{1}{2}f''(a)(x-a)^2 \geq f(a)$$

が成立します。（厳密には証明が必要ですが）$\Delta x = x - a$ の絶対値が小さい時はこの近似は充分に正確であり、実際に $f(x) \geq f(a)$ が成立します。つまり、点 $x = a$ の近くでは $f(x) \geq f(a)$ が成立するので、点 $x = a$ で f は極小だとわかります。$f''(a) < 0$ の場合も、同様の議論で確認できます。

図 5.2.2　2次近似と極大・極小

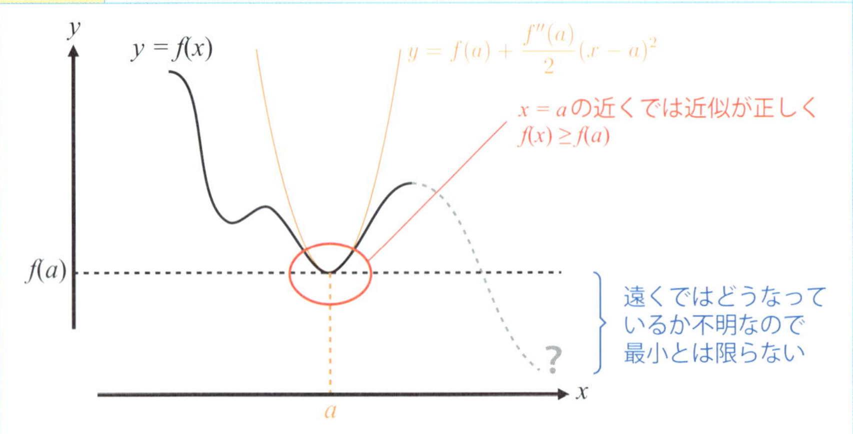

5.3 2階微分と最大・最小（多変数）

テイラーの定理（多変数）

多変数関数$f(x_1, x_2,\dots, x_n) = f(\boldsymbol{x})$の場合でも、テイラーの定理と2次近似を用いて極大・極小を判定できます。まずは、多変数の場合のテイラーの定理を紹介します。

定理（テイラーの定理（多変数））

関数$f(\boldsymbol{x})$の点$\boldsymbol{x} = \boldsymbol{a}$の周りの$n$次近似では、次の式が最良の近似を与える。

$$
\begin{aligned}
f(\boldsymbol{x}) \fallingdotseq\ & f(\boldsymbol{a}) + \sum_{i_1} \partial_{i_1} f(\boldsymbol{a})\left(x_{i_1} - a_{i_1}\right) \\
& + \frac{1}{2!}\sum_{i_1,i_2} \partial_{i_2 i_1} f(\boldsymbol{a})\left(x_{i_1} - a_{i_1}\right)\left(x_{i_2} - a_{i_2}\right) \\
& + \frac{1}{3!}\sum_{i_1,i_2,i_3} \partial_{i_3 i_2 i_1} f(\boldsymbol{a})\left(x_{i_1} - a_{i_1}\right)\left(x_{i_2} - a_{i_2}\right)\left(x_{i_3} - a_{i_3}\right) \\
& + \cdots \\
& + \frac{1}{k!}\sum_{i_1,\, i_2,\dots,\, i_k} \partial_{i_k i_{k-1}\cdots i_2 i_1} f(\boldsymbol{a})\left(x_{i_1} - a_{i_1}\right)\left(x_{i_2} - a_{i_2}\right)\cdots\left(x_{i_k} - a_{i_k}\right) \\
& + \cdots \\
& + \frac{1}{n!}\sum_{i_1,\, i_2,\dots,\, i_n} \partial_{i_n i_{n-1}\cdots i_2 i_1} f(\boldsymbol{a})\left(x_{i_1} - a_{i_1}\right)\left(x_{i_2} - a_{i_2}\right)\cdots\left(x_{i_n} - a_{i_n}\right)
\end{aligned}
\tag{5.3.1}
$$

多変数のテイラーの定理の$n = 1, 2$の場合を見ながら、理解を深めていきましょう。$n = 1$の時、式(5.3.1)は次のように書けます。

$$
\begin{aligned}
f(\boldsymbol{x}) &\fallingdotseq f(\boldsymbol{a}) + \sum_i \partial_i f(\boldsymbol{a})(x_i - a_i) \\
&= f(\boldsymbol{a}) + \frac{\partial f}{\partial x_1}\Delta x_1 + \frac{\partial f}{\partial x_2}\Delta x_2 + \cdots + \frac{\partial f}{\partial x_n}\Delta x_n
\end{aligned}
\tag{5.3.2}
$$

ここで、$x_i - a_i$ を Δx_i と書き換えました。これは多変数関数の 1 次近似の式(3.3.2)(P97) そのものです。

次に、$n = 2$ の 2 次近似を見てみましょう。2 次近似では式(5.3.2) に加えて、

$$
\frac{1}{2!}\sum_{i,\ j}\partial_{ji} f(\boldsymbol{a})(x_i - a_i)(x_j - a_j) = \frac{1}{2}\sum_{i,\ j}\partial_{ji} f(\boldsymbol{a})\Delta x_i \Delta x_j
$$

が追加されます。1 変数と同様に 2 で割りつつ、「2 階の偏微分 $\partial_{ji} f(\boldsymbol{a})$ と、対応する Δx_i, Δx_j の積」の合計を用いれば最良の近似が得られます。実は、関数 $g(\boldsymbol{x})$ を

$$
g(\boldsymbol{x}) = f(\boldsymbol{a}) + \sum_{i_1}\partial_{i_1} f(\boldsymbol{a})\left(x_{i_1} - a_{i_1}\right) + \frac{1}{2!}\sum_{i_1, i_2}\partial_{i_2 i_1} f(\boldsymbol{a})\left(x_{i_1} - a_{i_1}\right)\left(x_{i_2} - a_{i_2}\right)
$$

で定義すると、$g(\boldsymbol{a}) = f(\boldsymbol{a})$, $\partial_i g(\boldsymbol{a}) = \partial_i f(\boldsymbol{a})$, $\partial_{ji} g(\boldsymbol{a}) = \partial_{ji} f(\boldsymbol{a})$ が成立します（以下の数理解説で紹介します）。多変数の場合も、偏微分の値を一致させれば最良の近似が得られるのです。

これは、より高次の近似でも同様です。式(5.3.1) の n 次近似中の k 次式の部分は、$\dfrac{1}{k!}$ 倍しつつ、k 階偏導関数と対応する Δx_i の積の合計です。こうすると、元の関数 $f(\boldsymbol{x})$ と近似式 $g(\boldsymbol{x})$ の導関数が一致し、最良の近似が得られるのです。

数理解説：偏微分の一致の確認

この数理解説では、関数 $f(\boldsymbol{x})$ と、その 2 次近似

$$
g(\boldsymbol{x}) = f(\boldsymbol{a}) + \sum_i \partial_i f(\boldsymbol{a})(x_i - a_i) + \frac{1}{2}\sum_{i,\ j}\partial_{ji} f(\boldsymbol{a})(x_i - a_i)(x_j - a_j)
$$

の偏微分の一致を確認します。単なる計算なので、説明は少なめとし、式変形の記述を中心に紹介します。また、一般の添字で計算すると手間なので、$\partial_1 g(\boldsymbol{a})$, $\partial_{11} g(\boldsymbol{a})$, $\partial_{21} g(\boldsymbol{a})$ の 3 つについて確認することにします。

まずは、$g(\boldsymbol{x})$ の x_1 での偏微分を計算しましょう。まず、$f(\boldsymbol{a})$ は定数なので、偏微分は 0 です。$\sum_i \partial_i f(\boldsymbol{a})(x_i - a_i)$ の偏微分では、x_1 を含まない項の偏微分は 0 なので次のように計算できます。

$$\partial_1\left(\sum_i \partial_i f(\boldsymbol{a})(x_i - a_i)\right) = \frac{\partial}{\partial x_1}\Big(\partial_1 f(\boldsymbol{a})\big(x_1 - a_1\big)\Big) = \partial_1 f(\boldsymbol{a})$$

$\frac{1}{2}\sum_{i,j} \partial_{ji} f(\boldsymbol{a})(x_i - a_i)(x_j - a_j)$ の偏微分も、i か j の少なくとも一方が 1 でないと偏微分は 0 なので、次のように計算できます。

$$\partial_1\left(\frac{1}{2}\sum_{i,j} \partial_{ji} f(\boldsymbol{a})(x_i - a_i)(x_j - a_j)\right) = \frac{\partial}{\partial x_1}\left(\frac{1}{2}\partial_{11} f(\boldsymbol{a})(x_1 - a_1)^2\right)$$

$$+\frac{\partial}{\partial x_1}\left(\frac{1}{2}\sum_{j\neq 1} \partial_{j1} f(\boldsymbol{a})(x_1 - a_1)(x_j - a_j)\right) + \frac{\partial}{\partial x_1}\left(\frac{1}{2}\sum_{i\neq 1} \partial_{1i} f(\boldsymbol{a})(x_i - a_i)(x_1 - a_1)\right)$$

$$= \partial_{11} f(\boldsymbol{a})(x_1 - a_1) + \frac{1}{2}\sum_{j\neq 1} \partial_{j1} f(\boldsymbol{a})(x_j - a_j) + \frac{1}{2}\sum_{i\neq 1} \partial_{1i} f(\boldsymbol{a})(x_i - a_i)$$

$$= \partial_{11} f(\boldsymbol{a})(x_1 - a_1) + \frac{1}{2}\sum_{j\neq 1} \partial_{j1} f(\boldsymbol{a})(x_j - a_j) + \frac{1}{2}\sum_{i\neq 1} \partial_{i1} f(\boldsymbol{a})(x_i - a_i)$$

$$= \partial_{11} f(\boldsymbol{a})(x_1 - a_1) + \sum_{i\neq 1} \partial_{i1} f(\boldsymbol{a})(x_i - a_i)$$

$$= \sum_i \partial_{i1} f(\boldsymbol{a})(x_i - a_i)$$

そして、これらを合わせると、

$$\partial_1 g(\boldsymbol{x}) = \partial_1 f(\boldsymbol{a}) + \sum_i \partial_{i1} f(\boldsymbol{a})(x_i - a_i)$$

と計算できます。この式に $\boldsymbol{x} = \boldsymbol{a}$ を代入すると、$\partial_1 g(\boldsymbol{a}) = \partial_1 f(\boldsymbol{a}) + \Sigma\, \partial_{i1} f(\boldsymbol{a}) \times 0 = \partial_1 f(\boldsymbol{a})$ なので、確かに、f と g の 1 階の偏微分の値が一致します。また、上の式を続けて x_1, x_2 で偏微分すれば、同様の計算で$\partial_{11} g(\boldsymbol{x}) = \partial_{11} f(\boldsymbol{a}), \partial_{21} g(\boldsymbol{x}) = \partial_{21} f(\boldsymbol{a})$ が得られます。なので、$\partial_{11} g(\boldsymbol{a}) = \partial_{11} f(\boldsymbol{a}), \partial_{21} g(\boldsymbol{a}) = \partial_{21} f(\boldsymbol{a})$ であり、2 階の偏微分の一致も確認できます。

2次近似と極大・極小（多変数）

1変数の場合と同様に、多変数の場合も2次近似で極大・極小を判定できます。

定理（2階微分と最大・最小）

関数 $f(\boldsymbol{x})$ が、点 $\boldsymbol{x}=\boldsymbol{a}$ で以下の2条件を満たす時、f は $\boldsymbol{x}=\boldsymbol{a}$ で極小となる。

・任意の i について $\partial_i f(\boldsymbol{a})=0$

・$\boldsymbol{0}$ でない任意の $\Delta\boldsymbol{x}$ について $\frac{1}{2}\sum_{i,j}\partial_{ji}f(\boldsymbol{a})\Delta x_i\Delta x_j>0$

関数 $f(\boldsymbol{x})$ が、点 $\boldsymbol{x}=\boldsymbol{a}$ で以下の2条件を満たす時、f は $\boldsymbol{x}=\boldsymbol{a}$ で極大となる。

・任意の i について $\partial_i f(\boldsymbol{a})=0$

・$\boldsymbol{0}$ でない任意の $\Delta\boldsymbol{x}$ について $\frac{1}{2}\sum_{i,j}\partial_{ji}f(\boldsymbol{a})\Delta x_i\Delta x_j<0$

証明は1変数の時とほぼ同じです。任意の i について $\partial_i f(\boldsymbol{a})=0$、かつ、$\boldsymbol{0}$ でない任意の $\Delta\boldsymbol{x}$ について $\frac{1}{2}\sum_{i,j}\partial_{ji}f(\boldsymbol{a})\Delta x_i\Delta x_j>0$ なら、

$$f(\boldsymbol{x})\fallingdotseq f(\boldsymbol{a})+\sum_i\partial_i f(\boldsymbol{a})\,\Delta x_i+\frac{1}{2}\sum_{i,j}\partial_{ji}f(\boldsymbol{a})\Delta x_i\Delta x_j$$

$$=f(\boldsymbol{a})+0+\frac{1}{2}\sum_{i,j}\partial_{ji}f(\boldsymbol{a})\Delta x_i\Delta x_j\geq f(\boldsymbol{a})$$

が成立します。（厳密には証明が必要ですが）ベクトル $\Delta\boldsymbol{x}$ の長さが小さい時はこの近似は充分に正確であり、$f(\boldsymbol{x})\geq f(\boldsymbol{a})$ が成立するため、f は $\boldsymbol{x}=\boldsymbol{a}$ で極小だとわかります。[2)]

2) 行列 H をその ij 成分が $\partial_{ji}f(\boldsymbol{a})$ である行列と定めると、$\Sigma\,\partial_{ji}f(\boldsymbol{a})\Delta x_i\Delta x_j={}^t\Delta\boldsymbol{x}H\Delta\boldsymbol{x}$ と書けます。この行列 H を、**ヘッセ行列 (Hessian matrix)** と言います。第12章で紹介する技術を前借りすれば、この定理の主張は「ヘッセ行列の全ての固有値が正ならば極小、負ならば極大」と言い換えることができます。

第5章のまとめ

- 関数 f が点 $\boldsymbol{x}$ で最大または最小なら、その点での微分が 0 になる
- ある点 $\boldsymbol{x}$ で関数 f の微分が 0 でも、その点で最大・最小になるとは限らない
- 方程式「微分 = 0」が簡単に解ける場合は、その解を全て列挙し、関数の値を比較することで最大・最小を求められる（最大・最小が存在する場合）
- 方程式「微分 = 0」が簡単に解けない場合は、数値的な近似解法が用いられる（詳細は第 8 章）
- テイラーの定理によると、最良の n 次近似を得るには微分を揃えれば良いとわかる
- 2 次近似を用いると、関数の極大・極小を判断できる

第6章

積分

関数の値の総和を計算する技術

積分とは関数の値の総和を計算する技術であり、連続的なパラメーターによる場合分けでの合計に用いられます。特に、連続確率変数の定義・取り扱いや、ベイズ系の議論への応用が代表的です。また、画像生成AI等で話題の生成モデルでも本質的に活用されています。

本章では、積分の意味と基礎公式を中心に説明し、データ分析への応用は第3部以降で扱います。

6.1 積分の定義と意味

積分との向き合い方

積分を理解すると言っても、データ分析の実践のための理解と、試験のための理解では大きく異なります。試験のためには、あらゆる公式を頭に入れ、華麗な式変形を思いつき、最後までミスなく計算し切ることが求められます。しかし、データ分析の実践においては、これらの優先順位は高くありません。それよりも、「積分とは関数の値の総和である」という積分の心を理解し、連続パラメーターを用いた場合分けの合計など、積分で書かれた式の意味を解釈できることが重要です。より高いレベルの理解を目指す場合でも、使えそうな公式を調べる力や、積分のデータ近似を実装できる力の方が重要でしょう。理論派以外の人にとっては、積分の式変形や積分公式の証明が必要な場面はほとんどありません。

図 6.1.1　データ分析での積分との向き合い方

大切なこと

「積分は総和」と理解
積分を含む式の意味を解釈
公式を調べる力
積分のデータ近似

重要でないこと

積分の厳密な定義
積分を含む式の導出
公式の証明

$$\frac{1}{\sqrt{2\pi\sigma^2}}\int_{-\infty}^{+\infty} e^{-\frac{(x-\mu)^2}{2\sigma^2}}\,dx = 1$$

$$\frac{1}{\sqrt{2\pi\sigma^2}}\int_{-\infty}^{+\infty} xe^{-\frac{(x-\mu)^2}{2\sigma^2}}\,dx = \mu$$

$$\frac{1}{\sqrt{2\pi\sigma^2}}\int_{-\infty}^{+\infty} x^2e^{-\frac{(x-\mu)^2}{2\sigma^2}}\,dx = \mu^2+\sigma^2$$

←証明する必要はない。

←意味を自分なりに解釈できればOK！

データ分析のための積分の勉強では、過去の苦しみや挫折を克服する必要はありません。そもそも競技が違うので、新鮮な気持ちで積分と向き合いましょう。

一方、積分には分野特有の難しさもあります。一般に、数式を用いた積分の厳密な計算はかなり困難です。そのため、各分野特有のご当地計算テクニックとして、難しい積分を回避する計算方法が発達しています。また、奇跡的に積分が計算可能な公式があると、ありとあらゆる人がその公式に群がって、奇想天外な発想で使い倒されています。この2つの難しさは、積分そのものの難しさではなく、その用法にある難しさです。データ分析における積分の用法は第3部以降に扱うとして、本章では積分のシンプルな本質と基礎的な計算公式を中心に扱います。

積分の定義と記号

積分とは、関数の値の総和です。しかし、本当に全ての値を足す計算はできません。そこで、本書では面積を利用して積分を定義します。

定義（定積分）

関数 $y=f(x)$ と定数 a, b $(-\infty \le a \le b \le \infty)$ について、関数 $y=f(x)$ の $x=a$ から b までの**定積分 (definite integral)** を、「$x=a$ から b までの範囲での、$y=f(x)$ のグラフと x 軸が囲む領域の**符号付き面積 (signed area)**」で定義し、次のように書く。

$$\int_a^b f(x)dx$$

また、この符号付き面積は以下の極限で計算される。

$$\int_a^b f(x)dx = \lim_{\Delta\to 0}\sum_i f(x_i)\Delta x_i \tag{6.1.1}$$

では、この積分の意味を解き明かしていきましょう。まずは、符号付き面積について補足します。

関数 $y=f(x)$ が $a \le x \le b$ でずっと正であれば、図 6.1.2 左上の領域の面積で積分

$\int_a^b f(x)dx$ の値を定義します。関数 $f(x)$ の値が負にもなる場合、図の右上のように、負の部分の面積はマイナスで算入します。関数の値が全域で 0 以下であれば、積分の結果の値も 0 以下になります。これが符号付き面積です。

また、$a = -\infty$ や $b = \infty$ の場合、左右に無限に続く領域の面積が定義に用いられます [1)]。

図 6.1.2　定積分の定義

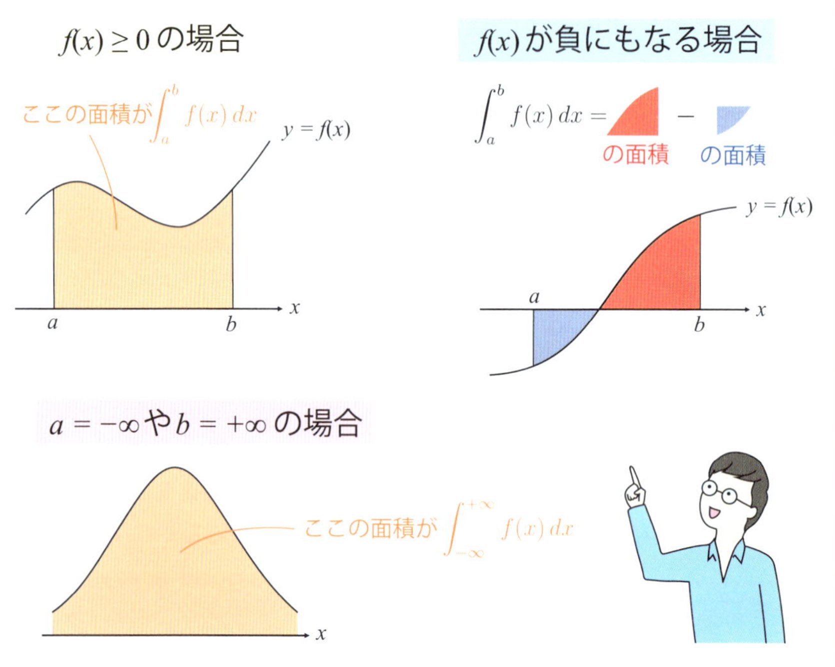

積分は関数の値の総和である

この符号付き面積の計算には、式(6.1.1) の右辺の極限 $\lim_{\Delta \to 0} \sum_i f(x_i)\Delta x_i$ が用いられます。ここでは、その数式の背景と意味を紹介します。まずは、極限の中身 $\sum_i f(x_i)\Delta x_i$ に注目しましょう。この値は、面積を計算したい領域(図 6.1.3 上)を短冊形の領域の合併で近似した(図左下)、その短冊の合併の面積を表します(図下)。

1)　厳密には、区間が無限大の積分は広義積分と言い、$\int_L^U f(x)dx$ の $U \to \infty$, $L \to -\infty$ の極限で定義されます。

図 6.1.3　領域を短冊で近似する

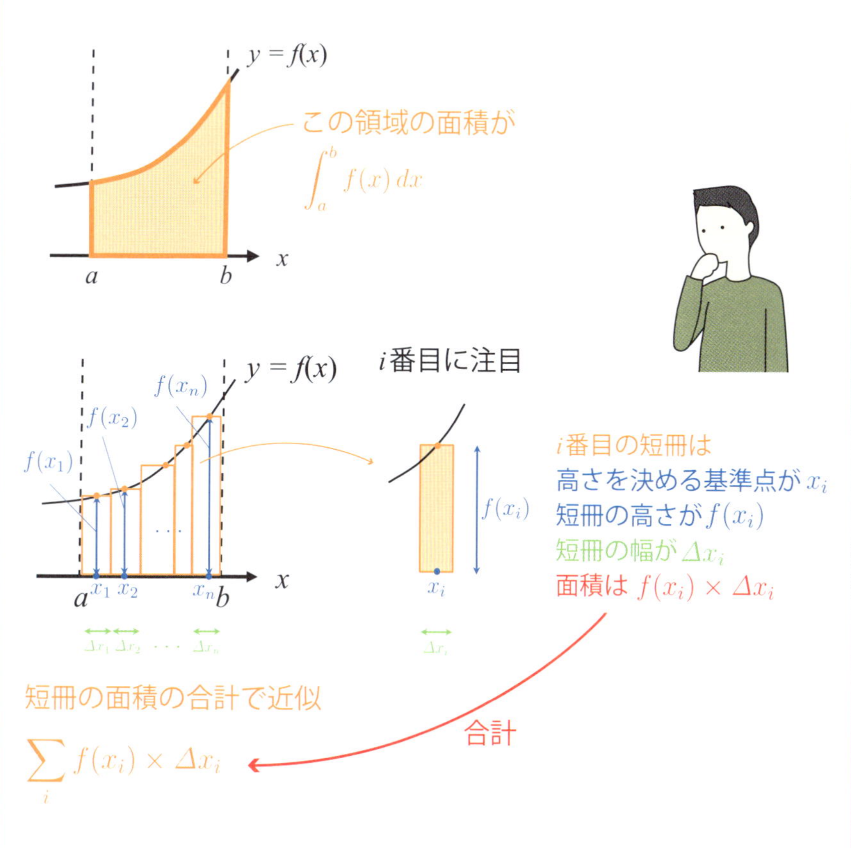

この式を別の捉え方で捉えてみましょう。仮に、関数の変化があまり大きくなく、x_i の周辺の幅 Δx_i の範囲では、関数の値が $f(x_i)$ くらいだとします。すると、この範囲にはだいたい $f(x_i)$ が“Δx_i”個あると考えて、この範囲での $f(x)$ の値の合計はおおよそ$f(x_i)\,\Delta x_i$ であると考えても良いでしょう。

すると、これらの $f(x_i)\,\Delta x_i$ の合計である $\Sigma f(x_i)\,\Delta x_i$ は、a から b までの関数の値の合計（の近似値）だと考えることができます。つまり、積分は、関数の値がだいたい同じである区間の幅（Δx_i）を個数と捉えて、個数込みで足し合わせた関数の値の総和なのです。

これは、速さと距離の関係で考えるとわかりやすいです。陸上の 100m 走のトップ選手は、およそはじめの 4 秒で加速し、残りの 6 秒をほぼ等速で走り抜けると知られています。この速度変化が図 6.1.4 左のグラフで表されるとします。この選手が 10 秒で走った距離を算出するため、このグラフの囲む領域を短冊で近似してみましょう。

図右では、

- はじめの 0.5 秒は秒速 0m、
- 次の 0.5 秒は秒速 1.5m、
- 次の 0.5 秒は秒速 3m と徐々に加速し、
- 3.5〜4 秒の間の 0.5 秒は秒速 10.5m で走り、
- 後半 6 秒は秒速 12m で走った

と近似しています。この近似を用いると、この選手が 10 秒の間に走った距離は次のように計算できます。

$$0 \times 0.5 + 1.5 \times 0.5 + 3 \times 0.5 + \ldots + 10.5 \times 0.5 + 12 \times 6 = 93$$

残りの 7m はおよそ 0.5 秒程度で走れると思われるので、この選手は 100m を約 10.5 秒で走れるとわかります。これはまさに、「$f(x_i)$ が Δx_i 個ある」を合計する考え方の計算になっています。これと同じ考え方で、与えられた範囲での関数の値の総和を計算しているのが積分なのです。

図 6.1.4　速度と距離と積分

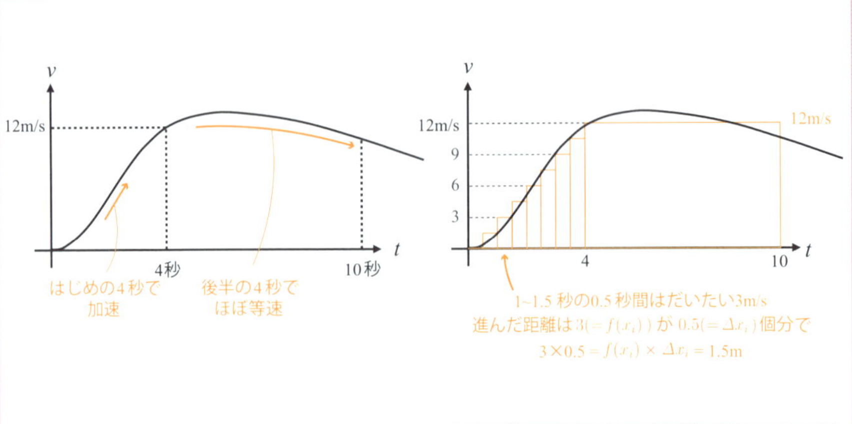

なお、積分は総和なので、カッコの中の文字は何でも構いません。例えば、以下3つの積分は全て同じ意味を表します。

$$\int_a^b f(x)dx = \int_a^b f(y)dy = \int_a^b f(t)dt$$

これは、シグマ計算における $\sum_{1\leq i\leq n} a_i = \sum_{1\leq k\leq n} a_k$ と同じ現象です。

Riemann積分とLebesgue積分

最後に、$\lim_{\Delta\to 0}$ について説明します。この極限の定義には、大きく分けて2つの流儀があります。

1つめが、短冊の横幅を狭くしていく極限です（図 6.1.5 左）。これは高校で習う定義と同じで、この定義を用いる積分を**リーマン積分 (Riemann integral)** と言います。

そして2つめが、短冊の段差を狭くしていく極限です（図右）。これは、**ルベーグ積分 (Lebesgue integral)** と呼ばれます。Lebesgue 積分は証明に便利なので、数学者や理論家の間で重宝されています。

図 6.1.5　Riemann 積分と Lebesgue 積分

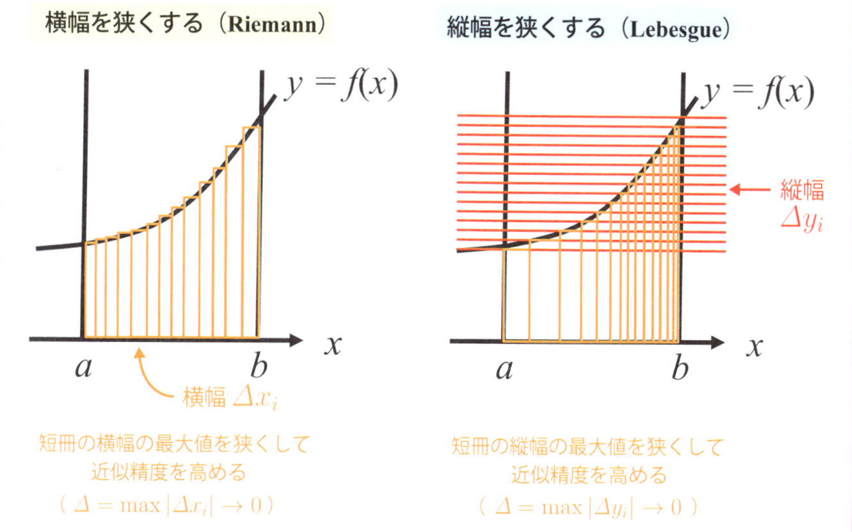

積分と確率

積分の最大の応用は、連続パラメーターを用いた場合分けの総和です。データ分析においては、連続的な値を取る確率変数への応用が代表例です。この例を通して、積分の用法を見ていきましょう。まずは定義を紹介します。

定義（連続確率変数）

関数 $p(x)$ が、任意の x について $p(x) \geq 0$ で、$\int_{-\infty}^{\infty} p(x)dx = 1$ である時、この関数 $p(x)$ を**確率密度関数 (probability density function)** と言う。

確率変数 X が確率密度関数 $p(x)$ の定める確率分布に従う時、X の値が a から b の範囲に入る確率 $P(a \leq X \leq b)$ は（$-\infty \leq a \leq b \leq \infty$ の時）、次のように計算される。

$$P(a \leq X \leq b) = \int_a^b p(x)dx \tag{6.1.2}$$

では、この定義の意味を見ていきましょう。

まずは細かい話をします。確率が積分で計算できることは、何かから導かれる性質ではなく、これが連続な確率変数の定義です。そのため「なぜ、確率が積分で書けるのか？」の説明は成立しません（「それが定義なので」で終わりです）。より本質的な問いは「確率を積分で定義しようと思ったのはなぜか？」「どういう考え方なのか？」「こう定義すると、どう便利なのか？」です。以降、この問いに対する回答を説明していきます。

まずは簡単な例から議論を始めましょう。例えば、サイコロの目のように、1～6の離散的な値を取る確率変数Xを考えます。この時は、$P(2 \leq X \leq 4) = P(X = 2) + P(X = 3) + P(X = 4) = 1/6 + 1/6 + 1/6 = 1/2$ のように、場合分けと足し算で様々な確率を計算できます。しかし、連続的な値を取る確率変数の取り扱いには多少の工夫が必要です。

連続的な値を取る確率変数の例として、0から1の数値を等確率で返す確率変数Xを考えてみましょう。この確率変数Xが従う確率分布を、区間[0, 1]上の**一様**

分布 (uniform distribution) と言います。さて、確率変数 X の値が 0.3 から 0.5 までの（幅 0.2 の）区間に入る確率 $P(0.3 \leq X \leq 0.5)$ は、直感的には 0.2 になるように思えます。ですが、この確率は、サイコロの例のような場合分けと足し算の計算 $P(0.3 \leq X \leq 0.5) = P(X = 0.3) + P(X = 0.3000...001) + P(X = 0.3000...002) + ...$ では計算できません。ここで活躍するのが、関数の値の総和を計算する技術である積分です。

この確率変数 X が従う確率密度関数を考えてみましょう。今は、[0, 1] 上の一様分布を考えているので、その範囲外では値が 0 で、[0, 1] では一定値であり、かつ、値の総和（積分）が 1 である関数を用意するのが良いでしょう。そのような関数は、以下の式で与えられます。

$$p(x) = \begin{cases} 1\ (0 \leq x \leq 1) \\ 0\ (\text{それ以外}) \end{cases}$$

この確率密度関数を、0.3 から 0.5 まで総和して（積分して）みると

$$P(0.3 \leq X \leq 0.5) = \int_{0.3}^{0.5} p(x)dx = 0.2$$

となり、始めにいだいていた直感を数式で再現できます（図 6.1.6）。

このように、確率密度関数 $p(x)$ と積分を用いると、連続的な確率変数の確率を表現できます [2)]。積分は関数の値の総和を計算する技術でした。積分を用いると、離散の場合と同様に、連続的な確率変数の確率を、場合分けと総和の考え方で捉えられるのです。

図 6.1.6　一様分布の確率密度関数

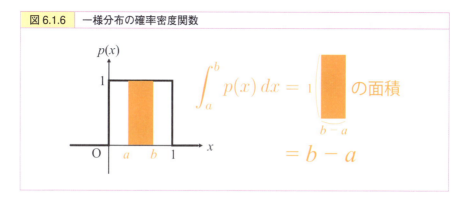

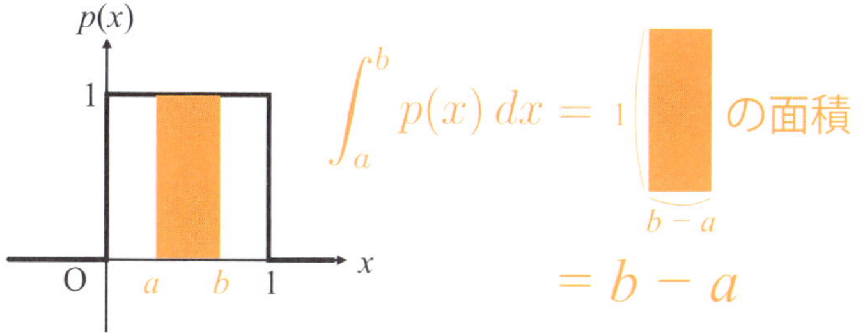

2)　正確には、この確率密度関数を用いて一様分布が定義されます。

他の例として、確率密度関数のグラフが図 6.1.7 左上で与えられる場合を考えてみましょう。すると、x_0 の周囲の幅Δx の区間に入る値が得られる確率は、その範囲での積分で定義されます。積分は面積でもあるので、この確率は図右上のオレンジ部分の面積と一致します（図右上）。これを短冊の面積で近似すると、確率はおおよそ $p(x_0) \times \Delta x$ だと計算できます（図左下）。

よって、例えば $p(x_1) = 1.5$ なら、x_1 を含む幅 $\Delta x = 0.1$ の区間の値が出る確率は、だいたい $p(x_1) \times \Delta x = 1.5 \times 0.1 = 0.15 = 15\%$ だとわかります。また、$p(x_2) = 0.1$ なら、x_2 を含む幅 $\Delta x = 0.1$ の区間の値が出る確率は、だいたい $p(x_2) \times \Delta x = 0.1 \times 0.1 = 0.01 = 1\%$ だとわかります（図右下）。

このように、確率密度関数 $p(x)$ が定める確率分布は、x 周辺の値を取る確率が $p(x)$ の値に比例する確率分布であると言えます。

図 6.1.7　確率密度関数の意味

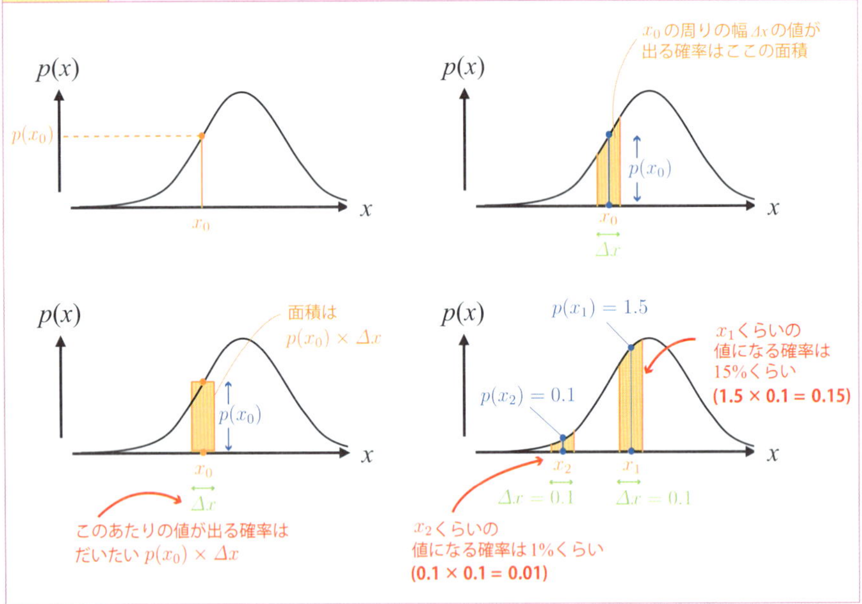

積分は場合分けの総和

積分の最大の用途である連続的な場合分けの総和について、別の例でも見てみましょう。まずは、離散的な場合からおさらいします。

確率変数 X, Y を、サイコロの出目の確率変数として、これらの合計が 6〜8 になる確率を考えてみましょう。出る目のペアは全て等確率で出現するので、全パターン数と、条件を満たすパターン数との比でこの確率を計算できます（図 6.1.8 左上）。この計算は、X の値ごとに場合分けして、次のように計算し直すこともできます（図左下）。

$$P(6 \le X \le 8) = \sum_k P(X = k) \times P(6-k \le Y \le 8-k)$$

同じことを、確率変数 X, Y が $[0, 1]$ 上の一様分布の場合に、$X+Y$ が 0.9~1.1 になる確率で考えてみましょう。X と Y の値のペアは全て等確率で出現するので、全パターンを表す領域と、条件を満たす領域の面積比でこの確率が計算できます。実際に計算すると、この確率は 0.19 だとわかります[3]（図右上）。

これも、X の値に応じた場合分けで求めてみます。サイコロの例と同様に考えると、$P(X=x)$ と $P(0.9-x \le Y < 1.1-x)$ の積を全ての x について合計すれば良いでしょう。こういう連続的な量を、全て合計するために作られた技術が積分でしたね。実際、x の関数 $f(x)$ を $f(x) = P(0.9-x \le Y < 1.1-x)$ で定義し、これを積分すると

$$\int_0^1 f(x)dx = 0.19$$

と計算でき[4]、確かに $P(0.9 \le X+Y < 1.1)$ と一致します（図右下）。

これは、積分の代表的な用途である、連続的なパラメーターで場合分けされた量の総和になっています。

ちなみに、確率密度関数 $p(x)$ が定める確率分布に従う確率変数 X についての式 (6.1.2) も、連続パラメーターでの場合分けの合計と考えることもできます。おおよそ、$X=x$ となる確率が“だいたい $p(x)$ くらい”なので、これを a から b まで全部合計した $\int_a^b p(x)dx$ が、確率 $P(a \le X \le b)$ になるという算段です。

---

3) オレンジの部分を $0 \le y \le 0.1$、$0.1 \le y \le 0.9$、$0.9 \le y \le 1$ の部分に分けると、下から上底 0.2 下底 0.1 高さ 0.1 の台形（面積 0.015）、底辺 0.2 高さ 0.8 の平行四辺形（面積 0.16）、上底 0.1 下底 0.2 高さ 0.1 の台形（面積 0.015）に分けられるので、これらの面積を合計すれば 0.19 と求まります。

4) 図 6.1.8 右下のオレンジの部分は、縦 0.2、横 1 の長方形から、一辺が 0.1 の直角 2 等辺三角形を 2 つ除いたものなので、その面積は $0.2 \times 1 - 2 \times \frac{1}{2} \times 0.1^2 = 0.2 - 0.01 = 0.19$ で計算できます。

図 6.1.8　場合分けの合計と積分

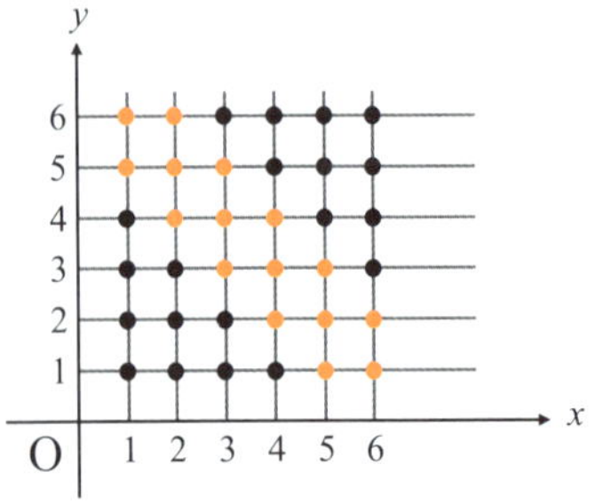

全て等確率なので個数に比例
全36パターン
$6 \leq X+Y \leq 8$は16パターン

$\rightarrow P(6 \leq X+Y \leq 8) = \frac{16}{36} = \frac{4}{9}$

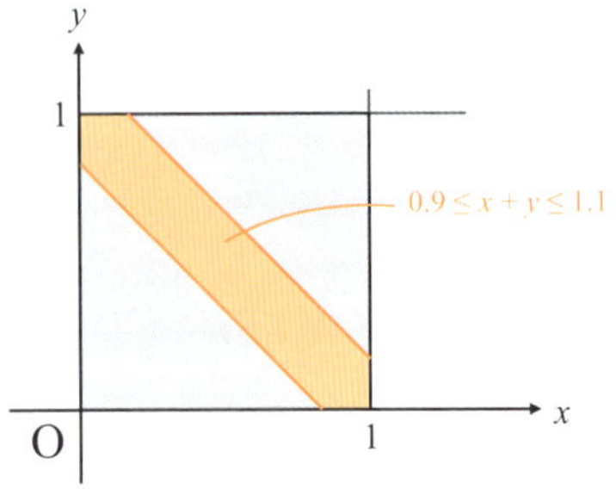

全て等確率なので面積に比例
全体は面積1
$0.9 \leq x+y \leq 1.1$は面積0.19

$\rightarrow P(0.9 \leq X+Y \leq 1.1) = \frac{0.19}{1} = 0.19$

場合分けで計算

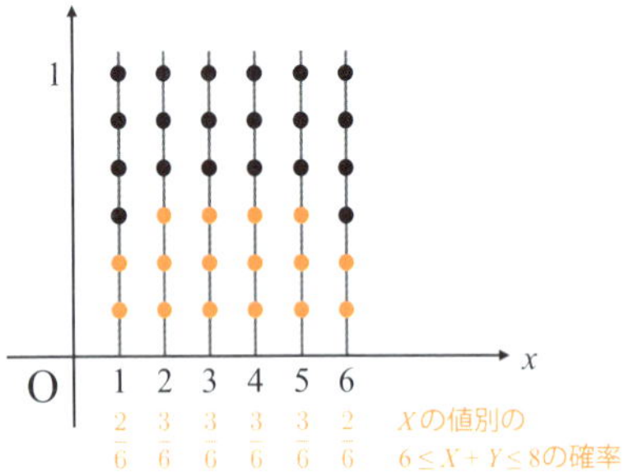

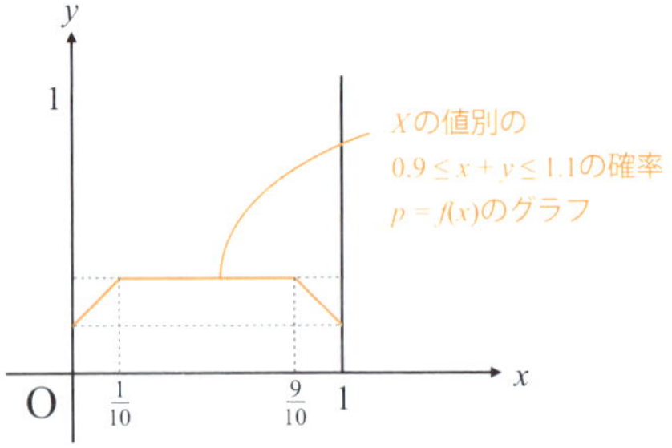

これの全合計が $P(0.9 \leq x+y \leq 1.1)$
→積分！

$$
\begin{aligned}
P(6 \leq X+Y \leq 8) &= P(X=1) \times P(5 \leq Y \leq 7) \\
&\quad + P(X=2) \times P(4 \leq Y \leq 6) \\
&\quad + \cdots \\
&\quad + P(X=6) \times P(0 \leq Y \leq 2) \\
&= \frac{1}{6} \times \frac{2}{6} + \frac{1}{6} \times \frac{3}{6} + \cdots + \frac{1}{6} \times \frac{2}{6} \\
&= \frac{16}{36} = \frac{4}{9}
\end{aligned}
$$

$$P(0.9 \leq X+Y \leq 1.1) = \int_0^1 p(x)\,dx$$

=  の面積

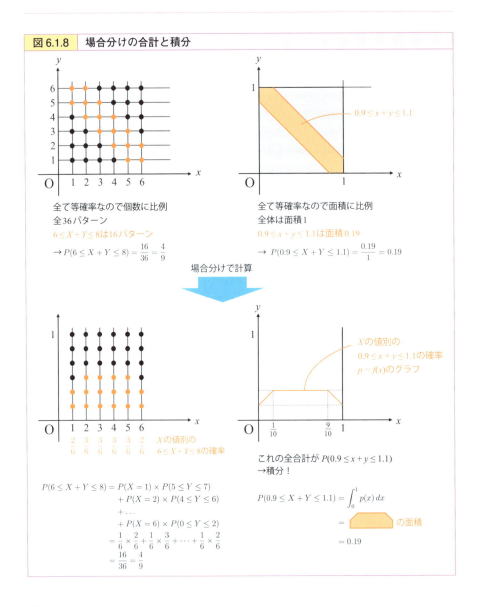

$= 0.19$

時間経過での積み重ね

積分には別の利用方法もあります。その1つが、時間経過での変化の総量の計算です。100m 走での速さと距離の例を再考しましょう。時刻 t での速度を $v(t)$ と書くと、

$$\int_a^b v(t)dt$$

で時刻 a から b までの位置の変化を計算できます。これは、各時刻 t での進み $v(t)$ を全て合計したら、その時間の間での進みが合計できるということを表しています。これも、連続パラメーター（時刻 t）での場合分けの合計と捉えることができます。このように、各時刻 t での変化のスピードを時刻 t で積分すると、その期間での変化の総量を計算できます。他にも、以下のような例があります。

- 位置が変化するスピード $v(t) \to \int_a^b v(t)dt$ は時刻 a から b までの位置の変化
- 温度が変化するスピード $q(t) \to \int_a^b q(t)dt$ は時刻 a から b までの温度の変化
- 雪が積もるスピード $s(t) \to \int_a^b s(t)dt$ は時刻 a から b までに積もった雪の量

コラム

積分の別の使い方

本書では深く扱いませんが、積分にはあと 2 種類の主要な用途があります。

1 つめが、カーネル関数との畳み込みです。例として、熱の伝導を考えましょう。時刻 $t = 0$ に点 $x = 0$ にあった熱量は、時間経過とともに図 6.1.9 左のように拡散します。このグラフの形は、

$$k(x,t) = \frac{1}{\sqrt{4\pi t}} \exp\left(-\frac{x^2}{4t}\right)$$

の形で書けることが知られています。

これを用いると、温度分布の変化を計算することができます。ここでは、時刻 $t = 0$ で温度分布が $u_0(x)$ で表される場合の、一般の時刻 t での温度分布 $u = u(x, t)$ を求めてみましょう。時刻 $t = 0$ で位置 $x + s$ にあった温度 $u_0(x + s)$ 分の熱量は、時刻 t では位置 x に $u_0(x + s) \times k(-s, t)$ の分だけ流れて来ています（図 6.1.9）。これを全ての s について合計すれば $u(x, t)$ が求まり、次のように計算できます。

$$u(x,t) = \int_{-\infty}^{\infty} u_0(x+s)k(-s,t)ds \qquad (6.1.3)$$

この積分は、初期値 u_0 とカーネル関数 k の**畳み込み (convolution)** と呼ばれます。そしてこれも、連続的なパラメーター（位置の x からの変位 s）での場合分けの合計で理解できます。

図 6.1.9　熱の伝播とカーネル関数

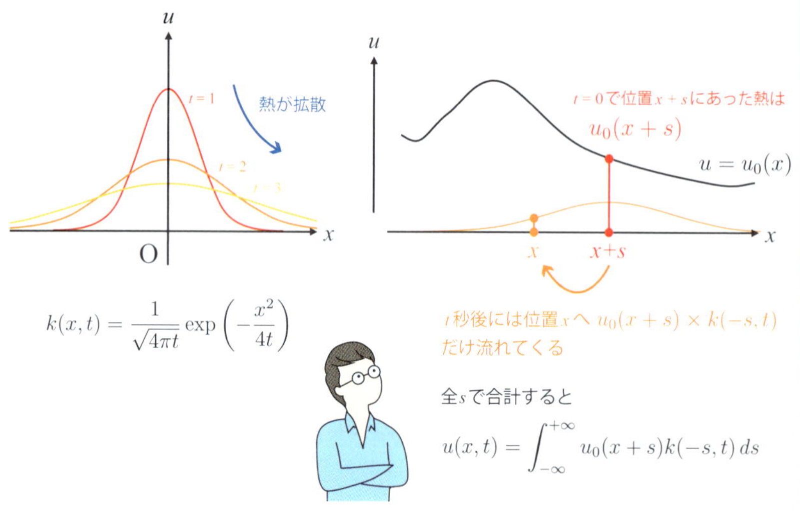

もう１つの用法が、関数同士の内積です。ベクトルの内積は、同じ位置にある数値を全て足すことでした。なので、関数 $f(x)$ と $g(x)$ の内積は、$f(x) \times g(x)$ の値を全ての x について足せば良いでしょう。これはまさに積分の出番であり、

$$f \cdot g = \int_{-\infty}^{\infty} f(x)g(x)dx$$

で関数同士の内積が定義できます。この考え方は、フーリエ変換やウェーブレット変換などで活用されています。

6.2 積分の公式

積分の線形性

この節では、よく使われる積分の諸公式を紹介します。まずは、積分の線形性から始めます。積分は総和なので、P20 のΣの式(0.2.1)(0.2.2) と同様、次の 2 式が成立します。

定理（積分の線形性）

関数 $f(x)$, $g(x)$ と定数 a, α, β $(-\infty \leq \alpha \leq \beta \leq \infty)$ について、以下の 2 式が成立する。

$$\int_{\alpha}^{\beta} af(x)dx = a\int_{\alpha}^{\beta} f(x)dx \tag{6.2.1}$$

$$\int_{\alpha}^{\beta} \left(f(x)+g(x)\right)dx = \int_{\alpha}^{\beta} f(x)dx + \int_{\alpha}^{\beta} g(x)dx \tag{6.2.2}$$

これを、積分の**線形性 (linearity)** と言う。

これらが成り立つ理由はシンプルです。積分は関数の値の総和なので、$a \times f(x)$ の総和は $f(x)$ の総和の a 倍だし、$f(x)+g(x)$ の総和は $f(x)$ の総和と $g(x)$ の総和の合計になるのは当たり前でしょう。面積の考え方でも、この 2 式を検討してみましょう。関数の値を a 倍すれば、グラフは縦に a 倍に偏倍されるので、面積も a 倍になります [5)]。また、$f(x)+g(x)$ が定める領域の面積は、$f(x)$, $g(x)$ が定める面積の和と一致します。これは、積み上げ棒グラフではお馴染みの現象です。

これらは数式でも確認することができます。積分の定義は

$$\int_{\alpha}^{\beta} f(x)dx = \lim_{\Delta\to 0}\sum_{i} f(x_i)\Delta x_i$$

なので、次のように計算できます。

5)　厳密には、$a<0$ の場合は別の議論が必要ですが、ここでは省略します。

$$\int_\alpha^\beta af(x)dx = \lim_{\Delta\to0}\sum_i \left(af(x_i)\right)\Delta x_i$$
$$= a\lim_{\Delta\to0}\sum_i f(x_i)\Delta x_i$$
$$= a\int_\alpha^\beta f(x)dx$$

式(6.2.2)も同様に証明できます。

図 6.2.1　積分の線形性

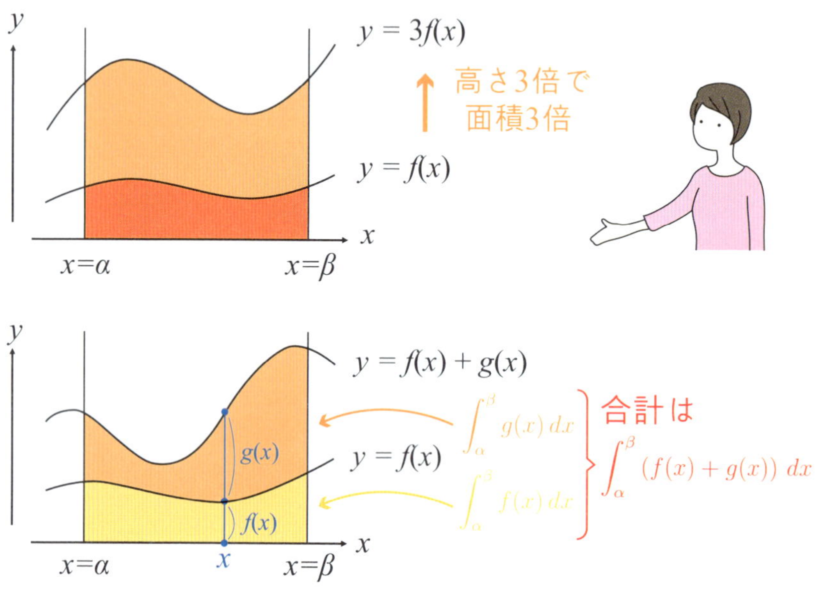

係数が関数の場合

多変数関数 $f(x, y)$ に対して、そのうちの 1 つの変数 x についての積分もよく用いられています。これは、次の式で書かれます。

$$\int_\alpha^\beta f(x,y)dx$$

この時、積分に使う変数xを強調して「変数xで積分する」と言います。なお、変数yについて積分する場合は、$\int_{\alpha}^{\beta} f(x,y)dy$と書かれ、最後に付いている$dx$が$dy$に変わります。これらの$dx$, dyは、それぞれの積分の定義中にある$\Sigma f(x_i, y)\,\Delta x_i$や$\Sigma f(x, y_i)\,\Delta y_i$の$\Delta x_i$, Δy_iの名残です。そのため、このdx, dyを見れば積分に利用されている変数がわかります。

さて、この関数$f(x, y)$が$f(x, y) = xy$の場合と$f(x, y) = x + y$の場合の計算例（図6.2.2）を見てみましょう[6)]。この時、yの値が変わるごとに面積を計算する図形が変わるので、積分の結果はyの関数になります。

図 6.2.2　他の変数がある場合の積分

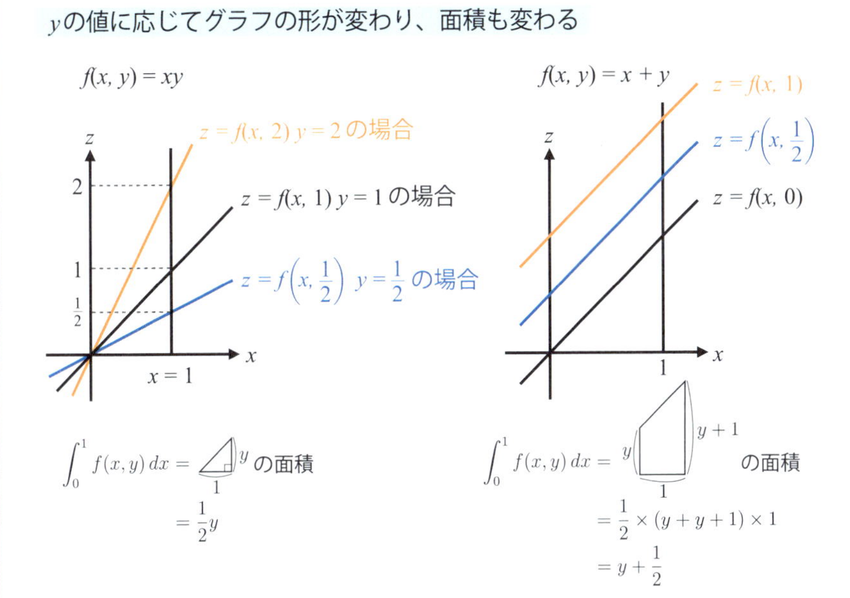

ちなみに、図6.2.2左の$f(x, y) = xy$は、$g(x) = x$, $h(y) = y$という関数を用いて、$f(x, y) = g(x) \times h(y)$と積に分解できます。この時、一般に

$$\int_{\alpha}^{\beta} g(x)h(y)dx = h(y)\int_{\alpha}^{\beta} g(x)dx \tag{6.2.3}$$

6) 厳密には、$y < 0$の場合は別の説明が必要ですが、ここでは省略します。

が成立します。これは、式 (6.2.1) において、定数 a が y の関数 $h(y)$ になった場合として理解できます。この関数 $f(x, y) = g(x) \times h(y)$ を、関数 $g(x)$ に掛ける倍率が y の値に応じて変化していると捉えてみましょう。すると、基準となる面積 $\int_\alpha^\beta g(x)dx$ と倍率 $h(y)$ の積 $h(y)\int_\alpha^\beta g(x)dx$ を用いて、$\int_\alpha^\beta f(x,y)dx = h(y)\int_\alpha^\beta g(x)dx$ と計算できることも納得しやすいでしょう。

念のため数式でも確認しておきましょう。すると、以下のように、式 (6.2.1) とほぼ同じ方法で計算できます。

$$
\begin{aligned}
\int_\alpha^\beta g(x)h(y)dx &= \lim_{\Delta\to 0}\sum_i g(x_i)h(y)\Delta x_i \\
&= h(y)\lim_{\Delta\to 0}\sum_i g(x_i)\Delta x_i \\
&= h(y)\int_\alpha^\beta g(x)dx
\end{aligned}
$$

領域の偏倍と面積

関数 $y = f(x)$ について、その中身を正の定数倍した関数 $y = f(bx)$ を考える場面が多々あります[7]。この関数 $y = f(bx)$ の積分を考えてみましょう。実は、$y = f(bx)$ のグラフは $y = f(x)$ のグラフを左右に $\frac{1}{b}$ 倍に偏倍したものと一致します。例として、$y = \sin x$ と $y = \sin 3x$ を比べてみましょう。この時、$\sin 3x$ の方が sin の中身が 3 倍早く進むので、グラフが左右に縮みます。

図 6.2.3　変数のスピード調整とグラフの偏倍

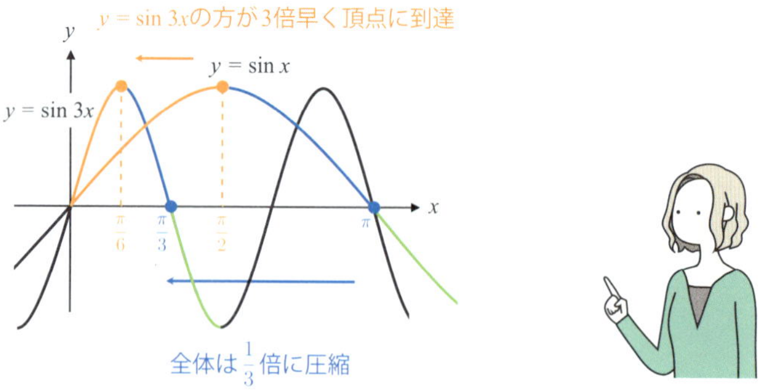

7)　例えば、正規分布（第 10 章）の利用時に、この考え方が用いられています。

グラフが左右に $\frac{1}{b}$ 倍に圧縮されるため、面積も $\frac{1}{b}$ 倍になります。結果、次の公式が成立します。

$$\int_{\alpha}^{\beta} f(bx)dx = \frac{1}{b}\int_{b\alpha}^{b\beta} f(x)dx \tag{6.2.4}$$

左辺の積分では、$x = \alpha$ から $x = \beta$ まで $f(bx)$ の値を足すので、関数 $f(x)$ で考えると $x = b\alpha$ から $x = b\beta$ までの値の和となります。なので、値はだいたい $\int_{b\alpha}^{b\beta} f(x)dx$ なのですが、図形が左右に $\frac{1}{b}$ 倍に縮んでいるので、積分値も $\frac{1}{b}$ 倍になるのです。

図 6.2.4　グラフの偏倍と面積の縮小

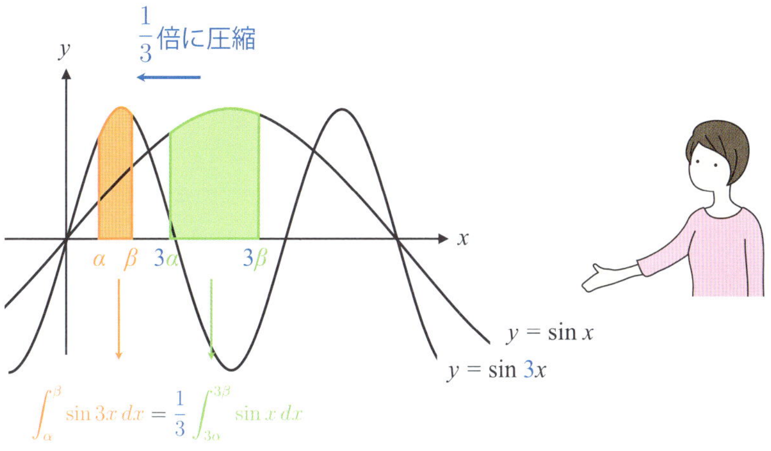

微分積分の可換性

一般に、データ分析で目にする性質の良い関数では、微分と積分は順序を交換できます。つまり、

$$\frac{d}{dy}\int_{\alpha}^{\beta} f(x,y)dx = \int_{\alpha}^{\beta} \frac{\partial}{\partial y} f(x,y)dx \tag{6.2.5}$$

が成立します。日本語で表現すると、「合計の変化は、変化の合計と等しい」です。この意味を探っていきましょう。

式(6.2.5) の左辺は、次のように式変形できます。

$$\frac{d}{dy}\int_{\alpha}^{\beta} f(x,y)dx = \lim_{\Delta y \to 0} \frac{\int_{\alpha}^{\beta} f(x,y+\Delta y)dx - \int_{\alpha}^{\beta} f(x,y)dx}{\Delta y}$$

$$= \lim_{\Delta y \to 0} \frac{1}{\Delta y}\int_{\alpha}^{\beta} \bigl(f(x,y+\Delta y) - f(x,y)\bigr)dx$$

なので、この式は図 6.2.5 左のオレンジの面積を Δy で割った値の $\Delta y \to 0$ での極限で計算できます。一方、1 次近似を用いると $f(x, y + \Delta y) - f(x, y) \fallingdotseq \frac{\partial f}{\partial y}(x,y)\Delta y$ とわかるので、先にこの近似を行えば、

$$\lim_{\Delta y \to 0} \frac{1}{\Delta y}\int_{\alpha}^{\beta} \bigl(f(x,y+\Delta y) - f(x,y)\bigr)dx \fallingdotseq \lim_{\Delta y \to 0} \frac{1}{\Delta y}\int_{\alpha}^{\beta} \frac{\partial f}{\partial y}(x,y)\Delta y dx$$

$$= \int_{\alpha}^{\beta} \frac{\partial f}{\partial y}(x,y)dx$$

となります。これは、$f(x, y)$ の値の変化の総和を表しています（図 6.2.5 右）。普段目にする関数については、この議論の「≒」が「=」になることが証明でき、式 (6.2.5) が正しいとわかります。

図 6.2.5　微分積分の可換性

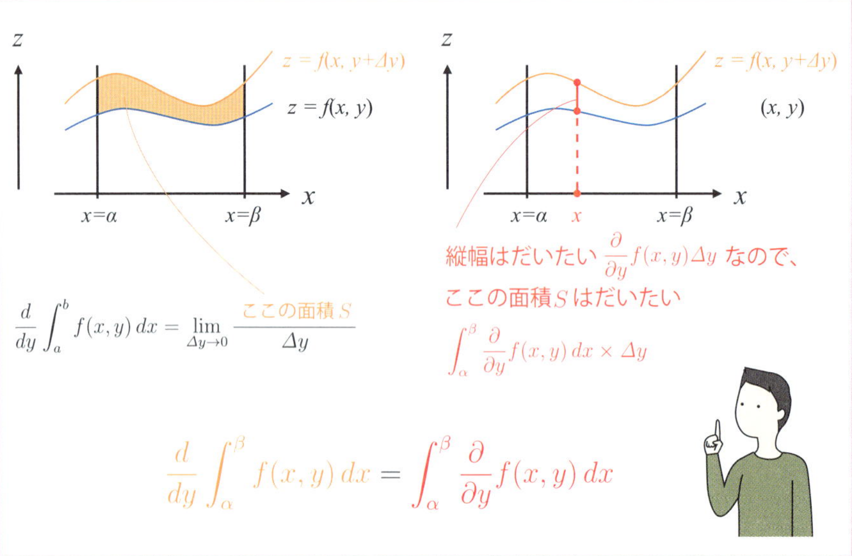

微分積分学の基本定理

最後に、微分積分学の基本定理を紹介してこの節を終わりにします。

定理（微分積分学の基本定理）

関数 $f(x)$ について、以下の式が成立する。

$$\frac{d}{dx}\int_\alpha^x f(t)dt = f(x) \tag{6.2.6}$$

この理由はとてもシンプルです。微分は変化の倍率なので、x を $x+\Delta x$ に変化させた時、$\int_\alpha^x f(t)dt$ がどの程度変化するかを考えれば良いでしょう。実際、$\int_\alpha^x f(t)dt$ と $\int_\alpha^{x+\Delta x} f(t)dt$ を比べると、x の変化によって図 6.2.6 左の赤の領域の面積が増えるとわかります。Δx が小さい時は、この領域は縦 $f(x)$、横 Δx の短冊で近似できるので、面積はおよそ $f(x)\,\Delta x$ だけ変化します。x の変化 Δx が面積の変化 $f(x)\,\Delta x$ を生み出しているので、変化の倍率はおおよそ $f(x)$ です。そのため、この関数 $\int_\alpha^x f(t)dt$ の x での微分は $f(x)$ であるとわかります。

図 6.2.6　微分積分学の基本定理

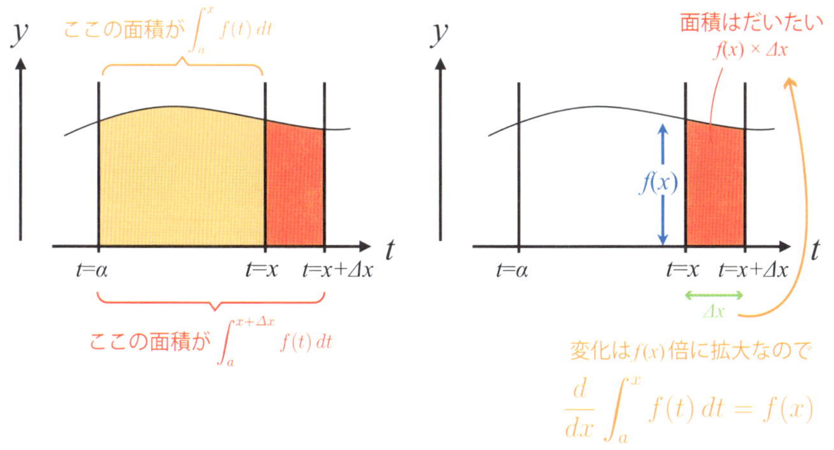

6.3 多変数関数の積分

重積分

今までは1つの変数に沿って関数の値を総和してきました。これに加えて、複数の変数を動かした場合の関数の値の総和も定義できます。例えば、2変数関数 $f(x, y)$ の、領域 $D \subset \mathbb{R}^2$ 上での値の総和を積分で計算したものを

$$\iint_D f(x,y)\,dx\,dy,\ \ \int_D f(x,y)\,dx\,dy$$

などと書き、**重積分 (multiple integral)** と言います。厳密な定義はコラムの中で紹介し、計算方法は後ほど紹介します。

実際に利用される領域 D は、$a \le x \le b$ かつ $c \le y \le d$ なる点 (x, y) の集合である場合がほとんどです。この時、上の積分は

$$\int_a^b \int_c^d f(x,y)dxdy,\ \ \int_{x=a}^{x=b} \int_{y=c}^{y=d} f(x,y)dxdy,\ \ \int_c^d dy \int_a^b dx\, f(x,y)$$

などと書かれます。これらの3つの式のうち、一番左のもののように、左の積分記号「∫」に付いている a, b が $dxdy$ の部分の左の変数 x の範囲に対応していて、右の積分記号に付いている c, d が $dxdy$ の右の変数 y の範囲の範囲に対応していることが多いようです。紛らわしい時は、中央のように変数を明確に書きます。また、これらの記法を嫌い、積分記号と d◯を隣接させて、どの範囲がどの変数に対応するかを明確化した右の記法もあります。

さらに、n 個の変数についての積分は、以下のように書かれます。

$$\int_{a_1}^{b_1} \int_{a_2}^{b_2} \cdots \int_{a_n}^{b_n} f(x_1, x_2, \ldots, x_n) dx_1 dx_2 \cdots dx_n,\ \ \int_D f(\boldsymbol{x}) d^n \boldsymbol{x},\ \ \int_D f(\boldsymbol{x}) d\boldsymbol{x}$$

他にも記号のバリエーションはあるので、読んでいる文献の中での定義を確認しつつ、空気を読んで解釈することが重要です。

逐次積分

重積分は積分の繰り返しで計算できます。これを理解するため、まずは離散的な例から考えてみましょう。例えば、$m \times n$ 行列 $A = (a_{ij})$ の全成分の和 $\sum_{i,j} a_{ij}$ は、各添字による和を順番に実行すれば計算できます。

$$\sum_{\substack{1\leq i\leq m \\ 1\leq j\leq n}} a_{ij} = \sum_{1\leq j\leq n}\left(\sum_{1\leq i\leq m} a_{ij}\right) = \sum_{1\leq i\leq m}\left(\sum_{1\leq j\leq n} a_{ij}\right)$$

これと同様に、重積分 $\int_a^b \int_c^d f(x,y)dxdy$ も積分を順番に実行すれば計算できます。

図 6.3.1　逐次積分

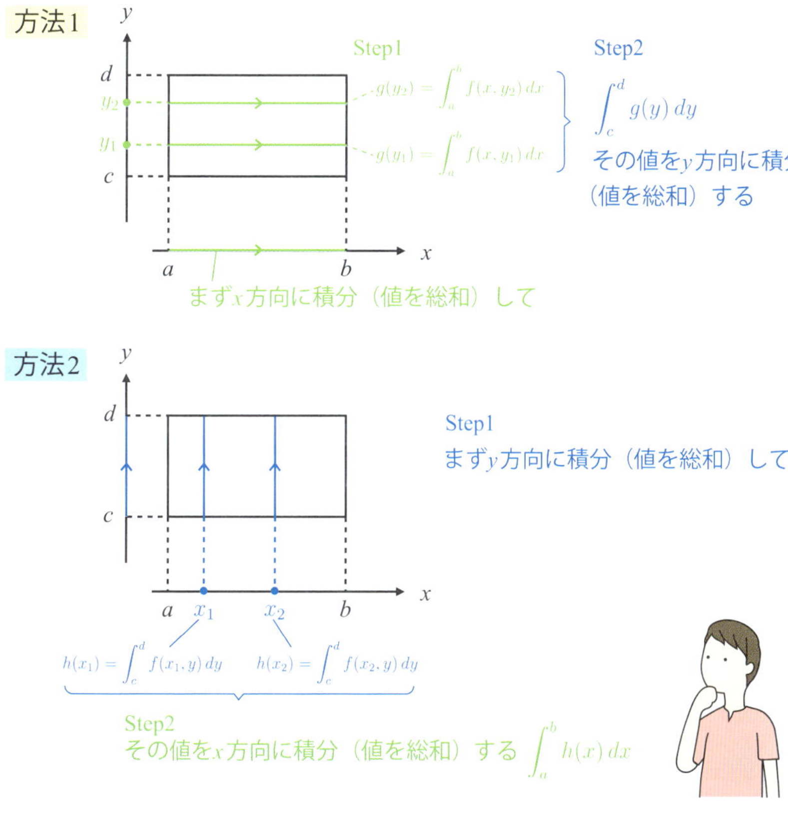

図 6.3.1 にこの様子が描かれています。図上では、まず $f(x, y)$ を x について積分して、$f(x, y)$ を横方向に総和した値 $\int_a^b f(x,y)dx$ を計算しています。この値は、対応する横線上での関数の値の総和を表します。この総和は、横線の位置（y 座標）によって値が変わるので、y の関数 $g(y)=\int_a^b f(x,y)dx$ になります。

次に、この関数 $g(y)$ の y についての積分 $\int_c^d g(y)dy$ によって縦方向にも総和します。すると、長方形領域内での関数 $f(x, y)$ の値の総和が計算できます。これは重積分 $\int_a^b \int_c^d f(x,y)dxdy$ そのものです。ですので、重積分は積分の繰り返しで計算できるのです。

図下では、これとは逆の順番で計算しています。まず、y で $f(x, y)$ を積分した x の関数 $h(x)=\int_c^d f(x,y)dy$ を計算し、この関数 $h(x)$ の x についての積分 $\int_a^b h(x)dx$ で重積分を計算しています[8)]。これら 2 つの計算方法を、**逐次積分 (iterated integral)** と言います。

これらの計算を数式で書くと、次のようになります。

$$
\begin{aligned}
\int_{x=a}^{x=b}\int_{y=c}^{y=d} f(x,y)dxdy &= \int_{y=c}^{y=d}\left(\int_{x=a}^{x=b} f(x,y)dx\right)dy \\
&= \int_{x=a}^{x=b}\left(\int_{y=c}^{y=d} f(x,y)dy\right)dx
\end{aligned}
$$

逐次積分と式 (6.2.3) を用いると、$f(x, y)=g(x)\times h(y)$ と積に分解する関数の重積分は

$$
\int_a^b \int_c^d f(x,y)dxdy = \int_a^b \int_c^d g(x)h(y)dxdy = \left(\int_a^b g(x)dx\right)\times\left(\int_c^d h(y)dy\right) \tag{6.3.1}
$$

と、それぞれの関数の積分の積で計算できます。この計算は、独立な確率変数に対する諸計算などで活用されています。この式 (6.3.1) は、$A=\int_a^b g(x)dx, B=\int_c^d h(y)dy$ と書くと、以下のとおり証明できます。

$$
\begin{aligned}
\int_a^b \int_c^d f(x,y)dxdy &= \int_a^b \int_c^d g(x)h(y)dxdy \\
&= \int_{y=c}^{y=d}\left(\int_{x=a}^{x=b} g(x)h(y)dx\right)dy
\end{aligned}
$$

8) 厳密には証明が必要ですが、まともな関数については、これら 2 つの計算結果は一致します。これは Fubini の定理と呼ばれ、理論家に重宝されています。

$$
\begin{aligned}
&= \int_{y=c}^{y=d} Ah(y)dy \\
&= AB \\
&= \left(\int_a^b g(x)dx\right) \times \left(\int_c^d h(y)dy\right)
\end{aligned}
$$

ここで、3行目への式変形で式(6.2.3)を用いました。

変数がもっと多い場合でも、同様の式が成り立ちます。領域 D が $a_i \leq x_i \leq b_i$ で定義される領域の場合、次の公式が成立します。

$$
\begin{aligned}
&\int_D f_1(x_1) \times f_2(x_2) \times \cdots \times f_n(x_n) d\boldsymbol{x} \\
&\quad = \left(\int_{a_1}^{b_1} f_1(x_1)dx_1\right) \times \left(\int_{a_2}^{b_2} f_2(x_2)dx_2\right) \times \cdots \times \left(\int_{a_n}^{b_n} f_n(x_n)dx_n\right)
\end{aligned}
\tag{6.3.2}
$$

コラム

非長方形領域での逐次積分

データ分析ではほとんど見ないですが、積分に使う領域が長方形でない場合の計算には工夫が必要です。例えば、領域 D が原点中心半径 R の円の内部の時は、以下の式で逐次積分が計算されます。

$$\int_D f(x,y)dxdy = \int_{-R}^{R} dy \int_{-\sqrt{R^2-y^2}}^{\sqrt{R^2-y^2}} dx\, f(x,y)$$

図 6.3.2 非長方形領域の逐次積分

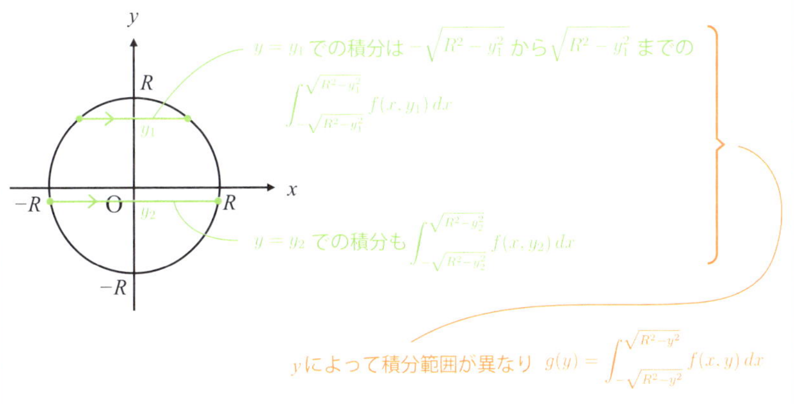

数理解説：重積分の定義

1変数の積分の定義は、$\lim_{\Delta\to 0}\sum_i f(x_i)\Delta x_i$ でした。これは、積分する区間を小さい区間に分割し、$x = x_i$ の周り（幅 Δx_i の区間）では関数の値はだいたい $f(x_i)$ だから、$f(x_i)$ が Δx_i 個あると考えて足し合わせる考え方でした。これと同様に、重積分の定義は、Riemann 積分では領域をタテ・ヨコに分割して

$$\iint_D f(x,y)\,dx\,dy = \lim_{\Delta\to 0}\sum_{i,j} f(x_{ij}, y_{ij})\Delta x_i \Delta y_j$$

で計算し、Lebesgue 積分では領域を f の値に応じて分割して、

$$\iint_D f(x,y)\,dx\,dy = \lim_{\Delta\to 0}\sum_i z_i \times \left(z_i \le f(x,y) \le z_{i+1}\ \text{の領域の面積}\right)$$

などで計算します[9]。

コラム

Riemann 積分と Lebesgue 積分

少しマニアックな話をします。Riemann 積分での極限は、この Δx_i や Δy_j の大きさを小さくする極限です。この極限を取る理由は、近似誤差を小さくすることにあります。まずはこの考え方に迫っていきましょう。

ヨコ Δx_i、タテ Δy_j の領域での $f(x, y)$ の値の最大と最小の差を、「f の値の幅」と呼ぶことにします。すると、$\int_D f(x,y)\,dx\,dy$ と $\Sigma f(x_i, y_i)\,\Delta x_i\,\Delta y_i$ の差は、おおよそ f の値の幅に比例すると計算できます。そこで、Riemann 積分では、x, y の動く幅 Δx_i, Δy_j を狭めることを通して f の値の幅を小さくし、近似誤差を小さくしようと試みています。これが Riemann 積分の肝です。

しかし、f の値の幅を小さくするために変数の動ける幅を用いる戦略は間接的で、この手法には限界があります。世の中には、およそ日常の感覚では想像もつかないほど訳がわからない変化の仕方をする関数があります。そういう関数にはこの技術が通らず、積分が定義できなかったり、微分と積分の可

9) 厳密には、これは全ての (x, y) について $f(x, y) \ge 0$ となる関数 $f(x, y)$ についての定義であり、正負の両方の値を取る場合はジョルダン分解という考え方が必要です。

換性が証明できなかったりします。

一方、Lebesgue 積分では、はじめからこの f の値の幅を制御して定義するので、この困難がありません。なので、Riemann 積分では積分が定義できなかった関数にも積分が定義でき、微分と積分の可換性も比較的スッキリ証明できます。

ただし、Lebesgue 積分を定義するには、$z_i \leq f(x, y) \leq z_{i+1}$ で定まる領域の面積の計算が必要です。訳がわからない変化をする関数を扱う場合、当然、この領域も訳がわからない形になります。この面積の定義は激しく難しいのですが、めちゃくちゃ頑張ればできてしまいます。こうしてLebesgue 積分が生まれました。先人の偉大な数学者には感謝ですね。

第6章のまとめ

- 積分は、関数の値の総和を計算する技術である
- 積分の主要用途は、連続的なパラメーターでの場合分けの総和である
- 積分の代表的な応用例に、連続な確率変数の取り扱いがある
- 積分の公式として、積分の線形性、微積分の可換性、微積分学の基本定理などがある
- 重積分は逐次積分で計算できる

第2部のまとめ

第２部では微分と積分を扱いました。微分は変化の倍率・変換であり、積分は関数の値の総和です。意味はシンプルなのですが、定義には極限が用いられ、具体的な計算は非常に困難でした。まさに、線形代数とは真逆の場所に難しさがあります。微分積分は、細かい定義や計算より、この大きな意味を捉えて使いこなすことが重要です。

ポイントは？

- 微分は変化の倍率である。多変数関数については、微分を集めて変化の変換を表現できる（ヤコビ行列）
- 微分を用いると、関数の変化を近似できる（１次近似）
- 積分は関数の値の総和である
- 積分は、連続なパラメーターを用いた場合分けの総和に利用できる

第３部からは、線形代数と微分積分のデータ分析への応用を扱います。データ分析も基礎の積み上げの先にあります。ですので、第３部は数学の基礎の振り返りと、数式を理解する技法の紹介から始めます。この基礎と、線形代数・微分積分の理解を基に、データ分析の各種技法に対する理解を深めていきましょう。

第3部

微分積分とデータ分析

微分と積分は、データ分析において非常に幅広く活用されています。微分は非常に優れた関数の解析技術です。データ分析で用いられる複雑な関数に対しても微分を用いた解析は効果的で、精度の最大化や誤差の最小化を中心として幅広く活用されています。また、積分は連続パラメーターを用いた場合分けの総和として、あらゆる局面で多用されています。

微分も積分も基本コンセプトはシンプルですが、利用方法がやや複雑な場面もあります。そのため、第3部では数式の意味を読み解く技法の紹介から始めます。

第7章

数式を読み解くコツ

しっかりした基礎を構築しておく

　数式の意味の読み解きはひとつの技術です。微分積分や線形代数などの数学的概念の理解も重要ですが、「全体と部分の関係を捉える」「学習方法や使われ方を加味して考える」など、特有の技法も必要とされます。これに加えて、足し算、引き算レベルの基礎が重要になる場面もあります。本章では、データ分析の数式に入る前の最後の準備として、数学の基礎と数式の意味の捉え方について説明します。

7.1 基礎の再確認

基礎理解の重要性

数学に限らず、物事の理解には「聞いた内容がわかる」「内容を説明できる」「初見の対象についても意味合いの見立てを立てられる」の3つのレベルがあります。そして、基礎的な内容については、この第3の理解に至ることが重要です。例えば、足し算・引き算・かけ算・割り算の四則演算についてこの第3の理解に至っていれば、本書冒頭のP16で紹介した図0.1.3の数式についても、自力で意味合いの見立てを立てられるようになります。

本節では、改めて四則演算の解説から始めます。ここで紹介する性質は本書後半でかなり使われるので、確実に押さえておきましょう。

数式の意味がわからない原因とその対処法

数式の意味がわからない原因は、おおむね「概念そのものが難解」「数式の意図がわからない」「複雑で全体像が掴めない」「定義を忘れた」の4つに分類されます。

「概念そのものが難解」である代表例は、微分と積分です。初めて習った時には、あまりの抽象度の高さに面食らった人も多いのではないでしょうか。これは、「微分とは何か」「積分とは何か」など、「何」というキーワードと共に生じる困難です。

難解な概念は無くとも、「数式の意図がわからない」場合もあります。例えば、勾配法（8.2節）では、関数$f(\boldsymbol{x})$の値を小さくしたい時に、$\boldsymbol{x}$の代わりに$\boldsymbol{x}-\alpha\ \mathrm{grad}\ f(\boldsymbol{x})$を利用します。ここで生じる疑問には「なぜ、ここに勾配$\mathrm{grad}\ f$が出てくるのか」「なぜ、αを使うのか」「なぜ、こんなものを引くのか」などがあります。この「なぜ」というキーワードと共に生じる疑問が意図にまつわる疑問です。

この2つに関しては、適切で丁寧な説明を見ればかなり解消できます。また、別の人、別の視点からの説明を見ることも効果的です。必要に応じて、本書以外の説明も参考にすると良いでしょう。

一方、3番目の「複雑で全体像が掴めない」場合は、説明を見聞きするのみではなく、自分の頭で考える必要があります。自分なりにノートにまとめたり、図で表現してみたりすると良いでしょう。この方法論は次節で紹介します。

「定義を忘れた」場合の対処は単純です。定義がまた頭に入ればいいので、定義を読み直す・定義を思い出す・定義を自ら導き出す、の3択です。すぐに定義を思い出せない場合は、手間を惜しまず定義を読み返しましょう。

足し算

では、数学の基礎固めとして足し算の確認から始めます。

2つのものを足すと、2つのものが合わさります。たくさんのものを足すと、たくさんのものが合わさります。これが足し算の真髄です。例えば、yを予測する式として$y = ax + b$を用いる場合、yはaxとbの和で予測されます。そのため、

- axが大きいと、yも大きい
- bが大きいと、yも大きい
- axもbも大きいと、yはかなり大きい
- axは大きいがbは小さいと、yは平凡な値になる

などがわかります（図7.1.1上）。このように、yの予測式$y = ax + b$では、axとbの2つの効果が合わさってyが決まります。

さらに、予測式を$y = ax + bz + c$とすれば、axとbzとcの3つの効果を合わせてyの値を予測できます。

ただし、あまりにたくさんのものを足すと挙動がわかりづらくなります。例えば、yの予測式が$y = a_1x_1 + a_2x_2 + ... + a_{100}x_{100} + b$である場合を考えてみましょう。この時、$y$の予測値が大きかった場合、その理由がどの$a_ix_i$や$b$にあるのかを特定するのは困難です。

しかしこの場合でも、a_2x_2が10増えればyの予測値も10増えるし、a_7x_7が5減ればyの予測値も5減ります。このように、足し算には、部分の値の変化が全体の変化にそのまま反映される性質があります（図中段）。

また、「正の数値を足すと値が増える」「0以上（正）のものの合計は0以上（正）」という性質もよく用いられます。

引き算

データ分析では、引き算は2つの意味で用いられます。それは、「負の数の足し算」と「比較」です。

去年1000円だった商品が今年は100円安くなった時、今年の値段は1000 – 100 = 900円です。この「–100」は、差額「–100円」を去年の金額に足し算する、負の数の足し算の意味を持ちます。

図7.1.1　足し算と引き算

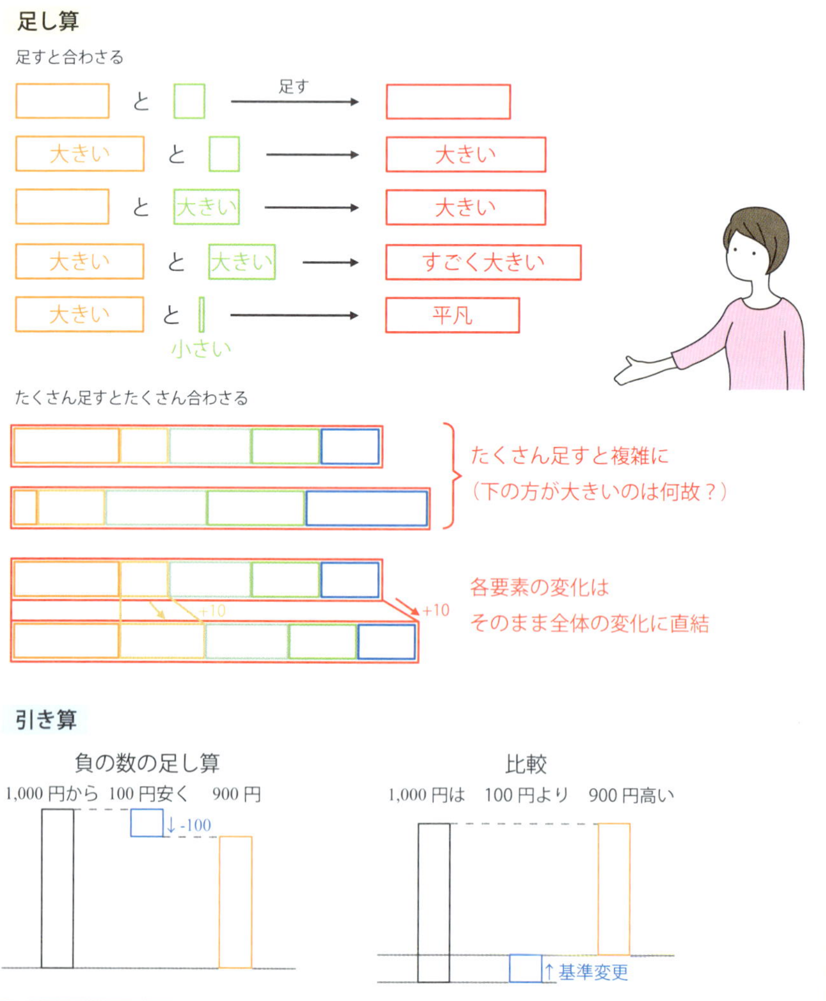

去年 100 円だった商品が今年は 1000 円になっていた場合、金額の変化は 1000 − 100 = 900 円です。同じ計算ですが、今度の「−100」は、去年の金額 100 円を基準としたときの 1000 円の大きさを計算する意味を持ちます。これが比較の用法です。

数式の意味の理解においては、この 2 つの用法の区別が重要です。

掛け算

2 つのものを掛けると、2 つのものが掛け合わされます。これが、掛け算の真髄です。まずは 0 以上の数について考えましょう。ある数に大きい数を掛けると大きくなり、小さい数を掛けると小さくなります。だいたい、0 くらいの数を掛けると 0 くらいになり、1 くらいの数を掛けた時は、値はそんなに変わりません。負の数の掛け算の場合、大きさの変化に加えて符号が反転します（図 7.1.2 上）。

データ分析の場面においての掛け算は、値の増幅や減衰に使われることが多いです[1)]。例えば、変数 y の予測式が $y = 3.2 \times x + 0.1 \times z + b$ である場合を考えてみましょう。この時、変数 x の値は 3.2 倍に増幅され、z の値は 0.1 倍に減衰されています。このように、値の増幅や減衰として、掛け算がよく利用されています。

他にも、関数 $f(x, y)$ の 1 次近似の $\Delta f = \frac{\partial f}{\partial x} \times \Delta x + \frac{\partial f}{\partial y} \times \Delta y$ も、この用法の典型例です。ここでは、Δx が $\frac{\partial f}{\partial x}$ 倍に増幅され、Δy が $\frac{\partial f}{\partial y}$ 倍に増幅され、これらを合わせて（足し算）、f の変化 Δf が近似されています。

たくさんのものを掛けると、たくさんのものが掛け合わされます。この時、上で紹介した効果が全て混ざりあって、全体の値が計算されます。例えば、$y = f(z)$, $z = g(x)$ の合成関数 $y = f(g(x))$ の微分が典型例です。1 次近似の公式 $\Delta y \fallingdotseq f'(z) \times g'(x) \times \Delta x$ では、Δx が $g'(x)$ 倍に増幅された後、さらに $f'(z)$ 倍に増幅されて y の変化 Δy が計算されています。

1) $x + x + x = 3x$ などの、和をまとめる形での利用はあまり多くありません。珍しい例外の 1 つが、多項式の微分の時に出てきた $(x^n)' = nx^{n-1}$ です（4.1 節）。

割り算

割り算も2つの意味で使われます。値の大きさの調整と比較です。変数 x の影響を半分にしたい時に x の代わりに $\frac{x}{2}$ を用いたり、確率変数 X の分散を1に標準化したい時に、その標準偏差 σ で割って $\frac{X}{\sigma}$ を用いたりします。これが値の大きさの調整です。

去年100円だった商品が今年は1000円になっていた場合、価格の倍率は $1000 \div 100 = 10$ 倍です。この「÷100」は、去年の金額100円を基準とした時の1000円の大きさを計算する意味を持ちます。これが比較の用法です。

図 7.1.2　掛け算と割り算

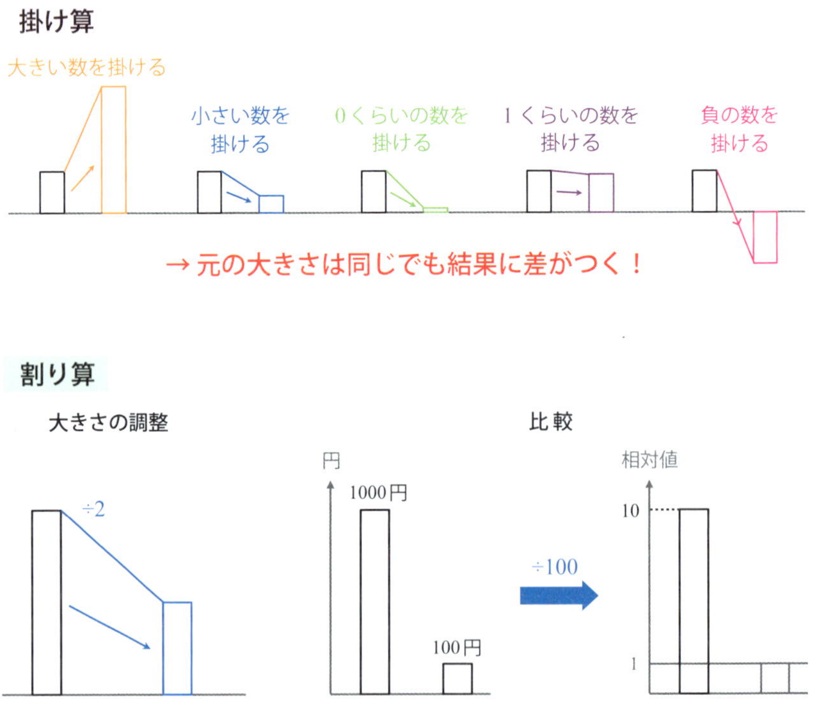

割合

部分を全体で割った数値を、その部分の**割合(ratio)**と言います。$X, Y \geq 0$ で $X + Y > 0$ となる記号について、$\frac{X}{X+Y}$ の形の式が出てきたら全て割合と思いましょう。これは、$X + Y$ を全体とする時の、X の割合を表します。

正のものの和（または、0以上のものの和で合計が正）を用いた、

$$\frac{(\text{下のうちの一部の和})}{(\text{正のものの和})}$$

も割合です。特に、$e^{\blacksquare}$ の形の値は必ず正で、$\blacksquare^2$ の形の値は0以上なので、

$$\frac{e^a}{e^a + e^b}, \quad \frac{X^2}{X^2 + Y^2}$$

などは割合としてよく使われます。この発展形として、分母が増えたものや、確率変数 X, Y の分散 $V[X], V[Y]$ を用いた

$$\frac{e^a}{e^a + e^b + \cdots + e^n}, \quad \frac{V[X]}{V[X] + V[Y]}$$

もよく用いられます[2)]。

数値の大小の意味

似た意味のパラメーターや数値が複数あれば、その中には値が大きいものと小さいものがあります。この時、数値が大きいということは影響が大きいということで、数値が小さいということは影響が小さいということです。少し前の数式 $y = 3.2 \times x + 0.1 \times z + b$ では（x と z が同じような値を取る変数なら）、x の影響が大きく、z の影響が小さいことを意味します。数値に差があるだけで、それらの変数の影響・意味・役割に差が出てきます。当たり前のことを言うようですが、非常に重要な観点です。

2) 発展型の1つめの例は分類問題等における softmax 関数、2つめは回帰分析等における R^2 や重相関係数などで利用されています。

7.2 意味を読み解くコツ

全ての記号に意味がある

意外と知られていないようですが、実は、データ分析で使う数式では全ての記号に意味があり、1文字でも変えてしまうと分析モデルとして正しく機能しなくなります。

例えば、回帰分析（第18章）の予測式を例に見たものが図7.2.1です。

図 7.2.1　回帰分析の数式の中の記号の意味

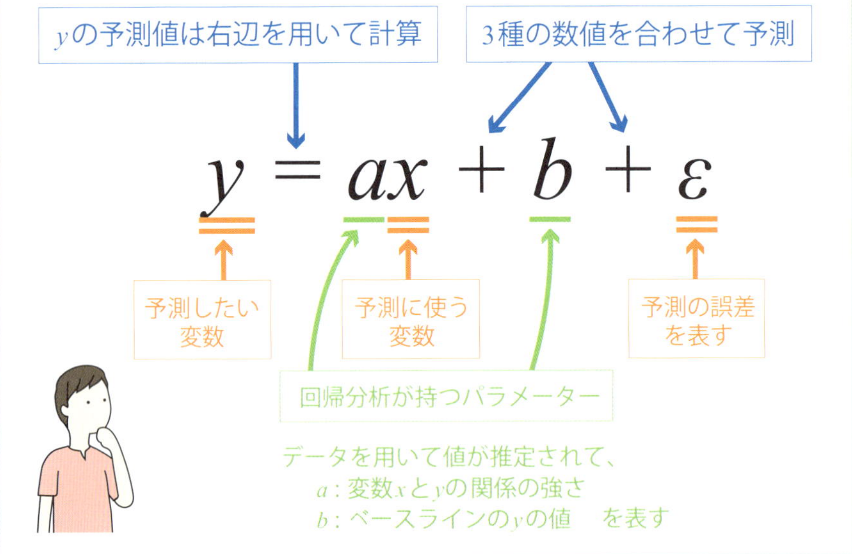

回帰分析は、変数yの値を予測するため、変数xの1次式に誤差εを加えた数式$y = ax + b + \varepsilon$を用いる分析モデルです。例えばこの中の記号「=」は、単に両辺が等しいという数学的な意味のみならず、「yの予測値は右辺を用いて計算される」という回帰分析特有の意味を持ちます。別の分析モデルに登場する「=」は、別の意味を持つこともあります。そのため、数式の意味を理解する際には、全ての記号の意味を丁寧に理解することが必要不可欠です。

ちなみに、これは数学に限ったことではありません。法律や契約書では1文字異なれば意味が変わります。プログラムも1文字間違えれば正しく動きません。全ての文字に緻密な意味が宿ることは、精密な思考を要する場面では自然なことなのです。

意味の3種の源泉

数式や記号に意味が宿る経路には、「定義が定める意味」「使われ方・学習が定める意味」「これらの中間の意味」の3種類があります。

定義が定める意味は、その名のとおり、定義された時点で生じるボトムアップ的な意味です。例えば、図7.2.1のうち、四角に囲まれた部分が該当します。使われ方・学習が定める意味は、その数式の利用のされ方や、何をどう学習するかによって生じる、トップダウン的な意味です。例えば、図7.2.1では、緑色の文字で四角に囲まれていない部分が該当します。また、より複雑な分析モデルでは、これら両方によって意味が生じるミドル・アップダウン的な意味もあります。

意味の生じる由来が3種類あるので、思考法も3種類必要です。数式が持つ意味を考える時は「定義から意味を考える」「使われ方・学習方法から意味を考える」「その両者を使って考える」という3つの技を持っておくと良いでしょう。

意味を読み解く＝数式の日本語訳

数式の意味を読み解くことは、数式を日本語に翻訳することです。

どんな数式も人が考えて組み立てたものです。よって、そこには必ず設計の意図があります[3)]。その設計の意図を読み取り、自分の言葉で表現することが、数式の意味を読み解くことなのです。まさに、数式の日本語訳と言えるでしょう。

数式の日本語訳にも、直訳と意訳の2種類があります。

直訳の場合は、「◯◯はこういう定義で、こう学習するから、こういう意味を持つよ」など、基本的な理解の組み合わせで作られます。これに対して意訳は、「内

3)　今後はAIが設計する数式も増えると思われます。設計者がAIであっても、AIなりの意図があると考えると良いでしょう。なお、超一流の研究者の発想も、AIの発想も、人間離れしているという意味では大差ありません。

積は類似度」「行列とベクトルの積は電車の乗り換え」「微分は変化の倍率・変換」「積分は場合分けの総和」など、その数式の息吹を直接表現したものです。英語などの外国語の学習と同様に、意訳と直訳は共に大切で、両者とも同時に学んでいくのが良いです。

一般に、数式の解説には直訳か意訳の一方しか書いていない場合が多いです。直訳を見たら意訳を自分なりに考え、意訳を見たら直訳を自分なりに考え直すクセをつけるようにすると良いでしょう。

部分と全体を意識する

例えば、P16の図0.1.3のAdamという学習アルゴリズムでは、複数の数式で1つの機能を果たしています（8.4節で詳細を説明します）。このように複雑な数式を理解する時は、次の3つのレイヤーを行き来することになります。それは「数式全体でどういう意味か」「一つひとつの式はどういう意味・役割か」「それぞれの記号はどういう意味・役割か」です。解説を読む時も、自分で意味を読み解く時も、自分が今どのレイヤーでものを見ているかを意識しつつ、全ての視野を活用しましょう。

その際のポイントは、以下の通りです。

- どのレイヤーで考えているか、常に明確に意識する
- 数式全体のレイヤーで考える時は、一つひとつの式の意味は大まかにわかっているというスタンスで考える
- 一つひとつの式のレイヤーで考える時は、全体での使われ方を意識しつつ、数式中の各記号の意味は大まかにわかっているというスタンスで考える
- それぞれの記号のレイヤーで考える時は、その式の意味・役割を意識しつつ、一つひとつの記号の意味をじっくり考える

総括すると、1つ上のレイヤーでの使われ方・役割を意識しつつ、1つ下のレイヤーのことにはこだわりすぎず、今自分のいるレイヤーをしっかり考えることが重要です。考えてもわからない時は、「こうするのはなぜ？」の疑問がある時は上のレイヤー（全体の中での使われ方や役割）に、「これは何？」の疑問がある時は下のレイヤー（定義）に移動してさらに考えると良いでしょう。

数式を静止画ではなく動画で捉える

数式の意味を読み解く上では、数式を静止画ではなく動画として捉えることが重要です。図 7.2.2 は、数式 $y = 3x + 5$ を静止画で捉えた場合と動画で捉えた場合を対比して描いています。

データ分析では、どんな数式も多様なデータの処理に利用されます。そのため、入力が変わった時に、出力も適切に変化することが求められます。そしてこの変化は、動画で捉えるのが適切なのです。

図 7.2.2　数式 $y = 3x + 5$ を動画で捉える

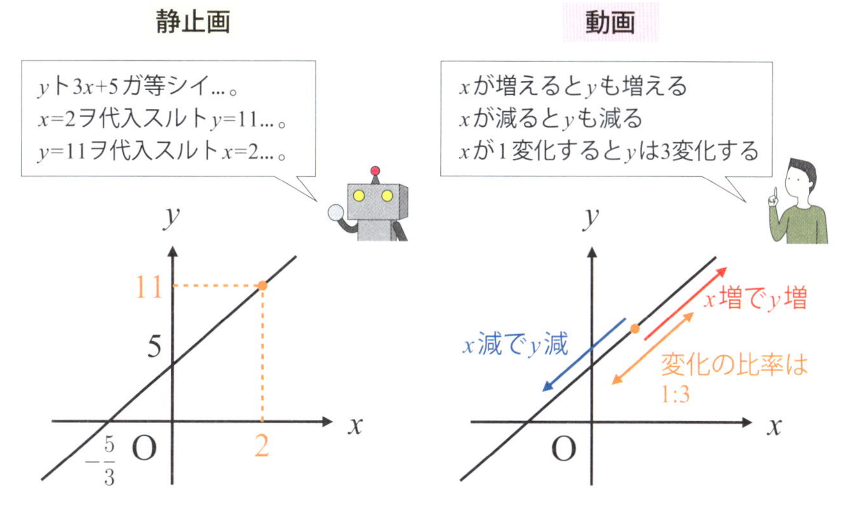

なお、1つの数式の中に様々な動きが共存することがあります。例えば、次の式で定義されるシグモイド関数は、データ分析でよく登場します。

$$\sigma(x) = \frac{1}{1 + e^{-x}}$$

このシグモイド関数は、値が 0〜1 の間で、x を増やすと $\sigma(x)$ も増加する性質があります。これに加えて、$x \ll 0$ では $\sigma(x) \fallingdotseq e^{x}$、$x \gg 0$ では $\sigma(x) \fallingdotseq 1 - e^{-x}$ という性質もあります。これらの事実を動画で捉えると、図 7.2.3 右にある動きが見えてきます。

ちなみに、数式を動画で捉えようとすると、図の中に「→」が増えます。自分でイメージ図を書く時も意識してみると良いでしょう。

図 7.2.3 1つの関数に複数の動きが宿る

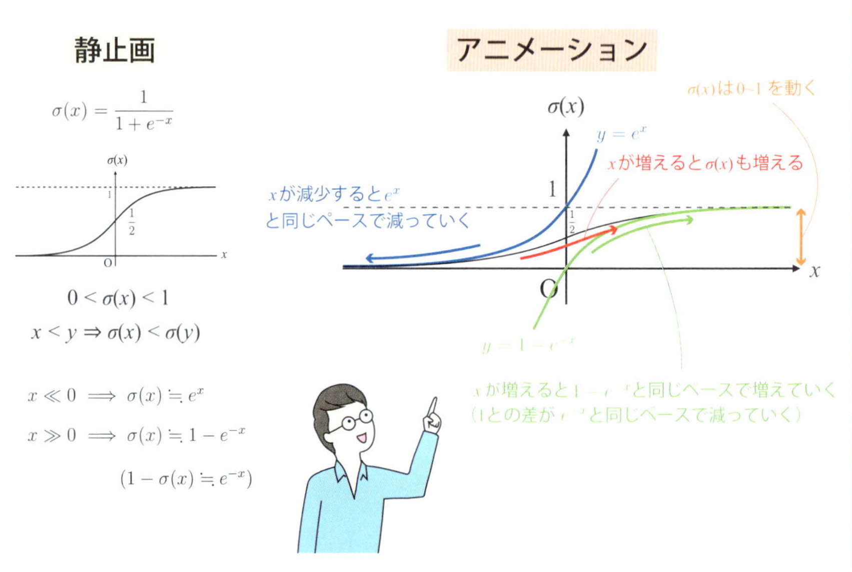

なお、見てのとおり、動画で捉えたものを文章や図で表現すると分量が多くなりがちです。そのため、専門書や論文では静止画で書かれていることが多いです。それらを読む時は、自分で静止画を動画に変換するよう試みてください。

変数の主従、時間の前後

最後に、変数の主従関係や時間的な前後関係を紹介します。例えば、主成分分析は、データの相関を元にした情報圧縮を行う分析です（第13章）。この情報圧縮で得られる新しい変数を主成分と言い、これは元のデータから計算されます。なので、データが主、主成分が従という関係にあります。

これとは別に、画像などの生成モデルでは、データの背後には直接観測できない潜在変数があり、これが表出したものが画像データであると考えます（第20章）。なので、潜在変数が先にあり、後からデータが出てくると考えます。

全ての変数は対等でなく、主従関係や時間的な前後関係の中で動いていると捉えることが、またも理解を助けてくれます。一般に、主の変数の値から従の変数の値を計算することや、時間的に前の変数の情報から後の変数の情報を計算することは簡単で、この「逆」が大変であることが多いです。従から主の計算は推定や学習と呼ばれることが多く、後から前の計算はベイズの定理が使われることが多いです。

図 7.2.4　変数の主従関係と時間的な前後関係

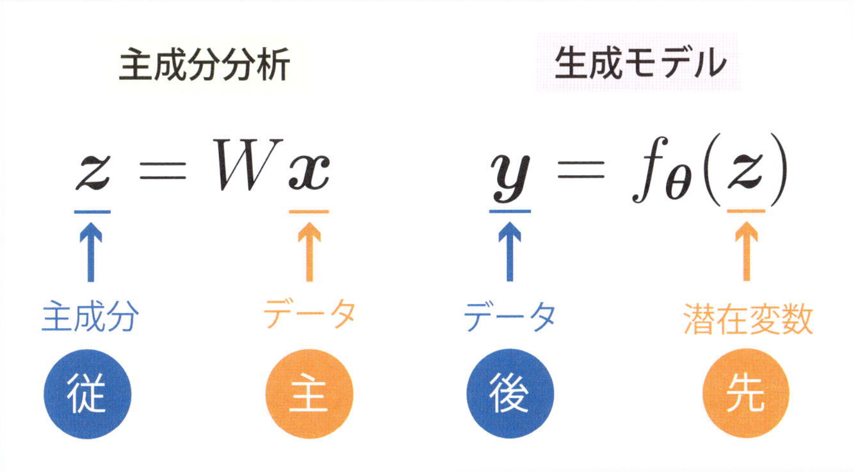

第7章のまとめ

・理解には「聞いた内容がわかる」「内容を説明できる」「初見の対象についても意味合いの見立てを立てられる」という3つのレベルがあり、基礎については3番目の理解に至ることが重要である

・足し算はものを合わせること、引き算は負の数の足し算や比較、掛け算は大きさの調整、割り算は大きさの調整や比較に用いられる

・$\frac{\text{部分}}{\text{全体}}$を見たら、割合と捉えると良い

・似た意味の数値やパラメーターが複数あれば、その中には値が大きいものも小さいものもある

・数値が大きいということは影響が大きいということであり、数値が小さいということは影響が小さいということである

・数式中の全ての記号には意味がある

・意味が生じる経路は、「定義が定める意味」「使われ方・学習が定める意味」「これらの中間の意味」の3種類がある。意味を考える方法も、これに対応した3つがある

・数式の意味を読み解くとは、数式を日本語訳することであり、直訳と意訳の2種類がある

・複雑な数式を理解するためには、全体と部分の行き来を意識することが大切である

・データ分析で用いる数式は、入力の変化に対して出力が適切に変化することが求められる。そのため、数式の意味を考える場面では、静止画ではなく動画で捉えると良い

・変数は対等ではなく、主従関係や時間的な前後関係の中で動いている

・定義を忘れたら、その定義を探して読み返すこと。自力で定義を導出するか、思い出すかができない場合、定義を読み直す以外の方法はない

第 8 章

最適化手法と深層学習

最適化問題への微分の応用

「微分 $= 0$」の方程式がうまく解ければ、最適化問題は解けます。しかし、利用されている関数には極めて複雑なものもあり、この方程式を解くことはおろか、微分の計算ですら困難な場合があります。この問題は特に深層学習で顕著で、微分の計算には誤差逆伝播と呼ばれる技術が用いられます。

本章では、前半の 2 節で一般的な最適化手法を紹介した上で、後半の 2 節では深層学習で用いられる最適化手法について解説します。

8.1 Newton法

Newton法（1変数の場合）

本章では、関数 $f(\boldsymbol{x})$ の最大値・最小値を与える入力 $\boldsymbol{x}$ を探す最適化問題を再び扱います。ここでは特に、方程式「微分 = 0」が解けない場合の手法を紹介します。なお、関数 $f(\boldsymbol{x})$ の最大化は関数 $-f(\boldsymbol{x})$ の最小化を用いて解けるので、本章では全て最小化問題を扱います。

Newton法 (Newton's method) は、「微分 = 0」の方程式が解けない場合に、「微分 ≒ 0」となるパラメーター $\boldsymbol{x}$ を探すことで、関数の最大・最小の候補を与える方法です。

最適化手法（Newton法）

関数 $g(x)$ に対し、方程式 $g(x) = 0$ の解を探す問題を考える。この問題に対し、初期値 $x^{(0)}$ から始めて以下の式で $x^{(t)}$ を更新し、

$$
\begin{aligned}
x^{(1)} &= x^{(0)} - \frac{g\left(x^{(0)}\right)}{g'\left(x^{(0)}\right)} \\
x^{(2)} &= x^{(1)} - \frac{g\left(x^{(1)}\right)}{g'\left(x^{(1)}\right)} \\
&\vdots \\
x^{(t+1)} &= x^{(t)} - \frac{g\left(x^{(t)}\right)}{g'\left(x^{(t)}\right)} \\
&\vdots
\end{aligned}
\tag{8.1.1}
$$

$g(x^{(T)})$ が0に十分に近くなったら、方程式 $g(x) = 0$ の近似解として $x^{(T)}$ を提出する。このアルゴリズムをNewton法と言う。

Newton 法は、方程式 $g(x)=0$ の近似解を見つけてくれます。なので、$g(x)=f'(x)$ としてNewton 法を用いれば、方程式 $f'(x)=0$ の近似解が得られます。関数 $f(x)$ の最適化のため、方程式として $f'(x)=0$ を解く場合は、Newton 法を $f'(x)$ に対して適用した以下の式を用いて $x^{(t)}$ の更新が行われます。

$$x^{(t+1)} = x^{(t)} - \frac{f'\left(x^{(t)}\right)}{f''\left(x^{(t)}\right)} \tag{8.1.2}$$

では、Newton 法の仕組みを見ていきましょう。数式の見た目は難しそうですが、意外と発想はシンプルです。Newton 法では、$x^{(t+1)}=x^{(t)}+\Delta x^{(t)}$ の形の式で、x の値を更新します。この $\Delta x^{(t)}$ の算出に 1 次近似を用いて、$g(x^{(t+1)})$ が $g(x^{(t)})$ より 0 に近づくように工夫されています。

さらに詳しく見てみましょう。関数$g(x)$ に 1 次近似を適用すると、$g(x+\Delta x) \fallingdotseq g(x)+g'(x)\,\Delta x$ が得られます（式(3.1.3)）。ここで、右辺の Δx を、$g(x)+g'(x)\,\Delta x=0$ が成立するように調整すると、$g(x+\Delta x) \fallingdotseq 0$ となると期待できます。

そのような Δx は（$g'(x) \neq 0$ の場合）、

$$\Delta x = -\frac{g(x)}{g'(x)}$$

と計算できます。なので、x の代わりに $x+\Delta x = x-\dfrac{g(x)}{g'(x)}$ を用いると、g の値がより 0 に近いと期待できます。この発想を用いて方程式 $g(x)=0$ を近似的に解く方法が、Newton 法です。

Newton 法と幾何

Newton 法には幾何的な解釈があります。1 次近似はグラフの接線を表す式でもあるので（3.1 節）、$x^{(t+1)}$ は、$y=g(x)$ のグラフの点 $(x^{(t)}, g(x^{(t)}))$ での接線と、x 軸の交点の x 座標と一致します（図 8.1.1 左）。図左にあるとおり、$x^{(t)}$ が急速に$g(x)=0$ の解に近づいていることがわかります。

なお、Newton 法も万能ではありません。図右のように、1 次近似が正確ではない場合、$g(x^{(t)})$ が 0 に近づかないことがあります。これでは方程式 $g(x)=0$ の近似解を求められないので、別の初期値 $x^{(0)}$ を用いるなどの工夫が必要です。

図 8.1.1　Newton 法の幾何的解釈

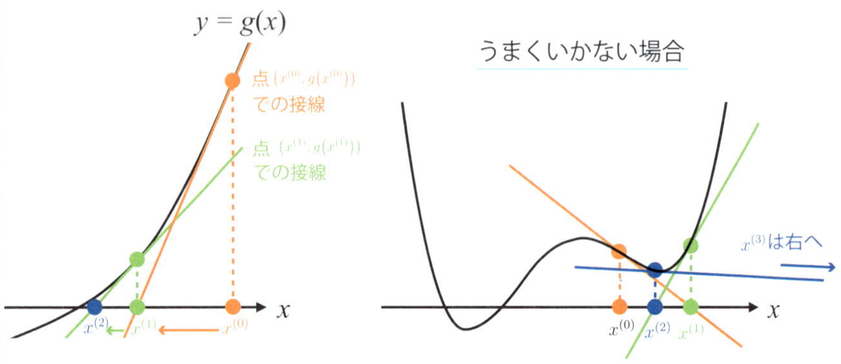

数理解説：Newton 法（多変数の場合）

ここでは、多変数の場合のNewton 法の概要のみ紹介します。最小化したい関数 $f(\boldsymbol{x})$ が多変数の場合、「微分 $= 0$」の方程式は $\mathrm{grad}\, f(\boldsymbol{x}) = \boldsymbol{0}$ と書けます。また、勾配 $\mathrm{grad}\, f$ の 1 次近似は、Hesse 行列 $H = (\partial_{ji} f)$ を用いて以下の式で書けると計算できます。

$$\mathrm{grad}\, f(\boldsymbol{x} + \Delta\boldsymbol{x}) \fallingdotseq \mathrm{grad}\, f(\boldsymbol{x}) + H\Delta\boldsymbol{x}$$

Newton 法では、この 1 次近似を信じ、$\mathrm{grad}\, f(\boldsymbol{x}) + H\,\Delta\boldsymbol{x} = \boldsymbol{0}$ となる$\Delta\boldsymbol{x}$を用いてパラメーター $\boldsymbol{x}$ を更新します。この方程式を満たす$\Delta\boldsymbol{x}$ は、$\Delta\boldsymbol{x} = -H^{-1}\, \mathrm{grad}\, f(\boldsymbol{x})$ と書かれます（詳細は 11.1 節）。そのため、多変数関数の最適化に Newton 法を用いる場合、適当な初期値 $\boldsymbol{x}^{(0)}$ から出発し、$\boldsymbol{x}^{(t+1)} = \boldsymbol{x}^{(t)} - H^{-1}\, \mathrm{grad}\, f(\boldsymbol{x}^{(t)})$ でパラメーターを更新します。そして、$\mathrm{grad}\, f(\boldsymbol{x}^{(T)})$ が十分小さくなったところで更新を止め、$\boldsymbol{x}^{(T)}$ を方程式 $\mathrm{grad}\, f(x) = \boldsymbol{0}$ の近似解として提出します。

8.2 勾配法

勾配法の考え方

勾配法は、方程式「微分 = 0」の解の計算が困難な場合に、なるべく出力$f(\boldsymbol{x})$の値が大きく・小さくなる入力$\boldsymbol{x}$を見つける方法です。

最適化手法（勾配法）

関数$f(\boldsymbol{x})$について、この値がなるべく大きい・小さい入力$\boldsymbol{x}$を見つけたい。この時、初期値$\boldsymbol{x}^{(0)}$から始めて、正の数$\alpha^{(1)}, \alpha^{(2)}, \ldots, \alpha^{(t)}, \ldots (>0)$を用いて以下の式で$\boldsymbol{x}^{(t)}$を更新し、

$$
\begin{aligned}
\boldsymbol{x}^{(1)} &= \boldsymbol{x}^{(0)} \pm \alpha^{(1)} \operatorname{grad} f(\boldsymbol{x}^{(0)}) \\
\boldsymbol{x}^{(2)} &= \boldsymbol{x}^{(1)} \pm \alpha^{(2)} \operatorname{grad} f(\boldsymbol{x}^{(1)}) \\
&\vdots \\
\boldsymbol{x}^{(t+1)} &= \boldsymbol{x}^{(t)} \pm \alpha^{(t+1)} \operatorname{grad} f(\boldsymbol{x}^{(t)}) \\
&\vdots
\end{aligned}
\tag{8.2.1}
$$

$f(\boldsymbol{x}^{(T)})$の値が十分大きく・小さくなったら$\boldsymbol{x}^{(T)}$を近似解として提出する。この手法を、**勾配法(graient method)**と言う。

なお、式中の「±」については、最大化の場合は「+」を用い、最小化の場合は「–」を用いる。特に、最小化に用いる場合は**勾配降下(gradient descent)**、最大化に用いる場合は**勾配上昇(gradient ascent)**とも呼ばれる。

勾配法のアイデアも非常にシンプルで、こちらでも1次近似が用いられます。1次近似の式を見てみると、

$$
\begin{aligned}
f(\boldsymbol{x}+\Delta\boldsymbol{x}) &\fallingdotseq f(\boldsymbol{x}) + \frac{\partial f}{\partial x_1}\Delta x_1 + \frac{\partial f}{\partial x_2}\Delta x_2 + \cdots + \frac{\partial f}{\partial x_n}\Delta x_n \\
&= f(\boldsymbol{x}) + \operatorname{grad} f(\boldsymbol{x}) \cdot \Delta\boldsymbol{x}
\end{aligned}
$$

右辺第2項以降は関数fの勾配 grad fと、パラメーター $\boldsymbol{x}$の差分 $\Delta\boldsymbol{x}$の内積です（P98の式(3.3.4)）。この2つのベクトルの成す角をθとすると、grad $f(\boldsymbol{x})\cdot\Delta\boldsymbol{x} = \|\mathrm{grad}\, f(\boldsymbol{x})\|\,\|\Delta\boldsymbol{x}\|\cos\theta$と計算できます（P98の式(3.3.6)）。この時、$\cos\theta < 0$となるように$\Delta\boldsymbol{x}$を設定すれば、次のようになるので、

$$\begin{aligned} f(\boldsymbol{x}+\Delta\boldsymbol{x}) &\fallingdotseq f(\boldsymbol{x}) + \frac{\partial f}{\partial x_1}\Delta x_1 + \frac{\partial f}{\partial x_2}\Delta x_2 + \cdots + \frac{\partial f}{\partial x_n}\Delta x_n \\ &= f(\boldsymbol{x}) + \mathrm{grad}\, f(\boldsymbol{x})\cdot\Delta\boldsymbol{x} \\ &= f(\boldsymbol{x}) + \|\mathrm{grad}\, f(\boldsymbol{x})\|\,\|\Delta\boldsymbol{x}\|\cos\theta \\ &< f(\boldsymbol{x}) \end{aligned}$$

fの値が減ると期待できます。したがって、効率良く関数fの値を減らすためには、$\cos\theta$が最小値 -1となるよう$\Delta\boldsymbol{x}$を設定するのが良いでしょう。そのようなθは$\theta = 180°$なので、ベクトル grad $f(\boldsymbol{x})$と$\Delta\boldsymbol{x}$を逆向きにすれば良いとわかります。これは、正の定数$\alpha > 0$を用いて

$$\Delta\boldsymbol{x} = -\alpha\ \mathrm{grad}\, f(\boldsymbol{x})$$

と設定することに対応します。

以上の議論のとおり、勾配法のパラメーター更新では、関数fの1次近似を参考にして、最も効率的と思われるパラメーター更新量を$\Delta\boldsymbol{x} = \pm\ \alpha\ \mathrm{grad}\, f(\boldsymbol{x})$で決めます。ここで登場する正の数値$\alpha^{(t)}$は、1回のパラメーター更新での更新の大きさを制御する数値であり、**学習率(learning rate)**と呼ばれます。

勾配法の長所と短所

なお、勾配法でも、最大値・最小値を与えるパラメーターの近似解を必ず見つけられるとは限りません（図8.2.1）。

また、学習率などの諸パラメーターの設定によって、得られる近似解の質が大きく変わり、学習に必要な繰り返し回数も大きく変わります。勾配法は1次近似を用いたシンプルな最適化手法ではありますが、実践は非常に奥が深いです[1)]。

それでも勾配法は非常に大きな成功を収めており、深層学習でのパラメーター

1) 最適化についてのより発展的な内容は、岩永二郎、石原響太、西村直樹、田中一樹『Pythonではじめる数理最適化』（オーム社、2021）や梅谷俊治『しっかり学ぶ数理最適化』（講談社、2020）などに詳しいです。

の最適化では、基本的に勾配法（の派生形）が用いられています。

図 8.2.1 勾配法の初期値依存性

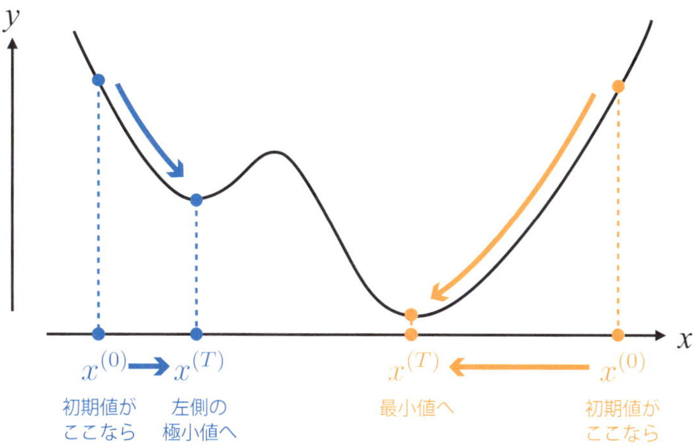

コラム

1 次収束と 2 次収束

例として、関数 $y = f(x) = x^2$ に勾配法を適用してみましょう。例えば、学習率 α を定数 $\alpha = 0.1$ として設定した場合、$f'(x^{(t)}) = 2x^{(t)}$ なので、$x^{(t+1)} = x^{(t)} - \alpha f'(x^{(t)}) = x^{(t)} - 0.2\,x^{(t)} = 0.8\,x^{(t)}$ となります。そのため、毎回の更新で $x^{(t)}$ が 0.8 倍され、徐々に $f(x)$ の最小値を与える $x = 0$ に近づきます。

この設定では、10 回の更新で、$x^{(t)}$ は約 0.1 倍になると計算できます。そのため、誤差を小数で書いた時、始めに並ぶ「0」の数は、更新回数に比例して増えていきます。このようなアルゴリズムは、**1 次収束(1st order convergence)** すると言われます。

Newton 法の場合はこれより早く、誤差の「0」の数は更新回数の 2 乗に比例して増えると知られています。そのため、Newton 法は **2 次収束**すると言われます。

一般に、2 次収束するアルゴリズムのほうが少ない更新回数で高精度な近似解を求められる一方、計算コストが高い傾向があります。そのため、統計モデルの推定など、近似解の精度が重要な場面では 2 次収束のアルゴリズムが用いられる一方、$f(\boldsymbol{x})$ の値が小さければ $\boldsymbol{x}$ の値は何でも良い機械学習などの場面に、1 次収束のアルゴリズムが用いられる傾向があります。

8.3 深層学習と誤差逆伝播

深層学習とは

深層学習(deep learning)とは、画像認識やレコメンド、生成AIなどで幅広く利用されている技術です。深層学習では、何かしらの関数 $\boldsymbol{y} = \boldsymbol{f}(\boldsymbol{x})$ を用いて予測や生成を行います。例えば、画像認識の深層学習モデルの場合、画像を入力し、その画像の被写体に対応した数値を出力する関数が用いられています。

図 8.3.1　深層学習は関数でデータを変換する

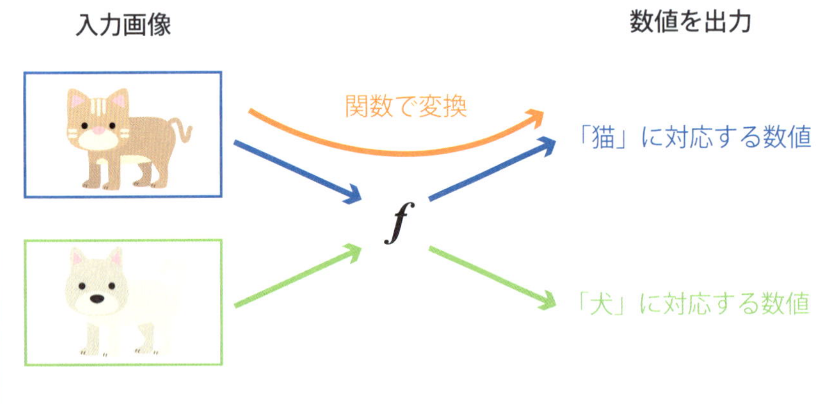

深層学習では、かなり特殊な作り方の関数を利用します。具体的には、比較的単純な関数 $\boldsymbol{f}_1, \boldsymbol{f}_2, \ldots, \boldsymbol{f}_L$ を用いて、次の手順で入力 $\boldsymbol{x}$ を出力 $\boldsymbol{y}$ に変換します。

$$
\begin{aligned}
\boldsymbol{z}_1 &= \boldsymbol{f}_1(\boldsymbol{x},\ \boldsymbol{\theta}_1) \\
\boldsymbol{z}_2 &= \boldsymbol{f}_2(\boldsymbol{z}_1,\ \boldsymbol{\theta}_2) \\
&\vdots \\
\boldsymbol{z}_{L-1} &= \boldsymbol{f}_{L-1}(\boldsymbol{z}_{L-2},\ \boldsymbol{\theta}_{L-1}) \\
\boldsymbol{y} &= \boldsymbol{f}_L(\boldsymbol{z}_{L-1},\ \boldsymbol{\theta}_L)
\end{aligned}
\tag{8.3.1}
$$

このように、深層学習は、単純な関数を用いて何度も変換することで、画像認識や自動運転などをこなす複雑な関数を実現する方法論であると言えます[2)]。この $\boldsymbol{x}$ から $\boldsymbol{y}$ への変換をまとめて、$\boldsymbol{y} = \boldsymbol{f}(\boldsymbol{x},\ \boldsymbol{\theta}) = \boldsymbol{f}(\boldsymbol{x},\ \boldsymbol{\theta}_1,\ \boldsymbol{\theta}_2, \ldots,\ \boldsymbol{\theta}_L)$ と書くことにしましょう。ここで登場するベクトル $\boldsymbol{\theta}_1,\ \boldsymbol{\theta}_2, \ldots,\ \boldsymbol{\theta}_L$ を深層学習モデルのパラメーターと言い、これらパラメーターの値を調整することで、多様な機能を実現しています。このパラメーターの調整過程を、**学習 (learning, training)** と言います。

図 8.3.2　深層学習での関数の作り方

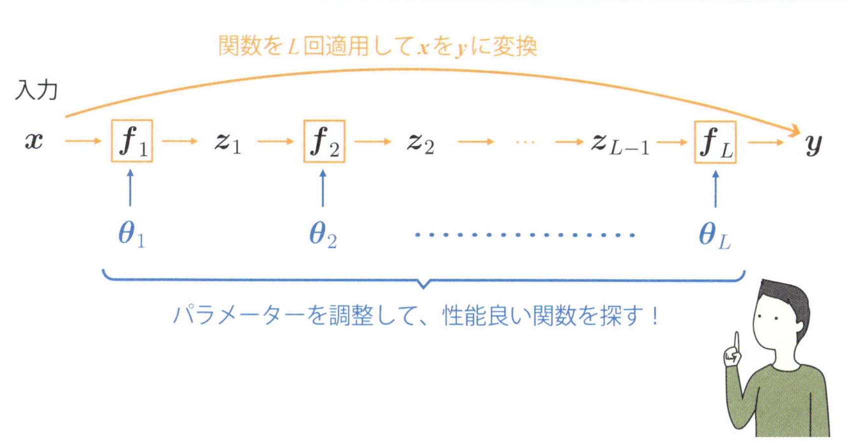

深層学習における学習とその困難

深層学習の学習法の１つとして、**損失関数 (loss function)** の最小化を紹介します。例として、変数 $\boldsymbol{x}$ から数値の変数 y を予測する深層学習モデルの学習 $y = f(\boldsymbol{x},\ \boldsymbol{\theta})$ を考えてみましょう。

一般に、数値予測の問題では、データ $(\boldsymbol{x}_1^{\mathrm{data}},\ y_1^{\mathrm{data}}), (\boldsymbol{x}_2^{\mathrm{data}},\ y_2^{\mathrm{data}}), \ldots, (\boldsymbol{x}_n^{\mathrm{data}},\ y_n^{\mathrm{data}})$ を用いて学習を行います。ここで、データ $(\boldsymbol{x}_i^{\mathrm{data}},\ y_i^{\mathrm{data}})$ は「変数 $\boldsymbol{x}$ の値が $\boldsymbol{x}_i$ の時、予測したい変数 y の値が y_i だった」ことを意味します。このデータを用いて、損失関数 L をモデルの予測誤差の２乗和と設定しましょう[3)]。

2)　深層学習のより詳細な解説や具体的な分析モデルについては、拙著『分析モデル入門』（ソシム、2022）にて紹介しています。

3)　記号 L が、関数の積み重ねの個数 $f_1, f_2, \ldots, f_L$ と損失関数 L で被っています。とはいえ、どちらも一般的な記法であるとともに、意味的に混乱することはないと思われるため、この記法を採用します。

$$L = L(\boldsymbol{\theta}) = \frac{1}{2}\sum_{1 \le i \le n}\left(y_i^{\text{data}} - f\left(\boldsymbol{x}_i^{\text{data}}, \boldsymbol{\theta}\right)\right)^2$$

この損失関数は、データと予測値の誤差の大きさを表します。損失関数Lの値はパラメーター$\boldsymbol{\theta}$の値によって変化するため、Lは$\boldsymbol{\theta}$の関数$L(\boldsymbol{\theta})$と捉えられます。ですので、損失関数が最小になるパラメーター$\boldsymbol{\theta}$を探すことで、精度が良い（誤差が小さい）予測モデルを構築できると期待できます[4)]。これが、損失関数の最小化による深層学習モデルの学習です。

損失関数には様々な種類がありますが、今回の例のように、各データ単位の損失の合計として定義されるものが多いです。以降、このタイプの損失関数の最小化手法を紹介します。1データ分の損失を、データ$\boldsymbol{y}_i^{\text{data}}$と予測値$\boldsymbol{y}_i^{\text{model}} = f(\boldsymbol{x}_i^{\text{data}}, \boldsymbol{\theta})$を用いて、$l(\boldsymbol{y}_i^{\text{data}}, \boldsymbol{y}_i^{\text{model}})$と書くことにします。すると、この損失関数$L$は以下の式で書けます。

$$L = \sum_i l\left(\boldsymbol{y}_i^{\text{data}}, \boldsymbol{y}_i^{\text{model}}\right) \tag{8.3.2}$$

さて、以上の通り、損失関数$L = L(\boldsymbol{\theta})$を最小にするパラメーター$\boldsymbol{\theta}$の探索によって、深層学習における学習ができるとわかりました。この学習方法は、関数の最小化問題そのものです。とはいえ、深層学習での最適化には特有の困難があり、それぞれについて様々な対処法が知られています。代表的な困難は次の3つです。

（1）データ量が膨大で、損失関数Lの計算が大変
（2）関数が複雑で、損失関数Lの勾配 grad Lの計算が大変
（3）単なる勾配法では良いパラメーターが見つからない

これらの困難のうち、本節では（1）と（2）を、次節では（3）の対処法を紹介します。

4) 実際には、訓練データへの過適合を避けるため、検証用データでの精度等も用いて学習が行われます。

確率的勾配降下とミニバッチ勾配降下

まずは、「(1) 損失関数 L の計算が大変」の対処法から紹介します。

損失関数 L は、各データでの損失 l の合計で計算されます（式(8.3.2)）。深層学習においては、データ数が数億から数兆を超えることもあり、合計の計算自体が非常に困難な場合があります。このような場面で用いられる手法が、**確率的勾配降下 (Stochastic Gradient Descent / SGD)** と**ミニバッチ勾配降下 (mini batch gradient descent)** です。

確率的勾配降下では、パラメーターの更新時にランダムにデータを1つ選択して、そのデータの損失 l を用いてパラメーター更新を行います。つまり、t 回目の更新時に利用されたデータを $\left(\boldsymbol{x}_{i_t}^{\text{data}}, \boldsymbol{y}_{i_t}^{\text{data}}\right)$ と書いて、その損失を $L^{(t)}(\boldsymbol{\theta}) = l\left(\boldsymbol{y}_{i_t}^{\text{data}}, f\left(\boldsymbol{x}_{i_t}^{\text{data}}, \boldsymbol{\theta}\right)\right)$ と書くと、更新式は以下のように書けます。

$$
\begin{aligned}
\boldsymbol{\theta}^{(1)} &= \boldsymbol{\theta}^{(0)} - \alpha^{(1)} \operatorname{grad} L^{(1)}(\boldsymbol{\theta}^{(0)}) \\
\boldsymbol{\theta}^{(2)} &= \boldsymbol{\theta}^{(1)} - \alpha^{(2)} \operatorname{grad} L^{(2)}(\boldsymbol{\theta}^{(1)}) \\
&\vdots
\end{aligned}
$$

要するに、全データでの合計を避け、データを1つだけ使って勾配を計算する手法が確率的勾配降下です。

ミニバッチ勾配降下は、毎回のパラメーターの更新時に、データをある程度の件数だけランダムに選択して勾配を計算します。例えば、先頭から順に毎回100個ずつのデータを使う場合、

$$
\begin{aligned}
\boldsymbol{\theta}^{(1)} &= \boldsymbol{\theta}^{(0)} - \alpha^{(1)} \operatorname{grad} L^{(1\sim100)}(\boldsymbol{\theta}^{(0)}) \\
\boldsymbol{\theta}^{(2)} &= \boldsymbol{\theta}^{(1)} - \alpha^{(2)} \operatorname{grad} L^{(101\sim200)}(\boldsymbol{\theta}^{(1)}) \\
&\vdots
\end{aligned}
$$

でパラメーター $\boldsymbol{\theta}^{(t)}$ を更新します。ここで、$L^{(1\sim100)}$ は1番目のデータから100番目のデータで計算した損失の合計であり、$L^{(101\sim200)}$ 等も同様です。

これらの手法では、一部のデータのみを用いた損失関数の計算を行うので、計算が高速化されます。また、毎回異なる $L^{(\text{xxx})}$ を用いることにより、パラメーター

更新がランダム性を持ち、局所最適解から抜け出しやすくなる場合があります。

なお、深層学習における学習ではミニバッチ勾配降下の利用が主流なので、損失関数 $L^{(\mathrm{xxx})}$ の (xxx) は省略されることがほとんどです。以降、本書でも省略しますが、どのアルゴリズムでもミニバッチが利用されていると考えてください。

誤差逆伝播とは

誤差逆伝播 (back propagation / BP) は、損失関数 $L = L(\boldsymbol{\theta})$ の微分を計算する技法であり、「(2) 損失関数 L の勾配 grad L の計算が大変」への対処法です。なお、誤差逆伝播には難しい計算は一切登場しません。ただ単に複雑なだけです。誤差逆伝播は、「微分は変化の倍率である（第3章）」「合成関数の微分（4.2節）」「たくさんのものを掛けると、たくさんのものが掛け合わされる（7.1節）」の3つがわかっていれば理解できます。根気強く読むと良いでしょう。

ここでは、単純な例を通して損失逆伝播の計算の本質を観察します。まず、式 (8.3.1) に登場する全ての変数が、ベクトルではなく数値 $x, z_1, z_2, \ldots, z_{L-1}, \theta_1, \theta_2, \ldots, \theta_L, y$ であるとします。また、誤差関数は1つのデータ $(x^{\mathrm{data}}, y^{\mathrm{data}})$ のみを用いて、$L(\theta) = l(y^{\mathrm{data}}, y)$ で定義されているとします。ここでの y は、$y = f(x^{\mathrm{data}}, \theta_1, \theta_2, \ldots, \theta_L)$ で計算された予測値です。この時、誤差逆伝播の計算の要点は以下の2つにまとめられます。

Point!

誤差逆伝播の計算

(1) $\dfrac{\partial L}{\partial \theta_l}$ は、合成関数の微分を用いると以下の式で計算できる

$$\frac{\partial L}{\partial \theta_1} = \frac{\partial l}{\partial y}\frac{\partial f_L}{\partial z_{L-1}}\frac{\partial f_{L-1}}{\partial z_{L-2}}\cdots\frac{\partial f_2}{\partial z_1}\frac{\partial f_1}{\partial \theta_1}$$

$$\vdots$$

$$\frac{\partial L}{\partial \theta_l} = \frac{\partial l}{\partial y}\frac{\partial f_L}{\partial z_{L-1}}\frac{\partial f_{L-1}}{\partial z_{L-2}}\cdots\frac{\partial f_{l+1}}{\partial z_l}\frac{\partial f_l}{\partial \theta_l} \tag{8.3.3}$$

$$\vdots$$

$$\frac{\partial L}{\partial \theta_{L-2}} = \frac{\partial l}{\partial y}\frac{\partial f_L}{\partial z_{L-1}}\frac{\partial f_{L-1}}{\partial z_{L-2}}\frac{\partial f_{L-2}}{\partial \theta_{L-2}}$$

$$\frac{\partial L}{\partial \theta_{L-1}} = \frac{\partial l}{\partial y}\frac{\partial f_L}{\partial z_{L-1}}\frac{\partial f_{L-1}}{\partial \theta_{L-1}}$$

$$\frac{\partial L}{\partial \theta_L} = \frac{\partial l}{\partial y}\frac{\partial f_L}{\partial \theta_L}$$

(2) $\frac{\partial L}{\partial \theta_l}$ の計算には同じ偏微分やそれらの積が何度も登場するため、計算の順序を工夫すると計算が早くなる

本節の残りで、これら2つの要点を紹介します。

誤差逆伝播と合成関数の微分

ここでは、1つめの要点である式(8.3.3)が成立する理由と、この式の意味合いについて説明します。まずは、この式が成立する理由を探りましょう。実は、この式(8.3.3)は、単に合成関数の微分を計算すれば得られます。微分は変化の倍率なので、θ_l の変化が y や L の変化を起こす過程を観察してみます。

パラメーター θ_l を $\theta_l + \Delta\theta_l$ に変化させると、$z_l = f_l(z_{l-1}, \theta_l)$ を通して、z_l が $z_l + \Delta z_l$ に変化します。この時、$\Delta\theta_l$ から Δz_l への変化の倍率は $\frac{\partial f_l}{\partial \theta_l}$ なので、

$$\Delta z_l \fallingdotseq \frac{\partial f_l}{\partial \theta_l}\Delta\theta_l$$

と近似できます。

次に、z_l の変化 Δz_l が、$z_{l+1} = f_{l+1}(z_l, \theta_{l+1})$ を通じて z_{l+1} の変化 Δz_{l+1} を生み出します。この Δz_l から Δz_{l+1} への倍率は $\frac{\partial f_{l+1}}{\partial z_l}$ なので、

$$\Delta z_{l+1} \fallingdotseq \frac{\partial f_{l+1}}{\partial z_l}\Delta z_l \fallingdotseq \frac{\partial f_{l+1}}{\partial z_l}\frac{\partial f_l}{\partial \theta_l}\Delta\theta_l$$

と計算できます。以降、この変化の連鎖が $z_{l+2}, z_{l+3}, \ldots, z_{L-1}, y, L$ の順で伝わり、y や L の変化が生じます。この過程を数式で書くと、次のようになります。

$$
\begin{aligned}
\Delta z_{l+2} &\fallingdotseq \frac{\partial f_{l+2}}{\partial z_{l+1}}\Delta z_{l+1} \fallingdotseq && \frac{\partial f_{l+2}}{\partial z_{l+1}}\frac{\partial f_{l+1}}{\partial z_{l}}\frac{\partial f_{l}}{\partial \theta_{l}}\Delta\theta_l \\
\Delta z_{l+3} &\fallingdotseq \frac{\partial f_{l+3}}{\partial z_{l+2}}\Delta z_{l+2} \fallingdotseq && \frac{\partial f_{l+3}}{\partial z_{l+2}}\frac{\partial f_{l+2}}{\partial z_{l+1}}\frac{\partial f_{l+1}}{\partial z_{l}}\frac{\partial f_{l}}{\partial \theta_{l}}\Delta\theta_l \\
&\vdots \\
\Delta z_{L-1} &\fallingdotseq \frac{\partial f_{L-1}}{\partial z_{L-2}}\Delta z_{L-2} \fallingdotseq && \frac{\partial f_{L-1}}{\partial z_{L-2}}\frac{\partial f_{L-2}}{\partial z_{L-3}}\cdots\frac{\partial f_{l+2}}{\partial z_{l+1}}\frac{\partial f_{l+1}}{\partial z_{l}}\frac{\partial f_{l}}{\partial \theta_{l}}\Delta\theta_l \\
\Delta y &\fallingdotseq \frac{\partial f_{L}}{\partial z_{L-1}}\Delta z_{L-1} \fallingdotseq && \frac{\partial f_{L}}{\partial z_{L-1}}\frac{\partial f_{L-1}}{\partial z_{L-2}}\frac{\partial f_{L-2}}{\partial z_{L-3}}\cdots\frac{\partial f_{l+2}}{\partial z_{l+1}}\frac{\partial f_{l+1}}{\partial z_{l}}\frac{\partial f_{l}}{\partial \theta_{l}}\Delta\theta_l \\
\Delta L &\fallingdotseq \frac{\partial l}{\partial y}\Delta y \fallingdotseq && \frac{\partial l}{\partial y}\frac{\partial f_{L}}{\partial z_{L-1}}\frac{\partial f_{L-1}}{\partial z_{L-2}}\frac{\partial f_{L-2}}{\partial z_{L-3}}\cdots\frac{\partial f_{l+2}}{\partial z_{l+1}}\frac{\partial f_{l+1}}{\partial z_{l}}\frac{\partial f_{l}}{\partial \theta_{l}}\Delta\theta_l
\end{aligned}
$$

この最後の式の変化の倍率が $\dfrac{\partial L}{\partial \theta_l}$ なので、

$$
\frac{\partial L}{\partial \theta_l} = \frac{\partial l}{\partial y}\frac{\partial f_{L}}{\partial z_{L-1}}\frac{\partial f_{L-1}}{\partial z_{L-2}}\cdots\frac{\partial f_{l+2}}{\partial z_{l+1}}\frac{\partial f_{l+1}}{\partial z_{l}}\frac{\partial f_{l}}{\partial \theta_{l}}
$$

と計算できます。微分は変化の倍率です。深層学習では何度も関数を通すので、何度も倍率がかけられた結果、偏微分の積が登場するのです（図 8.3.3）。

図 8.3.3　合成関数の微分を活用して偏微分を計算

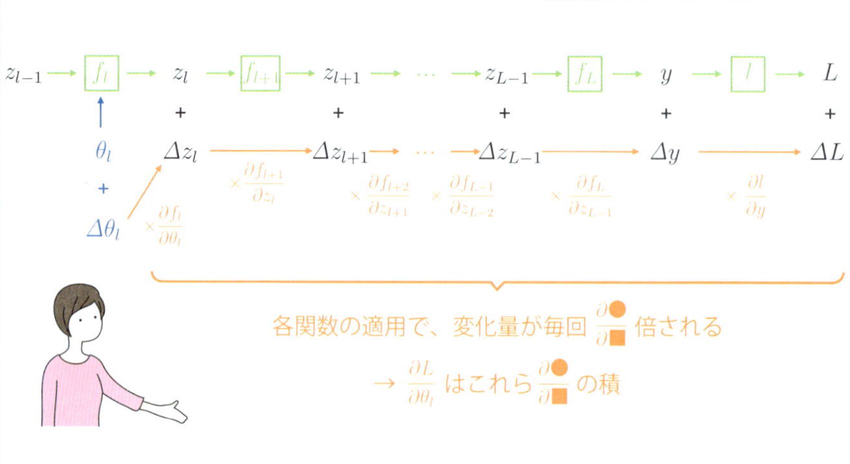

誤差逆伝播での計算の順序の工夫

次に、2つめの要点について紹介します。計算の順序の工夫は、大きく分けて2つあります。

式(8.3.3)の右辺には、合計で $\frac{1}{2}(L^2+3L)$ 個の偏微分があります（この L は関数の積み重ねの個数です）。一方、$\frac{\partial l}{\partial y}$ は全ての式に共通しており、かなり重複があります。種類を数えてみると、$\frac{\partial l}{\partial y},\frac{\partial f_2}{\partial z_1},\frac{\partial f_3}{\partial z_2},\ldots,\frac{\partial f_L}{\partial z_{L-1}},\frac{\partial f_1}{\partial \theta_1},\frac{\partial f_2}{\partial \theta_2},\ldots,\frac{\partial f_L}{\partial \theta_L}$ の $2L$ 個しかありません。そのため、計算のたびにこれらの偏微分を再計算するのではなく、あらかじめ $2L$ 個の偏微分を計算してメモリ等に格納し、必要に応じて取り出して利用した方が、計算回数を節約できます。これが1つめの工夫です。

2つめは、積の順序に関する工夫です。式(8.3.3)には $\frac{1}{2}(L^2+L)$ 個の積の計算が登場します。この中でも、$\frac{\partial l}{\partial y}$ と $\frac{\partial f_L}{\partial z_{L-1}}$ の積は、上から $L–1$ 個の式で共通します。なので、これらの値もメモリ等に格納して再利用すれば、さらに計算を高速化できます。実際、以下の手順で計算すると、積の計算は、$2L–1$ 回で済みます。これで正しく計算できていることを、式(8.3.3)と見比べて確認してみましょう。

Step 1： $A_1=\frac{\partial l}{\partial y}$ を計算

Step 2： $\frac{\partial L}{\partial \theta_L}$ を $\frac{\partial L}{\partial \theta_L}=A_1\times\frac{\partial f_L}{\partial \theta_L}$ で計算

Step 3： $A_2=A_1\times\frac{\partial f_L}{\partial z_{L-1}}$ を計算　$\left(A_2=\frac{\partial l}{\partial y}\frac{\partial f_L}{\partial z_{L-1}}\right)$

Step 4： $\frac{\partial L}{\partial \theta_{L-1}}$ を $\frac{\partial L}{\partial \theta_{L-1}}=A_2\times\frac{\partial f_{L-1}}{\partial \theta_{L-1}}$ で計算

Step 5： $A_3=A_2\times\frac{\partial f_{L-1}}{\partial z_{L-2}}$ を計算　$\left(A_3=\frac{\partial l}{\partial y}\frac{\partial f_L}{\partial z_{L-1}}\frac{\partial f_{L-1}}{\partial z_{L-2}}\right)$

Step 6： $\frac{\partial L}{\partial \theta_{L-2}}$ を $\frac{\partial L}{\partial \theta_{L-2}}=A_3\times\frac{\partial f_{L-2}}{\partial \theta_{L-2}}$ で計算

⋮

Step 2L−1： $A_L = A_{L-1} \times \frac{\partial f_2}{\partial z_1}$ を計算 $\left(A_L = \frac{\partial l}{\partial y} \frac{\partial f_L}{\partial z_{L-1}} \frac{\partial f_{L-1}}{\partial z_{L-2}} \cdots \frac{\partial f_2}{\partial z_1} \right)$

Step 2L： $\frac{\partial L}{\partial \theta_1}$ を $\frac{\partial L}{\partial \theta_1} = A_L \times \frac{\partial f_1}{\partial \theta_1}$ で計算

これらの工夫によって、それぞれ約 $\frac{1}{2}L^2$ 回必要だった計算が、約 $2L$ 回ずつで済んでしまいます。そのため、関数の積み重ねの個数Lが大きい時に、計算を非常に高速化できるのです。

誤差逆伝播の技法が使える理由

誤差逆伝播の技法が成立する直接の理由は、式(8.3.3)の中に同じ偏微分やそれらの積が何度も登場することです。では、なぜ同じものが何度も登場するのでしょうか？

それは、変換の経路の後半が共通だからです。例として、パラメーターθ_3, θ_4, θ_5の値の変化が損失関数Lの値を変化させる経路を考えてみましょう。パラメーターθ_3の変化 $\Delta\theta_3$ が $z_3 = f_3(z_2, \theta_3)$ を通して z_3 の変化 Δz_3 を生む過程を、$\theta_3 \xrightarrow{f_3} z_3$ と書くことにしましょう。すると、パラメーターθ_3, θ_4, θ_5 が損失関数 L の変化を生む過程は次のように書けます。

$$\theta_3 \xrightarrow{f_3} z_3 \xrightarrow{f_4} z_4 \xrightarrow{f_5} z_5 \xrightarrow{f_6} z_6 \xrightarrow{f_7} \cdots \xrightarrow{f_L} y \xrightarrow{l} L$$
$$\theta_4 \xrightarrow{f_4} z_4 \xrightarrow{f_5} z_5 \xrightarrow{f_6} z_6 \xrightarrow{f_7} \cdots \xrightarrow{f_L} y \xrightarrow{l} L$$
$$\theta_5 \xrightarrow{f_5} z_5 \xrightarrow{f_6} z_6 \xrightarrow{f_7} \cdots \xrightarrow{f_L} y \xrightarrow{l} L$$

これを見ると、$z_5 \xrightarrow{f_6} z_6$ 以降の全ての変換が共通しています。なので、変化の倍率の後半も当然に共通します。これが、同じ偏微分やその積が何度も登場する理由です。

図 8.3.4 後半の変換が共通なので、変換の倍率も共通する

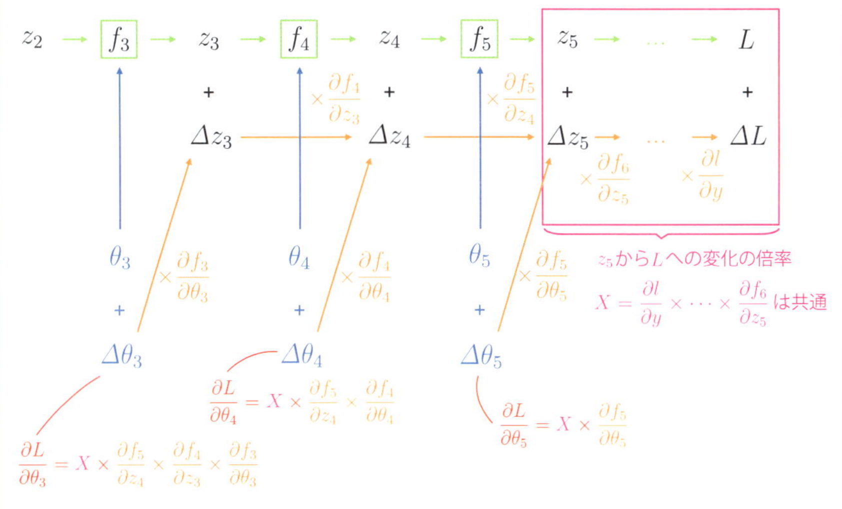

一般の場合の誤差逆伝播

各種の変数が多変数 $\boldsymbol{x}, \boldsymbol{z}_1, \boldsymbol{z}_2, \ldots, \boldsymbol{z}_{L-1}, \boldsymbol{\theta}_1, \boldsymbol{\theta}_2, \ldots, \boldsymbol{\theta}_L, \boldsymbol{y}$ の場合の誤差逆伝播も同様です。多変数の場合は、各変化 $\Delta x, \Delta z_1, \Delta z_2, \ldots, \Delta z_{L-1}, \Delta y$ がベクトル $\Delta \boldsymbol{x}, \Delta \boldsymbol{z}_1, \Delta \boldsymbol{z}_2, \ldots, \Delta \boldsymbol{z}_{L-1}, \Delta \boldsymbol{y}$ になり、偏微分係数 $\dfrac{\partial l}{\partial y}, \dfrac{\partial f_l}{\partial z_{l-1}}, \dfrac{\partial f_l}{\partial \theta_l}$ がヤコビ行列 $\dfrac{\partial l}{\partial \boldsymbol{y}}, \dfrac{\partial \boldsymbol{f}_l}{\partial \boldsymbol{z}_{l-1}}, \dfrac{\partial \boldsymbol{f}_l}{\partial \boldsymbol{\theta}_l}$ に変わるだけです。そのため、式(8.3.3)と同様に、以下の数式で各種偏微分が計算できます。

$$\frac{\partial L}{\partial \boldsymbol{\theta}_1} = \frac{\partial l}{\partial \boldsymbol{y}} \frac{\partial \boldsymbol{f}_L}{\partial \boldsymbol{z}_{L-1}} \frac{\partial \boldsymbol{f}_{L-1}}{\partial \boldsymbol{z}_{L-2}} \cdots \frac{\partial \boldsymbol{f}_2}{\partial \boldsymbol{z}_1} \frac{\partial \boldsymbol{f}_1}{\partial \boldsymbol{\theta}_1}$$

$$\vdots$$

$$\frac{\partial L}{\partial \boldsymbol{\theta}_l} = \frac{\partial l}{\partial \boldsymbol{y}} \frac{\partial \boldsymbol{f}_L}{\partial \boldsymbol{z}_{L-1}} \frac{\partial \boldsymbol{f}_{L-1}}{\partial \boldsymbol{z}_{L-2}} \cdots \frac{\partial \boldsymbol{f}_{l+1}}{\partial \boldsymbol{z}_l} \frac{\partial \boldsymbol{f}_l}{\partial \boldsymbol{\theta}_l}$$

$$\vdots$$

$$\frac{\partial L}{\partial \boldsymbol{\theta}_{L-2}} = \frac{\partial l}{\partial \boldsymbol{y}} \frac{\partial \boldsymbol{f}_L}{\partial \boldsymbol{z}_{L-1}} \frac{\partial \boldsymbol{f}_{L-1}}{\partial \boldsymbol{z}_{L-2}} \frac{\partial \boldsymbol{f}_{L-2}}{\partial \boldsymbol{\theta}_{L-2}}$$

$$\frac{\partial L}{\partial \boldsymbol{\theta}_{L-1}} = \frac{\partial l}{\partial \boldsymbol{y}} \frac{\partial \boldsymbol{f}_L}{\partial \boldsymbol{z}_{L-1}} \frac{\partial \boldsymbol{f}_{L-1}}{\partial \boldsymbol{\theta}_{L-1}}$$

$$\frac{\partial L}{\partial \boldsymbol{\theta}_L} = \frac{\partial l}{\partial \boldsymbol{y}} \frac{\partial \boldsymbol{f}_L}{\partial \boldsymbol{\theta}_L} \tag{8.3.4}$$

ここでもヤコビ行列やそれらの積が共通するので、先ほどと同様に計算の順序を工夫すれば、行列同士の掛け算の回数を減らして計算を行うことができます。

その他の学習上の工夫

深層学習の学習においては、他にも多種多様の工夫が施されています。例えば、関数 f_l に微分しやすい関数（活性化関数）を利用することや、順伝播の値を保存し再利用することなどがあります。

また、層を深く積み重ねた時に生じる課題に対応するため、skip connection や各種の normalization 等を用いて、モデルの構造（関数の形）にも手が入れられています。

このようなロジック上の改善に加え、計算を行うハードウエアにもかなりの工夫が入っています。GPU クラスターを用いた大規模な並列計算の技術など、様々な技術が発展し、活用されています。

現代の最大規模の深層学習のモデルでは、調整対象のパラメーター数が数千億から数兆個もあります。この学習には、数万から数十万台の GPU を用い、数兆件規模のデータを利用して、数十日間計算を続けて学習が行われます。この計算のための電気代だけで億円単位で費用がかかる世界である一方、この結果生み出された AI は兆円単位の利益をもたらします。

今後も多くの人の努力が投下され、新しい技術が次々と開発されていくことでしょう。

8.4 最適化手法Adamへの道

Adamへ至る道

この節では、ミニバッチ勾配降下の発展形であるAdamの理解を目標とします。Adamは前節で紹介した深層学習における学習の困難「(3) 単なる勾配法では良いパラメーターが見つからない」への対処法であり、現代でも中心的に活用されている最適化手法です。

Adamは以下の数式で表現される学習法です[5)]。これはP16の図0.1.3で難解な数式の代表例として紹介した数式であり、一見では意味が掴みづらいでしょう。

$$\boldsymbol{m}^{(t+1)} = \beta_1 \boldsymbol{m}^{(t)} + (1-\beta_1)\mathrm{grad}\,L\left(\boldsymbol{\theta}^{(t)}\right)$$

$$\boldsymbol{v}^{(t+1)} = \beta_2 \boldsymbol{v}^{(t)} + (1-\beta_2)\mathrm{grad}\,L\left(\boldsymbol{\theta}^{(t)}\right)^{\odot 2}$$

$$\hat{\boldsymbol{m}}^{(t+1)} = \frac{1}{1-\beta_1^{t+1}}\boldsymbol{m}^{(t+1)}$$

$$\hat{\boldsymbol{v}}^{(t+1)} = \frac{1}{1-\beta_2^{t+1}}\boldsymbol{v}^{(t+1)}$$

$$\boldsymbol{\theta}^{(t+1)} = \boldsymbol{\theta}^{(t)} - \gamma \frac{\hat{\boldsymbol{m}}^{(t+1)}}{\sqrt{\hat{\boldsymbol{v}}^{(t+1)}} + \varepsilon}$$

この数式も、第7章で紹介した各種技法の活用で意味が明瞭に見えてきます。ここでは、Adamの前身であるMomentumとRMSPropの解説から始めます。

Momentum

Momentumもミニバッチ勾配降下を発展させた学習法であり、この名称は物理の運動量に由来します。以下の数式で定義されるMomentumは、移動平均を用いて勾配に含まれるノイズを低減し、安定した学習を可能にする技術です[6)]。

---

5) 本節で紹介する各学習アルゴリズムには様々なバージョンがありますが、本書では執筆時点（2022年2月）でのPyTorchのドキュメントを基準として参照しました。

6) PyTorchではMomentumはSGDのクラスで実装されています。そのため、MomentumはSGDの$\mu \neq 0$, $\lambda = 0$, $\tau = 0$, *netsov* = False, *maximize* = Falseの場合のものとして紹介しています。

最適化手法（Momentum）

Momentum は、以下の数式を用いてパラメーターの更新を行うアルゴリズムである。

$$\boldsymbol{v}^{(t+1)} = \mu \boldsymbol{v}^{(t)} + \mathrm{grad}\, L(\boldsymbol{\theta}^{(t)}) \tag{8.4.1}$$

$$\boldsymbol{\theta}^{(t+1)} = \boldsymbol{\theta}^{(t)} - \gamma \boldsymbol{v}^{(t+1)} \tag{8.4.2}$$

深層学習における学習法は、この手の数式で表現されます。しかし、慣習上省略されている事項が多く、これを見るだけでは意味はわかりません。ですので、まずは、Momentum を用いた学習手順について説明します。

Momentumの使い方

記号の定義から確認しましょう。式(8.4.1) と(8.4.2) に登場する$\boldsymbol{\theta}$は、深層学習のモデルに登場するパラメーターを全て集めたベクトルです。式(8.4.1) 右辺の $\mathrm{grad}\, L(\boldsymbol{\theta}^{(t)})$ は、ミニバッチを用いて定義された損失関数L の$\boldsymbol{\theta}$での偏微分の、$\boldsymbol{\theta} = \boldsymbol{\theta}^{(t)}$ での値です。

$$\mathrm{grad}\, L\left(\boldsymbol{\theta}^{(t)}\right) = \begin{pmatrix} \dfrac{\partial L}{\partial \theta_1}\left(\boldsymbol{\theta}^{(t)}\right) \\ \dfrac{\partial L}{\partial \theta_2}\left(\boldsymbol{\theta}^{(t)}\right) \\ \vdots \\ \dfrac{\partial L}{\partial \theta_N}\left(\boldsymbol{\theta}^{(t)}\right) \end{pmatrix}$$

Momentum では以下の手順で、損失関数$L = L(\boldsymbol{\theta})$ の値が小さいパラメーター$\boldsymbol{\theta}$を発見・提出します。

（1）Momentum で利用するパラメーター μ, γの値を決める（例えば、$\mu = 0.8$, $\gamma = 0.001$ など）

（2）パラメーターの初期値 $\boldsymbol{\theta}^{(0)}$ を適当に設定する

（3）$\boldsymbol{v}$ の初期値 $\boldsymbol{v}^{(0)}$ を $\boldsymbol{v}^{(0)} = \mathbf{0}$ と設定する。これは、パラメーター $\boldsymbol{\theta}$と同じ次元のゼロベクトルである

(4) 損失 L の勾配 grad $L(\boldsymbol{\theta}^{(0)})$ を（誤差逆伝播などで）計算する
(5) 式 (8.4.1) を用いて、$\boldsymbol{v}^{(1)}$ を $\boldsymbol{v}^{(1)} = \mu\boldsymbol{v}^{(0)} + \mathrm{grad}\, L(\boldsymbol{\theta}^{(0)})$ で計算する
(6) 式 (8.4.2) を用いて、$\boldsymbol{\theta}^{(1)}$ を $\boldsymbol{\theta}^{(1)} = \boldsymbol{\theta}^{(0)} - \gamma\boldsymbol{v}^{(1)}$ で計算する。これで 1 回目のパラメーター更新が完了
(7) 4 から 6 を繰り返し、$\boldsymbol{v}^{(2)} = \mu\boldsymbol{v}^{(1)} + \mathrm{grad}\, L(\boldsymbol{\theta}^{(1)})$ と $\boldsymbol{\theta}^{(2)} = \boldsymbol{\theta}^{(1)} - \gamma\boldsymbol{v}^{(2)}$ を用いて $\boldsymbol{\theta}^{(2)}$ を計算する
(8) 7 を繰り返し、$\boldsymbol{v}^{(3)}, \boldsymbol{\theta}^{(3)}, \boldsymbol{v}^{(4)}, \boldsymbol{\theta}^{(4)}, \ldots, \boldsymbol{v}^{(t)}, \boldsymbol{\theta}^{(t)}, \ldots$ を順番に計算する
(9) $L(\boldsymbol{\theta}^{(T)})$ が十分小さくなるなど、事前に定めた基準[7]を達成したら更新を終了し、今回の探索で得られたパラメーターとして $\boldsymbol{\theta}^{(T)}$ を提出する

Momentum の定義にある式(8.4.1)(8.4.2) は、一連の手順のうち 5 から 8 までのパラメーター更新だけを抜き出したものです。実は、この部分以外は、他の学習法でもほとんど共通です。ですので、学習方法の紹介では、パラメーター更新部分のみを紹介する習慣があります。

なお、一般的には、各種の記号は次のルールで運用されています（文献によって多少の記号の違いはあります）。

- (t) が付く変数（今回は $\boldsymbol{\theta}^{(t)}$ と $\boldsymbol{v}^{(t)}$）は、パラメーターの更新とともに毎回計算され、更新されていく
- (t) の付かない変数（今回は μ と γ）は、学習の間ずっと値が固定されたパラメーターであり、分析者がはじめに値を設定する[8]
- 最後の式は、$\boldsymbol{\theta}^{(t+1)} = \boldsymbol{\theta}^{(t)} - \gamma\boldsymbol{r}^{(t+1)}$ の形の式である。γ は学習率、$\boldsymbol{r}^{(t+1)}$ はパラメーター更新の方向である

最適化手法が変わると、$\boldsymbol{r}^{(t+1)}$ の定義が変わります。各最適化手法は、パラメーターを $\boldsymbol{r}^{(t+1)}$ の方向に変化させると損失が減少すると期待しているので、学習法の理解においては、この $\boldsymbol{r}^{(t+1)}$ の意味の理解が最重要です。

7) 他にも、予め定めた回数の更新で完了とする方法や、検証用データにおける損失や精度を参考に終了条件を決める手法などが知られています。
8) 実践では、学習率 γ は t の値に応じて変化させることもあります。これは**学習率のスケジューリング (learning rate scheduling)** と呼ばれます。

Momentumの意味

Momentumにおけるパラメーター更新方向$\boldsymbol{v}^{(t+1)}$の意味を検討しましょう。これは直接書き下すとわかりやすいです。実際に計算すると、以下が得られます[9]。

$$
\begin{aligned}
\boldsymbol{v}^{(t+1)} &= \mathrm{grad}\, L(\boldsymbol{\theta}^{(t)}) + \mu\ \boldsymbol{v}^{(t)} \\
&= \mathrm{grad}\, L(\boldsymbol{\theta}^{(t)}) + \mu(\mathrm{grad}\, L(\boldsymbol{\theta}^{(t-1)}) + \mu\ \boldsymbol{v}^{(t-1)}) \\
&= \mathrm{grad}\, L(\boldsymbol{\theta}^{(t)}) + \mu\ \mathrm{grad}\, L(\boldsymbol{\theta}^{(t-1)}) + \mu^2\ \boldsymbol{v}^{(t-1)} \\
&= \ldots \\
&= \mathrm{grad}\, L(\boldsymbol{\theta}^{(t)}) + \mu\ \mathrm{grad}\, L(\boldsymbol{\theta}^{(t-1)}) + \mu^2\ \mathrm{grad}\, L(\boldsymbol{\theta}^{(t-2)}) + \ldots + \mu^t\ \mathrm{grad}\, L(\boldsymbol{\theta}^{(0)})
\end{aligned}
\tag{8.4.3}
$$

$\mathrm{grad}\, L(\boldsymbol{\theta}^{(t)})$では長いので、$\boldsymbol{g}^{(t)} = \mathrm{grad}\, L(\boldsymbol{\theta}^{(t)})$と略記すると次のように書けます。

$$
\boldsymbol{v}^{(t+1)} = \boldsymbol{g}^{(t)} + \mu \boldsymbol{g}^{(t-1)} + \mu^2 \boldsymbol{g}^{(t-2)} + \ldots + \mu^t \boldsymbol{g}^{(0)}
$$

理解の鍵は、第7章の「たくさんのものを足すと、たくさんのものが合わさる」「掛け算は値の増幅や減衰に使われる」「数値が大きいということは影響が大きいということで、数値が小さいということは影響が小さいということ」です。

図 8.4.1　Momentum の $\boldsymbol{v}^{(t)}$ の意味

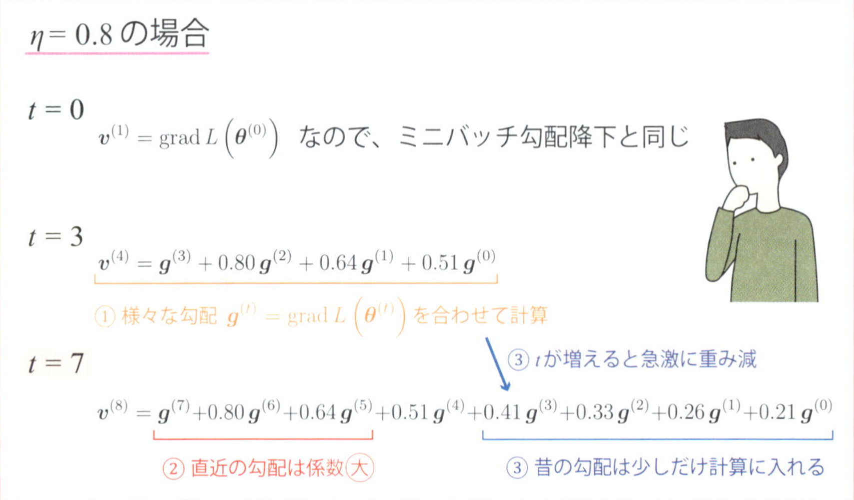

η= 0.8 の場合
t = 0
v(1) = grad L (θ(0)) なので、ミニバッチ勾配降下と同じ
t = 3
v(4) = g(3) + 0.80 g(2) + 0.64 g(1) + 0.51 g(0)
① 様々な勾配 g(t) = grad L (θ(t)) を合わせて計算
t = 7
③ tが増えると急激に重み減
v(8) = g(7) +0.80 g(6) +0.64 g(5) +0.51 g(4) +0.41 g(3) +0.33 g(2) +0.26 g(1) +0.21 g(0)
② 直近の勾配は係数㊅
③ 昔の勾配は少しだけ計算に入れる

9)　$\boldsymbol{v}^{(0)} = \boldsymbol{0}$なので、$\mu^{t+1}\boldsymbol{v}^{(0)}$の項は出てきません。

では、Momentum の数式の意味を見ていきましょう。ミニバッチを用いると、勾配 $\boldsymbol{g}^{(t)} = \mathrm{grad}\, L(\boldsymbol{\theta}^{(t)})$ の L は確率的に変動します。なので、勾配 $\boldsymbol{g}^{(t)}$ には、パラメーターを動かすべき方向とノイズが混ざっていると考えられます。このうち、パラメーターを動かすべき方向は、t が変わってもあまり変動しないと期待される一方、ノイズは毎回バラバラな方向を向くと考えられます。そのため、図 8.4.1 の①にあるように、様々な t での勾配 $\boldsymbol{g}^{(t)}$ を合計すると、パラメーターを動かすべき方向は何度も足し合わされて強調され、毎回バラバラな方向を向くノイズは打ち消し合って弱まります。この効果によってノイズを削減し、パラメーターを動かすべき方向の抽出を狙っています。

とはいえ、パラメーター更新を進めるごとに、進むべき方向も徐々に変わってくるでしょう。これにも Momentum は対応できます。図 8.4.1 の②③にあるとおり、直近の勾配の係数が大きく、過去の勾配の係数は急速に小さくなります。7.1 節で紹介した通り、係数が大きければ影響も大きく、係数が小さければ影響も小さいです。そのため、直近の勾配の影響が支配的になります。そのため、パラメーターを動かすべき方向が変化すると、それに追従して $\boldsymbol{v}^{(t)}$ の方向もゆっくりと変化します。ミニバッチ勾配降下と違って方向の変化はゆっくりであるため、損失関数の小さい段差を乗り越えることもできます。そのため、図 8.2.1 の左の初期値から始めても、山を乗り越えて右側の最適解に至れる場合があります。

なお、ここまでの説明の内容は学習法 Momentum の数式の意味や設計思想であって、性能が良い理由ではありません。実際には、「Momentum を上記の発想で考えてみた。実際に実装して実験してみたら、ミニバッチ勾配降下より性能が良かった」が事実です。実際の性能の良さに納得したい場合は、数学だけに頼るのではなく、自分で実験して確認するのが一番良いでしょう [10]。

RMSProp

RMSProp は、パラメーターの一つひとつに個別の学習率を割り当てることで、学習の効率化を狙う学習法です。RMSProp は次の式で定義されます [11]。

10) 実際には、データやモデル、学習率などのハイパーパラメーターの設定によっては、Momentum より単なるミニバッチ勾配降下のほうが良い性能を叩き出す場合もあります。

11) 執筆時点の PyTorch では、$\gamma = 0.01$, $\alpha = 0.99$, $\varepsilon = 1\mathrm{e}{-8}$ がデフォルト値です。

最適化手法（RMSProp）

RMSProp は、次の数式を用いてパラメーターの更新を行うアルゴリズムである。

$$\boldsymbol{v}^{(t+1)}=\alpha\boldsymbol{v}^{(t)}+(1-\alpha)\mathrm{grad}\,L\left(\boldsymbol{\theta}^{(t)}\right)^{\odot 2} \tag{8.4.4}$$

$$\boldsymbol{\theta}^{(t+1)}=\boldsymbol{\theta}^{(t)}-\gamma\frac{\mathrm{grad}\,L\left(\boldsymbol{\theta}^{(t)}\right)}{\sqrt{\boldsymbol{v}^{(t+1)}}+\varepsilon} \tag{8.4.5}$$

以下では、このRMSPropの数式の意味や設計思想を見ていきます。なお、RMSPropの$\boldsymbol{v}^{(t+1)}$とMomentumの$\boldsymbol{v}^{(t+1)}$は意味が全くの別物なので、惑わされないようにしましょう。

まずは、式(8.4.4)右辺の$\odot 2$から説明します。この$\mathrm{grad}\,L(\boldsymbol{\theta}^{(t)})^{\odot 2}$は、$\mathrm{grad}\,L(\boldsymbol{\theta}^{(t)})$の各成分を2乗したベクトルです。

$$\mathrm{grad}\,L\left(\boldsymbol{\theta}^{(t)}\right)^{\odot 2}=\begin{pmatrix}\left(\dfrac{\partial L}{\partial\theta_1}\left(\boldsymbol{\theta}^{(t)}\right)\right)^2\\\left(\dfrac{\partial L}{\partial\theta_2}\left(\boldsymbol{\theta}^{(t)}\right)\right)^2\\\vdots\\\left(\dfrac{\partial L}{\partial\theta_N}\left(\boldsymbol{\theta}^{(t)}\right)\right)^2\end{pmatrix}$$

実は、ベクトル$\boldsymbol{v},\boldsymbol{w}$について、**アダマール積(Hadamard product)**と呼ばれる積$\boldsymbol{v}\odot\boldsymbol{w}$が定義されており、$\boldsymbol{v}^{\odot 2}$は$\boldsymbol{v}\odot\boldsymbol{v}$の略記です。このアダマール積$\boldsymbol{v}\odot\boldsymbol{w}$は、次の数式で定義されるベクトルの成分同士の積です。

$$\begin{pmatrix}v_1\\v_2\\\vdots\\v_n\end{pmatrix}\odot\begin{pmatrix}w_1\\w_2\\\vdots\\w_n\end{pmatrix}=\begin{pmatrix}v_1w_1\\v_2w_2\\\vdots\\v_nw_n\end{pmatrix}$$

本書ではここでしか用いませんが、アダマール積は深層学習ではよく登場します。

では、Momentum の時と同様、$\boldsymbol{v}^{(t+1)}$ を直接書いてしまいましょう。すると、次のように計算できます。

$$
\begin{aligned}
\boldsymbol{v}^{(t+1)} &= (1-\alpha)\boldsymbol{g}^{(t)\odot 2} + \alpha\boldsymbol{v}^{(t)} \\
&= (1-\alpha)\boldsymbol{g}^{(t)\odot 2} + \alpha\left((1-\alpha)\boldsymbol{g}^{(t-1)\odot 2} + \alpha\boldsymbol{v}^{(t-1)}\right) \\
&= (1-\alpha)\boldsymbol{g}^{(t)\odot 2} + (1-\alpha)\alpha\boldsymbol{g}^{(t-1)\odot 2} + \alpha^2\boldsymbol{v}^{(t-1)} \\
&= (1-\alpha)\boldsymbol{g}^{(t)\odot 2} + (1-\alpha)\alpha\boldsymbol{g}^{(t-1)\odot 2} + \alpha^2\left((1-\alpha)\boldsymbol{g}^{(t-2)\odot 2} + \alpha\boldsymbol{v}^{(t-2)}\right) \\
&= (1-\alpha)\boldsymbol{g}^{(t)\odot 2} + (1-\alpha)\alpha\boldsymbol{g}^{(t-1)\odot 2} + (1-\alpha)\alpha^2\boldsymbol{g}^{(t-2)\odot 2} + \alpha^3\boldsymbol{v}^{(t-2)} \\
&= \cdots \\
&= (1-\alpha)\left(\boldsymbol{g}^{(t)\odot 2} + \alpha\boldsymbol{g}^{(t-1)\odot 2} + \alpha^2\boldsymbol{g}^{(t-2)\odot 2} + \cdots + \alpha^t\boldsymbol{g}^{(0)\odot 2}\right)
\end{aligned}
$$

Momentum の式(8.4.3) と比較して、$1-\alpha$ 倍と $\odot 2$ が付いていますが、あとは同じです。そのため、$\boldsymbol{v}^{(t+1)}$ は $\boldsymbol{g}^{(t)\odot 2}$ の重み付き和であり、直近の勾配の 2 乗の影響が強めに設定されています。以上が、$\boldsymbol{v}^{(t+1)}$ の定義が定める意味です（7.2 節）。

ちなみに、このベクトル $\boldsymbol{v}^{(t+1)}$ の第 i 成分 $v_i^{(t+1)}$ は、次の式で計算できます。

$$
\begin{aligned}
v_i^{(t+1)} = (1-\alpha)\Bigg(&\left(\frac{\partial L}{\partial\theta_i}\left(\boldsymbol{\theta}^{(t)}\right)\right)^2 + \alpha\left(\frac{\partial L}{\partial\theta_i}\left(\boldsymbol{\theta}^{(t-1)}\right)\right)^2 + \alpha^2\left(\frac{\partial L}{\partial\theta_i}\left(\boldsymbol{\theta}^{(t-2)}\right)\right)^2 + \cdots \\
&+ \alpha^t\left(\frac{\partial L}{\partial\theta_i}\left(\boldsymbol{\theta}^{(0)}\right)\right)^2\Bigg)
\end{aligned}
\tag{8.4.6}
$$

機械学習分野での特殊な記法

次に、$\boldsymbol{v}^{(t+1)}$ の使われ方を見ていきましょう。図 8.4.2 上にあるように、式(8.4.5) の右辺第 2 項では、数学的にはとんでもない計算がされています。この記法は機械学習に特有な記法で、ベクトルがあたかも数値かのように扱われています。このような数式では、その成分ごとを取り出して数式に入れて処理し、その結果をまとめてベクトルにする計算を行います[12]。

図 8.4.2　RMSProp の奇抜な数式

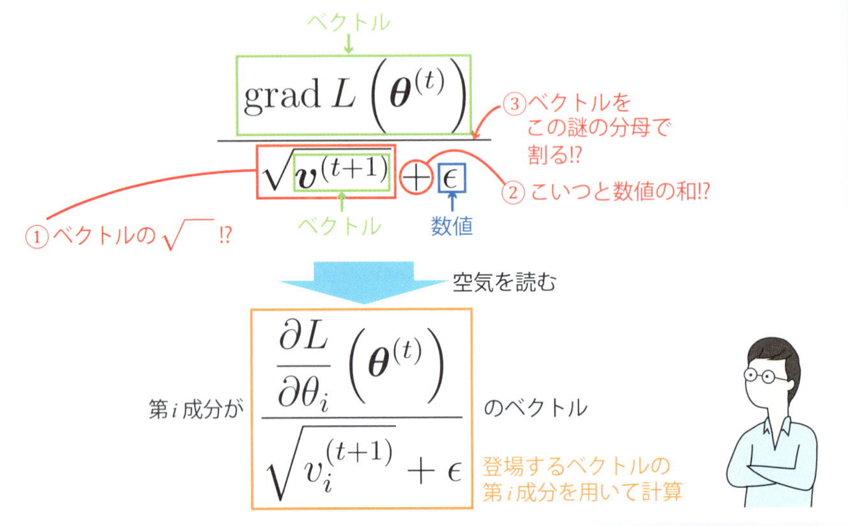

よって、例えば次のように計算が実行されます。

$$\begin{pmatrix} 1 \\ 2 \\ 3 \end{pmatrix} + 10 = \begin{pmatrix} 11 \\ 12 \\ 13 \end{pmatrix}$$

$$\sqrt{\begin{pmatrix} 1 \\ 4 \\ 9 \end{pmatrix}} + 1 = \begin{pmatrix} 1 \\ 2 \\ 3 \end{pmatrix} + 1 = \begin{pmatrix} 2 \\ 3 \\ 4 \end{pmatrix}$$

$$\frac{\begin{pmatrix} 10 \\ 3 \end{pmatrix}}{\sqrt{\begin{pmatrix} 1 \\ 4 \end{pmatrix}} + 1} = \frac{\begin{pmatrix} 10 \\ 3 \end{pmatrix}}{\begin{pmatrix} 1 \\ 2 \end{pmatrix} + 1} = \frac{\begin{pmatrix} 10 \\ 3 \end{pmatrix}}{\begin{pmatrix} 2 \\ 3 \end{pmatrix}} = \begin{pmatrix} 10/2 \\ 3/3 \end{pmatrix} = \begin{pmatrix} 5 \\ 1 \end{pmatrix}$$

12) この計算の背景には、numpy 等のライブラリで実装されているブロードキャストという考え方があります。なお、これらの式は「数学的にベクトルと数値の足し算が定義された！」と考えるのではなく、こういう略記法があると捉える方が正確です。

この計算方法を用いると、RMSProp の式(8.4.5) のベクトル $\boldsymbol{\theta}^{(t+1)}$ の第 i 成分 $\theta_i^{(t+1)}$ は、次の数式で計算されます。

$$\theta_i^{(t+1)} = \theta_i^{(t)} - \gamma \frac{\frac{\partial L}{\partial \theta_i}\left(\boldsymbol{\theta}^{(t)}\right)}{\sqrt{v_i^{(t+1)}} + \varepsilon}$$

RMSPropの意味

では、$\boldsymbol{v}^{(t)}$ の使われ方を参考に、RMSProp の数式の意味を見ていきましょう。ここでポイントとなるのは、「似た意味のパラメーターや数値が複数あれば、その中には値が大きいものと小さいものがある」ことです。まずは分母の ε の役割を紹介します。この ε は、デフォルトでは $\varepsilon = 10^{-8}$ と設定されている非常に小さな数値であり、$v_i^{(t+1)} = 0$ の時に分母が 0 にならないよう添えられている変数です。

この ε の影響を無視すると、$v_i^{(t+1)}$ は、パラメーター θ_i の更新量を $\frac{1}{\sqrt{v_i^{(t+1)}}}$ 倍に圧縮する役割を持っています。では、このパラメーター更新量の圧縮は、何のために行われているのでしょうか？

ここで用いられる $v_1^{(t+1)}, v_2^{(t+1)}, \ldots, v_N^{(t+1)}$ の中には、値が大きいものもあれば小さいものもあります。$v_i^{(t+1)}$ が大きい時、パラメーター θ_i の更新量が小さくなる圧力がかかります。一方で、この $v_i^{(t+1)}$ が大きいのは直近の $\left(\frac{\partial L}{\partial \theta_i}\right)^2$ が大きかった時です（式(8.4.6)）。つまり、直近に大きな値の $\frac{\partial L}{\partial \theta_i}$ で更新されたパラメーター θ_i には、更新量を小幅にする調整がかけられているのです。逆に、直近の $\frac{\partial L}{\partial \theta_i}$ が小さかったパラメーターでは $v_i^{(t+1)}$ が小さくなり、更新量を大きめにする調整がかかります。

以上より、RMSProp は、直近のパラメーターの更新量の大きさ $\boldsymbol{v}^{(t+1)}$ を用いてパラメーター別に更新量を調整し、全パラメーターをバランスよく学習させる手法であると言えます。また、パラメーターの更新式(8.4.5) を次の数式に変形して、

$$\boldsymbol{\theta}^{(t+1)} = \boldsymbol{\theta}^{(t)} - \frac{\gamma}{\sqrt{\boldsymbol{v}^{(t+1)}} + \varepsilon} \operatorname{grad} L\left(\boldsymbol{\theta}^{(t)}\right)$$

$\dfrac{\gamma}{\sqrt{\boldsymbol{v}^{(t+1)}}+\varepsilon}$ 全体を学習率と捉えれば、RMSProp はパラメーター別の学習率を動的に調整する手法であるとも言えます。

図 8.4.3　$v_i(t)$ の効果

$$v_i^{(t+1)} = (1-\alpha)\left(\left(\frac{\partial L}{\partial \theta_i}\left(\boldsymbol{\theta}^{(t)}\right)\right)^2 + \alpha\left(\frac{\partial L}{\partial \theta_i}\left(\boldsymbol{\theta}^{(t-1)}\right)\right)^2 + \cdots + \alpha^t\left(\frac{\partial L}{\partial \theta_i}\left(\boldsymbol{\theta}^{(0)}\right)\right)^2\right)$$

だいたい直近の $\left(\dfrac{\partial L}{\partial \theta_i}\right)^2$ の大きさ

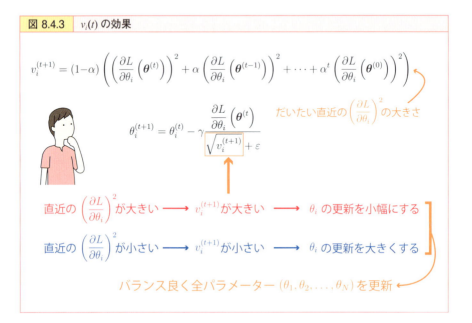

$$\theta_i^{(t+1)} = \theta_i^{(t)} - \gamma\frac{\dfrac{\partial L}{\partial \theta_i}\left(\boldsymbol{\theta}^{(t)}\right)}{\sqrt{v_i^{(t+1)}}+\varepsilon}$$

直近の $\left(\dfrac{\partial L}{\partial \theta_i}\right)^2$ が大きい → $v_i^{(t+1)}$ が大きい → θ_i の更新を小幅にする

直近の $\left(\dfrac{\partial L}{\partial \theta_i}\right)^2$ が小さい → $v_i^{(t+1)}$ が小さい → θ_i の更新を大きくする

バランス良く全パラメーター $(\theta_1, \theta_2, \ldots, \theta_N)$ を更新

Adam

では、本節の目標であるAdam を見ていきましょう。**Adam** はMomentum とRMSProp を合わせた手法であり、移動平均を用いた変化の方向の決定と、直近の変化の大きさを用いたパラメーター別の学習率の動的決定をあわせて使っています。

以下に、改めてAdam の数式を紹介します。

最適化手法（Adam）

Adam は、以下の数式を用いてパラメーターの更新を行うアルゴリズムである。

$$\boldsymbol{m}^{(t+1)} = \beta_1 \boldsymbol{m}^{(t)} + (1-\beta_1)\mathrm{grad}\,L\left(\boldsymbol{\theta}^{(t)}\right) \tag{8.4.7}$$

$$\boldsymbol{v}^{(t+1)} = \beta_2 \boldsymbol{v}^{(t)} + (1-\beta_2)\mathrm{grad}\,L\left(\boldsymbol{\theta}^{(t)}\right)^{\odot 2} \tag{8.4.8}$$

$$\hat{\boldsymbol{m}}^{(t+1)} = \frac{1}{1-\beta_1^{t+1}}\boldsymbol{m}^{(t+1)} \tag{8.4.9}$$

$$\hat{\boldsymbol{v}}^{(t+1)} = \frac{1}{1-\beta_2^{t+1}}\boldsymbol{v}^{(t+1)} \tag{8.4.10}$$

$$\boldsymbol{\theta}^{(t+1)} = \boldsymbol{\theta}^{(t)} - \gamma \frac{\hat{\boldsymbol{m}}^{(t+1)}}{\sqrt{\hat{\boldsymbol{v}}^{(t+1)}} + \varepsilon} \tag{8.4.11}$$

まずは、数式を上から順番に観察してみましょう。変数に使われている文字には多少の違いがありますが、式(8.4.7) はMomentum の式(8.4.1) とほぼ同じ、式(8.4.8) はRMSProp の式(8.4.4) と同じです。式(8.4.9)(8.4.10) は、ベクトル $\boldsymbol{m}^{(t+1)}$, $\boldsymbol{v}^{(t+1)}$ の長さを伸ばして $\hat{\boldsymbol{m}}^{(t+1)}, \hat{\boldsymbol{v}}^{(t+1)}$ が定義されています（この意味は数理解説で扱います）。

最後の式(8.4.11) をRMSProp の式(8.4.5) と比較すると、右辺第 2 項の分子の grad $L(\boldsymbol{\theta}^{(t)})$ が $\hat{\boldsymbol{m}}^{(t+1)}$ に変わっています。そのため、Adam は、RMSProp での学習率の動的調整と、Momentum での勾配の重み付き和による変化の方向の決定の、両方を併せ持つ手法だと言えます。

この手法の特徴を 1 文でまとまめると、Adam は、grad $L(\boldsymbol{\theta}^{(t)})$ の代わりに $\hat{\boldsymbol{m}}^{(t+1)}$ を用いることで勾配に含まれるノイズを軽減し、パラメーターを動かすべき方向を見定めつつ、このベクトルを $\dfrac{1}{\sqrt{\hat{\boldsymbol{v}}^{(t+1)}} + \varepsilon}$ 倍することでパラメーター個別の学習率を動的に調整して、全パラメーターをバランスよく更新する手法であると言えます。

数理解説：$\hat{v}, \hat{m}$ について

ここでは、式(8.4.9)(8.4.10) で用いられている分数 $\frac{1}{1-\beta_1^{t+1}}, \frac{1}{1-\beta_2^{t+1}}$ について解説します。β_1 や β_2 は単なる数値なので、これらの分数もただの数値です。分母が 1 よりやや小さいので、$\hat{\boldsymbol{m}}^{(t+1)}, \hat{\boldsymbol{v}}^{(t+1)}$ は $\boldsymbol{m}^{(t+1)}, \boldsymbol{v}^{(t+1)}$ より少し長いベクトルになります。このベクトルの長さの調整には、勾配についている係数の和を 1 に調整する役割があります。

具体的に計算してみましょう。以下の計算で、$\boldsymbol{m}^{(t+1)}$ を $\mathrm{grad}\, L(\boldsymbol{\theta}^{(s)})$ の和で書き表すことができます。

$$
\begin{aligned}
\boldsymbol{m}^{(t+1)} &= (1-\beta_1)\mathrm{grad}\, L\left(\boldsymbol{\theta}^{(t)}\right) + \beta_1 \boldsymbol{m}^{(t)} \\
&= (1-\beta_1)\mathrm{grad}\, L\left(\boldsymbol{\theta}^{(t)}\right) + \beta_1(1-\beta_1)\mathrm{grad}\, L\left(\boldsymbol{\theta}^{(t-1)}\right) + \beta_1^2 \boldsymbol{m}^{(t-1)} \\
&= \cdots \\
&= (1-\beta_1)\mathrm{grad}\, L\left(\boldsymbol{\theta}^{(t)}\right) + \beta_1(1-\beta_1)\mathrm{grad}\, L\left(\boldsymbol{\theta}^{(t-1)}\right) + \beta_1^2(1-\beta_1)\mathrm{grad}\, L\left(\boldsymbol{\theta}^{(t-2)}\right) \\
&\quad + \cdots + \beta_1^t(1-\beta_1)\mathrm{grad}\, L\left(\boldsymbol{\theta}^{(1)}\right)
\end{aligned}
$$

この係数の合計は、$(1-\beta_1)(1+\beta_1+\beta_1^2+\cdots+\beta_1^t) = (1-\beta_1)\frac{1-\beta_1^{t+1}}{1-\beta_1} = 1-\beta_1^{t+1}$ です。

なので、$\hat{\boldsymbol{m}}^{(t+1)} = \frac{1}{1-\beta_1^{t+1}}\boldsymbol{m}^{(t+1)}$ とすれば、$\hat{\boldsymbol{m}}^{(t+1)}$ の計算に用いられる $\mathrm{grad}\, L(\boldsymbol{\theta}^{(s)})$ の係数の総和が 1 になり、$\hat{\boldsymbol{m}}^{(t+1)}$ が $\mathrm{grad}\, L(\boldsymbol{\theta}^{(s)})$ の重み付き平均となります。$\hat{\boldsymbol{v}}^{(t+1)} = \frac{1}{1-\beta_2^{t+1}}\boldsymbol{v}^{(t+1)}$ についても同様です。

第8章のまとめ

- Newton 法は、関数の 1 次近似をもとに、その関数が 0 になる入力を探す方法である
- Newton 法を導関数（関数の微分）に対して適用することで、最大・最小の候補を発見できる
- 勾配法は、関数の 1 次近似をもとにその関数の値を増減させ、最大・最小の候補を発見する方法である
- 深層学習における学習の工夫として、ミニバッチ勾配降下、誤差逆伝播がある
- ミニバッチ勾配降下は、一部のデータのみを用いて損失関数 L を計算し、学習を高速化する技術である
- 誤差逆伝播は、損失関数の勾配ベクトル $\mathrm{grad}\, L(\boldsymbol{\theta})$ の計算において、合成関数の微分の計算順序を工夫して、計算を高速化する工夫である
- Momentum は、勾配の係数付き和を用いることで勾配に含まれるノイズを低減し、パラメーターを動かすべき方向を見出す最適化手法である
- RMSProp は、勾配の 2 乗の移動平均の平方根を用いてパラメーター個別の学習率を動的に計算し、全パラメーターをバランス良く学習させる最適化手法である
- Adam は Momentum と RMSProp を融合した手法であり、現在も中心的に用いられている最適化手法である

第9章

Lagrangeの未定乗数法

制約付き最適化問題への処方箋

最適化問題では、入力に制約条件が課されている場合があります。主成分分析（第13章）を始め、対応分析や正準相関分析（第15章）などにも登場するため、制約付き最適化問題はデータ分析においては非常に重要です。

この問題に対する解法が、Lagrangeの未定乗数法です。Lagrangeの未定乗数法を用いると、制約付き最適化問題は、最適化対象の関数と制約条件を定める関数の微分にまつわる方程式に帰着できます。そのため、最適解の探索で非常に重宝されています。

9.1 Lagrangeの未定乗数法

制約付き最適化問題とその難しさ

本章では、第 5 章で扱った最適化問題の発展として、入力に制約条件が課された制約付き最適化問題と、その解法であるLagrange の未定乗数法を紹介します。

実は、実践で目にする最適化問題には、制約条件がある場合も多いです。例えば、「予算内で成果を最大化せよ」という問いは、予算の合計を X 円、各活動に用いる費用を x_i 円、その時の成果を関数 $f(\boldsymbol{x}) = f(x_1, x_2, \ldots, x_n)$ で表すと、条件 $x_1 + x_2 + \ldots + x_n = X, x_i \geq 0$ の下での関数 $f(\boldsymbol{x})$ の最大化と定式化できます。このように、入力の変数 $\boldsymbol{x}$ に制約条件がある最適化問題を、**制約付き最適化問題 (constrained optimization problem)** と言います。

制約条件には、等式で書かれる制約条件と、不等式で書かれる制約条件があります。本書では、等式制約のみの場合を扱うことにします。なお、不等式制約がある場合の最適化問題は、Lagrange の未定乗数法の中で **KKT 条件（Karush-Kuhn-Tucker conditions / KKT conditions**）を用いれば解くことができます。

制約付き最適化問題の例として、条件 $g(x, y) = x^2 + y^2 - 1 = 0$ の下での $f(x, y) = xy$ の最適化問題を考えてみましょう。実は、制約条件がある場合、「微分 = 0」の方程式では最適解は見つかりません。これを実際に計算してみましょう。$\partial_x f = y$, $\partial_y f = x$ なので、全ての偏微分が 0 となる点は $(x, y) = (0, 0)$ のみです。しかし、この点は条件 $g(x, y) = x^2 + y^2 - 1 = 0$ を満たさないので、制約付き最適化の解ではありません（図 9.1.1 左上）。

この制約付き最適化問題を解くと、関数 $f(\boldsymbol{x})$ は $(x, y) = \left(\frac{1}{\sqrt{2}}, \frac{1}{\sqrt{2}}\right), \left(-\frac{1}{\sqrt{2}}, -\frac{1}{\sqrt{2}}\right)$ で最大値 $\frac{1}{2}$、$(x, y) = \left(\frac{1}{\sqrt{2}}, -\frac{1}{\sqrt{2}}\right), \left(-\frac{1}{\sqrt{2}}, \frac{1}{\sqrt{2}}\right)$ で最小値 $-\frac{1}{2}$ をとるとわかります。しかし、この点では f の微分は 0 ではありません。

最大・最小なのに微分が 0 でない理由は単純です。これらの点 (x, y) は、条件

$g(x, y) = 0$ を満たす範囲内では最大や最小を与えますが、その外では関数 $f(x, y)$ の値はいくらでも大きく・小さくなり得ます。そのため、微分が 0 とは限らないのです（図 9.1.1）。

図 9.1.1 制約付き最適化問題の困難

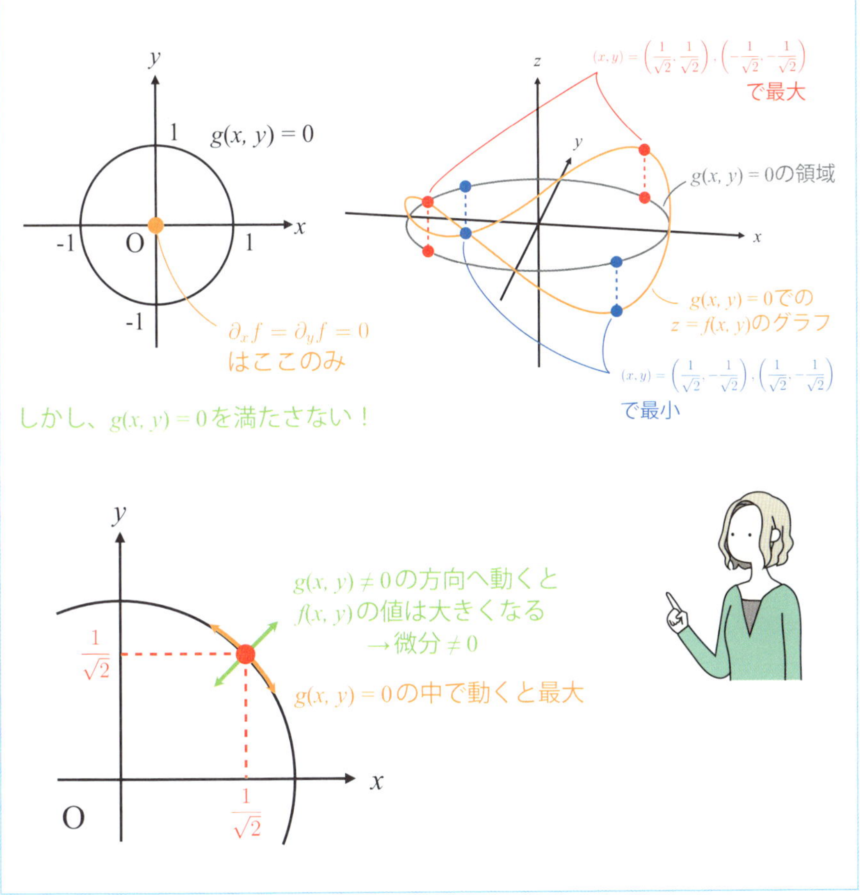

Lagrangeの未定乗数法

それでは、Lagrange の未定乗数法を紹介します。以下の定理が、等式制約付き最適化問題の解法を与えてくれます。

定理（Lagrange の未定乗数法）

点 $\boldsymbol{x} = (x_1, x_2, \ldots, x_n)$ が、関数 $f(\boldsymbol{x})$ の、条件 $g_1(\boldsymbol{x}) = g_2(\boldsymbol{x}) = \ldots = g_m(\boldsymbol{x}) = 0$ の下での最大・最小を与える点であり、点 $\boldsymbol{x}$ が正則とする。この時、以下で定義される $n+m$ 変数関数

$$\Phi(\boldsymbol{x}, \boldsymbol{\lambda}) = \Phi(x_1, x_2, \ldots, x_n, \lambda_1, \lambda_2, \ldots, \lambda_m)$$
$$= f(\boldsymbol{x}) - \lambda_1 g_1(\boldsymbol{x}) - \lambda_2 g_2(\boldsymbol{x}) - \ldots - \lambda_m g_m(\boldsymbol{x}) \tag{9.1.1}$$

について、ある定数 $\lambda_1, \lambda_2, \ldots, \lambda_m$ が存在して、以下の式を満たす。

$$\begin{aligned} &\partial_{x_1} \Phi(\boldsymbol{x}, \lambda) = \partial_{x_2} \Phi(\boldsymbol{x}, \lambda) = \cdots = \partial_{x_n} \Phi(\boldsymbol{x}, \lambda) = 0 \\ &\partial_{\lambda_1} \Phi(\boldsymbol{x}, \lambda) = \partial_{\lambda_2} \Phi(\boldsymbol{x}, \lambda) = \cdots = \partial_{\lambda_m} \Phi(\boldsymbol{x}, \lambda) = 0 \end{aligned} \tag{9.1.2}$$

以降、本章を通して、Lagrange の未定乗数法の意味と使い方を紹介します。また、第 13 章の主成分分析と第 15 章の正準相関分析の中で、Lagrange の未定乗数法の利用法を紹介します。

なお、定理の中にある正則性については、一般的な分析課題では問題にならないため、ここで軽く触れるのみとします。条件 $g_1(\boldsymbol{x}) = g_2(\boldsymbol{x}) = \ldots = g_m(\boldsymbol{x}) = 0$ を満たす点 $\boldsymbol{x}$ が正則であるとは、その点での勾配ベクトル grad $g_1(\boldsymbol{x})$, grad $g_2(\boldsymbol{x})$,..., grad $g_m(\boldsymbol{x})$ が 1 次独立という性質を満たすことと定義されます。点 $\boldsymbol{x}$ が正則でない場合、条件を満たす点の集合がその周囲で“微分不可能”になる場合があります。そのため、微分を用いた方法では最大・最小の判定ができなくなるのです。

これを本質的に理解するためには、陰関数定理という（証明が）かなり難しい定理を理解する必要がある上、データ分析の実践においては必須の理解ではありません。そのため、本書ではこの議論は割愛します。

なお、本書で登場する全ての例では、条件 $g_1(\boldsymbol{x}) = g_2(\boldsymbol{x}) = \ldots = g_m(\boldsymbol{x}) = 0$ を満たす点 $\boldsymbol{x}$ は全て正則です。そのため、正則性についてはこれ以上議論しないことにします。

9.2 制約条件が1つの場合

Lagrangeの未定乗数法の考え方（制約が1つの場合）

まず、制約条件が$g(\boldsymbol{x}) = 0$の1つの場合のLagrangeの未定乗数法を扱います。はじめに式(9.1.1)(9.1.2)の解説をした後、具体例での計算を紹介します。ここでは、1次近似と、角度による変化量の制御（P98の式(3.3.6)）が活躍します。

点$\boldsymbol{x} = \boldsymbol{x}^{\mathrm{Max}}$が、関数$f$の制約$g(\boldsymbol{x}) = 0$の下での最大を与えるとします。すると、点$\boldsymbol{x}^{\mathrm{Max}}$は制約条件を満たすので、$g(\boldsymbol{x}^{\mathrm{Max}}) = 0$が成立します。また、$\boldsymbol{x}^{\mathrm{Max}}$で関数$f$の値が最大なので、$g(\boldsymbol{x}^{\mathrm{Max}} + \Delta\boldsymbol{x}) = 0$となる$\Delta\boldsymbol{x}$については、$f(\boldsymbol{x}^{\mathrm{Max}} + \Delta\boldsymbol{x}) \leq f(\boldsymbol{x}^{\mathrm{Max}})$が成立します。これらの式に1次近似（P98の式(3.3.4)）を用いてみましょう。すると、$g(\boldsymbol{x}^{\mathrm{Max}} + \Delta\boldsymbol{x}) \fallingdotseq g(\boldsymbol{x}^{\mathrm{Max}}) + \mathrm{grad}\, g\, (\boldsymbol{x}^{\mathrm{Max}}) \cdot \Delta\boldsymbol{x}$と近似できます。$g(\boldsymbol{x}^{\mathrm{Max}}) = 0$なので、条件$g(\boldsymbol{x}^{\mathrm{Max}} + \Delta\boldsymbol{x}) = 0$は以下の式で近似できます。

$$\mathrm{grad}\, g\, (\boldsymbol{x}^{\mathrm{Max}}) \cdot \Delta\, \boldsymbol{x} = 0$$

実は、この式を満たす$\Delta\boldsymbol{x}$については、次の式が成立する必要があります。

$$\mathrm{grad}\, f\, (\boldsymbol{x}^{\mathrm{Max}}) \cdot \Delta\, \boldsymbol{x} = 0$$

これは第5章での最大・最小と微分の議論と同様に考えるとわかります。仮に、$\mathrm{grad}\, g\, (\boldsymbol{x}^{\mathrm{Max}}) \cdot \Delta\boldsymbol{x} = 0$かつ$\mathrm{grad}\, f\, (\boldsymbol{x}^{\mathrm{Max}}) \cdot \Delta\boldsymbol{x} > 0$なる$\Delta\boldsymbol{x}$が存在したとしましょう。これは、$g(\boldsymbol{x}^{\mathrm{Max}} + \Delta\boldsymbol{x}) \fallingdotseq 0$かつ$f(\boldsymbol{x}^{\mathrm{Max}} + \Delta\boldsymbol{x}) \fallingdotseq f(\boldsymbol{x}^{\mathrm{Max}}) + \mathrm{grad}\, f\, (\boldsymbol{x}^{\mathrm{Max}}) \cdot \Delta\boldsymbol{x} > f(\boldsymbol{x}^{\mathrm{Max}})$を意味します。

実は、$\Delta\boldsymbol{x}$の長さが十分小さい時は、点$\boldsymbol{x}^{\mathrm{Max}} + \Delta\boldsymbol{x}$の近くの点$\boldsymbol{x}^{\mathrm{new}}$で、$g(\boldsymbol{x}^{\mathrm{new}}) = 0$かつ$f(\boldsymbol{x}^{\mathrm{new}}) > f(\boldsymbol{x}^{\mathrm{Max}})$を満たす点があると証明できます[1)]。これは、$\boldsymbol{x}^{\mathrm{Max}}$の最大性と矛盾するので、$\mathrm{grad}\, g\, (\boldsymbol{x}^{\mathrm{Max}}) \cdot \Delta\boldsymbol{x} = 0$なら$\mathrm{grad}\, f\, (\boldsymbol{x}^{\mathrm{Max}}) \cdot \Delta\boldsymbol{x} \leq 0$だとわかります。同様の議論で$\mathrm{grad}\, f\, (\boldsymbol{x}^{\mathrm{Max}}) \cdot \Delta\boldsymbol{x} < 0$の場合も矛盾が生じるので、$\mathrm{grad}\, f\, (\boldsymbol{x}^{\mathrm{Max}}) \cdot \Delta\boldsymbol{x} = 0$が必要だとわかります。

ここまでの議論をまとめると、関数fが制約$g(\boldsymbol{x}) = 0$の下で、点$\boldsymbol{x} = \boldsymbol{x}^{\mathrm{Max}}$で最大

1)　この証明には陰関数定理が用いられますが、かなり発展的なので省略します

となる時、grad $g(\boldsymbol{x}^{\mathrm{Max}})\cdot\Delta\boldsymbol{x}=0$ となる全ての$\Delta\boldsymbol{x}$について、grad $f(\boldsymbol{x}^{\mathrm{Max}})\cdot\Delta\boldsymbol{x}=0$ となる必要があるということです。これを日本語訳すると、『grad $f(\boldsymbol{x}^{\mathrm{Max}})$ は「grad $g(\boldsymbol{x}^{\mathrm{Max}})$ と直交する全てのベクトル」と直交する』ということです。そんなベクトルはgrad $g(\boldsymbol{x}^{\mathrm{Max}})$ と平行なものしかないので（本来は証明が必要ですが省略します）、ある定数λを用いて次のように書けます（図 9.2.1）。

$$\mathrm{grad}\, f(\boldsymbol{x}^{\mathrm{Max}})=\lambda\ \mathrm{grad}\, g(\boldsymbol{x}^{\mathrm{Max}})$$

この式は、$\boldsymbol{x}$の関数 $f(\boldsymbol{x})-\lambda g(\boldsymbol{x})$ の勾配 grad $(f-\lambda g)$ が、$\boldsymbol{x}=\boldsymbol{x}^{\mathrm{Max}}$ で $\mathbf{0}$ であると言い換えられます。これが、式(9.1.1) の由来です。ここで、

$$\Phi(\boldsymbol{x},\ \lambda)=\Phi(x_1,x_2,\ldots,x_n,\ \lambda)=f(\boldsymbol{x})-\lambda g(\boldsymbol{x})$$

という関数を定義すると、勾配の条件は $\partial_{x_i}\Phi\left(\boldsymbol{x}^{\mathrm{Max}},\lambda\right)=\partial_{x_i}f\left(\boldsymbol{x}^{\mathrm{Max}}\right)-\lambda\partial_{x_i}g\left(\boldsymbol{x}^{\mathrm{Max}}\right)=0$ と書けます。また、ちょうど $\partial_\lambda\Phi(\boldsymbol{x},\lambda)=\dfrac{\partial\Phi}{\partial\lambda}(\boldsymbol{x},\lambda)=-g(\boldsymbol{x})$ となるので、制約条件 $g(\boldsymbol{x})=0$ は $\partial_\lambda\Phi(\boldsymbol{x},\ \lambda)=0$ と書き換えることができます。

ですので、$\boldsymbol{x}=\boldsymbol{x}^{\mathrm{Max}}$ の時、あるλが存在して、$\Phi(\boldsymbol{x},\ \lambda)$ は全ての変数について微分$=0$となります。これが式(9.1.2) の由来です[2)]。

Point!

Lagrangeの未定乗数法の議論

- 関数fが制約 $g(\boldsymbol{x})=0$ の下で、点 $\boldsymbol{x}=\boldsymbol{x}^{\mathrm{Max}}$ で最大ならば、制約条件を保つ範囲で$\boldsymbol{x}$を変化させると関数fの値は減る
- そのため、grad $g(\boldsymbol{x}^{\mathrm{Max}})\cdot\Delta\boldsymbol{x}=0$ を満たす$\Delta\boldsymbol{x}$について、grad $f(\boldsymbol{x}^{\mathrm{Max}})\cdot\Delta\boldsymbol{x}=0$ である
- この時、grad $g(\boldsymbol{x}^{\mathrm{Max}})$ と grad $f(\boldsymbol{x}^{\mathrm{Max}})$ は並行であり、ある定数 λがあって grad $f(\boldsymbol{x}^{\mathrm{Max}})=\lambda$ grad $g(\boldsymbol{x}^{\mathrm{Max}})$ と書ける
- これは、grad $(f-\lambda g)(\boldsymbol{x}^{\mathrm{Max}})=\mathbf{0}$ と書き換えられる
- 関数 $\Phi(\boldsymbol{x},\ \lambda)=f(\boldsymbol{x})-\lambda g(\boldsymbol{x})$ を定義すると、grad $(f-\lambda g)(\boldsymbol{x}^{\mathrm{Max}})=\mathbf{0}$ は、$\partial_{x_i}\Phi(\boldsymbol{x}^{\mathrm{Max}},\lambda)=0$ と書き換えられる

2) Lagrangeの未定乗数法の証明について、幾何的な観点から解説した動画があります。興味がある人は是非ご参照ください。
【ラグランジュの未定乗数法】あの計算の意味、説明できますか？【幾何的イメージも解説】https://www.youtube.com/watch?v=2–E4XiHQEcM

・$\partial_\lambda \Phi(\boldsymbol{x},\lambda) = -g(\boldsymbol{x})$ なので、制約条件 $g(\boldsymbol{x}) = 0$ を $\partial_\lambda \Phi(\boldsymbol{x},\lambda) = 0$ に書き換えられる

・結局、ある定数 λ が存在して、$\partial_{x_i} \Phi\left(\boldsymbol{x}^{\mathrm{Max}},\lambda\right) = 0, \partial_\lambda \Phi\left(\boldsymbol{x}^{\mathrm{Max}},\lambda\right) = 0$ が成立する

図 9.2.1　Lagrange の未定乗数法の考え方

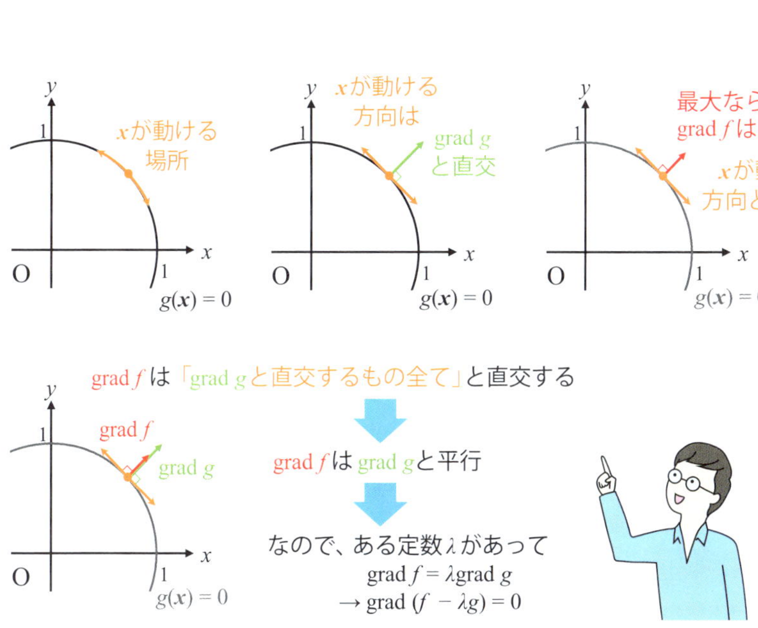

具体例での計算

では、具体例での計算を見てみましょう。ここでは、はじめに紹介した、制約 $g(x, y) = x^2 + y^2 - 1 = 0$ の下での関数 $f(x, y) = xy$ の最適化問題を扱います。

まず、この問題の解法の方針を説明します。実は、この問題には最大値や最小値が存在することが確認できます [3]。この最大や最小を与える入力については、

3)　制約条件を満たす点 (x, y) の集合が有界閉集合であり、関数 f が連続なので、最大や最小が存在します。

Lagrangeの未定乗数法の式(9.1.2)を満たすλが存在します。ですので、式(9.1.2)を満たす(x, y, λ)を全て列挙すれば、その中に最大や最小を与える入力(x, y)が入っているはずです。そのため、これらの(x, y, λ)の全てで関数の値$f(x, y)$を計算し、その値が最大や最小のものを選択すれば、この最適化問題が解けます。

では、実際の計算に入っていきましょう。Lagrangeの未定乗数法に登場する関数Φは、次のように書けます。

$$\Phi(x, y, \lambda) = f(x, y) - \lambda g(x, y) = xy - \lambda(x^2 + y^2 - 1)$$

よって、式(9.1.2)は次のように書き換えられます。

$$\partial_x \Phi = y - 2\lambda x = 0 \ldots ①$$
$$\partial_y \Phi = x - 2\lambda y = 0 \ldots ②$$
$$\partial_\lambda \Phi = x^2 + y^2 - 1 = 0 \ldots ③$$

まずは、これを満たす(x, y, λ)を探しましょう。

条件①と②は$y = 2\lambda x$と$x = 2\lambda y$とも書けるので、$x = 4\lambda^2 x, y = 4\lambda^2 y$が得られます。③より、$x$と$y$のいずれか一方は0でないので、$4\lambda^2 = 1$とわかります。これには、$2\lambda = 1$の場合と$2\lambda = -1$の場合があります。$2\lambda = 1$の場合は、①と合わせると$x = y$がわかります。これと③を合わせると、$(x,y) = \left(\frac{1}{\sqrt{2}}, \frac{1}{\sqrt{2}}\right), \left(-\frac{1}{\sqrt{2}}, -\frac{1}{\sqrt{2}}\right)$が得られます。

同様に、$2\lambda = -1$の場合は$x = -y$なので、$(x,y) = \left(\frac{1}{\sqrt{2}}, -\frac{1}{\sqrt{2}}\right), \left(-\frac{1}{\sqrt{2}}, \frac{1}{\sqrt{2}}\right)$が得られます。だから、①〜③を全て満たす組$(x, y, \lambda)$は次の4つです。

$$(x, y, \lambda) = \left(\frac{1}{\sqrt{2}}, \frac{1}{\sqrt{2}}, \frac{1}{2}\right), \left(-\frac{1}{\sqrt{2}}, -\frac{1}{\sqrt{2}}, \frac{1}{2}\right), \left(\frac{1}{\sqrt{2}}, -\frac{1}{\sqrt{2}}, -\frac{1}{2}\right), \left(-\frac{1}{\sqrt{2}}, \frac{1}{\sqrt{2}}, -\frac{1}{2}\right)$$

これらのうち、前半2つの(x, y)では関数の値$f(x, y)$は$\frac{1}{2}$であり、後半2つでは$-\frac{1}{2}$です。以上の議論より、関数$f(x, y) = xy$は、制約条件$g(x, y) = x^2 + y^2 - 1 = 0$下では$(x,y) = \left(\frac{1}{\sqrt{2}}, \frac{1}{\sqrt{2}}\right), \left(-\frac{1}{\sqrt{2}}, -\frac{1}{\sqrt{2}}\right)$で最大値$\frac{1}{2}$、$(x,y) = \left(\frac{1}{\sqrt{2}}, -\frac{1}{\sqrt{2}}\right), \left(-\frac{1}{\sqrt{2}}, \frac{1}{\sqrt{2}}\right)$

で最小値 $-\frac{1}{2}$ だと計算できます。

Lagrangeの未定乗数法の本音と建前

Lagrangeの未定乗数法の利用例に違和感を感じた人もいるでしょう。具体例の計算では、「関数Φの微分＝0」の方程式を機械的に解き、それで最大・最小を求めていました。その直前で議論していた「fの変化が」とか、「直交するものと直交」といった難解な議論は一切登場しません。そのため、最適化問題が解けた実感が無いかもしれません。

でも、これでいいのです。というより、これがいいのです。Lagrangeの未定乗数法を用いることで、制約付き最適化問題にて本来考えるべき難しいことを一切考えず、単に方程式「関数Φの微分＝0」を機械的に解くだけで、制約付き最適化問題が解けてしまうのです。これがLagrangeの未定乗数法の魅力です。

このように便利なLagrangeの未定乗数法ですが、その代償に、Lagrangeの未定乗数法の証明は本書の中で最も難解です。一般に、難しい問題を解く方法には、「簡単な道具を使って難しく解く方法」と、「難しい道具を頑張って勉強し、それを使って簡単に解く方法」の2通りがあります。

実は、今回の制約付き最適化問題は、Lagrangeの未定乗数法を用いなくても、円の性質や接線の性質を駆使すれば解けます。ですが、その議論は難しく、自分で思いつくのは困難です。一方、Lagrangeの未定乗数法は、その証明は難解であるものの、利用時はただ方程式「関数Φの微分＝0」を解くだけで良く、難しい発想は不要です。

制約付き最適化問題のような難しい問題を解くためには、どんな解法でも、議論のどこかが難しくなることは避けられません。問題そのものが本質的に持つ難しさを完全に回避して理解することは不可能なのです。著者はこれを、**難しさ保存の法則**と呼んでいます。

なお、考え方や証明がうまく理解できなかった場合は、まずは計算方法に慣れることに集中しましょう。Lagrangeの未定乗数法は、まず使えるようになることが重要です。それができるようになった後に、考え方や証明の理解に挑むと良いでしょう。

9.3 一般の制約の場合

制約条件が2つの場合

次に、制約条件が2つ以上の一般のケースを扱います。まずは、制約条件が2つの、$g_1(\boldsymbol{x}) = g_2(\boldsymbol{x}) = 0$ の場合から始めましょう。

点 $\boldsymbol{x} = \boldsymbol{x}^{\mathrm{Max}}$ が、制約 $g_1(\boldsymbol{x}) = g_2(\boldsymbol{x}) = 0$ の下での関数 f の最大を与えるとします。この時、$g_1(\boldsymbol{x}^{\mathrm{Max}} + \Delta\boldsymbol{x}) = g_2(\boldsymbol{x}^{\mathrm{Max}} + \Delta\boldsymbol{x}) = 0$ となる $\Delta\boldsymbol{x}$ については、$\Delta f = f(\boldsymbol{x}^{\mathrm{Max}} + \Delta\boldsymbol{x}) - f(\boldsymbol{x}^{\mathrm{Max}}) \leq 0$ が成立します。そのため、先ほどと同様に1次近似を用いて考えると、

$$\mathrm{grad}\, g_1 (\boldsymbol{x}^{\mathrm{Max}}) \cdot \Delta\boldsymbol{x} = 0 \text{ かつ } \mathrm{grad}\, g_2 (\boldsymbol{x}^{\mathrm{Max}}) \cdot \Delta\boldsymbol{x} = 0$$

が成立する全ての $\Delta\boldsymbol{x}$ について、

$$\mathrm{grad}\, f (\boldsymbol{x}^{\mathrm{Max}}) \cdot \Delta\boldsymbol{x} = 0$$

が成立する必要があるとわかります。

これを日本語訳すると、『$\mathrm{grad}\, f (\boldsymbol{x}^{\mathrm{Max}})$ は「$\mathrm{grad}\, g_1 (\boldsymbol{x}^{\mathrm{Max}})$ とも $\mathrm{grad}\, g_2 (\boldsymbol{x}^{\mathrm{Max}})$ とも直交する全てのベクトル」と直交する必要がある』となります。この条件を満たすベクトルは、2つの係数 a, b を用いて $a\,\mathrm{grad}\, g_1 (\boldsymbol{x}^{\mathrm{Max}}) + b\,\mathrm{grad}\, g_2 (\boldsymbol{x}^{\mathrm{Max}})$ の形で書けるものだけだと知られています[4)]。よって、この2つの係数を λ_1, λ_2 と書けば、次の式が成立します。

$$\mathrm{grad}\, f (\boldsymbol{x}^{\mathrm{Max}}) = \lambda_1\, \mathrm{grad}\, g_1 (\boldsymbol{x}^{\mathrm{Max}}) + \lambda_2\, \mathrm{grad}\, g_2 (\boldsymbol{x}^{\mathrm{Max}})$$

再び、Lagrange の未定乗数法の足音が聞こえてきましたね。この式は、$\boldsymbol{x}$ の関数 $f(\boldsymbol{x}) - \lambda_1 g_1(\boldsymbol{x}) - \lambda_2 g_2(\boldsymbol{x})$ の勾配が、$\boldsymbol{x} = \boldsymbol{x}^{\mathrm{Max}}$ で $\boldsymbol{0}$ であると書き換えることができます。また、$\Phi(\boldsymbol{x}, \boldsymbol{\lambda}) = \Phi(x_1, x_2, \ldots, x_n, \lambda_1, \lambda_2) = f(\boldsymbol{x}) - \lambda_1 g_1(\boldsymbol{x}) - \lambda_2 g_2(\boldsymbol{x})$ という関数を定義すると、ちょうど $\partial_{\lambda_1} \Phi(\boldsymbol{x}, \lambda) = -g_1(\boldsymbol{x}),\ \partial_{\lambda_2} \Phi(\boldsymbol{x}, \lambda) = -g_2(\boldsymbol{x})$ なので、制約条件は $\partial_{\lambda_1} \Phi(\boldsymbol{x}, \lambda) = \partial_{\lambda_2} \Phi(\boldsymbol{x}, \lambda) = 0$ と書き換えられます。結局、$\boldsymbol{x} = \boldsymbol{x}^{\mathrm{Max}}$ の時、ある λ_1, λ_2 が存在して、$\Phi(\boldsymbol{x}, \boldsymbol{\lambda})$ は全ての変数について微分 = 0 だとわかります。これが、式

---

4)　一般に、内積を持つ有限次元線形空間 V と、その部分集合 S について、$S^{\perp\perp} = \mathrm{Span}\, S$ であることから証明できます。また、$\boldsymbol{x}^{\mathrm{Max}}$ が正則であることも利用されています。

(9.1.2) です。

Point!

制約条件が複数の場合の議論

- 関数 f が制約 $g_1(\boldsymbol{x}) = g_2(\boldsymbol{x}) = 0$ の下で、点 $\boldsymbol{x} = \boldsymbol{x}^{\mathrm{Max}}$ で最大ならば、制約条件を保つ方向に $\boldsymbol{x}$ を変化させると関数 f の値は減る
- そのため、$\mathrm{grad}\, g_1(\boldsymbol{x}^{\mathrm{Max}}) \cdot \Delta\boldsymbol{x} = 0$ かつ $\mathrm{grad}\, g_2(\boldsymbol{x}^{\mathrm{Max}}) \cdot \Delta\boldsymbol{x} = 0$ を満たす $\Delta\boldsymbol{x}$ については、$\mathrm{grad}\, f(\boldsymbol{x}^{\mathrm{Max}}) \cdot \Delta\boldsymbol{x} = 0$ である
- この時、$\mathrm{grad}\, f(\boldsymbol{x}^{\mathrm{Max}})$ は、ある定数 λ_1, λ_2 があって $\mathrm{grad}\, f(\boldsymbol{x}^{\mathrm{Max}}) = \lambda_1\, \mathrm{grad}\, g_1(\boldsymbol{x}^{\mathrm{Max}}) + \lambda_2\, \mathrm{grad}\, g_2(\boldsymbol{x}^{\mathrm{Max}})$ と書ける
- これは、$\mathrm{grad}(f - \lambda_1 g_1 - \lambda_2 g_2)(\boldsymbol{x}^{\mathrm{Max}}) = \boldsymbol{0}$ とも書き換えられる
- 関数 $\Phi(\boldsymbol{x}, \boldsymbol{\lambda}) = f(\boldsymbol{x}) - \lambda_1 g_1(\boldsymbol{x}) - \lambda_2 g_2(\boldsymbol{x})$ を定義すると、$\mathrm{grad}\,(f - \lambda_1 g_1 - \lambda_2 g_2)(\boldsymbol{x}^{\mathrm{Max}}) = \boldsymbol{0}$ は $\partial_{x_i} \Phi(\boldsymbol{x}^{\mathrm{Max}}, \lambda) = 0$ と書き換えられる
- $\partial_{\lambda_1} \Phi(\boldsymbol{x}, \lambda) = -g_1(\boldsymbol{x}), \partial_{\lambda_2} \Phi(\boldsymbol{x}, \lambda) = -g_2(\boldsymbol{x})$ なので、制約条件を $\partial_{\lambda_1} \Phi(\boldsymbol{x}, \lambda) = \partial_{\lambda_2} \Phi(\boldsymbol{x}, \lambda) = 0$ に書き換えられる
- 結局、ある定数 λ_1, λ_2 が存在して、$\partial_{x_i} \Phi\left(\boldsymbol{x}^{\mathrm{Max}}, \lambda\right) = 0, \partial_{\lambda_j} \Phi\left(\boldsymbol{x}^{\mathrm{Max}}, \lambda\right) = 0$ が成立する

制約条件が m 個の場合

制約が m 個 $g_1(\boldsymbol{x}) = g_2(\boldsymbol{x}) = \ldots = g_m(\boldsymbol{x}) = 0$ の場合も同様です。この時、$\boldsymbol{x}$ の変化 $\Delta\boldsymbol{x}$ は $g_1(\boldsymbol{x}^{\mathrm{Max}} + \Delta\boldsymbol{x}) = g_2(\boldsymbol{x}^{\mathrm{Max}} + \Delta\boldsymbol{x}) = \ldots = g_m(\boldsymbol{x}^{\mathrm{Max}} + \Delta\boldsymbol{x}) = 0$ を満たすものに限られるので、これを 1 次近似して f の変化を考えれば、

$$\mathrm{grad}\, g_1(\boldsymbol{x}^{\mathrm{Max}}) \cdot \Delta\boldsymbol{x} = \mathrm{grad}\, g_2(\boldsymbol{x}^{\mathrm{Max}}) \cdot \Delta\boldsymbol{x} = \ldots = \mathrm{grad}\, g_m(\boldsymbol{x}^{\mathrm{Max}}) \cdot \Delta\boldsymbol{x} = 0$$

が成立する全ての $\Delta\boldsymbol{x}$ について

$$\mathrm{grad}\, f(\boldsymbol{x}^{\mathrm{Max}}) \cdot \Delta\boldsymbol{x} = 0$$

が成立する必要があります。日本語で言い換えると、『$\mathrm{grad}\, f(\boldsymbol{x}^{\mathrm{Max}})$ は「すべての $\mathrm{grad}\, g_j(\boldsymbol{x}^{\mathrm{Max}})$ と直交するベクトル」と直交する必要がある』となります。

この時、$\mathrm{grad}\, f(\boldsymbol{x}^{\mathrm{Max}})$ は定数 $\lambda_1, \lambda_2, \ldots, \lambda_m$ を用いて、

$$\mathrm{grad}\, f(\boldsymbol{x}^{\mathrm{Max}}) = \lambda_1\, \mathrm{grad}\, g_1(\boldsymbol{x}^{\mathrm{Max}}) + \lambda_2\, \mathrm{grad}\, g_2(\boldsymbol{x}^{\mathrm{Max}}) + \dots + \lambda_m\, \mathrm{grad}\, g_m(\boldsymbol{x}^{\mathrm{Max}})$$

と書けることが知られています。以降の議論を全く同様に進めれば、一般の場合の式 (9.1.2) が得られます。

なお、制約条件が複数ある場合のLagrangeの未定乗数法の計算例は、第15章で登場するので、ここでは具体例の計算は省略します。

第9章のまとめ

- Lagrangeの未定乗数法を用いると、制約付き最適化問題は方程式「関数 Φ の微分 = 0」を用いて解ける
- この関数 Φ は、最適化対象の関数 f の勾配 $\mathrm{grad}\, f$ と、制約条件の関数 g_j の勾配 $\mathrm{grad}\, g_j$ との関係から導出される
- Lagrangeの未定乗数法を用いると、本来は難しい制約付き最適化問題が、単なる計算で解けてしまう。しかし、その代償に、証明の議論は難しい（難しさ保存の法則）

第10章

正規分布とエントロピー

連続的な確率変数の扱い

正規分布は最もよく使われる連続確率分布であり、回帰分析から生成モデルまで、幅広く応用されています。また、本章で紹介するエントロピーとKL divergenceは、確率分布に対して定義される量であって、これにも幅広い応用があります。特にKL divergenceは、確率分布の間の距離の2乗の意味合いを持ち、多様な議論で活用されています。

本章の内容は、発展的なデータ分析の足がかりになるとともに、積分の使われ方の理解にも役立つことでしょう。

10.1 正規分布

連続的な確率変数と確率密度関数

本章では、積分の確率への応用を扱います。まずは、第6章で紹介した概念を簡単に復習しておきましょう。

確率密度関数 $p(x)$ とは、任意の x について $p(x) \geq 0$ が成立し、かつ、$\int_{-\infty}^{\infty} p(x)dx = 1$ を満たす関数です。この確率密度関数 $p(x)$ が定める確率分布に従う確率変数 X を、任意の定数 $a, b\ (-\infty \leq a \leq b \leq \infty)$ について、

$$P(a \leq X \leq b) = \int_a^b p(x)dx$$

が成立する確率変数であるとして定義しました。この定義のポイントは以下の3つで、「$X = x$ となる確率が"だいたい $p(x)$"である」「これを a から b まで総和すると確率 $P(a \leq X \leq b)$ になる」「関数の値の総和は積分だから、$P(a \leq X \leq b) = \int_a^b p(x)dx$ である」です。

正規分布

正規分布は、データ分析において最も多用されている確率分布です。正規分布には、「どこにでも現れる性質」と「どこにでも使いたくなる性質」があります。

「どこにでも現れる性質」の背景には、中心極限定理があります。中心極限定理によれば、一定の条件のもとで、独立な確率変数の合計や平均が従う確率分布を、正規分布でよく近似できるとわかります[1]。要するに、様々な要素の合計の確率分布は、正規分布でよく近似できるのです。

正規分布は、数値予測の誤差項の従う確率分布としてよく利用されています。なぜなら、データや分析モデルに不備がある場合を除けば、予測の誤差は、利用

1) 実は、同分布でなくとも独立な確率変数の合計は（マイルドな条件の下で）正規分布で近似可能です。3次以降のモーメントが2次モーメントと比較して有界である等の条件を満たせば、特性関数を用いた証明がほぼそのまま通用し、正規分布での近似可能性がわかります。

したデータや分析モデルでは考慮できなかったその他の要素の合計だと考えられるからです。通常、そのような要素は大量にあるため[2)]、その合計が正規分布に従うとする仮定は最も妥当な考え方の1つなのです。

「どこにでも使いたくなる性質」の背景には、その確率密度関数の数式があります。正規分布の確率密度関数は、$e^{-(2次関数)}$の形をしています（すぐ後で紹介します）。指数関数には、$e^{-(本質的な量)}$の形で、その指数に本質的な量が入ります。正規分布の場合、その本質的な量が2次関数で表されるため、理論的に扱いやすいのです。この威力は、10.2節のKL divergenceの計算や、第19章・第20章で見ることになります。

図 10.1.1　独立な確率変数の合計は正規分布で近似できる

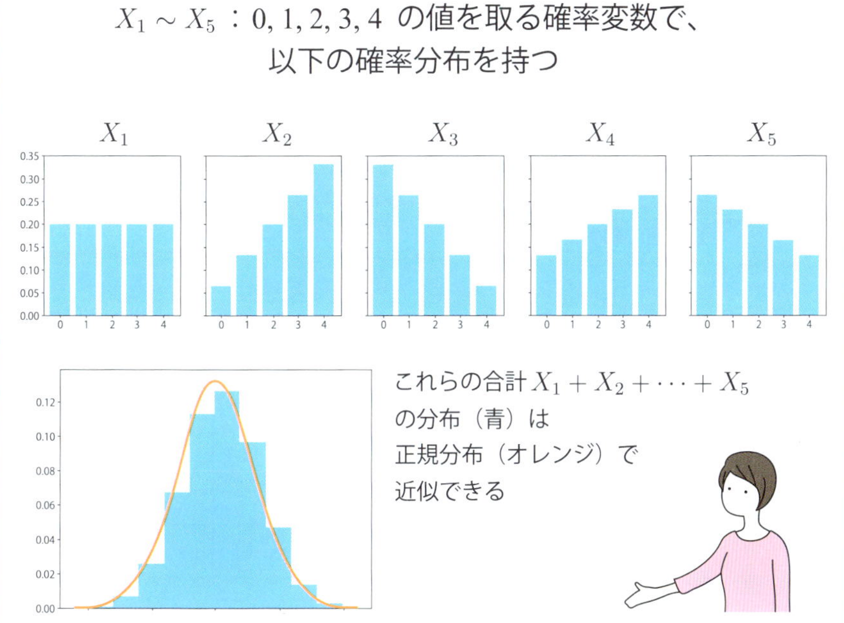
$X_1 \sim X_5$ ：0, 1, 2, 3, 4 の値を取る確率変数で、
以下の確率分布を持つ
X_1
X_2
X_3
X_4
X_5
これらの合計 $X_1 + X_2 + \cdots + X_5$
の分布（青）は
正規分布（オレンジ）で
近似できる

2)　例えば、小学生の身長から体重を予測する分析モデルを考えてみましょう。体重を決める要素には身長の他にも、食習慣・運動習慣・地域の気候・遺伝要因など様々にあるでしょう。また、遺伝要因1つとっても、その中にまた大量の要素があります。

正規分布の確率密度関数

正規分布にも種類があり、様々な平均・分散のものが知られています。最も基本的なものは平均 0、分散 1 の正規分布であり、これは**標準正規分布 (standard normal distribution)** と呼ばれています。その確率密度関数$p(x)$ は、

$$p(x) = \frac{1}{\sqrt{2\pi}} e^{-\frac{x^2}{2}} \tag{10.1.1}$$

で表されます。一般に、平均 μ、分散σ^2 の正規分布の確率密度関数 $p_{\mu,\sigma^2}(x)$ は、

$$p_{\mu,\sigma^2}(x) = \frac{1}{\sqrt{2\pi\sigma^2}} \exp\left(-\frac{(x-\mu)^2}{2\sigma^2}\right) \tag{10.1.2}$$

で表されます。本節の目標は、この式の意味と基本的な計算の理解です。

まずは、正規分布の確率密度関数の特徴を見てみましょう。図 10.1.2 を見ると、正規分布は平均を中心とした左右対称な分布であり、平均値μのまわりの値が出る確率が高く、絶対値の大きな数値はめったに出ないことがわかります。

図 10.1.2　正規分布の確率密度関数の例

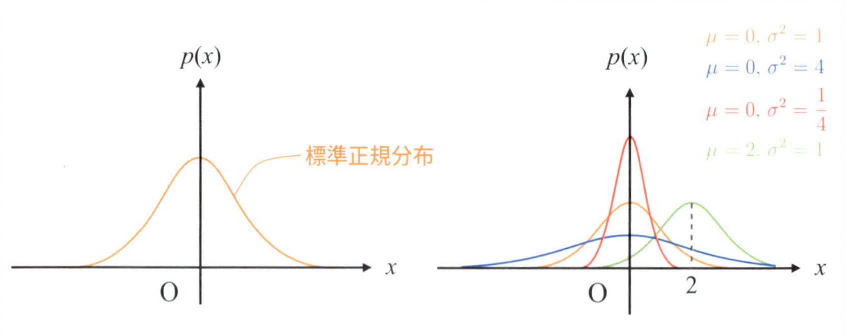

正規分布の平均

まず、確率密度関数 $p_{\mu,\sigma^2}(x)$ が定める確率分布に従う確率変数について、その平均が本当にμ であることを確認してみましょう。正規分布の平均を扱う前に、

まずは離散的な確率変数Xの場合を復習しておきます。

離散的な確率変数Xの**平均(mean, average)**は次の式で計算され、

$$E[X]=\sum_k k\times P(X=k)$$

期待値(expected value)とも呼ばれています。全く同じ考え方を、確率密度関数$p(x)$が定める確率分布に従う確率変数Xについて適用してみましょう。この確率変数Xは、"確率$p(x)$で値xを取る"ので、その積$x\times p(x)$の総和を計算すれば平均が求められます。関数の値の総和には積分を用いれば良いので、連続的な確率変数Xについては、平均・期待値$E[X]$は次のように定義されます[3)]。

$$E[X]=\int_{-\infty}^{\infty}xp(x)dx$$

では本題に戻って、平均μ、分散σ^2の正規分布の期待値

$$\int_{-\infty}^{\infty}x\frac{1}{\sqrt{2\pi\sigma^2}}\exp\left(-\frac{(x-\mu)^2}{2\sigma^2}\right)dx$$

がμと一致することを確認してみましょう。

とはいえ、確率密度関数$p_{\mu,\sigma^2}(x)$のグラフが平均値$x=\mu$の左右で対象なので、平均値がμであることは当たり前でしょう。なぜなら、$X=\mu+t$となる確率と$X=\mu-t$となる確率が等しいので、プラスとマイナスが打ち消しあって平均がμとなると期待できるからです。ここから先では数式を用いた計算も紹介しますが、まずは当たり前だと思える感覚を持てるようにしましょう。

さて、このグラフの対称性は、数式では$p_{\mu,\sigma^2}(\mu-t)=p_{\mu,\sigma^2}(\mu+t)$と書かれます。この等式の成立を確認しましょう。確率密度関数$p_{\mu,\sigma^2}(x)$は、定数×exp(定数×$(x-\mu)^2$)の形をしています。ここで、$f(x)=(x-\mu)^2$と書くと、$f(\mu-t)=f(\mu+t)$が成立するので、$p_{\mu,\sigma^2}(\mu-t)=p_{\mu,\sigma^2}(\mu+t)$も成立するとわかります。

この対称性を活用すると、この正規分布の期待値を計算できます。期待値の定義の積分は、「xが$p_{\mu,\sigma^2}(x)$個ある」の総和です。この時、$\mu-t$の個数$p_{\mu,\sigma^2}(\mu-t)$と$\mu+t$の個数$p_{\mu,\sigma^2}(\mu+t)$が等しいので、「$-t$」と「$+t$」が打ち消して次の式が成立します。

3)　とよく説明されますが、実は、数学的に厳密には順番が逆です。互いに独立で同分布に従う確率変数$X_1, X_2, \ldots, X_n, \ldots$について、(一定の条件下で)平均の極限$\lim\frac{1}{N}\sum X_n$は、とある値を100%の確率で返す確率分布に収束します。その値が$\sum k\times P(X=k)$や$\int_{-\infty}^{\infty}xp(x)dx$と一致することが証明できるので、この式を用いて定義される$E[X]$は平均や期待値と呼ばれ、「平均」的な意味を持つと解釈されています。

$$(\mu-t)\times p_{\mu,\sigma^2}(\mu-t)+(\mu+t)\times p_{\mu,\sigma^2}(\mu+t)=\mu\times p_{\mu,\sigma^2}(\mu-t)+\mu\times p_{\mu,\sigma^2}(\mu+t)$$

よって、「x が $p_{\mu,\sigma^2}(x)$ 個ある」の総和と「μ が $p_{\mu,\sigma^2}(x)$ 個ある」の総和は等しく、

$$\int_{-\infty}^{\infty} x\frac{1}{\sqrt{2\pi\sigma^2}}\exp\left(-\frac{(x-\mu)^2}{2\sigma^2}\right)dx=\int_{-\infty}^{\infty} \mu\frac{1}{\sqrt{2\pi\sigma^2}}\exp\left(-\frac{(x-\mu)^2}{2\sigma^2}\right)dx$$

が成立するとわかります[4]。さらに、この右辺の積分は次のように計算できます（最後の式変形では、$p_{\mu,\sigma^2}(x)$ が確率密度関数であるため、$\int_{-\infty}^{\infty} p_{\mu,\sigma^2}(x)=1$ であることを用いました）。

$$\int_{-\infty}^{\infty} \mu\frac{1}{\sqrt{2\pi\sigma^2}}\exp\left(-\frac{(x-\mu)^2}{2\sigma^2}\right)dx=\mu\int_{-\infty}^{\infty} \frac{1}{\sqrt{2\pi\sigma^2}}\exp\left(-\frac{(x-\mu)^2}{2\sigma^2}\right)dx=\mu$$

要するに、μ より t 大きい確率と t 小さい確率が等しいので、両者の差分が打ち消しあって平均が μ になるのです。

図 10.1.3　正規分布の平均の計算

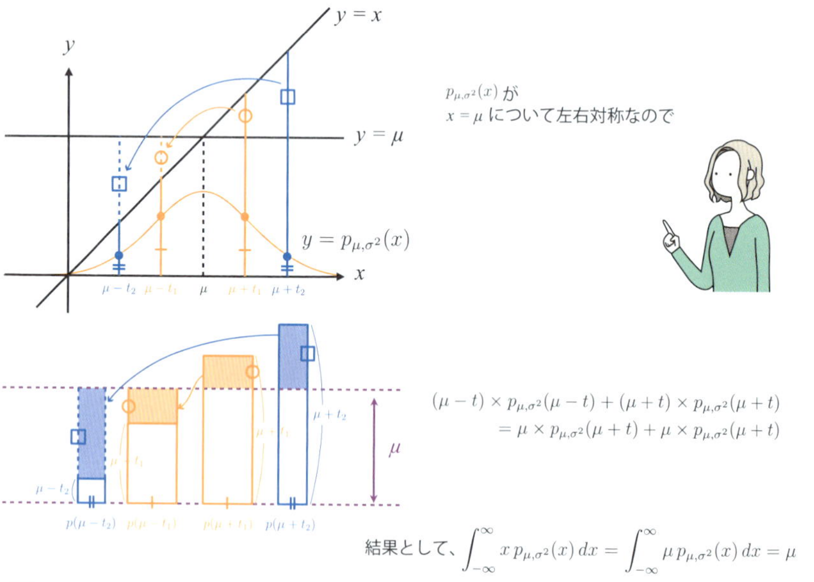

4) 厳密には、この論法を正当化するためには置換積分の議論が必要です。

以上の議論をまとめると、平均μ、分散σ^2の正規分布の確率密度関数$p_{\mu,\sigma^2}(x)$は、$x=\mu$について左右対称なので、この確率分布に従う確率変数Xの平均$E[X]$はμと一致するとわかります。

数理解説：積分の計算技法を駆使した計算と、その立ち位置

ここで計算した期待値は、原始関数や置換積分を用いて計算することもできます。

まず、

$$\frac{d}{dx}\exp\left(-\frac{(x-\mu)^2}{2\sigma^2}\right)=-\frac{1}{\sigma^2}(x-\mu)\exp\left(-\frac{(x-\mu)^2}{2\sigma^2}\right)$$

なので、$x=(x-\mu)+\mu$と分解すると、

$$\int_{-\infty}^{\infty}x\frac{1}{\sqrt{2\pi\sigma^2}}\exp\left(-\frac{(x-\mu)^2}{2\sigma^2}\right)dx=\int_{-\infty}^{\infty}\left((x-\mu)+\mu\right)\frac{1}{\sqrt{2\pi\sigma^2}}\exp\left(-\frac{(x-\mu)^2}{2\sigma^2}\right)dx$$

$$=\int_{-\infty}^{\infty}(x-\mu)\frac{1}{\sqrt{2\pi\sigma^2}}\exp\left(-\frac{(x-\mu)^2}{2\sigma^2}\right)dx+\int_{-\infty}^{\infty}\mu\frac{1}{\sqrt{2\pi\sigma^2}}\exp\left(-\frac{(x-\mu)^2}{2\sigma^2}\right)dx$$

$$=\left[-\sigma^2\frac{1}{\sqrt{2\pi\sigma^2}}\exp\left(-\frac{(x-\mu)^2}{2\sigma^2}\right)\right]_{-\infty}^{\infty}+\mu$$

$$=\mu$$

と計算できます。

積分の理解には複数の種類があります。その１つは、ここで紹介した計算のように、技巧的な式変形や公式の駆使を通して、積分の計算技術を高める方法です。一方、本文で紹介していた説明は、積分とは関数の値の総和であるという意味を軸に、考え方や設計思想を理解する方法です。

データ分析の実践においては意味の理解が重要なので、本書では計算技法の解説は少なめにしつつ、意味に重点を置いて説明しています。計算技法に興味がある方は、大学生向けの試験対策の資料や書籍を参考にすると良いでしょう。

正規分布の分散

次に、平均μ、分散σ^2の正規分布に従う確率変数の分散が、本当にσ^2であることを確認しましょう。離散的な確率変数Xについては、平均がμの場合、その分散$V[X]$は

$$V[X]=\sum_k (k-\mu)^2 P(X=k)$$

で定義されます。なので、確率密度関数$p(x)$が定める確率分布に従う確率変数Xの分散$V[X]$の場合は、和を積分に変更した次の式で**分散**が定義されます。

$$V[X]=\int_{-\infty}^{\infty}(x-\mu)^2 p(x)dx$$

この積分を計算しても良いのですが、正規分布の分散や確率密度関数の数式を理解する上では、別の角度からの理解が重要です。厳密な計算は数理解説に任せ、ここでは確率密度関数の設計思想を中心に紹介します。なお、計算を簡単にするため、以降は$\mu=0$の場合を扱います。

では、標準正規分布の確率密度関数$p(x)$と、分散がσ^2の場合の確率密度関数$p_{0,\sigma^2}(x)$を比べてみましょう。

$$p(x)=\frac{1}{\sqrt{2\pi}}\exp\left(-\frac{x^2}{2}\right),\quad p_{0,\sigma^2}(x)=\frac{1}{\sqrt{2\pi\sigma^2}}\exp\left(-\frac{x^2}{2\sigma^2}\right)$$

この2つを比較すると、$p_{0,\sigma^2}(x)$は、expの中身が$-\frac{x^2}{2}$から$-\frac{x^2}{2\sigma^2}$へ変わり、全体が$\frac{1}{\sqrt{\sigma^2}}=\frac{1}{\sigma}$倍されています。これがポイントです。P59の式(6.2.4)の周辺で紹介したとおり、関数$y=f(bx)$のグラフは、$y=f(x)$のグラフを左右に$\frac{1}{b}$倍に圧縮したものです。関数$f(x)=\exp\left(-\frac{x^2}{2}\right)$について同じ考え方を用いると、次の式が成立するので、

$$\exp\left(-\frac{x^2}{2\sigma^2}\right)=\exp\left(-\frac{1}{2}\times\left(\frac{x}{\sigma}\right)^2\right)=f\left(\frac{x}{\sigma}\right)$$

$y=\frac{1}{\sqrt{2\pi}}\exp\left(-\frac{x^2}{2\sigma^2}\right)$のグラフは、$y=\frac{1}{\sqrt{2\pi}}\exp\left(-\frac{x^2}{2}\right)$のグラフを左右に$\sigma$倍に拡大したものだとわかります（図10.1.4左上）。グラフを左右にσ倍すると面積もσ倍

になるので、この効果を相殺するために式全体を $\frac{1}{\sigma}$ 倍し、面積を 1 に保ったものが $p_{0,\sigma^2}(x)=\frac{1}{\sqrt{2\pi\sigma^2}}\exp\left(-\frac{x^2}{2\sigma^2}\right)$ なのです（図右上）。

図 10.1.4　分散 σ^2 の正規分布の数式の意味

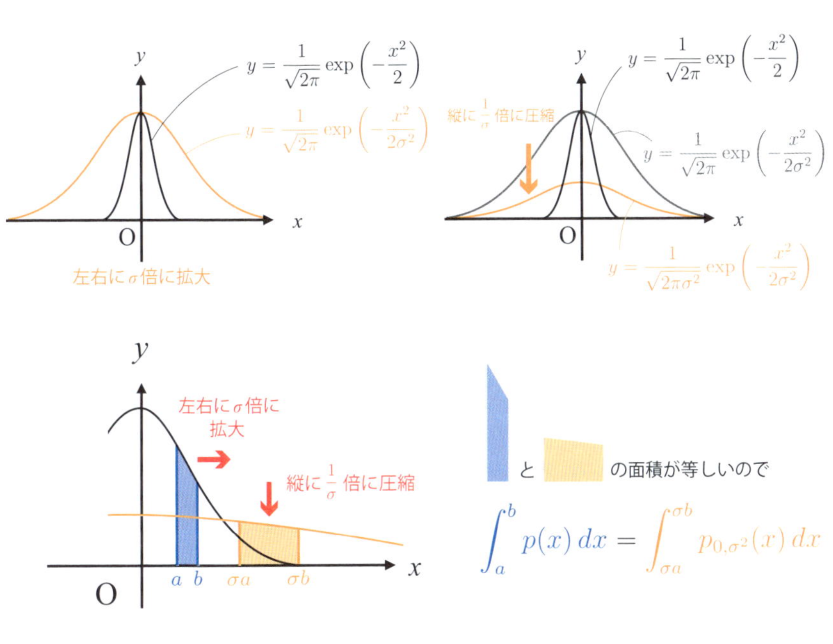

また、図 10.1.4 下段の議論を見ると次の式の成立がわかります。

$$\int_a^b p(x)dx=\int_{\sigma a}^{\sigma b} p_{0,\sigma^2}(x)dx \tag{10.1.3}$$

ここで、標準正規分布に従う確率変数を X、平均 0、分散 σ^2 の正規分布に従う確率変数を Y とすると、式(10.1.3) は

$$P(a\leq X\leq b)=P(\sigma a\leq Y\leq \sigma b)$$

を意味します。つまり、Y は X の σ 倍の値を取る傾向がある確率変数だとわかります。ですので、Y の分散は X の分散の σ^2 倍になります。標準正規分布の分散は 1 だと知られているので（次の数理解説で計算します）、Y の分散が σ^2 であるとわかります。

以上の議論をまとめると、平均0、分散σ^2の正規分布の確率密度関数$p_{0,\sigma^2}(x)$のグラフは、標準正規分布の確率密度関数のグラフを左右にσ倍、上下に$\frac{1}{\sigma}$倍拡大したものなので、分散が標準正規分布のσ^2倍になるというわけです。

数理解説：正規分布の分散の厳密な計算

ここでは、以下の積分を計算します。

$$\int_{-\infty}^{\infty} x^2 \frac{1}{\sqrt{2\pi\sigma^2}} \exp\left(-\frac{x^2}{2\sigma^2}\right) dx = \sigma^2$$

まず、次の積分公式が、ガウス積分としてよく知られています。

$$\int_{-\infty}^{\infty} e^{-x^2} dx = \sqrt{\pi}$$

この計算は非常に面白いのですが、本書では省略します。P59の式(6.2.4)を用いると、$\int_{-\infty}^{\infty} e^{-b^2x^2} dx = \frac{\sqrt{\pi}}{b}$が得られます。この式に$b = \sqrt{\lambda}$を代入した式$\int_{-\infty}^{\infty} e^{-\lambda x^2} dx = \sqrt{\frac{\pi}{\lambda}}$の両辺を$\lambda$で微分すると、

$$\int_{-\infty}^{\infty} -x^2 e^{-\lambda x^2} dx = -\frac{1}{2}\sqrt{\frac{\pi}{\lambda^3}}$$

が得られます。このλに$\lambda = \frac{1}{2\sigma^2}$を代入して、両辺を$-\frac{1}{\sqrt{2\pi\sigma^2}}$倍すると、

$$\int_{-\infty}^{\infty} x^2 \frac{1}{\sqrt{2\pi\sigma^2}} \exp\left(-\frac{x^2}{2\sigma^2}\right) dx = \sigma^2$$

が得られます。

10.2 エントロピーとKL divergence

確率と対数

確率 p の対数である対数確率 $\log p$ には本質が宿っており、非常に多くの応用を持ちます。これにはいくつか理由があります。一例を挙げると以下の通りです。

- 独立な事象の同時確率は、それぞれの確率の積で計算できる。その対数を取ると積が和になり、計算に便利である
- 正規分布の確率密度関数の対数は2次関数なので、計算に便利である
- 物理学においては、粒子の存在確率 p が $e^{-(\text{定数} \times \text{エネルギー})}$ に比例する場合があるため、$-\log p$ はエネルギーを表す極めて重要な量である [5)]

本節では、対数確率の利用例として、エントロピーとKL divergenceを紹介します。

エントロピーは平均レア度

エントロピーは $-\log p$ の期待値であり、次の式で定義されます。

定義（エントロピー）

確率密度関数が $p(x)$ である確率分布の**エントロピー(entropy)** H は、$-\log p$ の期待値

$$H = E[-\log p] = \int_{-\infty}^{\infty} -\log\left(p(x)\right)p(x)dx \tag{10.2.1}$$

で定義される量である。離散確率分布の場合は、その確率分布に従う確率変数 X を用いて、次の式で定義される。

5)　例えば、統計物理学におけるカノニカル分布など。

$$H = E[-\log P(X)] = \sum_k -\log\left(P(X=k)\right)P(X=k)$$

エントロピーは $-\log p$ の期待値なので、エントロピーの理解には、$-\log p$ の理解が重要です。指標の意味は、その値が大きくなる時と小さくなる時を考えると見えてきます。今回の場合、$-\log p$ が大きくなるのは $\log p$ が小さい時であり、確率 p が小さい時です。逆に、$-\log p$ が小さいのは確率 p が大きい時です。そのため、$-\log p$ は確率の小ささを表す指標だとわかります。確率の小ささは対応する事象の珍しさなので、$-\log p$ をレア度と呼べば、エントロピー $H = E[-\log p]$ はレア度の期待値と言えます。

エントロピーが大きい確率分布では、平均レア度が高いため、各事象が起こる確率が小さい傾向にあります。確率の合計は1なので、エントロピーが大きな確率分布では、多様な数値が出現する傾向にあります。

Point!

エントロピーの押さえどころ

エントロピーについては、以下3つの理解が重要である。

(1) エントロピーは $-\log p$ の期待値である
(2) エントロピーが大きい分布ほど、確率 p が小さい事象が起こりやすい
(3) エントロピーが大きい分布ほど、多様な値が出現する傾向にある

エントロピーは情報理論の文脈で定義され、様々な解析に利用されています。また、その名の通り、物理学でのエントロピーと関係があります。ここには深い理論がありますが、理解には苦労が必要です。データ分析の実務で使う分においては、まずはこの3つを押さえて一旦の理解とし、それより深い内容は必要に応じて学ぶと良いでしょう。

エントロピーの計算例

まず、コインやサイコロの例でのエントロピーを計算してみます。確率変数X_2を、コインを投げてそれが表なら1、裏なら0となる確率変数とし、X_6はサイコロの出目を表す確率変数とします。これらの確率変数X_2, X_6が従う確率分布のエントロピーを、それぞれH_2, H_6と書くことにします。さて、X_2は常に確率$\frac{1}{2}$の事象が起こる一方、X_6では常に確率$\frac{1}{6}$の事象が起こるので、X_6のエントロピーH_6の方が、X_2のエントロピーH_2より大きいと期待されます。

実際に計算してみると、以下の通り$H_6 > H_2$がわかります。

$$
\begin{aligned}
H_2 &= \sum_{k=0,1} -\log\Big(P(X_2 = k)\Big)P(X_2 = k) \\
&= \left(-\log\frac{1}{2}\right)\times\frac{1}{2} + \left(-\log\frac{1}{2}\right)\times\frac{1}{2} \\
&= \log 2 (\fallingdotseq 0.69) \\
H_6 &= \sum_{1\le k\le 6} -\log\Big(P(X_6 = k)\Big)P(X_6 = k) \\
&= \left(-\log\frac{1}{6}\right)\times\frac{1}{6} + \left(-\log\frac{1}{6}\right)\times\frac{1}{6} + \cdots + \left(-\log\frac{1}{6}\right)\times\frac{1}{6} \\
&= \log 6 (\fallingdotseq 1.79)
\end{aligned}
$$

次に、正規分布のエントロピーを計算してみましょう。平均μ、分散σ^2の正規分布のエントロピー$H[p_{\mu,\sigma^2}]$は、次の式で計算できます（次ページの数理解説で計算します）。

$$
H\left[p_{\mu,\sigma^2}\right] = \frac{1}{2}(\log 2\pi\sigma^2 + 1) = \log\sigma + (\text{定数})
$$

やや複雑な式ですが、ここで重要なのは次の2つで、平均μに依存しないことと、分散σ^2が大きいほどエントロピーが大きいことです。

標準正規分布から分散σ^2の正規分布を作る時（図10.1.4）、確率密度関数のグラフを左右にσ倍に拡大、上下に$\frac{1}{\sigma}$倍に圧縮していました。だから、σ^2が大きいほど確率密度関数の値が小さくなり、レア度が上がり、エントロピーが大きくなるのです。また、分散σ^2が大きいほど多様な値が出る傾向にあるので、エントロピーが大きいほど値の多様性が高いことも確認できます。

数理解説：正規分布のエントロピー

正規分布のエントロピーは、次のように計算できます。

$$
\begin{aligned}
H[p_{\mu,\sigma^2}] &= \int_{-\infty}^{\infty} -\log\left(\frac{1}{\sqrt{2\pi\sigma^2}}\exp\left(-\frac{(x-\mu)^2}{2\sigma^2}\right)\right)p_{\mu,\sigma^2}(x)dx \\
&= \int_{-\infty}^{\infty}\left(\frac{1}{2}\log(2\pi\sigma^2)+\frac{(x-\mu)^2}{2\sigma^2}\right)p_{\mu,\sigma^2}(x)dx \\
&= \int_{-\infty}^{\infty}\frac{1}{2}\log(2\pi\sigma^2)p_{\mu,\sigma^2}(x)dx+\frac{1}{2\sigma^2}\int_{-\infty}^{\infty}(x-\mu)^2 p_{\mu,\sigma^2}(x)dx \\
&= \frac{1}{2}\log(2\pi\sigma^2)+\frac{1}{2\sigma^2}\times\sigma^2 \\
&= \frac{1}{2}\left(\log(2\pi\sigma^2)+1\right)
\end{aligned}
$$

KL divergence

カルバック・ライブラー情報量(Kullback–Leibler divergence) は2つの確率分布のレア度を比較した量で、その2つの確率分布の距離の2乗の意味合いを持ちます。以降、本書ではこれを **KL divergence** と書きます。

KL divergenceは、ベイズ統計や生成モデルの周辺で大活躍します（第20章）。まずは定義を紹介しましょう。

定義（Kullback–Leibler divergence）

確率密度関数 $p(x)$, $q(x)$ について、これらの定める確率分布の間のKL divergenceを $KL[p\|q]$ と書き、次の式で定義する。

$$
KL[p\|q] = -\int_{-\infty}^{\infty}\log\left(\frac{q(x)}{p(x)}\right)p(x)dx \tag{10.2.2}
$$

KL divergence は、q のレア度と p のレア度の差の平均です。実際、$-\log\left(\frac{q(x)}{p(x)}\right) = -\log q(x) - (-\log p(x))$ なので、KL divergence は q のレア度と p のレア度の差の（確率分布 p での）平均で書けます。

$$
\begin{aligned}
KL[p \| q] &= -\int_{-\infty}^{\infty} \log\left(\frac{q(x)}{p(x)}\right) p(x)dx \\
&= \int_{-\infty}^{\infty} -\log\left(q(x)\right) p(x)dx - \int_{-\infty}^{\infty} -\log\left(p(x)\right) p(x)dx
\end{aligned}
$$

これが、KL divergence の定義が定める意味です。

KL divergence の様々な計算を始める前に、ポイントを紹介しておきます。データ分析の実践においては、まずは次の 2 つの理解を目指してください。

Point!

KL divergence の押さえどころ

KL divergence においては、以下 2 点の理解が重要である。

(1) KL divergence は、確率分布の間の距離（の 2 乗）の意味合いを持つ量である

(2) KL divergence は、理論計算との相性が非常に良い

この 2 つの性質があるので、KL divergence は多くの場所で活用されているのです。というのも、分析とは比較であり、比較の中でも「2 つの対象の類似度の評価」は最も基本的な行いの 1 つです。距離は類似度の定量化であり、確率分布はデータ分析において中心的に用いられる概念です。そのため、確率分布に対する距離（の 2 乗）の意味合いを持つ量である KL divergence は、理論計算との相性の良さも相まって、とても重宝されているのです。

理論計算との相性の良さは生成モデル（第 20 章）との関係で見るとして、本節の残りでは、KL divergence が距離の 2 乗の意味合いを持つことを見ていきます。

KL divergenceの非負性

KL divergence は、以下で示す非負性の性質を持ちます。

定理（KL divergence の非負性）

任意の確率密度関数 $p(x), q(x)$ について、次の不等式が成立する。

$$KL[p\|q] \geq 0 \tag{10.2.3}$$

また、$KL[p\|p] = 0$ であり、$KL[p\|q] = 0$ となるのは $p = q$ の時のみである。

このように、KL divergence は常に 0 以上で、0 になるのは $p = q$ の時だけです。なので、KL divergence は確率分布の間の距離（の 2 乗）の意味合いを持つと言われています[6]。

本節の残りでは、この理由の「感覚的な説明」と「Jensen の不等式を用いた証明」について解説します。

図 10.2.1　レア度比較と KL divergence

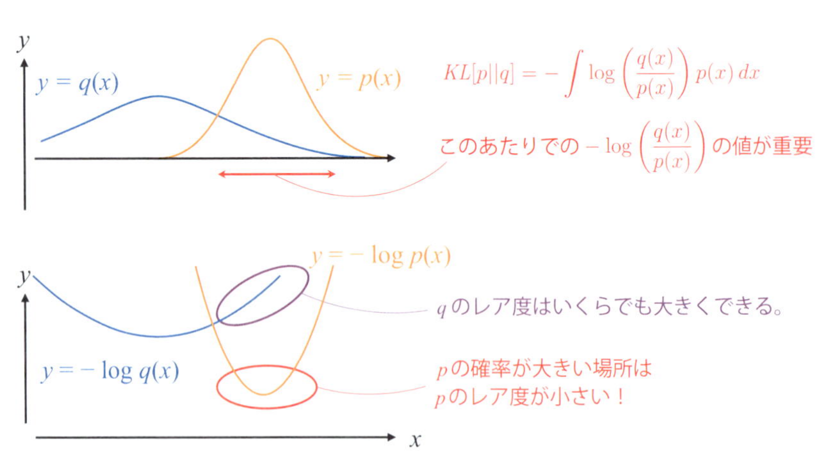

6)　ただし、一般に $KL[q\|p] \neq KL[p\|q]$ なので、普通の距離とは異なります。

まずは「感覚的な説明」です。KL divergence は q のレア度と p のレア度の差の平均でした。この平均は p についての期待値なので、$p(x)$ の値が大きい領域での $-\log q\ -(-\log p)$ の値が重要です。ここで、$p(x)$ が大きいと p のレア度 $-\log p$ は小さくなるので、p のレア度は期待値計算において不利になります。この不利さの影響もあり、$KL[p\|q] \geq 0$ となるのです。

凸関数とJensenの不等式

次に、「Jensen の不等式を用いた証明」を紹介します。なお、この議論はやや高度なので、興味が無い方は読み飛ばして構いません。

KL divergence の非負性の証明には、Jensen の不等式が活躍します。

定理（Jensen の不等式（log の場合））

関数 $f(x)$ を、全ての x について $f(x) > 0$ である関数とし、$p(x)$ を確率密度関数とする。この時、次の不等式が成立する。

$$\int_{-\infty}^{\infty} \log\big(f(x)\big)p(x)dx \leq \log\left(\int_{-\infty}^{\infty} f(x)p(x)dx\right) \tag{10.2.4}$$

この不等式を、**Jensen の不等式 (Jensen's inequality / イェンセンの不等式)** と言う。これは、確率密度関数 $p(x)$ が定める確率分布に従う確率変数 X の期待値を用いて、

$$E[\log f(X)] \leq \log\left(E[f(X)]\right) \tag{10.2.5}$$

とも書ける。f が定数関数の時にこの両辺は等しくなり、この両辺が等しいのは f が定数関数である時のみである [7]。

Jensen の不等式が成立する背景には、「平均を取ると内側に来る」「log は上に凸である」の 2 つがあります。その本質を一言でまとめると、平均は内側に入るため、log の値の平均 $E[\log f(X)]$ は、上に凸なグラフ上の点 $\log E[f(X)]$ の下に来るということです（図 10.2.2）。

7) 厳密には、$p(x) > 0$ である領域で f が定数関数であることが条件です。

図 10.2.2　Jensen の不等式の本質

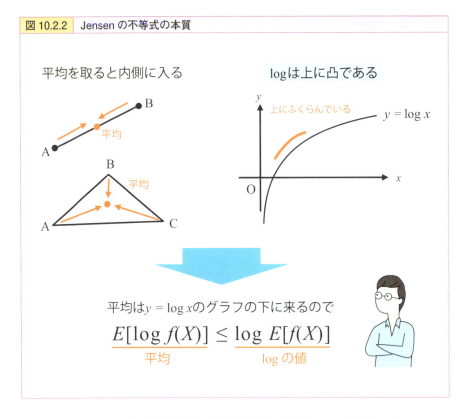

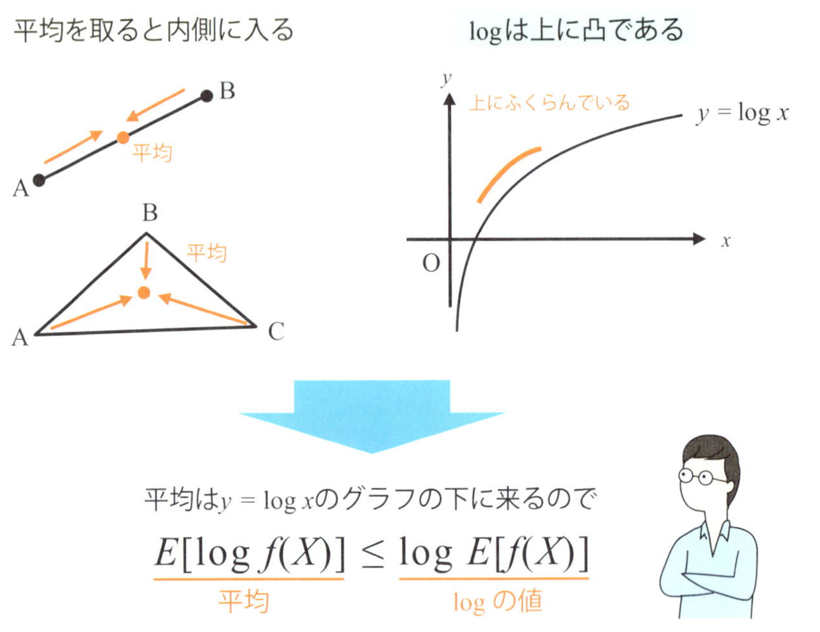

では、Jensen の不等式が成立する理由を詳細に議論していきましょう。

図 10.2.3 左上にある通り、$y = \log x$ のグラフが上に膨らんでいるため、グラフ上の 2 点を結ぶ線分は（両端点以外は）常にグラフの下側に入ります。これを、関数 $y = \log x$（のグラフ）は**上に凸 (convex upward)** である、と言います。

式 (10.2.4)(10.2.5) は積分の不等式ですが、まずは離散確率変数の場合から考えてみましょう。例えば、確率変数 X が確率 $\frac{1}{2}$ ずつで x_1, x_2 の値を取るとします。この時、$E[\log f(X)] = \frac{\log f(x_1) + \log f(x_2)}{2}$ は、点 A $(f(x_1), \log f(x_1))$ と点 B $(f(x_2), \log f(x_2))$ の中点 P の y 座標と一致します（図左上）。この時、$\log(E[f(X)])$ は、点 P の x 座標 $E[f(X)]$ を $y = \log x$ に代入したものなので、$\log(E[f(X)])$ は点 P の真上のグラフ上の点 Q の y 座標と一致します（図右上）。関数 $y = \log x$ が上に凸なので、線分 AB は常に $y = \log x$ のグラフの下にあります。そのため、点 Q は必ず点

Pの上にあります。このy座標を比較すると、式(10.2.5)の$E[\log f(X)] \le \log(E[f(X)])$が得られるのです。

確率変数Xが3つの値を取る場合も同様です。点P $(E[f(X)], E[\log f(X)])$は△ABCの中にあり、点Q $(E[f(X)], \log(E[f(X)]))$は点Pとx座標が同じで、$y = \log x$のグラフ上にあります。関数$y = \log x$が上に凸なので、点Qは点Pの上にあり、このy座標の比較で$E[\log f(X)] \le \log(E[f(X)])$が得られます（図左下）。

積分の場合も同様です。点P $(E[\log f(X)], \log(E[f(X)]))$は$y = \log x$のグラフの下にあり、点Q $(E[f(X)], \log(E[f(X)]))$は$y = \log x$のグラフ上にあるため、結局のところ$E[\log f(X)] \le \log(E[f(X)])$が得られます（図右下）。

図 10.2.3　logの凸性とJensenの不等式

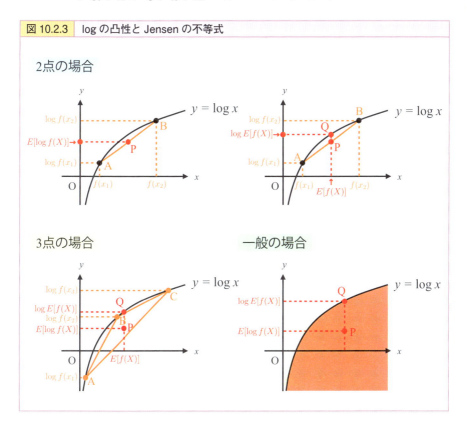

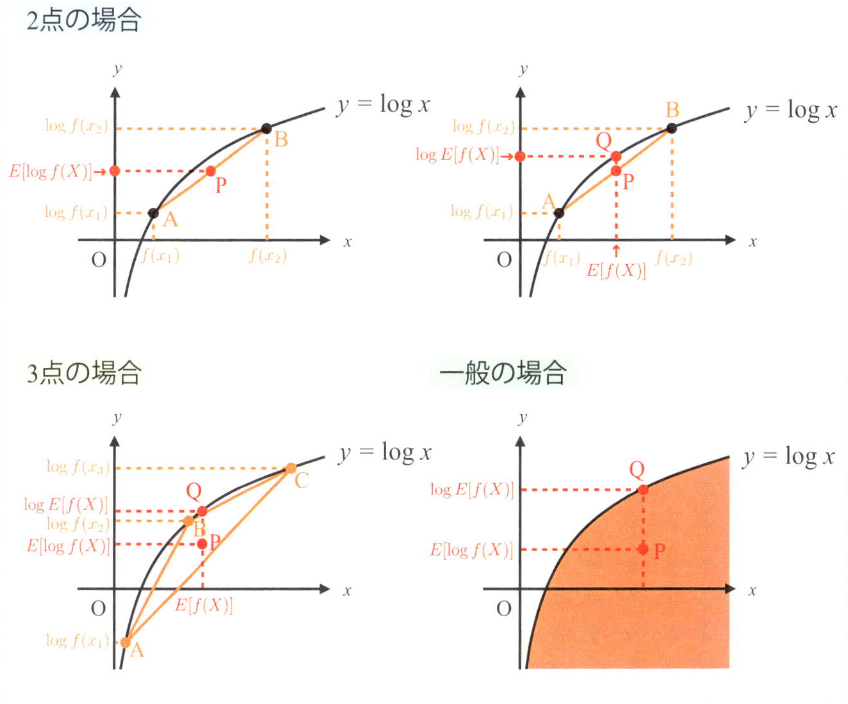

次に、等号成立条件を検討しましょう。fが定数関数の時、その値を$f(x) = c$と書けば、$E[\log f(X)] = \log c = \log(E[f(X)])$なので、等号が成立します。一方、関

数 f が 2 つ以上の値をとる可能性があれば、点 P は $y = \log x$ のグラフより真に下に来るので、$E[\log f(X)] < \log(E[f(X)])$ となります。よって、$E[\log f(X)] = \log(E[f(X)])$ となるのは、関数 f が 1 つの値しかとり得ない場合のみだとわかります。

Jensenの不等式とKL divergenceの非負性

では、KL divergence の非負性 $KL[p\|q] \geq 0$ と、$KL[p\|q] = 0$ ならば $p = q$ であることを証明しましょう。

前者は次の計算で証明できます。

$$
\begin{aligned}
KL[p\|q] &= -\int_{-\infty}^{\infty} \log\left(\frac{q(x)}{p(x)}\right) p(x)dx \\
&\geq -\log\left(\int_{-\infty}^{\infty} \frac{q(x)}{p(x)} p(x)dx\right) \\
&= -\log\left(\int_{-\infty}^{\infty} q(x)dx\right) \\
&= -\log 1 \\
&= 0
\end{aligned}
$$

2 行目の式変形で Jensen の不等式が使われており、最後の積分では q が確率密度関数なので、$\int_{-\infty}^{\infty} q(x)dx = 1$ であることが利用されています。

次に、KL divergence が 0 になる条件について考えてみましょう。まず、$p = q$ の時はレア度の差 $-\log q - (-\log p)$ が常に 0 なので、その平均である KL divergence も $KL[p\|q] = 0$ となります。逆に、$KL[p\|q] = 0$ である時は Jensen の不等式部分が等式なので、$\frac{q(x)}{p(x)}$ が定数であるとわかります。p も q も総和（積分）が 1 なので、$\frac{q(x)}{p(x)} = 1$ とわかり、$p = q$ とわかります[8)]。

以上のように、Jensen の不等式を使うと、KL divergence の非負性が証明できます。この非負性は、レア度の定義に選択した関数 log が凸関数であることが本質です。かなり技巧的な証明だったので、理解の助けに、Jensen の不等式に関するコラムを 2 つ用意しました。興味がある方はぜひ読んでみてください。

8) 確率分布 p と q の台が異なる場合はより詳細な議論が必要ですが、ここでは省略します。

コラム

Jensen の不等式と分散

本文では log についての Jensen の不等式を紹介しましたが、Jensen の不等式は一般の凸関数についても成立します。

具体的には、上に凸である関数 $g(x)$ について、次の式が成立します。

$$E[g(f(X))] \leq g(E[f(X)])$$

また、関数 $h(x) = x^2$ など**下に凸 (convex downward)** な（グラフが下に膨らんでいる）関数については、逆向きの不等式 $E[h(f(X))] \geq h(E[f(X)])$ が成立します。例えば、関数 $h(x) = x^2$ の場合は

$$E[f(X)^2] \geq E[f(X)]^2 \tag{10.2.6}$$

が成立します。

ところで、$f(X)$ の分散 $V[f(X)]$ は、$V[f(X)] = E[f(X)^2] - E[f(X)]^2$ と計算できますよね。なので、式 (10.2.6) は $V[f(X)] \geq 0$ を意味します。別の見方をすれば、関数 $h(x) = x^2$ についての Jensen の不等式 (10.2.6) の両辺の差が、ちょうど分散 $V[f(X)]$ と等しいとも言えます。なので、式 (10.2.6) が等式となるのは、$V[f(X)] = 0$ の時、つまり、$f(x)$ が定数関数の時であるとわかります。

このように、凸関数に対して Jensen の不等式を用いると、様々な議論が可能になるのです。

コラム

Jensen の不等式が使い倒されている理由

KL divergence が関わる理論計算では、信じられないくらい高い頻度で Jensen の不等式が登場します。これには深い理由があります。

まず前提として、関数の解析は人間には難しすぎて、一般の関数についてはほとんど深い解析ができません。人間がまともに解析できる関数は単純な関数のみであり、その代表例が線形な関数です。線形代数が重宝されているのは、線形な関数が人間の数学技術でも扱える程度に単純だからなのです。

そして、次に扱いやすいのが凸関数であり、その解析可能性を支える根拠が Jensen の不等式なのです。Jensen の不等式が多用される理由は、人類が

対数について持っている道具が対数法則（式(0.3.3)）とJensenの不等式くらいしか無いので、この2つで何とかなれば理論計算が進むし、それで無理なら理論計算がそもそも行われないからです。そのため、理論計算には毎回のように、Jensenの不等式が登場するように見えるのです。

正規分布のKL divergence

正規分布の2つの確率密度関数$p_{\mu,\sigma^2}, p_{\eta,\tau^2}$が定める確率分布の間のKL divergence $KL\left[p_{\mu,\sigma^2} \parallel p_{\eta,\tau^2}\right]$は、次の式で計算できます。

$$KL\left[p_{\mu,\sigma^2} \parallel p_{\eta,\tau^2}\right] = \frac{1}{2}\left(-\log\left(\frac{\sigma^2}{\tau^2}\right) - 1 + \left(\frac{\sigma^2}{\tau^2}\right)\right) + \frac{(\eta-\mu)^2}{2\tau^2} \tag{10.2.7}$$

かなり複雑な式ですが、実務上は覚える必要もなければ計算できる必要もありません。大事なことは、KL divergenceはlogを含む複雑な積分であるため、ほとんどの確率分布では公式が存在しない一方、正規分布の場合はKL divergenceの公式が存在することです。公式の存在のみを覚えておき、必要に応じて検索できるようにしましょう。

数理解説：正規分布のKL divergenceの計算

式(10.2.7)の計算は、以下で実行できます。

$$KL[p_{\mu,\sigma^2} \parallel p_{\eta,\tau^2}] = -\int_{-\infty}^{\infty} \log\left(\frac{\frac{1}{\sqrt{2\pi\tau^2}}\exp\left(-\frac{(x-\eta)^2}{2\tau^2}\right)}{\frac{1}{\sqrt{2\pi\sigma^2}}\exp\left(-\frac{(x-\mu)^2}{2\sigma^2}\right)}\right) p_{\mu,\sigma^2}(x)dx$$

$$= \int_{-\infty}^{\infty}\left(-\frac{1}{2}\log\left(\frac{\sigma^2}{\tau^2}\right) - \frac{(x-\mu)^2}{2\sigma^2} + \frac{(x-\eta)^2}{2\tau^2}\right) p_{\mu,\sigma^2}(x)dx$$

$$= -\frac{1}{2}\log\left(\frac{\sigma^2}{\tau^2}\right) - \frac{1}{2\sigma^2}\int_{-\infty}^{\infty}(x-\mu)^2 p_{\mu,\sigma^2}(x)dx + \frac{1}{2\tau^2}\int_{-\infty}^{\infty}(x-\eta)^2 p_{\mu,\sigma^2}(x)dx$$

$$= -\frac{1}{2}\log\left(\frac{\sigma^2}{\tau^2}\right) - \frac{1}{2\sigma^2}\times\sigma^2 + \frac{1}{2\tau^2}\int_{-\infty}^{\infty}(x-\eta)^2 p_{\mu,\sigma^2}(x)dx$$

ここで、最後の積分は

$$\int_{-\infty}^{\infty}(x-\eta)^2 p_{\mu,\sigma^2}(x)dx = \int_{-\infty}^{\infty}\left((x-\mu)+(\eta-\mu)\right)^2 p_{\mu,\sigma^2}(x)dx$$

$$= \int_{-\infty}^{\infty}(x-\mu)^2 p_{\mu,\sigma^2}(x)dx + 2\int_{-\infty}^{\infty}(x-\mu)(\eta-\mu)p_{\mu,\sigma^2}(x)dx + \int_{-\infty}^{\infty}(\eta-\mu)^2 p_{\mu,\sigma^2}(x)dx$$

$$= \sigma^2 + 0 + (\eta-\mu)^2$$

ですので、これを合わせると次のとおり、式(10.2.7)が計算できます。

$$KL\left[p_{\mu,\sigma^2} \,\|\, p_{\eta,\tau^2}\right] = -\frac{1}{2}\log\left(\frac{\sigma^2}{\tau^2}\right) - \frac{1}{2} + \frac{1}{2\tau^2}\left(\sigma^2 + (\eta-\mu)^2\right)$$

$$= \frac{1}{2}\left(-\log\left(\frac{\sigma^2}{\tau^2}\right) - 1 + \left(\frac{\sigma^2}{\tau^2}\right)\right) + \frac{(\eta-\mu)^2}{2\tau^2}$$

第10章のまとめ

- 正規分布は、連続な確率分布の代表例である。その平均の背景には確率密度関数の対称性があり、その分散の背景には確率密度関数のグラフの偏倍がある
- エントロピーは、確率のレア度 $-\log p$ の期待値である
- エントロピーが大きい確率分布では、事象の確率は小さい傾向にあり、多様な値が出現する傾向にある
- KL divergence は、確率分布の距離（の 2 乗）の意味合いを持つ量である
- Jensen の不等式は凸関数の解析の強力な道具であり、これを用いて KL divergence の非負性が証明できる
- 正規分布同士の場合には、KL divergence の公式がある

第3部のまとめ

第３部では、数式を読み解くコツを紹介したとともに、微分と積分のデータ分析への応用について説明しました。微分は変化の倍率・変換であり、微分を用いた１次近似は様々な最適化手法に応用されています。積分は関数の値の総和であり、連続確率変数や連続確率分布の取り扱いで基礎的な役割を果たしていました。微分も積分も、厳密な計算は過度に困難なので、まずはその意味や使われ方の理解に集中しましょう。

ポイントは？

- 四則演算など基礎的な内容については、「初見の対象についても意味合いの見立てを立てられる」くらいの理解を目指す必要がある
- 最適化には様々な手法が存在するが、その多くは微分を用いた１次近似の応用である
- 積分は関数の値の総和であり、連続的な値を取る確率変数の取り扱いで中心的な役割を果たす

第４部では、線形代数のデータ分析への応用を扱います。行列の用途として、ここまでは「変換の表現」のみに注目していましたが、「対応の表現」と「量の表現」についても説明します。また行列の用途の具体例として、多変量解析から深層学習・生成AIまで幅広く扱います。線形代数を使いこなせば、理解できる分析モデルが大幅に増えるとわかるでしょう。

第 4 部

線形代数とデータ分析

線形代数は、線形変換を調べる分野です。線形変換は、あらゆる関数の中でも最も単純であるがゆえに深い解析が可能で、あらゆるところで活用されています。実際、本書で扱う具体例だけでも主成分分析・正準相関分析・深層学習・マルチモーダル生成AIが登場し、多変量解析からAIまで、その応用の幅広さがわかります。

また、これらの応用の中では、行列の用途である量の表現・変換の表現・関係の表現の全てが登場します。

第11章

逆行列と対角化

線形変換を新しい角度から理解するツールたち

第2章で紹介した、行列の3つの用途である「データ・パラメーター・量の表現」「変換の表現」「関係の表現」のうち、ここでは「変換の表現」について、より深い理解を目指します。データ分析での活用を前提にすると、逆行列は成分抽出に本質があり、対角化は線形変換の新しい理解に本質があります。

これらの技術は後に続く章でも多用されますので、本章で基礎をしっかりと身につけつつ、以降の章での使われ方を見ながら理解を深めていってください。

11.1 逆行列

「変換の表現」としての行列

行列Aがあると、ベクトル$\boldsymbol{x}$をベクトル$A\boldsymbol{x}$に変換する線形変換が作れます（第2章）。本章ではこの行列Aが表す線形変換をより深く理解する技術として、逆行列と対角化を扱います。

まず、各種の記号を復習しておきましょう。本章では正方行列（縦と横の大きさが等しい行列）のみを扱います。まず、n次正方行列Aの中の縦ベクトルを取り出して、以下のように$\boldsymbol{a}_1, \boldsymbol{a}_2, \dots, \boldsymbol{a}_n$と書きます。また、$\boldsymbol{v}$を一般の$n$次元ベクトルとし、$\boldsymbol{e}_i$を第$i$単位ベクトル（第$i$成分のみ1で、他の成分は全て0であるベクトル）とします。

$$A = \begin{pmatrix} a_{11} & a_{12} & \cdots & a_{1n} \\ a_{21} & a_{22} & & a_{2n} \\ \vdots & & \ddots & \vdots \\ a_{n1} & a_{n2} & \cdots & a_{nn} \end{pmatrix}, \boldsymbol{a}_1 = \begin{pmatrix} a_{11} \\ a_{21} \\ \vdots \\ a_{n1} \end{pmatrix}, \boldsymbol{a}_2 = \begin{pmatrix} a_{12} \\ a_{22} \\ \vdots \\ a_{n2} \end{pmatrix}, \dots, \boldsymbol{a}_n = \begin{pmatrix} a_{1n} \\ a_{2n} \\ \vdots \\ a_{nn} \end{pmatrix}, \boldsymbol{v} = \begin{pmatrix} v_1 \\ v_2 \\ \vdots \\ v_n \end{pmatrix}$$

この時、以下の2式が成立するのでした。

$$A\boldsymbol{e}_i = \boldsymbol{a}_i \quad \text{（P64 の式 (2.3.1)）}$$

$$A\boldsymbol{v} = v_1\boldsymbol{a}_1 + v_2\boldsymbol{a}_2 + \cdots + v_n\boldsymbol{a}_n = \sum_{1 \le i \le n} v_i\boldsymbol{a}_i \quad \text{（P66 の式 (2.3.2)）}$$

つまり、行列Aの表す線形変換は$\boldsymbol{e}_i$を$\boldsymbol{a}_i$に送り、一般のベクトル$\boldsymbol{v}$はその成分v_iを係数とする$\boldsymbol{a}_i$の係数付き和$\Sigma v_i\boldsymbol{a}_i$に送るわけです。

逆行列とは

実は、n次正方行列Aについては、ほとんど全ての場合に逆行列と呼ばれる行列が存在します。行列Aの**逆行列 (inverse matrix)** とは、ある行列Bであって、

A とは逆向きの変換 $B\boldsymbol{a}_i = \boldsymbol{e}_i$ と $B(\Sigma v_i \boldsymbol{a}_i) = \boldsymbol{v}$ を表す行列です。この逆行列 B は A^{-1} と書かれます。鍵となる式を改めて書くと、次のようになります。

$$A^{-1}\boldsymbol{a}_i = \boldsymbol{e}_i \tag{11.1.1}$$

$$A^{-1}(\Sigma v_i \boldsymbol{a}_i) = \boldsymbol{v} \tag{11.1.2}$$

具体例で見てみましょう。例えば、$A = \begin{pmatrix} 1 & 2 \\ 4 & 3 \end{pmatrix}$ の時、逆行列 A^{-1} は、$A^{-1} = \begin{pmatrix} -3/5 & 2/5 \\ 4/5 & -1/5 \end{pmatrix}$ と計算できます。次の 2 式を見ると、確かに式(11.1.1) が成立しているとわかります。

$$\begin{pmatrix} -\frac{3}{5} & \frac{2}{5} \\ \frac{4}{5} & -\frac{1}{5} \end{pmatrix} \begin{pmatrix} 1 \\ 4 \end{pmatrix} = \begin{pmatrix} \frac{-3\times1+2\times4}{5} \\ \frac{4\times1-1\times4}{5} \end{pmatrix} = \begin{pmatrix} \frac{5}{5} \\ \frac{0}{5} \end{pmatrix} = \begin{pmatrix} 1 \\ 0 \end{pmatrix}$$

$$\begin{pmatrix} -\frac{3}{5} & \frac{2}{5} \\ \frac{4}{5} & -\frac{1}{5} \end{pmatrix} \begin{pmatrix} 2 \\ 3 \end{pmatrix} = \begin{pmatrix} \frac{-3\times2+2\times3}{5} \\ \frac{4\times2-1\times3}{5} \end{pmatrix} = \begin{pmatrix} \frac{0}{5} \\ \frac{5}{5} \end{pmatrix} = \begin{pmatrix} 0 \\ 1 \end{pmatrix}$$

式(11.1.2) については、例として $\boldsymbol{v} = \begin{pmatrix} 2 \\ 1 \end{pmatrix}$ の場合に確かめてみましょう。$2\times \begin{pmatrix} 1 \\ 4 \end{pmatrix} + 1\times \begin{pmatrix} 2 \\ 3 \end{pmatrix} = \begin{pmatrix} 4 \\ 11 \end{pmatrix}$ であり、このベクトルと逆行列 A^{-1} の積を計算すると、

$$\begin{pmatrix} -\frac{3}{5} & \frac{2}{5} \\ \frac{4}{5} & -\frac{1}{5} \end{pmatrix} \begin{pmatrix} 4 \\ 11 \end{pmatrix} = \begin{pmatrix} \frac{-3\times4+2\times11}{5} \\ \frac{4\times4-1\times11}{5} \end{pmatrix} = \begin{pmatrix} \frac{10}{5} \\ \frac{5}{5} \end{pmatrix} = \begin{pmatrix} 2 \\ 1 \end{pmatrix}$$

となります。確かに、式 (11.1.2) の成立が確認できます。

普通の数学の教科書であれば、この後に逆行列の計算方法や、逆行列が存在するか否かの条件、逆行列を用いた連立 1 次方程式の解法へと話が進みます。しか

し、データ分析ではあまり重要でない知識なので（正確には、プログラムを書いたら計算機がやってくれるので）、本書では省略します。

また、ごく一部の行列については逆行列が存在しないため、本来は注意する必要があります。ですが、データ分析の文脈で正方行列が出てきた場合、データ不足、または分析ミスがある場合を除けば、ほぼ確実に逆行列が存在します[1)]。そのため、必要な場面では必ず逆行列が存在するとして話を進めます[2)]。

逆行列は成分抽出

逆行列は成分抽出に使えます。まずは、この事実を定理の形でまとめておきます。

定理（逆行列と成分抽出）

n 次正方行列 A に逆行列 A^{-1} が存在する時、任意の n 次元ベクトル $\boldsymbol{y}$ は、定数 $x_1, x_2, \ldots, x_n$ を用いた $\boldsymbol{a}_1, \boldsymbol{a}_2, \ldots, \boldsymbol{a}_n$ の係数付き和で表せる。式で書くと次のようになる。

$$\boldsymbol{y} = x_1\boldsymbol{a}_1 + x_2\boldsymbol{a}_2 + \ldots + x_n\boldsymbol{a}_n \tag{11.1.3}$$

この時、この係数 $x_1, x_2, \ldots, x_n$ は、逆行列を用いて次の式で計算できる。

$$\begin{pmatrix} x_1 \\ x_2 \\ \vdots \\ x_n \end{pmatrix} = A^{-1}\boldsymbol{y} \tag{11.1.4}$$

まずは、この定理の主張の意味を紹介します。

この定理によると、行列 A に逆行列 A^{-1} がある時は、どんなベクトル $\boldsymbol{y}$ も $\boldsymbol{a}_i$ たちの係数付き和で書けます。となると、この係数 x_i たちを計算したくなりますよ

1) 例えば、分散共分散行列は、データの数が変数の数より少ない場合（データ不足）や、同一の変数が複数混入している場合（分析ミス）などを除けば、基本的に逆行列が存在します。

2) なお、分析の過程で逆行列が存在しない行列が現れたとしても、逆行列を計算するプログラムのエラーや、めちゃくちゃな計算結果に出くわすため、後から気付くことができます。

ね。この定理によれば、ベクトル $A^{-1}y$ を計算し、その成分を上から順に $x_1, x_2, \ldots, x_n$ とすれば計算できると主張しています。

さて、式(11.1.3) の右辺は、a_1 が x_1 個、a_2 が x_2 個、……、a_n が x_n 個の合計の形をしています。こう捉えると、逆行列によって y の中の a_i の個数を計算できると言えます。言い換えると、<u>逆行列 A^{-1} を用いると、ベクトル y の中の a_i 成分を抽出できるのです</u>。

図 11.1.1 逆行列による成分抽出

どんなベクトルも下の形で書ける！

$$y = \bullet a_1 + \blacktriangle a_2 + \cdots + \blacksquare a_n$$

係数が知りたい！

逆行列 A^{-1} を用いて $A^{-1}y$ を計算すると

$$A^{-1}y = \begin{pmatrix} \bullet \\ \blacktriangle \\ \vdots \\ \blacksquare \end{pmatrix}$$

各 a_i の係数が順番に入っている！

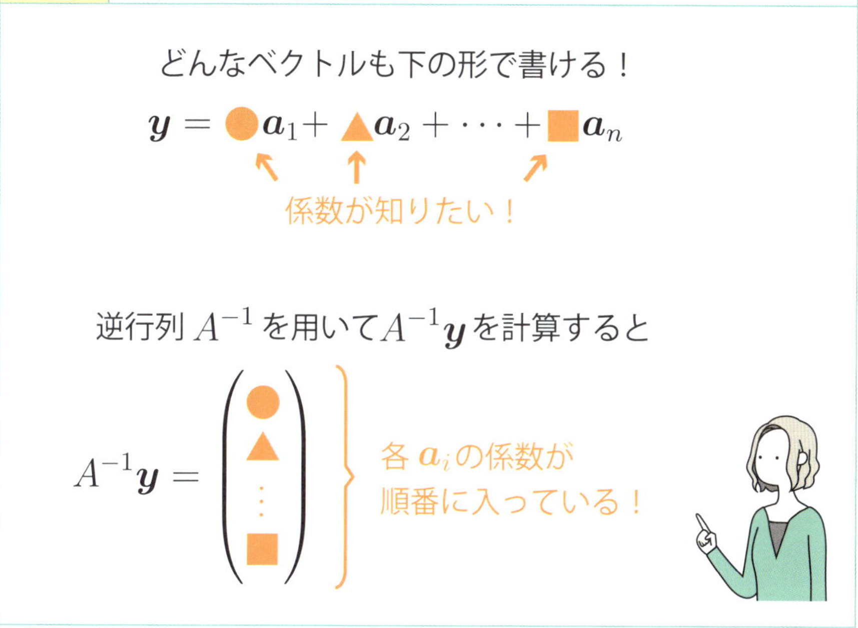

この成分抽出の考え方は、この先何度も登場します。逆行列は使ってこそ輝きます。今この段階で理解できなくとも、先の例を見ていく中で逆行列に慣れ親しんでいくと良いでしょう。

逆行列の厳密な定義

今後の計算でも使うので、逆行列の厳密な定義を紹介しておきます。細かい計算に興味のない読者は、軽く読み飛ばしていただいても構いません。

まずは単位行列を紹介します。n 次正方行列 A において、左上から右下への対

角線上にある成分 $a_{11}, a_{22}, \ldots, a_{nn}$ を、**対角成分 (main diagonal)** と言います。また、正方行列であって、対角成分が 1 で他の成分が全て 0 である行列を、**単位行列 (identity matrix)** と言います。本書では、単位行列を数字の 1 と同じ記号で書き、n 次正方行列であることを強調する時は 1_n と書きます。

数式で書くと、以下のとおりです。

$$1 = 1_n = \begin{pmatrix} 1 & 0 & \cdots & 0 \\ 0 & 1 & & 0 \\ \vdots & & \ddots & \vdots \\ 0 & 0 & \cdots & 1 \end{pmatrix}$$

この単位行列は、数字の 1 のように、掛け算の相手を変えない性質があります。これを見ていきましょう。まず、任意の n 次元ベクトル $\boldsymbol{v}$ について、

$$1_n \boldsymbol{v} = \boldsymbol{v}$$

が成立します。実際に計算してみると、

$$1_n \boldsymbol{v} = \begin{pmatrix} 1 & 0 & \cdots & 0 \\ 0 & 1 & & 0 \\ \vdots & & \ddots & \vdots \\ 0 & 0 & \cdots & 1 \end{pmatrix} \begin{pmatrix} v_1 \\ v_2 \\ \vdots \\ v_n \end{pmatrix} = \begin{pmatrix} 1 \times v_1 + 0 \times v_2 + \cdots + 0 \times v_n \\ 0 \times v_1 + 1 \times v_2 + \cdots + 0 \times v_n \\ \vdots \\ 0 \times v_1 + 0 \times v_2 + \cdots + 1 \times v_n \end{pmatrix} = \begin{pmatrix} v_1 \\ v_2 \\ \vdots \\ v_n \end{pmatrix} = \boldsymbol{v}$$

とわかります。なお、この式は別の方法でも計算できます。単位行列の第 i 列目の縦ベクトルは、ちょうど第 i 成分だけ 1 で他の成分は全て 0 なので、第 i 単位ベクトル $\boldsymbol{e}_i$ です。これを用いると、次の式でも $1_n \boldsymbol{v} = \boldsymbol{v}$ を計算できます。

$$1_n \boldsymbol{v} = \sum v_i \boldsymbol{e}_i = v_1 \times \begin{pmatrix} 1 \\ 0 \\ \vdots \\ 0 \end{pmatrix} + v_2 \times \begin{pmatrix} 0 \\ 1 \\ \vdots \\ 0 \end{pmatrix} + \cdots + v_n \times \begin{pmatrix} 0 \\ 0 \\ \vdots \\ 1 \end{pmatrix}$$

$$= \begin{pmatrix} v_1 \\ 0 \\ \vdots \\ 0 \end{pmatrix} + \begin{pmatrix} 0 \\ v_2 \\ \vdots \\ 0 \end{pmatrix} + \cdots + \begin{pmatrix} 0 \\ 0 \\ \vdots \\ v_n \end{pmatrix} = \begin{pmatrix} v_1 \\ v_2 \\ \vdots \\ v_n \end{pmatrix} = \boldsymbol{v}$$

また、単位行列は、$m \times n$ 行列 B と $n \times l$ 行列 C について、

$$B1_n = B,\ 1_nC = C$$

が成立します。この2式は以下で計算できます（この計算がわからない場合、2.2節で紹介した行列とベクトルの積の定義を確認してみてください）。

$$B1_n = (B\boldsymbol{e}_1\ B\boldsymbol{e}_2\ \ldots\ B\boldsymbol{e}_n) = (\boldsymbol{b}_1\ \boldsymbol{b}_2\ \ldots\ \boldsymbol{b}_n) = B$$

$$1_nC = (1\boldsymbol{c}_1\ 1\boldsymbol{c}_2\ \ldots\ 1\boldsymbol{c}_l) = (\boldsymbol{c}_1\ \boldsymbol{c}_2\ \ldots\ \boldsymbol{c}_l) = C$$

この単位行列を用いて、逆行列は次のように定義されます。

定義（逆行列）

n 次正方行列 A について、以下の式が成立する行列 B を A の逆行列と言い、A^{-1} と書く。

$$BA = AB = 1$$

この逆行列の定義は、数の逆数の定義と似ています。数 a の逆数は $\frac{1}{a}$ ですが、これは方程式 $ax = 1$ の解でもあります。行列の場合も同様で、A と掛けると単位行列1となる行列を、逆行列 A^{-1} と定義しているのです。

なお、0に逆数が存在しないように、逆行列が存在しない行列もあります。具体的には、$\boldsymbol{v} \neq \boldsymbol{0}$ なのに $A\boldsymbol{v} = \boldsymbol{0}$ となるベクトル $\boldsymbol{v}$ が存在する時、この行列 A には逆行列が存在しないと知られています。

数理解説：逆行列の定義を用いた数式の証明

ここでは、逆行列の定義を用いて式(11.1.1)〜(11.1.4)を証明します。

まずは、式(11.1.1)と(11.1.2)との関係を見ていきましょう。この2式は、$A^{-1}A = 1$ を用いると証明できます。行列 $A^{-1}A$ の第 i 列の縦ベクトルは $A^{-1}\boldsymbol{a}_i$ です。これは、単位行列の第 i 列である第 i 単位ベクトル $\boldsymbol{e}_i$ と等しく、$A^{-1}\boldsymbol{a}_i = \boldsymbol{e}_i$ とわかります。また、$A^{-1}A = 1$ なので、$A^{-1}A\boldsymbol{v} = \boldsymbol{v}$ ですが、$A\boldsymbol{v} = \Sigma v_i\boldsymbol{a}_i$ なので、

$A^{-1}(\Sigma v_i \boldsymbol{a}_i) = \boldsymbol{v}$ とわかります[3)]。

このように、関係式 $A^{-1}\boldsymbol{a}_i = \boldsymbol{e}_i$ は、逆行列の定義・行列の積の定義・単位行列の定義から直ちに導かれる性質です。算数で例えると、$2\times\frac{1}{2}=1$ や $3 \div 3 = 1$ レベルの基礎公式です。数式や式変形を深く理解することを目指している方は、完璧に納得し、説明できるようになっておくと良いでしょう。

次に、逆行列の定理の式(11.1.3)と(11.1.4)を証明します。

行列 A に逆行列 A^{-1} がある場合、$AA^{-1}\boldsymbol{y} = \boldsymbol{y}$ が成立します。

$A^{-1}\boldsymbol{y} = \begin{pmatrix} x_1 \\ x_2 \\ \vdots \\ x_n \end{pmatrix}$ と書くと、$\boldsymbol{y} = AA^{-1}\boldsymbol{y} = A\begin{pmatrix} x_1 \\ x_2 \\ \vdots \\ x_n \end{pmatrix} = \Sigma x_i \boldsymbol{a}_i$ です(P66の式(2.3.2))。

だから、任意のベクトル $\boldsymbol{y}$ は $\boldsymbol{a}_i$ たちの係数付き和で書け、その係数は逆行列で求めることができます。

3) 逆行列のこれらの性質については、以下の動画でより丁寧に解説しています。理解を深めたい方はぜひご覧ください。
【逆行列攻略！】逆行列は縦ベクトルを１に戻すんです【行列④逆行列の基本公式】
https://www.youtube.com/watch?v=Sw9ph4465dg

11.2 対角化

対角化は変換の表現技術である

対角化は、行列の定める線形変換について、新しい視点での理解を与える技術です。初めに記号と用語を大量に紹介した後、意味と用途について説明します。

定義（対角化）

n 次正方行列 A について、次の式を**対角化 (diagonalization)** と言う。

$$A = P\Lambda P^{-1} \tag{11.2.1}$$

ここで、P, Λ は n 次正方行列で、Λ は対角行列である。

まずは、ここに登場する用語について説明します。

対角行列 (diagonal matrix) とは、対角成分以外の全ての成分が0である行列です。なので、Λ は $\lambda_1, \lambda_2, \ldots, \lambda_n$ を用いて以下の数式で書けます。この数値 $\lambda_1, \lambda_2, \ldots, \lambda_n$ を、行列 A の**固有値 (eigen value)** と言います[4]。なお、この Λ や λ はギリシャ文字で「ラムダ」と読みます。

$$\Lambda = \begin{pmatrix} \lambda_1 & 0 & \cdots & 0 \\ 0 & \lambda_2 & & 0 \\ \vdots & & \ddots & \vdots \\ 0 & 0 & \cdots & \lambda_n \end{pmatrix}$$

行列を見たら縦ベクトルの集まりだと考えましょう。行列 P の各縦ベクトルを、次のように $\boldsymbol{p}_1, \boldsymbol{p}_2, \ldots, \boldsymbol{p}_n$ と書くことにします。これらの縦ベクトル $\boldsymbol{p}_i$ は、行列 A の（固有値 λ_i の）**固有ベクトル (eigen vector)** と呼ばれます。

4) A の全ての成分が実数でも、λ_i は複素数になる場合があります。

$$P = \begin{pmatrix} p_{11} & p_{12} & \cdots & p_{1n} \\ p_{21} & p_{22} & & p_{2n} \\ \vdots & & \ddots & \vdots \\ p_{n1} & p_{n2} & \cdots & p_{nn} \end{pmatrix}, \boldsymbol{p}_1 = \begin{pmatrix} p_{11} \\ p_{21} \\ \vdots \\ p_{n1} \end{pmatrix}, \boldsymbol{p}_2 = \begin{pmatrix} p_{12} \\ p_{22} \\ \vdots \\ p_{n2} \end{pmatrix}, \ldots, \boldsymbol{p}_n = \begin{pmatrix} p_{1n} \\ p_{2n} \\ \vdots \\ p_{nn} \end{pmatrix}$$

なお、一部の行列については、式(11.2.1)を満たす行列 P, Λ が存在せず、対角化できない場合があります。一方、データ分析の場面で登場する行列であって、対角化を考えることが自然な場面では、ほとんど全ての行列が対角化可能です。だから、本書では対角化可能性の条件は扱わず、行列の対角化が出てくる場面では、常にその行列は対角化可能であるとして議論を進めることにします。

固有ベクトルは固有値倍される - $A\boldsymbol{p}_i = \lambda_i \boldsymbol{p}_i$

ここからは、対角化の意味と用途を見ていきましょう。行列 A が、$A = P\Lambda P^{-1}$ と対角化されるとします。この時、固有ベクトル $\boldsymbol{p}_i$ を A に掛けると、その結果は $\boldsymbol{p}_i$ の λ_i 倍になります。よって、以下の式が成立します。

$$A\boldsymbol{p}_i = \lambda_i \boldsymbol{p}_i \tag{11.2.2}$$

つまり、行列 A が定める線形変換は、固有ベクトル $\boldsymbol{p}_i$ を λ_i 倍する変換であるとわかります。

具体例で確認してみましょう。$A = \begin{pmatrix} 1 & 2 \\ 4 & 3 \end{pmatrix}$ の時、頑張って計算すれば（または、プログラムを書いて計算機に計算してもらうと）、以下の式で対角化できます[5]。

$$\begin{pmatrix} 1 & 2 \\ 4 & 3 \end{pmatrix} = \begin{pmatrix} 1 & 1 \\ 2 & -1 \end{pmatrix} \begin{pmatrix} 5 & 0 \\ 0 & -1 \end{pmatrix} \begin{pmatrix} 1 & 1 \\ 2 & -1 \end{pmatrix}^{-1}$$

5) P^{-1} は $P^{-1} = \begin{pmatrix} 1/3 & 1/3 \\ 2/3 & -1/3 \end{pmatrix}$ と計算できます。ですので、$P\Lambda P^{-1} = \begin{pmatrix} 1 & 1 \\ 2 & -1 \end{pmatrix} \begin{pmatrix} 5 & 0 \\ 0 & -1 \end{pmatrix} \begin{pmatrix} 1/3 & 1/3 \\ 2/3 & -1/3 \end{pmatrix} = \begin{pmatrix} 1 & 1 \\ 2 & -1 \end{pmatrix} \begin{pmatrix} 5/3 & 5/3 \\ -2/3 & 1/3 \end{pmatrix} = \begin{pmatrix} 1 & 2 \\ 4 & 3 \end{pmatrix} = A$ となり、確かにこの式が正しいと確認できます。

図 11.2.1　対角化の例

$$A = P \quad \Lambda \quad P^{-1}$$

$$\begin{pmatrix} 1 & 2 \\ 4 & 3 \end{pmatrix} = \begin{pmatrix} 1 & 1 \\ 2 & -1 \end{pmatrix} \begin{pmatrix} 5 & 0 \\ 0 & -1 \end{pmatrix} \begin{pmatrix} 1 & 1 \\ 2 & -1 \end{pmatrix}^{-1}$$

$P = \begin{pmatrix} 1 & 1 \\ 2 & -1 \end{pmatrix}$ なので

$\Lambda = \begin{pmatrix} 5 & 0 \\ 0 & -1 \end{pmatrix}$ なので

$\boldsymbol{p}_1 = \begin{pmatrix} 1 \\ 2 \end{pmatrix} \quad \boldsymbol{p}_2 = \begin{pmatrix} 1 \\ -1 \end{pmatrix} \quad \lambda_1 = 5 \quad \lambda_2 = -1$

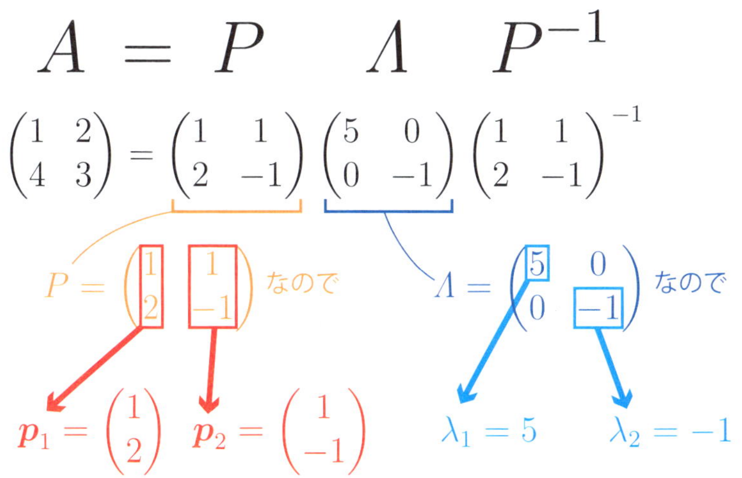

この時、$A\boldsymbol{p}_1$ と $A\boldsymbol{p}_2$ を計算してみると次のようになります。

$$A\boldsymbol{p}_1 = \begin{pmatrix} 1 & 2 \\ 4 & 3 \end{pmatrix}\begin{pmatrix} 1 \\ 2 \end{pmatrix} = \begin{pmatrix} 1\times 1 + 2\times 2 \\ 4\times 1 + 3\times 2 \end{pmatrix} = \begin{pmatrix} 5 \\ 10 \end{pmatrix} = 5 \times \begin{pmatrix} 1 \\ 2 \end{pmatrix} = \lambda_1 \boldsymbol{p}_1$$

$$A\boldsymbol{p}_2 = \begin{pmatrix} 1 & 2 \\ 4 & 3 \end{pmatrix}\begin{pmatrix} 1 \\ -1 \end{pmatrix} = \begin{pmatrix} 1\times 1 + 2\times (-1) \\ 4\times 1 + 3\times (-1) \end{pmatrix} = \begin{pmatrix} -1 \\ 1 \end{pmatrix} = (-1) \times \begin{pmatrix} 1 \\ -1 \end{pmatrix} = \lambda_2 \boldsymbol{p}_2$$

確かに、$\boldsymbol{p}_1$ は $\lambda_1 = 5$ 倍、$\boldsymbol{p}_2$ は $\lambda_2 = -1$ 倍に変換されています。対角化を初めて見た人は、上の 2 つの計算を自分の手でも行っておきましょう。

なお、一般の場合には、次の計算で $A\boldsymbol{p}_i = \lambda_i \boldsymbol{p}_i$ の成立が確認できます。

$$\begin{aligned} A\boldsymbol{p}_i &= P\Lambda P^{-1}\boldsymbol{p}_i \quad \cdots\cdots \ (1) \\ &= P\Lambda \boldsymbol{e}_i \quad \cdots\cdots \ (2) \\ &= P\lambda_i \boldsymbol{e}_i \quad \cdots\cdots \ (3) \\ &= \lambda_i P \boldsymbol{e}_i \quad \cdots\cdots \ (4) \\ &= \lambda_i \boldsymbol{p}_i \quad \cdots\cdots \ (5) \end{aligned}$$

それぞれの式変形の根拠は、次のとおりです。

(1) $A = P\Lambda P^{-1}$ を代入

(2) P^{-1} は P の逆行列なので、$P^{-1}\boldsymbol{p}_i = \boldsymbol{e}_i$ となる（式(11.1.1)）

(3) $\Lambda\boldsymbol{e}_i$ は Λ の第 i 列の縦ベクトルである（P64 の式(2.3.1)）。それは第 i 成分のみλ_i で他の成分は 0 のベクトルなので、$\lambda_i\boldsymbol{e}_i$ と書ける

(4) λ_i は数値だからいつ掛けても良い。掛ける順番を変更して、$P\lambda_i\boldsymbol{e}_i = \lambda_i P\boldsymbol{e}_i$ とした

(5) $P\boldsymbol{e}_i$ は P の第 i 列の縦ベクトル $\boldsymbol{p}_i$ と計算できる（式(2.3.1)）

この手のパズルのような式変形が今後もたくさん登場します。余力のある人は、解説の前に自分でも式変形の理由を考えながら読むと良いでしょう。

変換の表現技法の比較

ここで、式(2.3.1) $A\boldsymbol{e}_i = \boldsymbol{a}_i$ と式(11.2.2) $A\boldsymbol{p}_i = \lambda_i\boldsymbol{p}_i$ を比較してみましょう。

$A\boldsymbol{e}_i = \boldsymbol{a}_i$ は、「A の表す線形変換は $\boldsymbol{e}_i$ を $\boldsymbol{a}_i$ に変換する」を意味しています。この入力の第 i 単位ベクトル $\boldsymbol{e}_i$ は非常にわかりやすいベクトルである一方、「$\boldsymbol{e}_i$ をそれぞれ $\boldsymbol{a}_i$ に送る変換」は複雑に見えます（図 11.2.2 左）。

一方、$A\boldsymbol{p}_i = \lambda_i\boldsymbol{p}_i$ の入力である固有ベクトル $\boldsymbol{p}_i$ はよくわからないベクトルです。ですが、この式による変換の捉え方は「A の表す線形変換は$\boldsymbol{p}_i$ をλ_i 倍する変換」であり、非常にシンプルな見方を与えてくれます（図右）。このように、対角化は、変換を捉える際に用いる入力のベクトルを工夫することで、変換をシンプルに表現する技法なのです。

これも、難しさ保存の法則の現れの一例と言えるでしょう。対角化を学び、よくわからない固有ベクトルを用いることによって、実は複雑な線形変換をシンプルに捉えることができるようになります。本節で扱う対角化・固有値・固有ベクトルに加えて、第 14 章で扱う特異値分解も難しさ保存の法則の代表例です。これらは、はじめは難しく感じる道具ですが、見返りの多い道具でもあります。この機会にぜひ習得を目指してみましょう。

図 11.2.2 対角化を用いた変換の表現

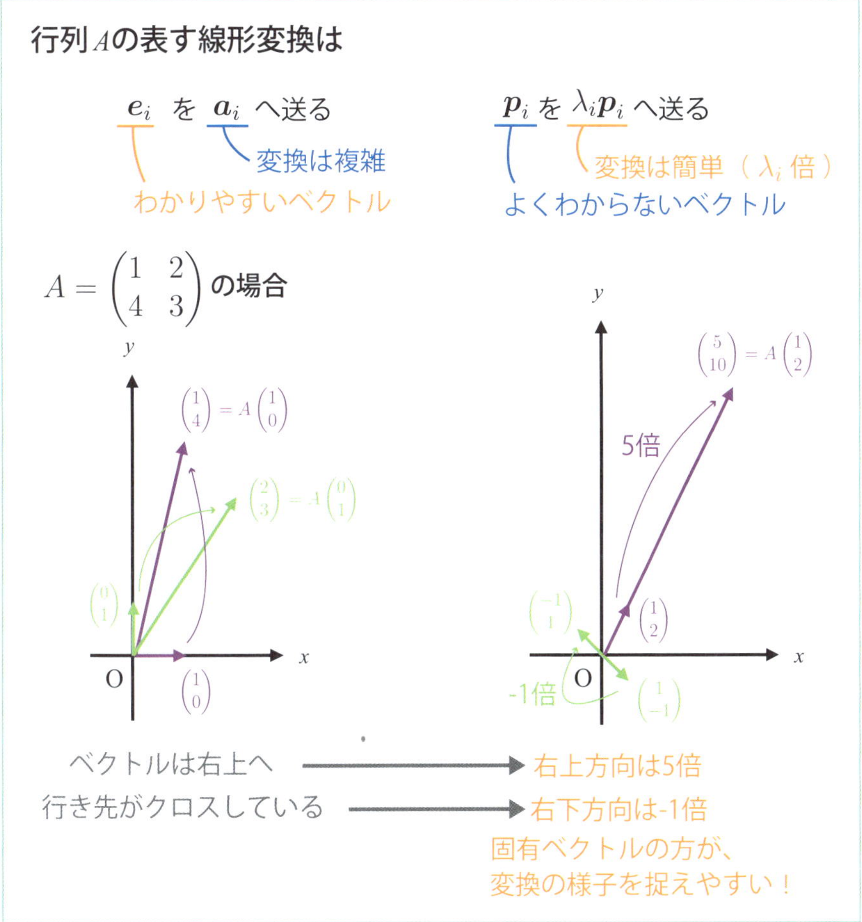

行列Aの表す線形変換は
$\boldsymbol{e}_i$ を $\boldsymbol{a}_i$ へ送る
変換は複雑
わかりやすいベクトル
$\boldsymbol{p}_i$ を $\lambda_i \boldsymbol{p}_i$ へ送る
変換は簡単（λ_i 倍）
よくわからないベクトル
$A = \begin{pmatrix} 1 & 2 \\ 4 & 3 \end{pmatrix}$ の場合
$\begin{pmatrix} 1 \\ 4 \end{pmatrix} = A \begin{pmatrix} 1 \\ 0 \end{pmatrix}$
$\begin{pmatrix} 2 \\ 3 \end{pmatrix} = A \begin{pmatrix} 0 \\ 1 \end{pmatrix}$
$\begin{pmatrix} 5 \\ 10 \end{pmatrix} = A \begin{pmatrix} 1 \\ 2 \end{pmatrix}$
5倍
-1倍
ベクトルは右上へ
行き先がクロスしている
右上方向は5倍
右下方向は-1倍
固有ベクトルの方が、
変換の様子を捉えやすい！

対角化の計算への応用 - $A(\Sigma x_i \boldsymbol{p}_i) = \Sigma \lambda_i x_i \boldsymbol{p}_i$

ここまでで対角化のコンセプトがわかったので、ここからは対角化の計算への応用を紹介します。正方行列Aが$A = P\Lambda P^{-1}$と対角化されている時、Aの固有ベクトル$\boldsymbol{p}_i$は$\lambda_i \boldsymbol{p}_i$に変換されるので、$\boldsymbol{p}_i$たちの係数付き和$x_1\boldsymbol{p}_1 + x_2\boldsymbol{p}_2 + \ldots + x_n\boldsymbol{p}_n$は、$\lambda_1 x_1 \boldsymbol{p}_1 + \lambda_2 x_2 \boldsymbol{p}_2 + \ldots + \lambda_n x_n \boldsymbol{p}_n$に変換されます。

数式で書くと次のようになります。

$$A(\Sigma\, x_i \boldsymbol{p}_i) = \Sigma\, \lambda_i x_i \boldsymbol{p}_i \tag{11.2.3}$$

この式は、以下で証明できます。

$$\begin{aligned} A(\Sigma\, x_i \boldsymbol{p}_i) &= \Sigma\, x_i A\boldsymbol{p}_i \quad \text{......}\ (1) \\ &= \Sigma\, x_i \lambda_i \boldsymbol{p}_i \quad \text{......}\ (2) \\ &= \Sigma\, \lambda_i x_i \boldsymbol{p}_i \quad \text{......}\ (3) \end{aligned}$$

(1) P68 の式 (2.3.5) $A(\Sigma\, r_i \boldsymbol{v}_i) = \Sigma\, r_i A\boldsymbol{v}_i$ の、r が x、$\boldsymbol{v}$ が $\boldsymbol{p}$ の場合
(2) 式 (11.2.2) の利用
(3) λ_i と x_i は数値なので、かけ算の順番を入れ替えて良い

式 (11.2.3) を具体例で確認してみましょう。例として、$3\times \boldsymbol{p}_1 + 2\times \boldsymbol{p}_2 = 3\times\begin{pmatrix} 1 \\ 2 \end{pmatrix} + 2\times\begin{pmatrix} 1 \\ -1 \end{pmatrix} = \begin{pmatrix} 5 \\ 4 \end{pmatrix}$ を A で変換してみます。

普通に計算すると次のようになりますが、

$$A\begin{pmatrix} 5 \\ 4 \end{pmatrix} = \begin{pmatrix} 1 & 2 \\ 4 & 3 \end{pmatrix}\begin{pmatrix} 5 \\ 4 \end{pmatrix} = \begin{pmatrix} 1\times 5 + 2\times 4 \\ 4\times 5 + 3\times 4 \end{pmatrix} = \begin{pmatrix} 13 \\ 32 \end{pmatrix}$$

式 (11.2.3) を用いると次のように計算できます。

$$\begin{aligned} A\begin{pmatrix} 5 \\ 4 \end{pmatrix} &= A\left(3\times\begin{pmatrix} 1 \\ 2 \end{pmatrix} + 2\times\begin{pmatrix} 1 \\ -1 \end{pmatrix}\right) = 5\times 3\times\begin{pmatrix} 1 \\ 2 \end{pmatrix} + (-1)\times 2\times\begin{pmatrix} 1 \\ -1 \end{pmatrix} \\ &= 15\times\begin{pmatrix} 1 \\ 2 \end{pmatrix} - 2\times\begin{pmatrix} 1 \\ -1 \end{pmatrix} = \begin{pmatrix} 13 \\ 32 \end{pmatrix} \end{aligned}$$

確かに、計算結果が一致していますね。

このように、入力のベクトルが固有ベクトル $\boldsymbol{p}_i$ の係数付き和で表わされている場合は、各係数に対応する固有値 λ_i を掛けるだけで、行列 A の表す線形変換の結果を計算できるのです。

この計算の威力は、さらに A を掛けて、$A^2\begin{pmatrix} 5 \\ 4 \end{pmatrix}$ を計算するとわかります。普

通の計算では、

$$A^2\begin{pmatrix}5\\4\end{pmatrix}=A\begin{pmatrix}13\\32\end{pmatrix}=\begin{pmatrix}1&2\\4&3\end{pmatrix}\begin{pmatrix}13\\32\end{pmatrix}=\begin{pmatrix}1\times13+2\times32\\4\times13+3\times32\end{pmatrix}=\begin{pmatrix}13+64\\52+96\end{pmatrix}=\begin{pmatrix}77\\148\end{pmatrix}$$

であり、それなりに計算が大変です。一方、式(11.2.3)を用いれば以下のとおり、かなり楽に計算できます。

$$A^2\begin{pmatrix}5\\4\end{pmatrix}=A^2\left(3\times\begin{pmatrix}1\\2\end{pmatrix}+2\times\begin{pmatrix}1\\-1\end{pmatrix}\right)=A\left(15\times\begin{pmatrix}1\\2\end{pmatrix}-2\times\begin{pmatrix}1\\-1\end{pmatrix}\right)$$

$$=75\times\begin{pmatrix}1\\2\end{pmatrix}+2\times\begin{pmatrix}1\\-1\end{pmatrix}=\begin{pmatrix}77\\148\end{pmatrix}$$

また、対角化は具体的な数値を用いた計算のみならず、理論的な計算を行う場面でも活躍します。これは、続く章で見ることになります。

対角化と成分抽出 - $A=P\Lambda P^{-1}$

一般のベクトル $\boldsymbol{v}$ については、どうすれば $A\boldsymbol{v}$ の計算を効率化できるでしょうか？ この計算を詳しく見ていくと、対角化の式(11.2.1) $A=P\Lambda P^{-1}$ の意味が理解できます。

式(11.2.3)を用いて計算を効率化するためには、入力のベクトル $\boldsymbol{v}$ を、固有ベクトル $\boldsymbol{p}_i$ たちの係数付き和 $\boldsymbol{v}=x_1\boldsymbol{p}_1+x_2\boldsymbol{p}_2+\ldots+x_n\boldsymbol{p}_n$ の形に書ければ良いでしょう。これはちょうど逆行列による成分抽出で計算できます。行列 P は $\boldsymbol{p}_i$ を横に並べた行列なので、$P^{-1}\boldsymbol{v}$ を計算し、この成分を上から見れば $x_1, x_2,\ldots, x_n$ が得られます（式(11.1.4)）。

この議論を用いると、$A\boldsymbol{v}$ の計算は以下の3ステップで実行できます。

(1) $\boldsymbol{v}=x_1\boldsymbol{p}_1+x_2p_2+\ldots+x_n\boldsymbol{p}_n$ の係数 $x_1, x_2,\ldots, x_n$ を $\begin{pmatrix}x_1\\x_2\\\vdots\\x_n\end{pmatrix}=P^{-1}\boldsymbol{v}$ で求める

(2) 各係数 x_i を固有値 λ_i 倍して $\lambda_i x_i$ にする

(3) これにベクトルを付けて、$A\boldsymbol{v}=\lambda_1x_1\boldsymbol{p}_1+\lambda_2x_2p_2+\ldots+\lambda_nx_n\boldsymbol{p}_n$ と計算する

実は、この3つのプロセスがそのまま、対角化の数式 $A = P\Lambda P^{-1}$ と対応しています。この対応を確認してみましょう。まず最初の（1）のプロセスでは、P^{-1} を用いて係数 $\begin{pmatrix} x_1 \\ x_2 \\ \vdots \\ x_n \end{pmatrix} = P^{-1}\boldsymbol{v}$ を抽出しています。このベクトルを $\boldsymbol{x}$ と書くと、$\Lambda\boldsymbol{x}$ (= $\Lambda P^{-1}\boldsymbol{v}$) は次のようになります。

$$\Lambda\boldsymbol{x} = \begin{pmatrix} \lambda_1 & 0 & \cdots & 0 \\ 0 & \lambda_2 & & 0 \\ \vdots & & \ddots & \vdots \\ 0 & 0 & \cdots & \lambda_n \end{pmatrix} \begin{pmatrix} x_1 \\ x_2 \\ \vdots \\ x_n \end{pmatrix} = \begin{pmatrix} \lambda_1 x_1 \\ \lambda_2 x_2 \\ \vdots \\ \lambda_n x_n \end{pmatrix}$$

そのため、行列 A を掛けた時の $\boldsymbol{p}_i$ の係数変化を、行列 Λ を用いて表現できます。これが（2）のプロセスです。最後に、このベクトルを行列 P に掛けると、成分がベクトルに戻されて次のようになり（P66の式(2.3.2)）、$A\boldsymbol{v}$ が計算できます。これが（3）のプロセスです。

$$P\left(\Lambda\boldsymbol{x}\right) = P\begin{pmatrix} \lambda_1 x_1 \\ \lambda_2 x_2 \\ \vdots \\ \lambda_n x_n \end{pmatrix} = \lambda_1 x_1 \boldsymbol{p}_1 + \lambda_2 x_2 \boldsymbol{p}_2 + \cdots + \lambda_n x_n \boldsymbol{p}_n$$

つまり、対角化 $A = P\Lambda P^{-1}$ は、行列 A による線形変換を（1）P^{-1} による成分抽出、(2) Λ による成分の大きさ変更、(3) P による成分からのベクトルへの復元、の3段階に分解する見方を与えてくれるのです。なお、行列の積 $P\Lambda P^{-1}$ を変換の連続適用と見なす時、その変換の順番は P^{-1}, Λ, P となります。ですので、行列の積を変換として見る時は右から読むことになります。日常の文章の読み方とは逆ですが、慣れると便利な読み順です。

対角化による変換の分解を具体例の計算で見たものが、図 11.2.3 です。この3ステップの計算と対角化の数式との対応を確認してみてください。

図 11.2.3　対角化を用いた計算の意味

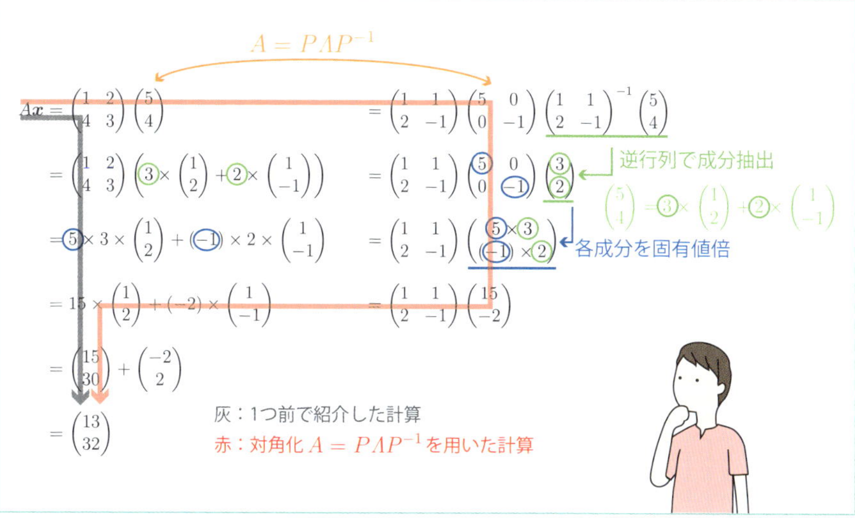

コラム

対角化と Fourier 変換

ここでは、Fourier 変換を知っている人向けに、対角化との関係を紹介します。関数 $f(x)$ について、その Fourier 変換 $\mathcal{F}(f)$ を、ξ の関数

$$\mathcal{F}(f)(\xi) = \int_{-\infty}^{\infty} f(x)e^{-2\pi ix\xi}dx$$

で定めます。

同様に、ξ の関数 $\varphi(\xi)$ に対して、その Fourier 逆変換 $\hat{\mathcal{F}}(\varphi)$ を、x の関数

$$\hat{\mathcal{F}}(\varphi)(x) = \int_{-\infty}^{\infty} \varphi(\xi)e^{2\pi ix\xi}d\xi$$

で定めます。こう定義すると、$\mathcal{F}, \hat{\mathcal{F}}$ は線形で、$\hat{\mathcal{F}}\left(\mathcal{F}(f)\right) = f, \mathcal{F}\left(\hat{\mathcal{F}}(\varphi)\right) = \varphi$ が成立します。なので、$\hat{\mathcal{F}}$ は $\mathcal{F}$ の逆行列的な存在だと言えます。ここで、$f(x)$ の代わりに $f'(x)$ を Fourier 変換すると、$\mathcal{F}(f')(\xi) = -2\pi i\xi \times \mathcal{F}(f)(\xi)$ と計算できると知られています。よって、次の式が成立します。

$$\frac{d}{dx}f = \hat{\mathcal{F}}\left(-2\pi i\xi \times \mathcal{F}(f)\right)$$

この式は、微分 $\frac{d}{dx}$ を「$\mathcal{F}$ での成分抽出」「各成分の $-2\pi i\xi$ 倍」「$\hat{\mathcal{F}}$ での関数の復元」の 3 ステップに分解しています。これは対角化と全く同じです。実は、Fourier 変換は、無限次元の線形変換 $\frac{d}{dx}$ の対角化として捉えられます。Fourier 変換に慣れている人は、逆に「対角化は Fourier 変換の有限次元版である」と思うと理解しやすいでしょう。

第11章のまとめ

- 逆行列 A^{-1} は、行列 A の表す線形変換とは逆の変換を表す行列である
- 逆行列の表す変換では、$A^{-1}\boldsymbol{a}_i = \boldsymbol{e}_i$ と $A^{-1}(\Sigma v_i \boldsymbol{a}_i) = \boldsymbol{v}$ が成立する。2 つめの式は、逆行列による成分抽出として解釈できる
- 対角化 $A = P\Lambda P^{-1}$ を用いて A の表す線形変換を見ると、各固有ベクトル $\boldsymbol{p}_i$ については単なる λ_i 倍の変換となる
- 対角化の式 $A = P\Lambda P^{-1}$ は、行列 A による線形変換を「P^{-1} による成分抽出」「Λ による成分の大きさ変更」「P による成分からベクトルへの復元」の 3 段階に分解する見方を与える

第12章

対称行列の対角化

行列で関係を表現し、対角化で関係を分解する

本章では、行列の3つの用途の3番目「関係の表現」について扱います。本章で紹介する対称行列は同種の対象同士の関係の表現として、直交行列は無相関性や独立性の表現として広く活用されます。数学における「対称行列は直交行列で対角化できる」という事実は、データ分析においては同種の対象同士の関係の分解と捉えられ、主成分分析や多変量正規分布の解析で深く活用されています。

本章でこれらの数学的な基礎を紹介し、次章でその応用について解説します。

12.1 関係を表す行列

関係を表す行列

本章から、行列の「関係の表現」としての用途や計算の解説を始めます。関係を表す行列で最も有名なものは、分散共分散行列です。これは、n 変数の数値データを扱う時に登場します。この n 個の変数を $X_1, X_2, \ldots, X_n$ と書き、これらの共分散 $cov(X_i, X_j)$ を $\sigma_{ij} = cov(X_i, X_j)$ と書くことにします。この時、分散共分散行列 Σ は次のように定義されます。

$$\Sigma = \begin{pmatrix} \sigma_{11} & \sigma_{12} & \cdots & \sigma_{1n} \\ \sigma_{21} & \sigma_{22} & & \sigma_{2n} \\ \vdots & & \ddots & \vdots \\ \sigma_{n1} & \sigma_{n2} & \cdots & \sigma_{nn} \end{pmatrix} = \left(\sigma_{ij}\right)_{ij}$$

この分散共分散行列 Σ の ij 成分には、変数 X_i と X_j の関係の強さを表す共分散 $\sigma_{ij} = cov(X_i, X_j)$ が入っています。そのため、分散共分散行列 Σ は、変数 X_i たちの間の関係を表現した行列であると言えます。

関係を表現する行列の例として、他には距離行列 D や選好行列 R などがあります。距離行列 D は、N 個のデータ $x_1, x_2, \ldots, x_N$ の間の距離が計算できる場合に用いられます。データ x_i と x_j の距離を $d_{ij} = d(x_i, x_j)$ と書いた時、距離行列は $D = (d_{ij})_{ij}$ で定義されます。この距離行列 D も、その ij 成分にデータ x_i と x_j の遠さを表す量 $d_{ij} = d(x_i, x_j)$ が入っており、データ間の関係を表した行列です。

選好行列 R は、m 種の商品の好き嫌いを n 人の被験者に聞いたアンケートデータの分析などに登場します。変数 r_{ij} を、被験者 j が商品 i を好きなら 1、嫌いなら 0 とし、選好行列 R を $R = (r_{ij})_{ij}$ で定めます。この選好行列 R も、ij 成分には商品 i と被験者 j の関係のデータが入っています。

行列による関係の定量化

関係を$m \times n$行列Rで表現すると、関係の定量的な取り扱いが可能になります。ここで、m次元ベクトル$\boldsymbol{a}$とn次元ベクトル$\boldsymbol{b}$について、${}^t\boldsymbol{a}R\boldsymbol{b}$の値を、$R$を用いて測った$\boldsymbol{a}$と$\boldsymbol{b}$の**関係の強さ**と呼ぶことにします[1)]。この関係の強さについて調べてみましょう。例として、$\boldsymbol{a}$が第i単位ベクトル$\boldsymbol{e}_i$、$\boldsymbol{b}$が第j単位ベクトル$\boldsymbol{e}_j$の場合で関係の強さを計算してみます。なお、$\boldsymbol{e}_i$はm次元、$\boldsymbol{e}_j$はn次元のベクトルです。次元の区別が重要な場合は、$\boldsymbol{e}_i^{(m)}, \boldsymbol{e}_j^{(n)}$と書いて次元を明記します。

さて、これら$\boldsymbol{e}_i$と$\boldsymbol{e}_j$の関係の強さは次の式で計算できます。

$$ {}^t\boldsymbol{e}_i R \boldsymbol{e}_j = r_{ij} \tag{12.1.1} $$

この計算方法を確認してから意味を解説します。まず、$R\boldsymbol{e}_j$は行列Rの第j列目の縦ベクトル$\boldsymbol{r}_j = \begin{pmatrix} r_{1j} \\ r_{2j} \\ \vdots \\ r_{mj} \end{pmatrix}$と一致するため（P64の式(2.3.1)）、${}^t\boldsymbol{e}_i R\boldsymbol{e}_j = {}^t\boldsymbol{e}_i\boldsymbol{r}_j$です。ここで、${}^t\boldsymbol{e}_i\boldsymbol{r}_j$は$\boldsymbol{e}_i$と$\boldsymbol{r}_j$の内積と一致し（P59の式(2.2.2)）、それはベクトル$\boldsymbol{r}_j$の第i成分なので、${}^t\boldsymbol{e}_i R\boldsymbol{e}_j = {}^t\boldsymbol{e}_i\boldsymbol{r}_j = r_{ij}$と計算できます。

次に、式(12.1.1)の意味を見てみましょう。この数式を日本語に直訳すると、「Rを用いて測った$\boldsymbol{e}_i$と$\boldsymbol{e}_j$の関係はr_{ij}である」です。例えば、$R = \Sigma$の場合なら、$\boldsymbol{e}_i$と$\boldsymbol{e}_j$の関係の強さはσ_{ij}であり、これは変数X_iとX_jの共分散$\sigma_{ij} = cov(X_i, X_j)$です。なので、$\Sigma$を用いて関係の強さを測る場面では、$\boldsymbol{e}_i$や$\boldsymbol{e}_j$は単なるベクトルではなく、変数$X_i$や$X_j$の意味合いを帯びたベクトルと言えるでしょう。

また、選好行列Rを用いた場合は、Rを用いて測った$\boldsymbol{e}_i^{(m)}$と$\boldsymbol{e}_j^{(n)}$の関係の強さr_{ij}は、商品iの被験者jの選好データです。そのため、$\boldsymbol{e}_i^{(m)}$は商品iの意味を持ち、$\boldsymbol{e}_j^{(n)}$は被験者jの意味を持ちます。

このように、関係を表す行列を用いる文脈では、ベクトルは単なる数学的対象ではなく、データの表す現実の対象と紐づいた意味合いを持ちます。

1)　これは本書独自の用語なので、他の人との議論や文献調査などではご注意ください。

一般のベクトル $\boldsymbol{a}, \boldsymbol{b}$ については、R で測った $\boldsymbol{a}$ と $\boldsymbol{b}$ の関係の強さ ${}^t\boldsymbol{a}R\boldsymbol{b}$ は

$$ {}^t\boldsymbol{a}R\boldsymbol{b} = \sum_{ij} a_i r_{ij} b_j \tag{12.1.2} $$

で計算できます。この証明は数理解説に任せるとして、ここでは式 (12.1.2) の意味を紹介しましょう。

ベクトル $\boldsymbol{a}$ や $\boldsymbol{b}$ は、$\boldsymbol{a} = a_1\boldsymbol{e}_1^{(m)} + a_2\boldsymbol{e}_2^{(m)} + \ldots + a_m\boldsymbol{e}_m^{(m)}$ や、$\boldsymbol{b} = b_1\boldsymbol{e}_1^{(n)} + b_2\boldsymbol{e}_2^{(n)} + \ldots + b_n\boldsymbol{e}_n^{(n)}$ と書けます。そのため、$\boldsymbol{a}$ の中に $\boldsymbol{e}_i^{(m)}$ は a_i 個、$\boldsymbol{b}$ の中に $\boldsymbol{e}_j^{(n)}$ は b_j 個入っていると表現できます。ベクトル $\boldsymbol{e}_i^{(m)}$ と $\boldsymbol{e}_j^{(n)}$ の関係の大きさが r_{ij} なので、$a_i \times b_j \times r_{ij}$ で $\boldsymbol{a}$ の $a_i\boldsymbol{e}_i^{(m)}$ 部分と $\boldsymbol{b}$ の $a_j\boldsymbol{e}_j^{(n)}$ 部分の関係の強さが計算できます。これら全ての合計が $\Sigma\, a_i r_{ij} b_j$ なので、$\boldsymbol{a}$ と $\boldsymbol{b}$ の R で測った関係の強さ ${}^t\boldsymbol{a}R\boldsymbol{b}$ は、各部分の関係の強さの合計で計算できます。

分散共分散行列と共分散

関係を表す行列 R が分散共分散行列 Σ の時、$\boldsymbol{a}$ と $\boldsymbol{b}$ の関係の強さ ${}^t\boldsymbol{a}\Sigma\boldsymbol{b}$ は非常に重要な意味を持ちます。行列 Σ を用いてベクトルの関係を測る時、ベクトル $\boldsymbol{e}_i$ は変数 X_i と対応するのでした。であれば、ベクトル $\boldsymbol{a} = a_1\boldsymbol{e}_1 + a_2\boldsymbol{e}_2 + \ldots + a_n\boldsymbol{e}_n$ は、変数 $a_1X_1 + a_2X_2 + \ldots + a_nX_n$ に対応しても良さそうですね。この変数を以下の記号で書くことにします。

$$ X_{\boldsymbol{a}} = a_1X_1 + a_2X_2 + \ldots + a_nX_n \tag{12.1.3} $$

ベクトル $\boldsymbol{b}$ に対応する変数も、$X_{\boldsymbol{b}} = b_1X_1 + b_2X_2 + \ldots + b_nX_n$ と書くと、

$$ {}^t\boldsymbol{a}\Sigma\boldsymbol{b} = cov(X_{\boldsymbol{a}}, X_{\boldsymbol{b}}) \tag{12.1.4} $$

が成立します。これは、分散共分散行列 Σ を用いてベクトル $\boldsymbol{a}$ と $\boldsymbol{b}$ の関係の強さ ${}^t\boldsymbol{a}\Sigma\boldsymbol{b}$ を測ると、それは対応する変数 $X_{\boldsymbol{a}}$ と $X_{\boldsymbol{b}}$ の共分散 $cov(X_{\boldsymbol{a}}, X_{\boldsymbol{b}})$ に一致するという意味です。

この事実は、理論計算においてよく利用されます。また、データ数が多い時、事前に分散共分散行列Σを計算することで、$cov(X_{\boldsymbol{a}}, X_{\boldsymbol{b}})$ の計算を大幅に高速化できるなど、様々な場面で活用されています。

数理解説：式 (12.1.2) の証明

式(12.1.2) は、以下で計算できます。実は、この式は定義通りに計算すれば得られる式なのです。

$$
\begin{aligned}
{}^t\boldsymbol{a}R\boldsymbol{b} &= (a_1\ a_2 \cdots a_m)\begin{pmatrix} r_{11} & r_{12} & \cdots & r_{1n} \\ r_{21} & r_{22} & & r_{2n} \\ \vdots & & \ddots & \vdots \\ r_{m1} & r_{m2} & \cdots & r_{mn} \end{pmatrix}\begin{pmatrix} b_1 \\ b_2 \\ \vdots \\ b_n \end{pmatrix} \\
&= (a_1\ a_2 \cdots a_m)\begin{pmatrix} r_{11}b_1 + r_{12}b_2 + \cdots + r_{1n}b_n \\ r_{21}b_1 + r_{22}b_2 + \cdots + r_{2n}b_n \\ \vdots \\ r_{m1}b_1 + r_{m2}b_2 + \cdots + r_{mn}b_n \end{pmatrix} \\
&= a_1 \times (r_{11}b_1 + r_{12}b_2 + \cdots + r_{1n}b_n) + a_2 \times (r_{21}b_1 + r_{22}b_2 + \cdots + r_{2n}b_n) \\
&\quad + \cdots + a_m \times (r_{m1}b_1 + r_{m2}b_2 + \cdots + r_{mn}b_n) \\
&= \sum_{ij} a_i r_{ij} b_j
\end{aligned}
$$

数理解説：共分散の式 (12.1.4) の証明

式(12.1.4) ${}^t\boldsymbol{a}\,\Sigma\boldsymbol{b} = cov(X_{\boldsymbol{a}}, X_{\boldsymbol{b}})$ を証明します。

この証明には、共分散の双線形性という性質を用います。共分散は、数 a と確率変数 X, Y, Z について以下の 4 式が成立します。

$$
\begin{aligned}
&cov(aX, Y) = a\,cov(X, Y), \quad cov(X+Y, Z) = cov(X, Z) + cov(Y, Z) \\
&cov(X, aY) = a\,cov(X, Y), \quad cov(X, Y+Z) = cov(X, Y) + cov(X, Z)
\end{aligned}
\tag{12.1.5}
$$

上の 2 つの式を用いると、$cov\left(\sum a_i X_i, Y\right) = \sum a_i cov(X_i, Y)$ が成立するとわかります。実際、次のように計算できます。

$$
\begin{aligned}
cov\left(\sum a_i X_i, Y\right) &= cov(a_1X_1 + a_2X_2 + \cdots + a_nX_n, Y) \\
&= cov(a_1X_1, Y) + cov(a_2X_2 + a_3X_3 + \cdots + a_nX_n, Y) \\
&= cov(a_1X_1, Y) + cov(a_2X_2, Y) + cov(a_3X_3 + a_4X_4 + \cdots + a_nX_n, Y) \\
&= \cdots \\
&= cov(a_1X_1, Y) + cov(a_2X_2, Y) + \cdots + cov(a_nX_n, Y) \\
&= a_1 cov(X_1, Y) + a_2 cov(X_2, Y) + \cdots + a_n cov(X_n, Y) \\
&= \sum a_i cov(X_i, Y)
\end{aligned}
$$

同様に、$cov(X, \Sigma b_j Y_j) = \Sigma b_j cov(X, Y_j)$ もわかります。これを用いると、次の式変形で式(12.1.4) を計算できます。

$$
\begin{aligned}
cov\left(X_{\boldsymbol{a}}, X_{\boldsymbol{b}}\right) &= cov\left(\sum_i a_i X_i, \sum_j b_j X_j\right) \\
&= \sum_i a_i cov\left(X_i, \sum_j b_j X_j\right) \\
&= \sum_i \sum_j a_i b_j cov\left(X_i, X_j\right) \\
&= \sum_{ij} a_i b_j \sigma_{ij} \\
&= \sum_{ij} a_i \sigma_{ij} b_j \\
&= {}^t\boldsymbol{a}\boldsymbol{\Sigma}\boldsymbol{b}
\end{aligned}
$$

12.2 対称行列は関係を表す

対称行列の対角化は関係の分解である

本章のテーマは、対称行列の直交行列による対角化です。対称行列とは ${}^tS = S$ を満たす行列 S であり、直交行列とは ${}^tUU = U{}^tU = 1$ を満たす行列 U です。定義は無味乾燥ですが、データ分析において豊かな意味と応用を持ちます。実際、対称行列は同種の対象同士の関係を表す行列であり、直交行列は無相関・独立を実現する行列です。そのため、対称行列の直交行列による対角化は、同種の対象同士の関係を独立な要素へ分解してくれます。

本章の残りでは、12.2 節で対称行列を、12.3 節で直交行列を紹介し、最後の 12.4 節では対角化の意味合いについて解説します。

対称行列とは

まずは、対称行列の定義を紹介します。

定義（対称行列）

n 次正方行列 S が**対称行列 (symmetric matrix)** であるとは、

$$ {}^tS = S \tag{12.2.1} $$

であることを言う。これは、行列 $S = (s_{ij})_{ij}$ の成分 s_{ij} を用いて書くと、全ての i, j について次の式が成立することと等価である。

$$ s_{ji} = s_{ij} \tag{12.2.2} $$

まずは、この定義の記号を復習し、定義の内容を確認しましょう。

記号 ${}^tS$ は、行列 S の転置行列です（2.1 節）。対称行列では ${}^tS = S$ が成立するので、対称行列 S は転置しても変わらない行列です。これを成分のレベルで見ると、対称行列は $s_{ji} = s_{ij}$ を満たす行列であるとも言えます（図 12.2.1）。

図 12.2.1　対称行列の定義と成分比較

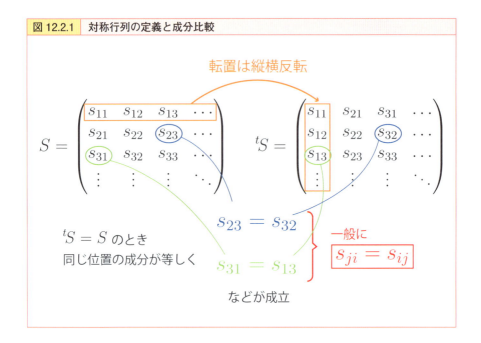

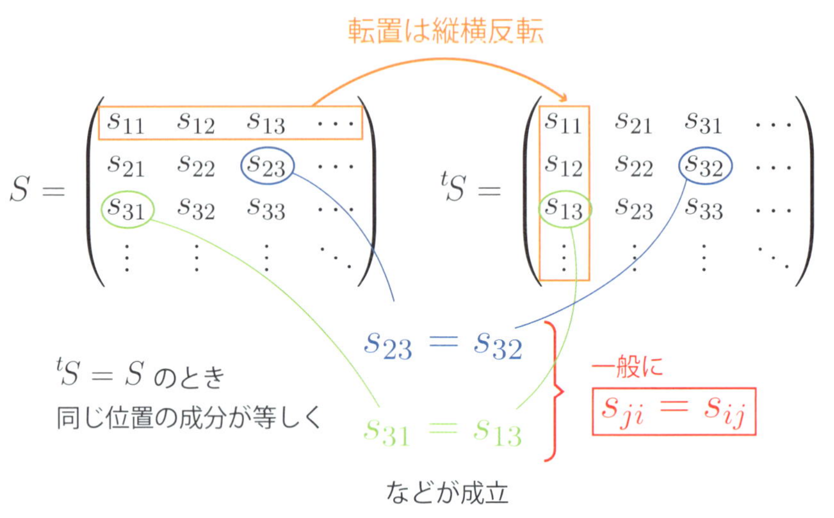

対称行列は同種の対象間の関係を表す

対称行列の例には、前節で紹介した分散共分散行列Σと距離行列Dがあります。分散共分散行列Σの場合、そのij成分σ_{ij}は変数X_iとX_jの共分散$cov(X_i, X_j)$です。共分散は$cov(Y, X) = cov(X, Y)$が成立するので、$\sigma_{ji} = cov(X_j, X_i) = cov(X_i, X_j) = \sigma_{ij}$が成立します。そのため、分散共分散行列$\Sigma$は対称行列だとわかります。

同様に、距離行列Dの場合、「x_jとx_iの距離」と「x_iとx_jの距離」は等しいので、$d_{ji} = d_{ij}$が成立します。なので、Dも対称行列だとわかります。

一方、選好行列は一般に対称行列ではありません。成分r_{ji}は商品jの被験者iによる選好であり、r_{ij}は商品iの被験者jによる選好なので、これらが等しい道理はないからです。

対称行列であるΣとDでは共通して、そのij成分に、同種の対象のi番目とj番目の関係を表す数値が入っています。同種のものを比較している場合、jとiの関係はiとjの関係と等しいことも多く、$\sigma_{ji} = \sigma_{ij}$や$d_{ji} = d_{ij}$などが成立します。このように、同種の対象同士の関係を定量化すると、自然と対称行列が現れるのです。

12.3 直交行列は無相関・独立を実現する

直交行列とは

直交行列は、対称行列の対角化や特異値分解（第14章）などに登場する行列で、無相関や独立を実現する行列です。まずは、直交行列の定義を見てみましょう。

定義（直交行列）

n 次正方行列 U が**直交行列 (orthogonal matrix)** であるとは、

$$ {}^tUU = U{}^tU = 1 \qquad (12.3.1) $$

が成立することである。

この直交行列の場合、U と ${}^tU$ の積が単位行列 1 なので、逆行列 U^{-1} と転置 ${}^tU$ が等しいとも言い換えられます。式で書くと、次のとおりです。

$$ U^{-1} = {}^tU \qquad (12.3.2) $$

数式だけでは全くイメージが掴み難いと思いますが、この直交行列には豊かな幾何的性質があります。その幾何的性質は、データ分析の文脈では無相関性や独立性として利用され、重宝されています。

本節では、直交行列の幾何的性質を紹介し、次節以降で扱うデータ分析での応用の前準備をします。

直交行列と内積の幾何

では、直交行列の性質を見ていきましょう。行列を見たら、縦ベクトルの集まりだと考えるのが王道です。今回も、直交行列 U に対して、その縦ベクトル $\boldsymbol{u}_i$ を次のように定義します。

$$U = \begin{pmatrix} u_{11} & u_{12} & \cdots & u_{1n} \\ u_{21} & u_{22} & & u_{2n} \\ \vdots & & \ddots & \vdots \\ u_{n1} & u_{n2} & \cdots & u_{nn} \end{pmatrix}, \boldsymbol{u}_1 = \begin{pmatrix} u_{11} \\ u_{21} \\ \vdots \\ u_{n1} \end{pmatrix}, \boldsymbol{u}_2 = \begin{pmatrix} u_{12} \\ u_{22} \\ \vdots \\ u_{n2} \end{pmatrix}, \ldots, \boldsymbol{u}_n = \begin{pmatrix} u_{1n} \\ u_{2n} \\ \vdots \\ u_{nn} \end{pmatrix}$$

この記号を用いて、式(12.3.1)の意味を見ていきましょう。まず、${}^tUU$ の ij 成分は $\boldsymbol{u}_i$ と $\boldsymbol{u}_j$ の内積 $\boldsymbol{u}_i \cdot \boldsymbol{u}_j$ で計算できます（図 12.3.1 とP70の式(2.3.6)）。

図 12.3.1　直交行列と内積

$${}^tUU = \begin{pmatrix} {}^t\boldsymbol{u}_1 \\ {}^t\boldsymbol{u}_2 \\ \vdots \\ {}^t\boldsymbol{u}_n \end{pmatrix} \begin{pmatrix} \boldsymbol{u}_1 & \boldsymbol{u}_2 & \cdots & \boldsymbol{u}_n \end{pmatrix}$$ の ij 成分は

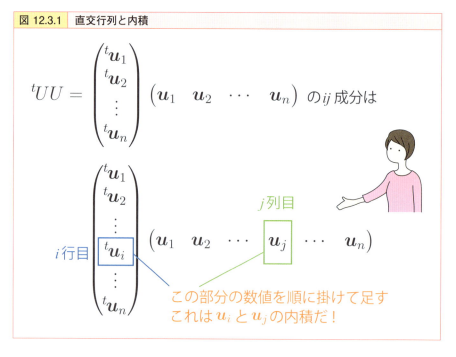

$$\begin{pmatrix} {}^t\boldsymbol{u}_1 \\ {}^t\boldsymbol{u}_2 \\ \vdots \\ \boxed{{}^t\boldsymbol{u}_i} \\ \vdots \\ {}^t\boldsymbol{u}_n \end{pmatrix} \begin{pmatrix} \boldsymbol{u}_1 & \boldsymbol{u}_2 & \cdots & \boxed{\boldsymbol{u}_j} & \cdots & \boldsymbol{u}_n \end{pmatrix}$$

i 行目

j 列目

この部分の数値を順に掛けて足す
これは $\boldsymbol{u}_i$ と $\boldsymbol{u}_j$ の内積だ！

この計算を数式のみで行うと、次のようになります。

$${}^tUU \text{ の } ij \text{ 成分} = {}^tU\boldsymbol{u}_j \text{ の第 } i \text{ 成分} \quad \ldots\ldots (1)$$
$$= {}^t\boldsymbol{u}_i \text{ と } \boldsymbol{u}_j \text{ の内積} \quad \ldots\ldots (2)$$
$$= \boldsymbol{u}_i \cdot \boldsymbol{u}_j$$

(1) 行列の積の第 j 列は、左の行列と右の行列の第 j 列の縦ベクトルの積（と、2.2 節で行列同士の積を定義した）

(2) P70 の式 (2.3.6) $(A\boldsymbol{v})_i = \vec{a_i} \cdot \boldsymbol{v}$ を利用

さて、行列 U が直交行列の時、${}^tUU$ は単位行列 1 と等しいです。そのため、${}^tUU$ の ij 成分 $\boldsymbol{u}_i \cdot \boldsymbol{u}_j$ は、$i = j$ の時 1、$i \neq j$ の時 0 とわかります。

これを式で書くと、次のようになります。

$$\boldsymbol{u}_i \cdot \boldsymbol{u}_j = \begin{cases} 1 & (i = j \text{のとき}) \\ 0 & (i \neq j \text{のとき}) \end{cases} \tag{12.3.3}$$

特に、$i = j$ の時 $\boldsymbol{u}_i \cdot \boldsymbol{u}_i = 1$ なので、ベクトル $\boldsymbol{u}_i$ の長さは 1 とわかります。また、$i \neq j$ の時 $\boldsymbol{u}_i \cdot \boldsymbol{u}_j = 0$ なので、$\boldsymbol{u}_i$ と $\boldsymbol{u}_j$ は互いに直交します。

これらをまとめると、U が直交行列の時、各縦ベクトル $\boldsymbol{u}_i$ は長さが 1 で、互いに直交するとわかります。実は、式(12.3.1) の ${}^tUU = U{}^tU = 1$ は、行列 U の中の縦ベクトル $\boldsymbol{u}_i$ たちの長さと角度の関係式なのです。この中で特に、$i \neq j$ の時の直交性 $\boldsymbol{u}_i \cdot \boldsymbol{u}_j = 0$ が、無相関性や独立性と強い関係があります（これについては、第 13 章から第 15 章で紹介します）。

最後に、よく使われる記号について説明しておきます。

クロネッカーのデルタ（Kronecker's Delta） と呼ばれる記号を

$$\delta_{ij} = \begin{cases} 1 & (i = j) \\ 0 & (i \neq j) \end{cases} \tag{12.3.4}$$

で定義します。すると、式 (12.3.3) は次の式でも表せます。

$$\boldsymbol{u}_i \cdot \boldsymbol{u}_j = \delta_{ij} \tag{12.3.5}$$

以上で、対称行列と直交行列の紹介を終わります。次節では、これらの間の関係を紹介し、第 13 章ではデータ分析への応用について解説します。

12.4 対称行列の対角化と直交行列

対称行列の対角化

いよいよ、本章の主題である対称行列の対角化を紹介します。本章のゴールは、以下の数式を用いた計算技術の紹介と、それを通した数式の意味の理解です。

定理（対称行列の対角化と直交行列）

n 次対称行列 S は、n 次直交行列 U と対角行列 Λ を用いて、

$$S = U\Lambda U^{-1} \tag{12.4.1}$$

と対角化できる。

この定理には、ポイントが2つあります。対称行列は必ず対角化できることと、その対角化に用いる行列として直交行列を選択できることです。この対角化 $S = U\Lambda U^{-1}$ を用いると、S を用いて測ったベクトル $\boldsymbol{a}, \boldsymbol{b}$ の関係の強さ ${}^t\boldsymbol{a}S\boldsymbol{b}$ を分解できます。これは、主成分分析（第13章）や多変量正規分布の解析（第18章）などで活用されます。

基礎関係式 - ${}^t\boldsymbol{u}_i S\boldsymbol{u}_j = \lambda_i\delta_{ij}$

対角化について調べるなら、固有ベクトルをぶつけるのが王道です。

対角化 $S = U\Lambda U^{-1}$ においては、U の中の縦ベクトル $\boldsymbol{u}_i$ が固有ベクトルです。対称行列 S は関係を表すので、まずは固有ベクトル $\boldsymbol{u}_i, \boldsymbol{u}_j$ の S で測った関係の強さ ${}^t\boldsymbol{u}_i S\boldsymbol{u}_j$ を計算してみましょう。すると、次の計算結果が得られます。

$${}^t\boldsymbol{u}_i S\boldsymbol{u}_j = \begin{cases} \lambda_i & (i = j) \\ 0 & (i \neq j) \end{cases} \tag{12.4.2}$$

計算は後回しにして、この式の意味を確認しましょう。この式は、$i \neq j$ なら $\boldsymbol{u}_i$

と $\boldsymbol{u}_j$ の関係の強さは 0 で、$i = j$ の時は $\boldsymbol{u}_i$ と $\boldsymbol{u}_i$ の関係の強さは λ_i であると主張しています。これはかなり著しい計算結果です。

本来、一般のベクトル $\boldsymbol{a}, \boldsymbol{b}$ については、その関係の強さ ${}^t\boldsymbol{a}S\boldsymbol{b}$ は ${}^t\boldsymbol{a}S\boldsymbol{b} = \Sigma a_i s_{ij} b_j$ で計算され、その値の把握は相当に困難です。一方、固有ベクトル同士の場合はかなり具体的に計算できています。実際、互いに異なる固有ベクトルの関係の強さは 0 であり、同じ固有ベクトル同士の関係の強さは対応する固有値であると具体的に計算できます。これはとても大きな成果です。

なお、この式(12.4.2)は、クロネッカーのデルタを用いると次のようにも書けます。

$$
{}^t\boldsymbol{u}_i S \boldsymbol{u}_j = \lambda_i \delta_{ij} \tag{12.4.3}
$$

実際、この式の右辺は、$i = j$ の時 $\lambda_i \times 1 = \lambda_i$ であり、$i \neq j$ の時 $\lambda_i \times 0 = 0$ なので、確かに式(12.4.2) と同じ式であるとわかります。

最後に、この式の証明をしてみましょう。この式は次の計算で示せます。

$$
\begin{aligned}
{}^t\boldsymbol{u}_i S \boldsymbol{u}_j &= {}^t\boldsymbol{u}_i \lambda_j \boldsymbol{u}_j \quad \text{......} \ (1) \\
&= \lambda_j {}^t\boldsymbol{u}_i \boldsymbol{u}_j \quad \text{......} \ (2) \\
&= \lambda_j \delta_{ij} \quad \text{......} \ (3) \\
&= \lambda_i \delta_{ij} \quad \text{......} \ (4)
\end{aligned}
$$

(1) 固有ベクトル $\boldsymbol{u}_j$ と S の積 $S\boldsymbol{u}_j$ は、$\boldsymbol{u}_j$ の固有値 λ_j 倍である（P264 の式(11.2.2)）
(2) λ_j は数値なので、掛け算の順序を変更できる
(3) U は直交行列なので、固有ベクトル同士の内積 ${}^t\boldsymbol{u}_i\boldsymbol{u}_j$ は δ_{ij} と一致する（式(12.3.5)）
(4) $i \neq j$ の時のみ $\delta_{ij} \neq 0$ なので、λ_j を λ_i に書き換えても同じ値を意味する

最後の（4）のみ補足します。

$\lambda_j\delta_{ij}$ と $\lambda_i\delta_{ij}$ の値を比較しましょう。まず、$i \neq j$ の時は双方とも 0 なので、$\lambda_j\delta_{ij}$ と $\lambda_i\delta_{ij}$ の値は等しいです。また、$i = j$ の時は $\delta_{ij} = 1$ なので、$\lambda_j\delta_{ij}$ は λ_j、$\lambda_i\delta_{ij}$ は λ_i と等しいです。この時、$i = j$ だから λ_j と λ_i は同じ値を指すので、結局 $\lambda_j\delta_{ij}$ と $\lambda_i\delta_{ij}$ の値は等しいとわかります。そのため、全体として $\lambda_j\delta_{ij} = \lambda_i\delta_{ij}$ が成立します。

分散共分散行列 Σ の場合

式(12.4.2)(12.4.3) は、S が分散共分散行列 Σ である場合に、特に威力を発揮します。分散共分散行列 Σ の対角化を $\Sigma = U\Lambda U^{-1}$ と書くと、固有ベクトル同士の関係は ${}^t\boldsymbol{u}_i\Sigma\boldsymbol{u}_j = \lambda_i\delta_{ij}$ で計算できます。ここで、${}^t\boldsymbol{a}\Sigma\boldsymbol{b} = cov(X_{\boldsymbol{a}}, X_{\boldsymbol{b}})$ なので（式(12.1.4)）、固有ベクトル $\boldsymbol{u}_i$ に対する変数を次のように書けば、

$$X_{\boldsymbol{u}_i} = u_{1i}X_1 + u_{2i}X_2 + \cdots + u_{ni}X_n$$

次の式が得られます。

$$cov\left(X_{\boldsymbol{u}_i}, X_{\boldsymbol{u}_j}\right) = {}^t\boldsymbol{u}_i\Sigma\boldsymbol{u}_j = \lambda_i\delta_{ij} \tag{12.4.4}$$

これは、変数 $X_{\boldsymbol{u}_i}$ の分散は λ_i であり、$i \neq j$ なら変数 $X_{\boldsymbol{u}_j}$ と $X_{\boldsymbol{u}_i}$ は無相関であることを意味します。つまり、分散共分散行列 Σ の固有ベクトル $\boldsymbol{u}_i$ を用いて合成変数 $X_{\boldsymbol{u}_i}$ を作ると、互いに無相関な変数を大量に作れるのです。この事実には応用がたくさんあります。本書ではこの応用として、主成分分析（第 13 章）と多変量正規分布（第 18 章）を扱います。

関係の分解 - ${}^t(\Sigma x_i\boldsymbol{u}_i)S(\Sigma y_j\boldsymbol{u}_j) = \Sigma\lambda_i x_i y_i$

ここまでの議論で、固有ベクトル同士の関係はかなり見通しよく計算できるとわかりました。それを支える式(12.4.2)(12.4.3) を用いると、固有ベクトルの係数付き和の間の関係も見通しよく計算できます。実際、$\Sigma x_i\boldsymbol{u}_i = x_1\boldsymbol{u}_1 + x_2\boldsymbol{u}_2 + \ldots + x_n\boldsymbol{u}_n$ と、$\Sigma y_j\boldsymbol{u}_j = y_1\boldsymbol{u}_1 + y_2\boldsymbol{u}_2 + \ldots + y_n\boldsymbol{u}_n$ の関係の強さ ${}^t(\Sigma x_i\boldsymbol{u}_i)S(\Sigma y_j\boldsymbol{u}_j)$ は、次のように計算できます。

$${}^t\left(\sum_i x_i\boldsymbol{u}_i\right)S\left(\sum_j y_j\boldsymbol{u}_j\right) = \sum_i \lambda_i x_i y_i \tag{12.4.5}$$

まずはこの式を証明し、その後に意味について説明します。

この式は次の計算で証明できます。

$$ {}^t\left(\sum_i x_i \boldsymbol{u}_i\right) S \left(\sum_j y_j \boldsymbol{u}_j\right) = {}^t\left(\sum_i x_i \boldsymbol{u}_i\right)\left(\sum_j \lambda_j y_j \boldsymbol{u}_j\right) \quad \cdots\cdots (1) $$

$$ = \sum_{ij} x_i \, {}^t\boldsymbol{u}_i \lambda_j y_j \boldsymbol{u}_j \quad \cdots\cdots (2) $$

$$ = \sum_{ij} \lambda_j x_i y_j \, {}^t\boldsymbol{u}_i \boldsymbol{u}_j \quad \cdots\cdots (3) $$

$$ = \sum_{ij} \lambda_j x_i y_j \delta_{ij} \quad \cdots\cdots (4) $$

$$ = \sum_i \lambda_i x_i y_i \quad \cdots\cdots (5) $$

(1) 固有ベクトルの係数付き和と S の積は、各係数に固有値倍（P268 の式(11.2.3)）

(2) カッコを外して Σ をまとめた

(3) 数値 λ_j, y_j を、掛け算の順序の前半へ

(4) U は直交行列なので、固有ベクトル同士の内積 ${}^t\boldsymbol{u}_i\boldsymbol{u}_j$ は δ_{ij} で書ける（式(12.3.5)）

証明の最後に、この式変形の（5）について詳細に説明します。

$i \neq j$ の時は $\delta_{ij} = 0$ なので、$\Sigma_{ij}\ \lambda_j x_i y_j \delta_{ij}$ のうち $i \neq j$ の部分の合計は 0 です。そのため、この和は $i = j$ の部分の和 $\Sigma_i\ \lambda_i x_i y_i \delta_{ii}$ と等しいとわかります。ここで、$\delta_{ii} = 1$ なので、$\Sigma_{ij}\ \lambda_j x_i y_j \delta_{ij} = \Sigma_i\ \lambda_i x_i y_i$ と計算できます。

では、式(12.4.5) の意味を見ていきましょう。式(12.4.5) の左辺の計算では、本来なら全ての $x_i\boldsymbol{u}_i$ と $y_j\boldsymbol{u}_j$ の組み合わせについての関係を計算して、合計する必要があります（上の式変形の（2））。しかし、$i \neq j$ なら $\boldsymbol{u}_i$ と $\boldsymbol{u}_j$ の関係が 0 なので、合計するのは $i = j$ の組み合わせのみで充分です（上の式の（3）から（5）への式変形と対応）。この時、$x_i\boldsymbol{u}_i$ と $y_i\boldsymbol{u}_i$ の関係は ${}^t(x_i\boldsymbol{u}_i)Sy_i\boldsymbol{u}_i = x_i y_i {}^t\boldsymbol{u}_i S\boldsymbol{u}_i = x_i y_i \lambda_i = \lambda_i x_i y_i$ だから、これらを合計した $\Sigma\lambda_i x_i y_i$ で、$\Sigma\, x_i\boldsymbol{u}_i$ と $\Sigma\, y_j\boldsymbol{u}_j$ の関係 ${}^t(\Sigma x_i\boldsymbol{u}_i)S(\Sigma y_j\boldsymbol{u}_j)$ が計算できるのです（図 12.4.1）。

図 12.4.1　対称行列の対角化と関係の分解

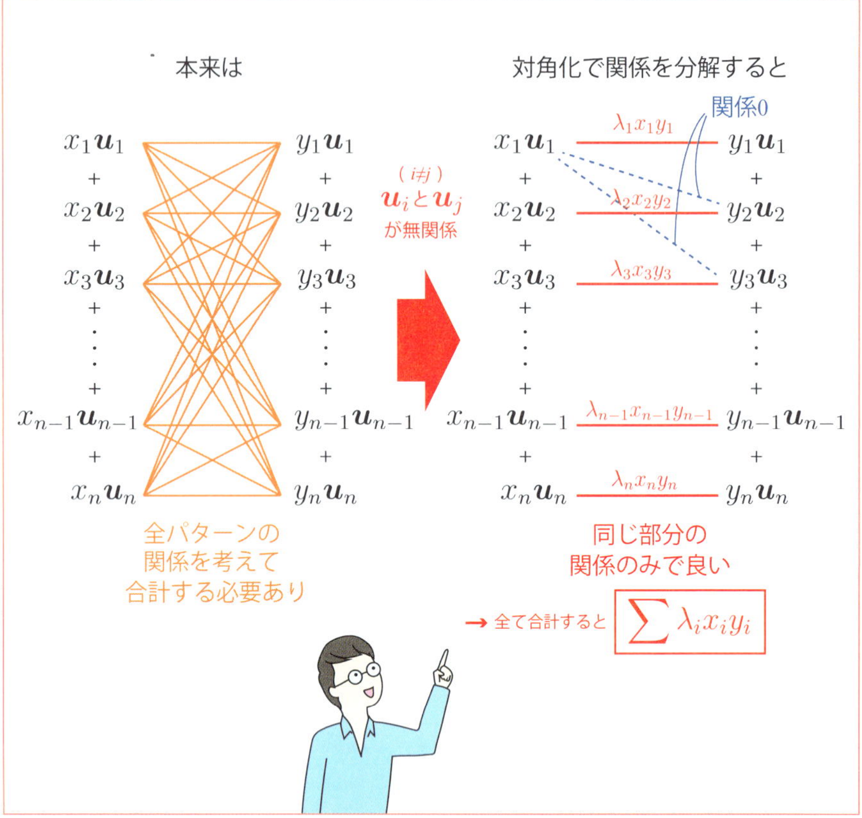

行列Sの定める関係の計算は複雑です。しかし、異なる固有ベクトル同士の関係の強さが0であるという著しい性質があるため、同じ固有ベクトル成分同士の関係の合計で計算できてしまうのです。このように、対称行列Sの定める関係は、固有ベクトル同士の関係に分解できます。

数理解説：式変形（2）と行列の積の双線形性

実は、（1）から（2）への式変形ではまだ紹介していない性質が用いられています。2.3 節で紹介した行列の積の線形性の式(2.3.5) $A(\Sigma r_i \boldsymbol{v}_i) = \Sigma\, r_i A \boldsymbol{v}_i$ では、積の右側がベクトルの場合のみ扱っていました。実は、右側が行列の場合も、左側が係数付き和である場合も同様の等式が成立します。つまり、

$$A(\Sigma r_i B_i) = \Sigma\, r_i A B_i,\quad (\Sigma r_i A_i)B = \Sigma\, r_i A_i B$$

が成立します。ですので、(2) への式変形は次のとおり計算できます。

$$^t\left(\sum_i x_i \boldsymbol{u}_i\right)\left(\sum_j \lambda_j y_j \boldsymbol{u}_j\right) = \sum_j \left(^t\left(\sum_i x_i \boldsymbol{u}_i\right) \lambda_j y_j \boldsymbol{u}_j \right) = \sum_{ij} x_i\, {}^t\boldsymbol{u}_i \lambda_j y_j \boldsymbol{u}_j$$

関係の分解の計算への応用 - ${}^t\boldsymbol{a}S\boldsymbol{b} = \Sigma\, \lambda_i(\boldsymbol{a}\cdot\boldsymbol{u}_i)(\boldsymbol{b}\cdot\boldsymbol{u}_i)$

では最後に、関係の分解を応用して、一般のベクトル同士の関係の強さ ${}^t\boldsymbol{a}S\boldsymbol{b}$ を計算しましょう。この計算のためには、$\boldsymbol{a} = \Sigma\, x_i\boldsymbol{u}_i = x_1\boldsymbol{u}_1 + x_2\boldsymbol{u}_2 + \ldots + x_n\boldsymbol{u}_n$ や $\boldsymbol{b} = \Sigma\, y_j\boldsymbol{u}_j = y_1\boldsymbol{u}_1 + y_2\boldsymbol{u}_2 + \ldots + y_n\boldsymbol{u}_n$ と表せれば良いでしょう。これらは、逆行列での成分抽出（P257 の式(11.1.2)）を用いて、$\boldsymbol{x} = U^{-1}\boldsymbol{a}$, $\boldsymbol{y} = U^{-1}\boldsymbol{b}$ で計算できます。この結果を式(12.4.5) に代入すれば、ベクトル $\boldsymbol{a}$ と $\boldsymbol{b}$ の関係 ${}^t\boldsymbol{a}S\boldsymbol{b}$ も計算できます。

実は、対角化に用いられている行列 U が直交行列なので、別の方法でもこれらの成分ベクトル $\boldsymbol{x}, \boldsymbol{y}$ が計算できます。直交行列 U は ${}^tUU = U{}^tU = 1$ を満たすので、逆行列 U^{-1} と ${}^tU$ が一致します（式(12.3.2)）。そのため、係数ベクトルの計算式は

$$\boldsymbol{x} = {}^tU\boldsymbol{a},\quad \boldsymbol{y} = {}^tU\boldsymbol{b}$$

とも書けます。図 12.3.1 の ${}^tUU$ の計算と同様、${}^tU$ を横ベクトル ${}^t\boldsymbol{u}_i$ の集まりと思えば、成分ベクトル $\boldsymbol{x}$ は次のように内積で計算できます（式 (2.3.6)）。

$$\boldsymbol{x} = \begin{pmatrix} x_1 \\ x_2 \\ \vdots \\ x_n \end{pmatrix} = {}^tU\boldsymbol{a} = \begin{pmatrix} {}^t\boldsymbol{u}_1 \\ {}^t\boldsymbol{u}_2 \\ \vdots \\ {}^t\boldsymbol{u}_n \end{pmatrix} \boldsymbol{a} = \begin{pmatrix} \boldsymbol{u}_1\cdot\boldsymbol{a} \\ \boldsymbol{u}_2\cdot\boldsymbol{a} \\ \vdots \\ \boldsymbol{u}_n\cdot\boldsymbol{a} \end{pmatrix}$$

つまり、$\boldsymbol{a} = x_1\boldsymbol{u}_1 + x_2\boldsymbol{u}_2 + \ldots + x_n\boldsymbol{u}_n$ の $\boldsymbol{u}_i$ の係数 x_i は、$\boldsymbol{a}\cdot\boldsymbol{u}_i$ で計算できるとわかます。そのため、次のように計算できます。

$$\boldsymbol{a} = (\boldsymbol{a}\cdot\boldsymbol{u}_1)\boldsymbol{u}_1 + (\boldsymbol{a}\cdot\boldsymbol{u}_2)\boldsymbol{u}_2 + \ldots + (\boldsymbol{a}\cdot\boldsymbol{u}_n)\boldsymbol{u}_n \qquad (12.4.6)$$

そして同様に、$\boldsymbol{b} = y_1\boldsymbol{u}_1 + y_2\boldsymbol{u}_2 + \ldots + y_n\boldsymbol{u}_n$ の $\boldsymbol{u}_i$ の係数 y_i は、$\boldsymbol{b} \cdot \boldsymbol{u}_i$ で計算できます。これと式(12.4.5) を合わせると、次の式が得られます。

$$ {}^t\boldsymbol{a}S\boldsymbol{b} = \sum_i \lambda_i (\boldsymbol{a} \cdot \boldsymbol{u}_i)(\boldsymbol{b} \cdot \boldsymbol{u}_i) \tag{12.4.7} $$

以前の式(12.4.5) では、対称行列 S の定める関係を、各固有ベクトル成分同士の関係に分解して計算していました。これに加え、U が直交行列なので（逆行列ではなく）内積で成分抽出ができることを用いると、式(12.4.7) での計算が得られます（図 12.4.2 上）。

なお、内積での成分抽出は以下の方法でも説明できます。$\boldsymbol{a} = x_1\boldsymbol{u}_1 + x_2\boldsymbol{u}_2 + \ldots + x_n\boldsymbol{u}_n$ の両辺と $\boldsymbol{u}_i$ の内積を計算すると、図 12.4.2 下のように、$\boldsymbol{a} \cdot \boldsymbol{u}_i = x_i$ とわかります。各固有ベクトルが互いに直交し、長さが 1 なので、$\boldsymbol{u}_i$ との内積でちょうど $\boldsymbol{u}_i$ 成分の係数 x_i が抽出できるのです[2)]。

図 12.4.2　直交行列での成分抽出

$\boldsymbol{a} = x_1\boldsymbol{u}_1 + x_2\boldsymbol{u}_2 + \cdots + x_n\boldsymbol{u}_n$（☆）とすると

$$ \begin{pmatrix} x_1 \\ x_2 \\ \vdots \\ x_n \end{pmatrix} = U^{-1}\boldsymbol{a} = {}^tU\boldsymbol{a} = \begin{pmatrix} \boldsymbol{u}_1 \cdot \boldsymbol{a} \\ \boldsymbol{u}_2 \cdot \boldsymbol{a} \\ \vdots \\ \boldsymbol{u}_n \cdot \boldsymbol{a} \end{pmatrix} $$

逆行列で成分抽出　直交行列は $U^{-1} = {}^tU$　行列の積は内積

ですので $x_i = \boldsymbol{a} \cdot \boldsymbol{u}_i$

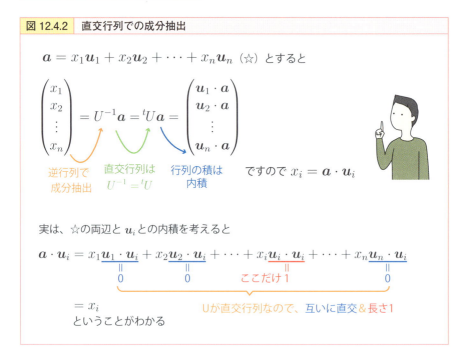

実は、☆の両辺と $\boldsymbol{u}_i$ との内積を考えると

$$ \boldsymbol{a} \cdot \boldsymbol{u}_i = x_1 \underbrace{\boldsymbol{u}_1 \cdot \boldsymbol{u}_i}_{=0} + x_2 \underbrace{\boldsymbol{u}_2 \cdot \boldsymbol{u}_i}_{=0} + \cdots + x_i \underbrace{\boldsymbol{u}_i \cdot \boldsymbol{u}_i}_{\text{ここだけ}1} + \cdots + x_n \underbrace{\boldsymbol{u}_n \cdot \boldsymbol{u}_i}_{=0} $$

Uが直交行列なので、互いに直交＆長さ1

$= x_i$
ということがわかる

2)　これは、Fourier 展開や Fourier 変換において、関数同士の内積で成分抽出が可能である理由と全く同じです。

コラム

Hesse 行列と多変数関数の最大・最小

第 5 章の最後で、関数 $f(\boldsymbol{x})$ について定義される Hesse 行列 $H = (\partial_{ji} f(\boldsymbol{a}))_{ij}$ を紹介しました。偏微分は順序に依らないため、Hesse 行列 H は対称行列です。この Hesse 行列の対角化を $H = U\Lambda U^{-1}$ とし、式 (12.4.7) を用いると、Δx_i の 2 次式 ${}^t\Delta\boldsymbol{x}H\Delta\boldsymbol{x}$ は ${}^t\Delta\boldsymbol{x}H\Delta\boldsymbol{x} = \Sigma\,\lambda_i(\Delta\boldsymbol{x}\cdot\boldsymbol{u}_i)^2$ と書けます。

ここで、全ての固有値が 0 より大きい場合、$\boldsymbol{0}$ でない $\Delta\boldsymbol{x}$ については必ず ${}^t\Delta\boldsymbol{x}H\Delta\boldsymbol{x} > 0$ が成立します。そのため、$\mathrm{grad}\, f(\boldsymbol{a}) = \boldsymbol{0}$ なら、f は $\boldsymbol{x} = \boldsymbol{a}$ で極小とわかります（第 5 章の最後の定理）。逆に、全ての固有値が負の時は、$\mathrm{grad}\, f(\boldsymbol{a}) = \boldsymbol{0}$ なら、f は $\boldsymbol{x} = \boldsymbol{a}$ で極大とわかります。

第12章のまとめ

- 行列の ij 成分に、i 番目の対象と j 番目の対象の関係を表す数値を入れることで、行列で関係を表現できる
- 関係を表現する行列の例として、分散共分散行列 Σ、距離行列 D、選好行列 R などがある
- Σ や D など、同種の対象同士の関係を行列で表現すると、自然と対称行列が出現する
- 分散共分散行列 Σ を用いると、合成変数の共分散が計算できる（式 (12.1.4)）
- 直交行列 U は、各縦ベクトル $\boldsymbol{u}_i$ は長さ 1 で互いに直交し、無相関や独立を実現する行列である
- 対称行列 S を直交行列 U を用いて $S = U\Lambda U^{-1}$ と対角化すると、S が定める関係を固有ベクトル同士の関係に分解できる
- 直交行列 U を用いた成分抽出は、（逆行列ではなく）内積で計算できる

第13章

分散共分散行列と主成分分析

分散共分散行列の対角化は分散共分散関係の分解

対称行列の対角化の応用として、分散共分散行列の対角化と主成分分析について説明します。主成分分析は、分散を情報量と捉え、より多くの情報抽出を狙う分析手法です。その代表的な用途に、高次元データの次元圧縮やデータの特徴抽出などがあります。主成分分析において、分散共分散行列の対角化を用いて共分散の関係を分解すると、非常にきれいな解が得られます。また、対角化には直交行列を用いるので、主成分同士が無相関になります。これが、対称行列の直交行列による対角化の最もきれいな応用です。

13.1 主成分分析

情報量を分散で測る

本章で紹介する主成分分析の背景には、情報量は分散であるという考え方があります。まずはこの考え方を紹介します。

分析とは比較であり、比較には差が必要です。例えば、目の前に3人の人がいたとします。ここで「この3人はヒトです」と言われても、比較に使える情報は増えません。一方で「3人の身長は左から140、160、180cmです」と言われた場合、左の人が一番小さい、右の人は成人である可能性が高いなど、この情報によって様々な比較・分析が可能になります。このように、差があればこそ比較・分析が可能なのです。ここで、データの差の大きさの尺度の1つに分散があります。ですので、情報量は分散であるという考え方が様々な分析で利用されています。

主成分分析

主成分分析(Principal Component Analysis / PCA)は、多変数の数値データから、その情報を多く持つ合成変数 $X_{w_1}, X_{w_2}, \ldots$ を作り、データの持つ情報を効率的に抽出する分析モデルです。この主成分分析は、高次元データの次元圧縮や可視化に用いられます。主成分分析における合成変数の作成では、「情報量 = 分散」の考え方が用いられ、その計算は分散共分散行列の対角化で実現できます。これが本章のテーマです。

では、記号と用語の準備から始めましょう。主成分分析は多変量の数値データに対して用いられます。その変数を $X_1, X_2, \ldots, X_n$ と書きましょう。ここで、n 次元ベクトル $\boldsymbol{w}_i = \begin{pmatrix} w_{1i} \\ w_{2i} \\ \vdots \\ w_{ni} \end{pmatrix}$ に対して、対応する合成変数 X_{w_i} を、$X_{w_i} = w_{1i}X_1 + w_{2i}X_2 + \ldots$

$+ w_{ni}X_n$ と書きます[1)]。主成分分析では、これらの合成変数が多くの情報を持つように、係数ベクトル $\boldsymbol{w}_i$ を $\boldsymbol{w}_1$ から順番に計算します。その計算の結果として得られる合成変数 $X_{\boldsymbol{w}_i}$ を**主成分 (principal component)** と言い、特に $X_{\boldsymbol{w}_1}$ は第 1 主成分、$X_{\boldsymbol{w}_2}$ は第 2 主成分...... と言います。

次に、主成分分析の計算方法について説明します。主成分分析では、情報量を多く含む合成変数を $X_{\boldsymbol{w}_1}$ から順番に作成します。主成分分析では情報量を分散で測ります。そのため、基本的な方針として、合成変数 $X_{\boldsymbol{w}}$ の分散 $V[X_{\boldsymbol{w}}]$ が大きなベクトル $\boldsymbol{w}$ を探します。第 1 主成分 $X_{\boldsymbol{w}_1}$ の場合、その係数ベクトル $\boldsymbol{w}_1$ には、分散 $V\left[X_{\boldsymbol{w}_1}\right]$ が最大になるベクトルを採用します。

ただし、仮に $\boldsymbol{w}_1$ を $2\boldsymbol{w}_1$ に取り替えたとすると、$V\left[X_{2\boldsymbol{w}_1}\right]=V\left[2X_{\boldsymbol{w}_1}\right]=4V\left[X_{\boldsymbol{w}_1}\right]$ となるため、ベクトルの長さを大きくすれば分散をいくらでも大きくできます。そんなことには意味が無いので、係数ベクトルは長さが 1 のものの中から探します。つまり、第 1 主成分 $X_{\boldsymbol{w}_1}$ を与える係数ベクトル $\boldsymbol{w}_1$ には、条件 $\|\boldsymbol{w}_1\| = 1$ の下で分散 $V\left[X_{\boldsymbol{w}_1}\right]$ の最大値を与えるベクトルが採用されます。そして、この条件を用いて $\boldsymbol{w}_1$ が計算されます。

第 2 主成分 $X_{\boldsymbol{w}_2}$ を与える係数ベクトル $\boldsymbol{w}_2$ では、長さが 1 である条件に加えて、$\boldsymbol{w}_1$ と直交するという条件も課されます。その中で、分散 $V\left[X_{\boldsymbol{w}_2}\right]$ が最大になるベクトルが採用され、この条件を用いて $\boldsymbol{w}_2$ が計算されます。

直交の条件を課す背景には理由があります。係数ベクトル $\boldsymbol{w}_2$ を $\boldsymbol{w}_1$ と直交させることで、第 2 主成分は第 1 主成分とは全く別の傾向を持つ変数になります。そのため、第 2 主成分で、第 1 主成分とは別の情報を抽出できるのです。

第 3 主成分では、また異なる角度の情報の抽出を狙います。そのため、第 3 主成分 $X_{\boldsymbol{w}_3}$ を与える係数ベクトル $\boldsymbol{w}_3$ は、長さが 1 で、$\boldsymbol{w}_1, \boldsymbol{w}_2$ と直交するものの中で、分散 $V\left[X_{\boldsymbol{w}_3}\right]$ が最大になるベクトルとします。以降も同様に、第 i 主成分 $X_{\boldsymbol{w}_i}$ は、長さが 1 で、それまでのベクトルと直交するベクトルのうちで分散が最大になるベクトルを用います。

1) 前著『分析モデル入門』（ソシム、2022）とは、w の添字の順序が逆なので注意してください。実は、データを表す行列と、ベクトルと微分が関わる行列は、文脈によって便利な添字の順番が異なります。どちらの記法もよく用いられているので、複数の書籍や資料をまたいで調べる場合は、定義に気をつかう必要があります。

図 13.1.1　主成分分析の考え方

主成分分析の考え方

情報量の多い合成変数をたくさん作る
‖
分散

異なる主成分は別の情報を持つ
‖
直交

第 1 主成分 $X_{\boldsymbol{w}_1}$

$\boldsymbol{w}_1$ は長さ 1 のベクトルの中で
分散 $V[X_{\boldsymbol{w}_1}]$ が最大のもの

第 2 主成分 $X_{\boldsymbol{w}_2}$

$\boldsymbol{w}_2$ は長さ 1 で $\boldsymbol{w}_1$ と直交するベクトルの中で
分散 $V[X_{\boldsymbol{w}_2}]$ が最大のもの

主成分分析の利用例

最後に、主成分分析の利用例として、可視化の例を紹介します。

図 13.1.2 は、手描き数字画像データ MNIST に対して主成分分析を行い、横軸を第 1 主成分、縦軸を第 2 主成分とした散布図です。これについて説明します。まず、MNIST のデータは、28 ピクセル四方の白黒画像です。このデータでは、各ピクセルに対して色の濃さを表す数値が 1 つ対応しています。そのため、MNIST のデータは、28 × 28 = 784 次元のデータです。このデータを可視化したいのですが、次元が高すぎてそのままでは不可能です。そこで、主成分分析を用いて、第 1 主成分 $X_{w_1} = w_{11} X_1 + w_{21} X_2 + \ldots + w_{784\,1} X_{784}$ と、第 2 主成分 $X_{w_2} = w_{12} X_1 + w_{22} X_2 + \ldots + w_{784\,2} X_{784}$ を各データに対して計算し、これらの値を散布図に可視化したものがこの図です。

図 13.1.2　主成分分析による mnist データの可視化

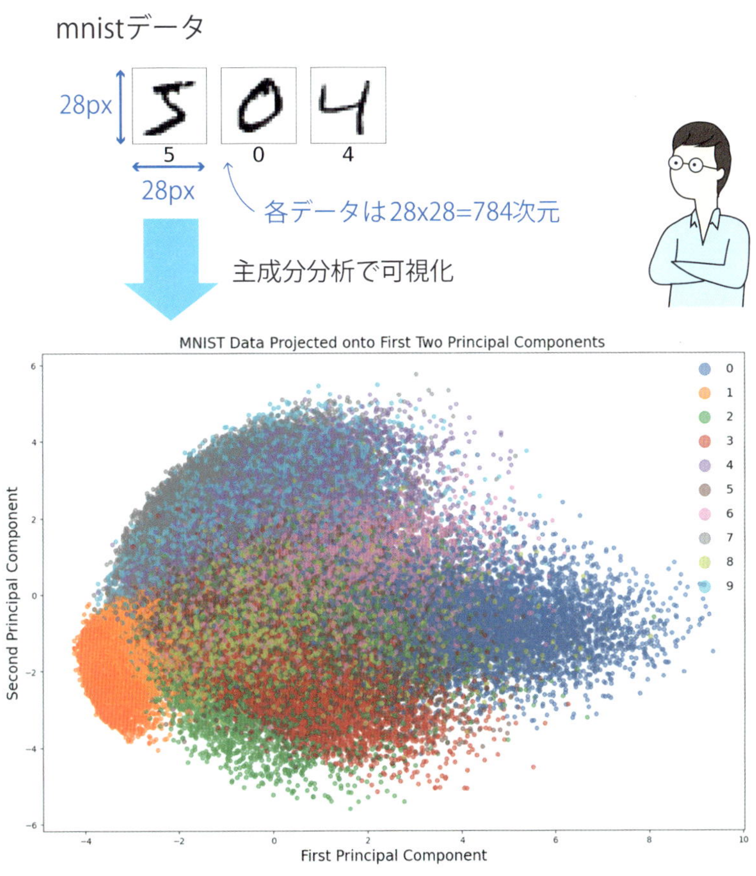

散布図の各点は1つの手描き数字データを表し、数字の種類ごとに色分けしています。散布図を見ると、同じ数字のデータは近くにまとまっているとわかります。また、与えられた画像が0または1である場合、第1主成分が正なら0、負なら1と判断して良さそうです。このように、主成分分析はデータに含まれる情報（どの数字が書かれているか）をうまく抽出できていると言って良いでしょう。

13.2 主成分分析と対称行列の対角化

主成分分析と分散共分散行列

前節では、主成分分析は分散・共分散を手がかりに多変数のデータから情報を抜き出す分析モデルであると紹介しました。一方、分散共分散行列Σの対角化は、分散・共分散の関係を固有ベクトルの成分へ分解するのでした（第12章）。本節では、これらを組み合わせて、主成分分析の計算が分散共分散行列の対角化で実行できることを説明します。まずは、各種の記号の復習から始めます。

分散共分散行列Σは、変数X_i, X_jの共分散$\sigma_{ij} = cov(X_i, X_j)$を第$ij$成分に持つ行列です。$n$次元のベクトル$\boldsymbol{a}$について、合成変数$X_{\boldsymbol{a}}$を$X_{\boldsymbol{a}} = a_1X_1 + a_2X_2 + \ldots + a_nX_n$で定義すると、$cov(X_{\boldsymbol{a}}, X_{\boldsymbol{b}}) = {}^t\boldsymbol{a}\Sigma\boldsymbol{b}$が成立するのでした（P276の式(12.1.4)）。分散共分散行列Σの対角化を$\Sigma = U\Lambda U^{-1}$と書くと、$cov\left(X_{\boldsymbol{u}_i}, X_{\boldsymbol{u}_j}\right) = {}^t\boldsymbol{u}_i\Sigma\boldsymbol{u}_j = \lambda_i\delta_{ij}$が成り立ちます（P286の式(12.4.4)）。

ここで、$\lambda_i = cov\left(X_{\boldsymbol{u}_i}, X_{\boldsymbol{u}_i}\right) = V\left[X_{\boldsymbol{u}_i}\right] \geq 0$なので、固有値は全て0以上の実数です。そのため、固有値を大きい順に並べて、

$$\lambda_1 \geq \lambda_2 \geq \ldots \geq \lambda_n \geq 0$$

が成立すると設定しておきます。

上記の記号を用いると、主成分分析では以下の結果が得られます。

定理（主成分分析と分散共分散行列の対角化）

第i主成分$X_{\boldsymbol{w}_i}$の係数を与えるベクトル$\boldsymbol{w}_i$は、分散共分散行列Σの固有ベクトル$\boldsymbol{u}_i$で与えられる。つまり、

$$\boldsymbol{w}_i = \boldsymbol{u}_i \tag{13.2.1}$$

である。この時、第i主成分$X_{\boldsymbol{w}_i}$の分散は固有値λ_iと一致し、

$$V\left[X_{w_i}\right]=\lambda_i \tag{13.2.2}$$

$i \neq j$ の場合は、

$$cov\left(X_{w_i}, X_{w_j}\right)=0 \tag{13.2.3}$$

であるため、第 i 主成分 X_{w_i} と第 j 主成分 X_{w_j} は無相関となる。

主成分分析は、ベクトル $\boldsymbol{w}_i$ を計算して主成分 X_{w_i} を作成し、情報を抽出する分析です。この定理によれば、このベクトル $\boldsymbol{w}_i$ には固有ベクトル $\boldsymbol{u}_i$ を用いれば良いとわかります。また、主成分同士は互いに無相関であるともわかります。

この定理の持つ意味合いと背景を、図 13.2.1 にまとめました。主成分分析の考え方と、分散共分散行列の対角化の計算の結果が完璧に対応するので、主成分分析は分散共分散行列の対角化で計算できるのです。

図 13.2.1 主成分分析と分散共分散行列の対角化

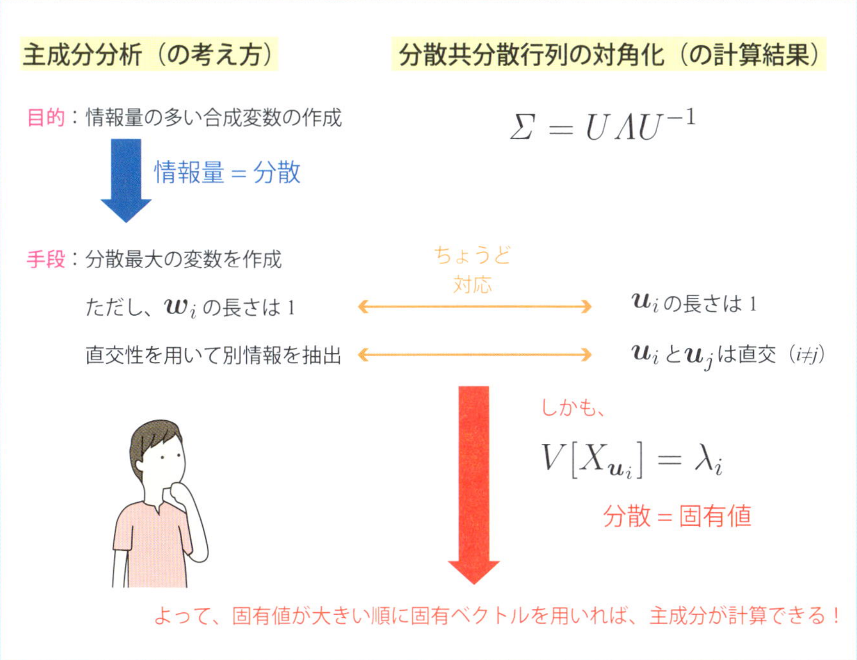

要点をまとめると、次のようになります。

・主成分分析は、情報量最大の合成変数を作成し、効率的な情報抽出を狙う分析である
・情報量 = 分散と考える
・分散共分散行列を対角化すると、各固有ベクトルに対応する合成変数の分散は固有値に一致する（分散 = 固有値）
・ベクトルの長さと直交の条件が、主成分分析と対称行列の対角化で一致する
・結果、固有値が大きい順に用いれば主成分分析の計算が完了する
・さらに、主成分はそれぞれ無相関である

分散最大化の計算の証明

最後に、数式での計算を通して、主成分分析と分散共分散行列の対角化の関係を確認してみましょう。証明に興味が無い人は飛ばして構いませんが、データ分析の数学では似た構造の議論が頻出するので、一度は理解を試みることをおすすめします。

式(13.2.1) の $\boldsymbol{w}_i = \boldsymbol{u}_i$ がわかれば、式(13.2.2)(13.2.3) は P286 の 式(12.4.4) の $cov\left(X_{\boldsymbol{u}_i}, X_{\boldsymbol{u}_j}\right) = \lambda_i \delta_{ij}$ そのものなので、ここでは式(13.2.1) の証明を紹介します。まずは、この証明の準備として、直交行列の等長性について解説します。

定理（直交行列の等長性）

行列 U を n 次直交行列とし、n 次元ベクトルを以下で用意する。

$$\boldsymbol{x} = \begin{pmatrix} x_1 \\ x_2 \\ \vdots \\ x_n \end{pmatrix}, \boldsymbol{y} = \begin{pmatrix} y_1 \\ y_2 \\ \vdots \\ y_n \end{pmatrix}, \boldsymbol{u}_1 = \begin{pmatrix} u_{11} \\ u_{21} \\ \vdots \\ u_{n1} \end{pmatrix}, \boldsymbol{u}_2 = \begin{pmatrix} u_{12} \\ u_{22} \\ \vdots \\ u_{n2} \end{pmatrix}, \ldots, \boldsymbol{u}_n = \begin{pmatrix} u_{1n} \\ u_{2n} \\ \vdots \\ u_{nn} \end{pmatrix}$$

すると、ベクトル $U\boldsymbol{x} = x_1\boldsymbol{u}_1 + x_2\boldsymbol{u}_2 + \ldots + x_n\boldsymbol{u}_n$ と $U\boldsymbol{y} = y_1\boldsymbol{u}_1 + y_2\boldsymbol{u}_2 + \ldots + y_n\boldsymbol{u}_n$ について、

$$U\boldsymbol{x} \cdot U\boldsymbol{y} = (x_1\boldsymbol{u}_1 + x_2\boldsymbol{u}_2 + \ldots + x_n\boldsymbol{u}_n) \cdot (y_1\boldsymbol{u}_1 + y_2\boldsymbol{u}_2 + \ldots + y_n\boldsymbol{u}_n) = \boldsymbol{x} \cdot \boldsymbol{y} \quad (13.2.4)$$

$$\| U\boldsymbol{x} \|^2 = \| x_1\boldsymbol{u}_1 + x_2\boldsymbol{u}_2 + \ldots + x_n\boldsymbol{u}_n \|^2 = \| \boldsymbol{x} \|^2 \quad (13.2.5)$$

が成立する[2)]。

まずはこの定理を証明しましょう。これらはP283 の式(12.3.5) $\boldsymbol{u}_i \cdot \boldsymbol{u}_j = \delta_{ij}$ を用いると計算できます。実際、1つめの式は以下で計算できます。

$$
\begin{aligned}
U\boldsymbol{x} \cdot U\boldsymbol{y} &= \left(\sum_i x_i \boldsymbol{u}_i \right) \cdot \left(\sum_j y_j \boldsymbol{u}_j \right) && \text{......(1)} \\
&= \sum_{i,j} x_i \boldsymbol{u}_i \cdot y_j \boldsymbol{u}_j && \text{......(2)} \\
&= \sum_{i,j} x_i y_j \boldsymbol{u}_i \cdot \boldsymbol{u}_j && \text{......(3)} \\
&= \sum_{i,j} x_i y_j \delta_{ij} && \text{......(4)} \\
&= \sum_i x_i y_i && \text{......(5)} \\
&= \boldsymbol{x} \cdot \boldsymbol{y} && \text{......(6)}
\end{aligned}
$$

(1) P66 の式 (2.3.2) の利用
(2) カッコを外して Σ をまとめた
(3) x_i と y_j は数値なので、かけ算順序の先頭へ
(4) P283 の式 (12.3.5) の利用
(5) δ_{ij} は $i \neq j$ の時 0、$i = j$ の時 1 なので
(6) 内積の定義

直交行列については、$\boldsymbol{u}_i \cdot \boldsymbol{u}_i = 1$ で $i \neq j$ なら $\boldsymbol{u}_i \cdot \boldsymbol{u}_j = 0$ なので、$x_i\boldsymbol{u}_i \cdot y_i\boldsymbol{u}_i = x_iy_i$ の部分だけが計算に残ります（(2) から (5) への式変形)。そのため、$U\boldsymbol{x} \cdot U\boldsymbol{y}$ が x_iy_i

2) 直交行列 U を変換として見ると、これらの式は、変換後の内積 $(U\boldsymbol{x}) \cdot (U\boldsymbol{y})$ と変換前 $\boldsymbol{x} \cdot \boldsymbol{y}$ の内積が等しく、長さも変換前後で変わらない $\| U\boldsymbol{x} \| = \| \boldsymbol{x} \|$ と主張する式です。この性質を、変換 U は**等長 (isometry)** であると言います。

の和となり、$\boldsymbol{x} \cdot \boldsymbol{y}$ と一致するのです。

式(13.2.5) は、式(13.2.4) に $\boldsymbol{y} = \boldsymbol{x}$ を代入すれば、次のとおり計算できます。

$$\|U\boldsymbol{x}\|^2 = U\boldsymbol{x} \cdot U\boldsymbol{x} = \boldsymbol{x} \cdot \boldsymbol{x} = \|\boldsymbol{x}\|^2$$

では、この定理を用いて主成分分析の計算をしてみましょう。ここでは、議論を簡単にするために、固有値の値が互いに異なり、$\lambda_1 > \lambda_2 > ... > \lambda_n\ (\geq 0)$ が成立すると仮定して議論します。この計算は箇条書きの方が見通し良く理解できるので、箇条書きで紹介します。

第 1 主成分 $X_{\boldsymbol{w}_1}$ を与える係数ベクトル $\boldsymbol{w}_1$ の計算は、次のとおりです。

- ベクトル $\boldsymbol{w}_1$ は、長さ 1 の（$\|\boldsymbol{w}_1\| = 1$）ベクトルの中で、分散 $V\left[X_{\boldsymbol{w}_1}\right]$ が最大のものである
- $\boldsymbol{w}_1 = x_1\boldsymbol{u}_1 + x_2\boldsymbol{u}_2 + ... + x_n\boldsymbol{u}_n$ と書くことにする
- すると、$\|\boldsymbol{w}_1\|^2 = x_1{}^2 + x_2{}^2 + ... + x_n{}^2$ である（式 (13.2.5)）
- また、$V\left[X_{\boldsymbol{w}_1}\right] = \lambda_1 x_1{}^2 + \lambda_2 x_2{}^2 + ... + \lambda_n x_n{}^2$ である（P286 の式 (12.4.5)）
- なので、条件 $x_1{}^2 + x_2{}^2 + ... + x_n{}^2 = 1$ の下で $\lambda_1 x_1{}^2 + \lambda_2 x_2{}^2 + ... + \lambda_n x_n{}^2$ の最大を与える $x_1, x_2, ..., x_n$ を探せば良い
- $s_i = x_i^2$ と書くと、条件 $s_i \geq 0,\ s_1 + s_2 + ... + s_n = 1$ の下で $\lambda_1 s_1 + \lambda_2 s_2 + ... + \lambda_n s_n$ の最大を与える $s_1, s_2, ..., s_n$ を探せば良い
- これは、$s_1 = 1,\ s_2 = s_3 = ... = s_n = 0$ の時に最大
- これは、$x_1 = \pm 1,\ x_2 = x_3 = ... = x_n = 0$ の時である
- だから、$\boldsymbol{w}_1 = \boldsymbol{u}_1$ とすれば、これが第 1 主成分 $X_{\boldsymbol{w}_1}$ を与える [3)]

第 2 主成分の場合も同様で、次のとおりです。

- ベクトル $\boldsymbol{w}_2$ は、長さ 1 で（$\|\boldsymbol{w}_2\| = 1$）、$\boldsymbol{w}_1$ と直交する（$\boldsymbol{w}_2 \cdot \boldsymbol{w}_1 = 0$）ベクトルの中で、分散 $V\left[X_{\boldsymbol{w}_2}\right]$ が最大のものである
- $\boldsymbol{w}_2 = x_1\boldsymbol{u}_1 + x_2\boldsymbol{u}_2 + ... + x_n\boldsymbol{u}_n$ と書くことにする
- すると、$\|\boldsymbol{w}_2\|^2 = x_1{}^2 + x_2{}^2 + ... + x_n{}^2$ であり（式 (13.2.5)）

3) $\boldsymbol{w}_1 = -\boldsymbol{u}_1$ の方を採用して第 1 主成分を計算しても構いません。ただし、$X_{-\boldsymbol{w}} = -X_{\boldsymbol{w}}$ なので、どちらを用いても抽出できる情報は変わりません。以降も本書では符号が正の方を採用します。

- $\boldsymbol{w}_2 \cdot \boldsymbol{w}_1 = (x_1\boldsymbol{u}_1 + x_2\boldsymbol{u}_2 + ... + x_n\boldsymbol{u}_n)\cdot(1\times u_1 + 0\times u_2 + ... + 0\times u_n) = x_1$ である（式13.2.4）
- また、$V\left[X_{w_2}\right] = \lambda_1 {x_1}^2 + \lambda_2 {x_2}^2 + ... + \lambda_n {x_n}^2$ である（P286 の式 (12.4.5)）
- なので、条件 ${x_1}^2 + {x_2}^2 + ... + {x_n}^2 = 1,\ x_1 = 0$ の下で $\lambda_1 {x_1}^2 + \lambda_2 {x_2}^2 + ... + \lambda_n {x_n}^2$ の最大を与える $x_1, x_2, ..., x_n$ を探せば良い
- つまり、条件 ${x_2}^2 + {x_3}^2 + ... + {x_n}^2 = 1,\ x_1 = 0$ の下で $\lambda_2 {x_2}^2 + \lambda_3 {x_3}^2 + ... + \lambda_n {x_n}^2$ の最大を与える $x_1, x_2, ..., x_n$ を探せば良い
- 同様に計算すれば、これは $x_2 = \pm 1,\ x_1 = x_3 = x_4 = ... = x_n = 0$ の時に最大
- だから、$\boldsymbol{w}_2 = \boldsymbol{u}_2$ とすれば、これが第 2 主成分 X_{w_2} を与える

なお、第 3 主成分以降の議論も同様に行えば、$\boldsymbol{w}_i = \boldsymbol{u}_i$ がわかります。

数理解説：Lagrange の未定乗数法を用いた場合

今回の最大化問題は、条件 $g(\boldsymbol{x}) = {x_1}^2 + {x_2}^2 + ... + {x_n}^2 - 1 = 0$ の下での、関数 $f(\boldsymbol{x}) = \lambda_1 {x_1}^2 + \lambda_2 {x_2}^2 + ... + \lambda_n {x_n}^2$ の最大化です。Lagrange の未定乗数を α として

$$
\begin{aligned}
\Phi(\boldsymbol{x},\ \alpha) &= f(\boldsymbol{x}) - \alpha g(\boldsymbol{x}) \\
&= \lambda_1 {x_1}^2 + \lambda_2 {x_2}^2 + ... + \lambda_n {x_n}^2 - \alpha({x_1}^2 + {x_2}^2 + ... + {x_n}^2 - 1) \\
&= (\lambda_1 - \alpha){x_1}^2 + (\lambda_2 - \alpha){x_2}^2 + ... + (\lambda_n - \alpha){x_n}^2 + \alpha
\end{aligned}
$$

と設定し、この関数 Φ の全ての微分が 0 である点を探せば最大の候補が見つかります。「関数 Φ の微分 = 0」の方程式は、次の式で書けます。

$$\partial_{x_i}\Phi = 2(\lambda_i - \alpha)x_i = 0 \quad ...... (i)$$

$$\partial_{\alpha}\Phi = -(x_1^2 + x_2^2 + \cdots + x_n^2 - 1) = 0 \quad ...... (\alpha)$$

(α) より、少なくとも 1 つの x_i は 0 ではないとわかります。その i について、(i) と合わせると $\lambda_i - \alpha = 0\ (\alpha = \lambda_i)$ がわかります。この時、$j \neq i$ なる j については $\lambda_j - \alpha \neq 0$ なので、(j) と合わせると $x_j = 0$ がわかります。再び (α) を見れば（$j \neq i$ なら $x_j = 0$ なので）、$x_i = \pm 1$ とわかります。

以上により、最大を与える入力 $\boldsymbol{x}$ の候補は、$\boldsymbol{x} = \pm \boldsymbol{e}_i$ の $2n$ 個だとわかります。これらの候補について関数の値 $f(\boldsymbol{x})$ を計算すると、$f(\pm \boldsymbol{e}_i) = \lambda_i$ です。これが最大なのは $i = 1$ の時なので、$\boldsymbol{x} = \pm \boldsymbol{e}_i$、つまり、$x_1 = \pm 1$、$x_1 = x_2 = ... = x_n = 0$ で関数 $f(\boldsymbol{x})$ が最大だとわかります。

第13章のまとめ

- 主成分分析は、情報量を多く含む合成変数を作る分析モデルであり、情報量は分散であると考えている
- 主成分分析は、可視化・データの要約・次元圧縮などに用いられる
- 分散共分散行列 Σ を対角化すると、分散・共分散の関係が固有ベクトル方向に分解される
- この対角化を利用すると、分散最大化を用いた情報抽出である主成分分析は、単に固有値が大きい順に固有ベクトルを並べるだけで計算できる
- $i \neq j$ なら、第 i 主成分 X_{w_i} と第 j 主成分 X_{w_j} は無相関である。これは、直交行列が無相関を実現する例である
- これらの性質の背景に、直交行列の等長性がある

第14章

特異値分解

別種の対象の取り扱いとその分解について

特異値分解は、行列の用途の「変換の表現」と「関係の表現」の両方に利用可能な数学的技術です。特異値分解には直交行列を用いるため、その計算は対称行列の対角化とかなり似ています。一方、対角化では同種の対象同士の変換や関係を扱っていたのに対し、特異値分解では別種の対象同士の変換や関係を取り扱うため、利用するシーンは明確に異なります。

本章では、特異値分解の計算技術について説明します。その応用として、第 15 章で正準相関分析を、第 16 章で深層学習との関係を、第 18 章では重回帰分析について解説します。

14.1 特異値分解とは

特異値分解とデータ分析

特異値分解も対角化と同様、変換と関係の双方を見通し良く計算する技術であり、データ分析への応用も非常に幅広く存在します。その例として、第15章で正準相関分析（関係の表現への応用）を扱い、第16章で深層学習との関係（変換の表現への応用）を扱います。また第18章では、重回帰分析における係数の推定公式 $\boldsymbol{a} = ({}^{t}XX)^{-1}\,{}^{t}X\boldsymbol{y}$ の意味を、特異値分解の観点から紹介します。このように、特異値分解はデータ分析のかなり広い領域に応用を持ち、非常に活用されている技術なのです。その準備として、本章では特異値分解の数学的技術に専念します。

特異値分解

行列の対角化は、$n \times n$ の正方行列に対して計算されるものでした。一方、特異値分解では縦と横の長さが揃っている必要はなく、一般の $m \times n$ 行列に対して計算されます。この些細な違いが、対角化と特異値分解の性格の違いを決定付けるのです。まずは、特異値分解の定義の紹介から始めましょう。

定義（特異値分解）

$m \times n$ 行列 R について、以下の式を**特異値分解 (Singular Value Decomposition / SVD)** と言う。ここで、U は n 次の直交行列、V は m 次の直交行列で、M は $m \times n$ の長方対角行列である。

$$R = VMU^{-1} \tag{14.1.1}$$

用語について補足します。ここに登場する M は、ギリシャ文字 μ（ミュー）の大文字です。その成分は文字 μ を用いて表すことにします。**長方対角行列 (rectangular diagonal matrix)** とは、$m \times n$ 行列であって、$i \neq j$ なら ij 成分が0である行列です。例えば、今回の行列Mは、第ii成分をμ_iと書くと、$m \geq n$（縦長）、$m \leq n$（横長）の場合に応じて、それぞれ次の形で書けます。

$$M = \begin{pmatrix} \mu_1 & & & 0 \\ & \mu_2 & & \\ & & \ddots & \\ 0 & & & \mu_n \\ & & 0 & \end{pmatrix}, \quad M = \begin{pmatrix} \mu_1 & & & 0 & \\ & \mu_2 & & & 0 \\ & & \ddots & & \\ 0 & & & \mu_m & \end{pmatrix}$$

ここに登場する数値μ_iを、**特異値(singular value)**と言います。なお、うまくUとVを選択すると、特異値μ_iを全て0以上にできると知られています。そのため本書では、特異値μ_iは$\mu_i \geq 0$を満たすとし、次のように大きい順に並んでいるとします。

$$\mu_1 \geq \mu_2 \geq \ldots \geq \mu_n \text{ or } \mu_m \geq 0 \tag{14.1.2}$$

このように並べた時、i番目に大きい特異値μ_iを第i特異値と言います。なお、今後の議論において便利なので、$m \geq n$の場合は$\mu_{n+1} = \mu_{n+2} = \ldots = \mu_m = 0$、$m \leq n$の場合は$\mu_{m+1} = \mu_{m+2} = \ldots = \mu_n = 0$と設定しておきます[1)]。

「行列を見たら縦ベクトルの集まりと思うべし」の精神で、次の通り記号を設定しておきます。

$$U = \begin{pmatrix} u_{11} & u_{12} & \cdots & u_{1n} \\ u_{21} & u_{22} & & u_{2n} \\ \vdots & & \ddots & \vdots \\ u_{n1} & u_{n2} & \cdots & u_{nn} \end{pmatrix}, \boldsymbol{u}_1 = \begin{pmatrix} u_{11} \\ u_{21} \\ \vdots \\ u_{n1} \end{pmatrix}, \boldsymbol{u}_2 = \begin{pmatrix} u_{12} \\ u_{22} \\ \vdots \\ u_{n2} \end{pmatrix}, \ldots, \boldsymbol{u}_n = \begin{pmatrix} u_{1n} \\ u_{2n} \\ \vdots \\ u_{nn} \end{pmatrix}$$

$$V = \begin{pmatrix} v_{11} & v_{12} & \cdots & v_{1m} \\ v_{21} & v_{22} & & v_{2m} \\ \vdots & & \ddots & \vdots \\ v_{m1} & v_{m2} & \cdots & v_{mm} \end{pmatrix}, \boldsymbol{v}_1 = \begin{pmatrix} v_{11} \\ v_{21} \\ \vdots \\ v_{m1} \end{pmatrix}, \boldsymbol{v}_2 = \begin{pmatrix} v_{12} \\ v_{22} \\ \vdots \\ v_{m2} \end{pmatrix}, \ldots, \boldsymbol{v}_m = \begin{pmatrix} v_{1m} \\ v_{2m} \\ \vdots \\ v_{mm} \end{pmatrix}$$

1) ここで追加した数値0は、特異値とは呼ばれません。特に、条件として「特異値に0が含まれない場合」を設定して考える場合、追加した数値は含めずに考えます。

行列Uは$n\times n$、Vは$m\times m$なので、$\boldsymbol{u}_i$はn次元でn番目まであり、$\boldsymbol{v}_i$はm次元でm番目まであります。これらの$\boldsymbol{u}_i$を**右特異ベクトル(right singular vector)**、$\boldsymbol{v}_i$を**左特異ベクトル(left singular vector)**と言います。特に、i番目のものは、第i右/左特異ベクトルと言います。

特異値分解と対角化の類似点

見てのとおり、特異値分解$R=VMU^{-1}$は、対角化$A=P\Lambda P^{-1}$や$S=U\Lambda U^{-1}$と似ています。そのため、対角化と類似の公式が成り立つ上に、計算方法もかなり似ています。一方、特異値分解と対角化が用いられる場面は明確に異なり、同じ行列に対して両者が併用されることは基本的にありません（この差異については、14.4節で扱います）。

図 14.1.1　特異値分解と対角化の類似

	対角化	特異値分解
変換の表現	$A\boldsymbol{p}_i=\lambda_i\boldsymbol{p}_i$ $A\sum x_i\boldsymbol{p}_i=\sum\lambda_i x_i\boldsymbol{p}_i$	$R\boldsymbol{u}_i=\mu_i\boldsymbol{v}_i$ $R\sum x_i\boldsymbol{u}_i=\sum\mu_i x_i\boldsymbol{v}_i$ $R\boldsymbol{a}=\sum\mu_i(\boldsymbol{a}\cdot\boldsymbol{u}_i)\boldsymbol{v}_i$
関係の表現	${}^t\boldsymbol{u}_iS\boldsymbol{u}_j=\lambda_i\delta_{ij}$ ${}^t\left(\sum x_i\boldsymbol{u}_i\right)S\left(\sum y_j\boldsymbol{u}_j\right)=\sum\lambda_i x_i y_i$ ${}^t\boldsymbol{a}S\boldsymbol{b}=\sum\lambda_i(\boldsymbol{a}\cdot\boldsymbol{u}_i)(\boldsymbol{b}\cdot\boldsymbol{u}_i)$	${}^t\boldsymbol{v}_iR\boldsymbol{u}_j=\mu_i\delta_{ij}$ ${}^t\left(\sum x_i\boldsymbol{v}_i\right)R\left(\sum y_j\boldsymbol{u}_j\right)=\sum\mu_i x_i y_i$ ${}^t\boldsymbol{a}R\boldsymbol{b}=\sum\mu_i(\boldsymbol{a}\cdot\boldsymbol{v}_i)(\boldsymbol{b}\cdot\boldsymbol{u}_i)$

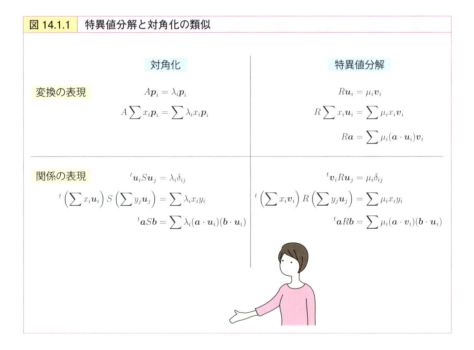

14.2 特異値分解と変換の表現

特異値分解は対応と特異値倍 - $R\boldsymbol{u}_i = \mu_i \boldsymbol{v}_i$

本節では、変換を表現する行列Rの特異値分解$R = VMU^{-1}$の意味に迫ります。$m \times n$行列Rは、n次元ベクトル$\boldsymbol{a}$をm次元ベクトル$R\boldsymbol{a}$に変換します（2.3節）。この変換を、特異値分解$R = VMU^{-1}$を用いて調べてみましょう。特異値分解を用いるなら、まずはn次元ベクトルである右特異ベクトル$\boldsymbol{u}_i$をぶつけてみるのが王道です。ここでは、まず厳密ではない計算を紹介し、後から厳密な計算を紹介します。行列Rで$\boldsymbol{u}_i$を変換すると、次の式が成立します。

$$R\boldsymbol{u}_i = \mu_i \boldsymbol{v}_i \tag{14.2.1}$$

これは、（一部厳密ではないですが）次のとおりに計算できます。

$$\begin{aligned} R\boldsymbol{u}_i &= VMU^{-1}\boldsymbol{u}_i & \text{......（1）} \\ &= VM\boldsymbol{e}_i^{(n)} & \text{......（2）} \\ &= V\mu_i\boldsymbol{e}_i^{(m)} & \text{......（3）} \\ &= \mu_i V\boldsymbol{e}_i^{(m)} & \text{......（4）} \\ &= \mu_i \boldsymbol{v}_i & \text{......（5）} \end{aligned}$$

（1）$R = VMU^{-1}$を代入
（2）U^{-1}はUの逆行列なので、$U^{-1}\boldsymbol{u}_i = \boldsymbol{e}_i^{(n)}$となる（P257の式(11.1.1)）
（3）$M\boldsymbol{e}_i^{(n)}$はMの第i列の縦ベクトルであり、それは第i成分のみμ_iで他の成分は0のベクトルなので、$\mu_i\boldsymbol{e}_i^{(m)}$と書ける
（4）数値μ_iを掛け算順序の先頭へ移動
（5）$V\boldsymbol{e}_i^{(m)}$はVの第i列の縦ベクトル$\boldsymbol{v}_i$である

この式(14.2.1)の両辺に出てくる$\boldsymbol{u}_i$, $\boldsymbol{v}_i$は、ともに長さが1なので（P283の式(12.3.3)）、$R = VMU^{-1}$と特異値分解されている行列Rの定める変換は、右特異ベクトル$\boldsymbol{u}_i$を左特異ベクトル$\boldsymbol{v}_i$に変え、長さを特異値μ_i倍する変換だとわかります。

次に、この式変形の厳密でないところを修正します。上の議論の（2）から（3）への式変形は、$m \leq n$ かつ $m < i\ (\leq n)$ の場合に問題があります。ここで計算されている $M\boldsymbol{e}_i^{(n)}$ は行列 M の第 i 列の縦ベクトルです。図 14.2.1 右にあるとおり、$M\boldsymbol{e}_i^{(n)}$ は $i > m$ の時は $\mu_i \boldsymbol{e}_i^{(m)}$ ではなく $\mathbf{0}$ が正しい値です（そもそも、$i > m$ なので $\boldsymbol{e}_i^{(m)}$ は定義されていません）。以降の（4）と（5）の式も、この場合の正しい値は $\mathbf{0}$ です（また、左特異ベクトル $\boldsymbol{v}_i$ も、$i > m$ については定義されていません）。だから、式 (14.2.1) を厳密に書くのであれば、次のように場合分けを用いる必要があります。

$$R\boldsymbol{u}_i = \begin{cases} \mu_i \boldsymbol{v}_i & (m \geq n \text{ の時}) \\ \mu_i \boldsymbol{v}_i & (m \leq n \text{ かつ } 1 \leq i \leq m \text{ の時}) \\ \mathbf{0} & (m \leq n \text{ かつ } m < i (\leq n) \text{ の時}) \end{cases} \tag{14.2.2}$$

図 14.2.1　長方対角行列の列抽出

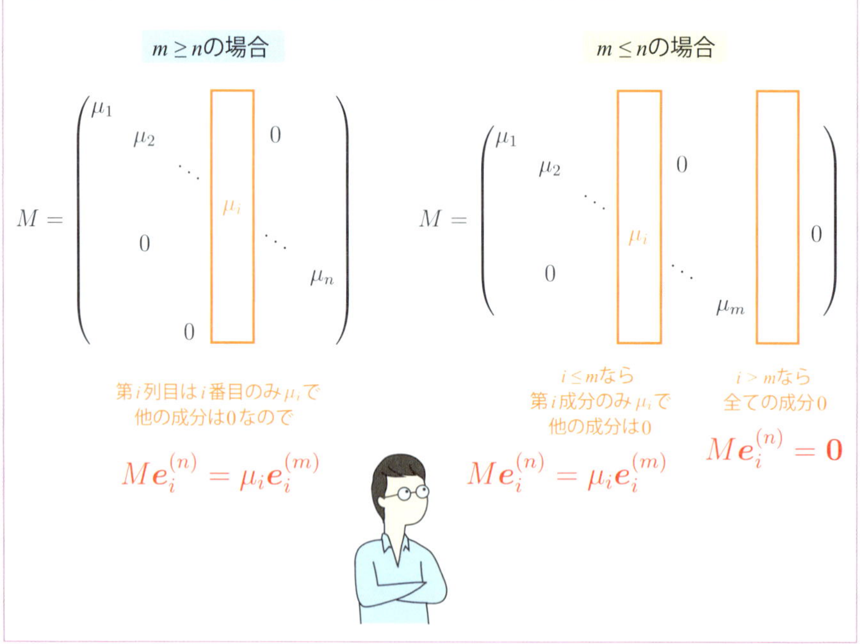

ただ、この場合分けはちょっと面倒ですよね。特異値分解の定義の際に、$m \leq n$ の時は $\mu_{m+1} = \mu_{m+2} = \ldots = \mu_n = 0$ と設定しておいてあります。そのため、$i > m$ の時は、$\boldsymbol{v}_i$ がどんなベクトルであっても $\mu_i \boldsymbol{v}_i = \boldsymbol{0}$ が成立し、式(14.2.1) も正しい式だと思うことができます。そのため本書では、場合分けが重要でない時は、$R\boldsymbol{u}_i = \mu_i \boldsymbol{v}_i$ とまとめて書くことにします。

特異値分解で見る変換

式(14.2.1) $R\boldsymbol{u}_i = \mu_i \boldsymbol{v}_i$ が示すとおり、行列 $R = VMU^{-1}$ による変換は、$\boldsymbol{u}_i$ を $\boldsymbol{v}_i$ に変えながら長さを μ_i 倍します。これを、m と n の大小に応じて考えてみましょう。

行列 R は $m \times n$ 行列なので、n 次元の右特異ベクトルは n 本、m 次元の左特異ベクトルは m 本あります。だから、$n \leq m$ の場合は、全ての右特異ベクトル $\boldsymbol{u}_i$ に、対応する行き先の左特異ベクトル $\boldsymbol{v}_i$ が存在し、$\boldsymbol{u}_i$ のそれぞれが $\boldsymbol{v}_i$ の特異値 μ_i 倍に変換されます（図 14.2.2 左）。一方、$n \geq m$ の場合、第 m+1 以降の右特異ベクトル $\boldsymbol{u}_i$ には対応する左特異ベクトルが存在しません。そのため、第 m までの右特異ベクトル $\boldsymbol{u}_i$ は左特異ベクトル $\boldsymbol{v}_i$ の特異値 μ_i 倍に変換され、第 m+1 以降の右特異ベクトル $\boldsymbol{u}_i$ は $\boldsymbol{0}$ に変換されます（図右）。

このように、特異値分解 $R = VMU^{-1}$ を通して見れば、R の定める変換は右・左の特異ベクトル $\boldsymbol{u}_i$ と $\boldsymbol{v}_i$ の対応と、特異値 μ_i 倍の組み合わせであるとわかります。

図 14.2.2　特異値分解は対応と特異値倍

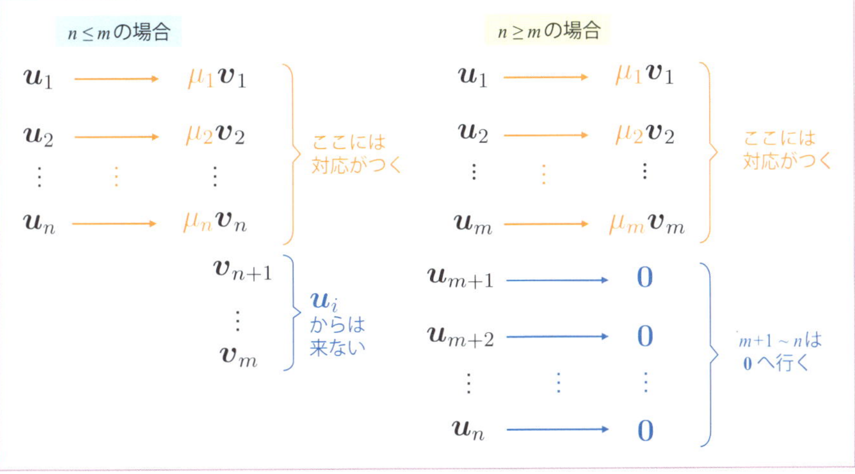

特異値分解の計算への応用 - $R(\Sigma x_i \boldsymbol{u}_i) = \Sigma\, \mu_i x_i \boldsymbol{v}_i$

特異値分解を用いると、右特異ベクトルの係数付き和 $\Sigma\, x_i\boldsymbol{u}_i$ の R での行き先を簡単に計算できます。具体的には、次の公式が成立します。

$$R(\Sigma x_i \boldsymbol{u}_i) = \Sigma\, \mu_i x_i \boldsymbol{v}_i \tag{14.2.3}$$

式(14.2.1)と同様、この式もやや厳密ではないので、計算の厳密化は数理詳細で扱います。大切なことは、R による変換では $\boldsymbol{u}_i$ は $\boldsymbol{v}_i$ に対応し、長さ（係数）は μ_i 倍されることです。この式を大らかな気持ちで導出したものが以下です。

$$\begin{aligned} R(\Sigma\, x_i \boldsymbol{u}_i) &= \Sigma\, x_i R\boldsymbol{u}_i \quad \text{......}\ (1) \\ &= \Sigma\, x_i \mu_i \boldsymbol{v}_i \quad \text{......}\ (2) \\ &= \Sigma\, \mu_i x_i \boldsymbol{v}_i \quad \text{......}\ (3) \end{aligned}$$

(1) P68 の式 (2.3.5) $A(\Sigma\, r_i\boldsymbol{v}_i) = \Sigma\, r_i A\boldsymbol{v}_i$ の利用
(2) 式 (14.2.1) の利用
(3) μ_i と x_i は数値なので、掛け算の順番を入れ替えた

次に、一般のベクトル $\boldsymbol{a}$ の変換結果 $R\boldsymbol{a}$ を考えましょう。この時は、P289 の式(12.4.6)と同様に計算すれば $\boldsymbol{a} = (\boldsymbol{a}\cdot\boldsymbol{u}_1)\,\boldsymbol{u}_1 + (\boldsymbol{a}\cdot\boldsymbol{u}_2)\,\boldsymbol{u}_2 + \ldots + (\boldsymbol{a}\cdot\boldsymbol{u}_n)\,\boldsymbol{u}_n$ がわかるので、式(14.2.3)に $x_i = \boldsymbol{a}\cdot\boldsymbol{u}_i$ を代入した次の式で計算できます。

$$R\boldsymbol{a} = \Sigma\, \mu_i(\boldsymbol{a}\cdot\boldsymbol{u}_i)\boldsymbol{v}_i \tag{14.2.4}$$

数理解説：場合分けを用いた厳密な計算

厳密には、式(14.2.3)(14.2.4)にも場合分けが必要です。実際に場合分けを用いて書いた式が以下です。

$$R\left(\sum_{1\le i\le n} x_i \boldsymbol{u}_i\right) = \begin{cases} \displaystyle\sum_{1\le i\le n} \mu_i x_i \boldsymbol{v}_i & (m \geq n \text{ の場合}) \\ \displaystyle\sum_{1\le i\le m} \mu_i x_i \boldsymbol{v}_i & (m \leq n \text{ の場合}) \end{cases}$$

$$Ra = \begin{cases} \sum_{1 \le i \le n} \mu_i (\boldsymbol{a} \cdot \boldsymbol{u}_i) \boldsymbol{v}_i & (m \ge n \text{ の場合}) \\ \sum_{1 \le i \le m} \mu_i (\boldsymbol{a} \cdot \boldsymbol{u}_i) \boldsymbol{v}_i & (m \le n \text{ の場合}) \end{cases}$$

ポイントは、$m \le n$ の場合、右辺の和の範囲が $1 \le i \le m$ と狭くなっていることです。$m \le n$ の場合は、$m < i\ (\le n)$ の時 $R\boldsymbol{u}_i = \boldsymbol{0}$ であるため、$m+1$ 以降の合計が $\boldsymbol{0}$ になります。そのため、和は $i = m$ まででで良いのです。よく考えてみると、右辺の合計の範囲は m と n の小さい方 $\min(m, n)$ までですね。そのため、これらの式は以下のようにも書けます。

$$R\left(\sum_{1 \le i \le n} x_i \boldsymbol{u}_i\right) = \sum_{1 \le i \le \min(m,n)} \mu_i x_i \boldsymbol{v}_i$$

$$R\boldsymbol{a} = \sum_{1 \le i \le \min(m,n)} \mu_i (\boldsymbol{a} \cdot \boldsymbol{u}_i) \boldsymbol{v}_i$$

特異値分解の計算例

最後に、特異値分解の計算例を紹介します。例として、行列 $R = \begin{pmatrix} 2 & 1 \\ 0 & \sqrt{3} \end{pmatrix}$ を見てみましょう。この行列 R は、次の式で特異値分解できます。

$$\begin{pmatrix} 2 & 1 \\ 0 & \sqrt{3} \end{pmatrix} = \begin{pmatrix} \sqrt{3}/2 & 1/2 \\ 1/2 & -\sqrt{3}/2 \end{pmatrix} \begin{pmatrix} \sqrt{6} & 0 \\ 0 & \sqrt{2} \end{pmatrix} \begin{pmatrix} 1/\sqrt{2} & 1/\sqrt{2} \\ 1/\sqrt{2} & -1/\sqrt{2} \end{pmatrix}^{-1}$$

特異値分解に登場する各種の記号は、次のとおりです。

$$U = \begin{pmatrix} 1/\sqrt{2} & 1/\sqrt{2} \\ 1/\sqrt{2} & -1/\sqrt{2} \end{pmatrix}, V = \begin{pmatrix} \sqrt{3}/2 & 1/2 \\ 1/2 & -\sqrt{3}/2 \end{pmatrix}, \boldsymbol{M} = \begin{pmatrix} \sqrt{6} & 0 \\ 0 & \sqrt{2} \end{pmatrix}$$

$$\boldsymbol{u}_1 = \begin{pmatrix} 1/\sqrt{2} \\ 1/\sqrt{2} \end{pmatrix}, \boldsymbol{u}_2 = \begin{pmatrix} 1/\sqrt{2} \\ -1/\sqrt{2} \end{pmatrix}, \boldsymbol{v}_1 = \begin{pmatrix} \sqrt{3}/2 \\ 1/2 \end{pmatrix}, \boldsymbol{v}_2 = \begin{pmatrix} 1/2 \\ -\sqrt{3}/2 \end{pmatrix}, \mu_1 = \sqrt{6}, \mu_2 = \sqrt{2}$$

式(14.2.1)によれば、$R\boldsymbol{u}_1 = \mu_1 \boldsymbol{v}_1, R\boldsymbol{u}_2 = \mu_2 \boldsymbol{v}_2$ になるはずです。実際に計算すると次のようになり、確かに成立しています。

$$\begin{pmatrix} 2 & 1 \\ 0 & \sqrt{3} \end{pmatrix}\begin{pmatrix} 1/\sqrt{2} \\ 1/\sqrt{2} \end{pmatrix} = \begin{pmatrix} 3/\sqrt{2} \\ \sqrt{3}/\sqrt{2} \end{pmatrix} = \sqrt{6} \times \begin{pmatrix} \sqrt{3}/2 \\ 1/2 \end{pmatrix}$$

$$\begin{pmatrix} 2 & 1 \\ 0 & \sqrt{3} \end{pmatrix}\begin{pmatrix} 1/\sqrt{2} \\ -1/\sqrt{2} \end{pmatrix} = \begin{pmatrix} 1/\sqrt{2} \\ -\sqrt{3}/\sqrt{2} \end{pmatrix} = \sqrt{2} \times \begin{pmatrix} 1/2 \\ -\sqrt{3}/2 \end{pmatrix}$$

この変換の様子を図示したものが図 14.2.3 です。

図 14.2.3　特異値分解を用いた変換の可視化

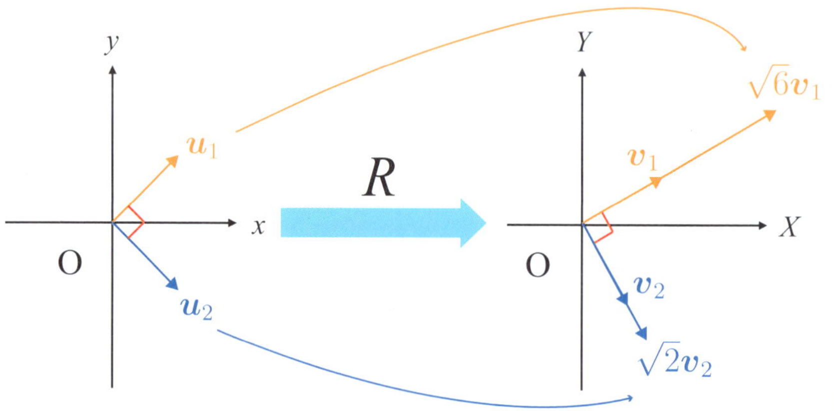

なお、見てのとおり、特異値分解は手計算に向きません。行列 U や V は直交行列なので、特異ベクトル $\boldsymbol{u}_i$ や $\boldsymbol{v}_i$ は長さ 1 のベクトルです。そのため、その各成分は小数・分数であり、長さの議論から $\sqrt{\ }$ が頻出します。特異値分解が活躍するのは手計算ではなく、数式を用いた理論計算や、プログラミングを通した数値計算の場面です。そのため、特異値分解の良さを実感するためには、抽象的な議論を受け入れる必要があります。本書では、これら 2 つのうち、理論計算を通して特異値分解の良さを紹介していきます。

14.3 特異値分解と関係の表現

関係の基礎関係式 - ${}^t\boldsymbol{v}_i R\boldsymbol{u}_j = \mu_i\delta_{ij}$

行列Rが関係を表現する行列の場合、特異値分解$R = VMU^{-1}$は関係の分解を実現します。本節では、その仕組みと威力を見ていきます。

行列Rが表す関係を調べるために特異値分解$R = VMU^{-1}$を用いるのであれば、左右から特異ベクトルをぶつけるのが王道でしょう。まずは、行列Rを用いて測った左特異ベクトル$\boldsymbol{v}_i$と右特異ベクトル$\boldsymbol{u}_j$の関係の強さ${}^t\boldsymbol{v}_i R\boldsymbol{u}_j$を計算してみましょう。実際に計算してみると、次の公式が得られます。

$$ {}^t\boldsymbol{v}_i R\boldsymbol{u}_j = \mu_i\delta_{ij} \tag{14.3.1} $$

証明は後回しにして、まずはこの式の意味を紹介します。クロネッカーのデルタδ_{ij}は、$i = j$の時は$\delta_{ij} = 1$で、$i \neq j$の時は$\delta_{ij} = 0$です（P283の式(12.3.4)）。なので、同じ添字を持つ$\boldsymbol{u}_i$と$\boldsymbol{v}_i$については、Rで測った関係の強さはμ_iであり、添字が異なる$\boldsymbol{u}_j$と$\boldsymbol{v}_i$については、その関係の強さは0であるとわかります。

本来、Rの定める関係の強さ${}^t\boldsymbol{a}R\boldsymbol{b} = \Sigma\, a_i r_{ij} b_j$の値の把握は相当に困難です。にも関わらず、左右の特異ベクトルの関係の強さについては見通しよく計算できます。これは大きな成果です。

類似の計算は、対称行列の対角化の時も行っていました。P285の式(12.4.3)と、この式(14.3.1)は、ほとんど同じ意味を持つ計算だとわかるでしょう。このように、行列を$S = U\Lambda U^{-1}$や$R = VMU^{-1}$と積の形に分解すると、見通しが良くなる場面が多々あります。そのため、行列の積への分解は様々な種類が研究されています。

左右の特異ベクトル同士の関係の強さの計算の様子を、図14.3.1に表しました。前述のとおり、特異ベクトル同士の関係${}^t\boldsymbol{v}_i R\boldsymbol{u}_j$が0でない値を持つには、添字$i$と$j$が一致する必要があります。よって、$m \geq n$の時は、$n < i \leq m$である$\boldsymbol{v}_i$はどの$\boldsymbol{u}_j$とも関係が0で、$m \leq n$の時は、$m < j \leq n$である$\boldsymbol{u}_j$はどの$\boldsymbol{v}_i$とも関係が0です。言い換えると、関係が0でない値になるためには、i, jはともにmとnの小さい方$\min(m, n)$以下である必要があります。

図 14.3.1 特異値分解による関係の分解

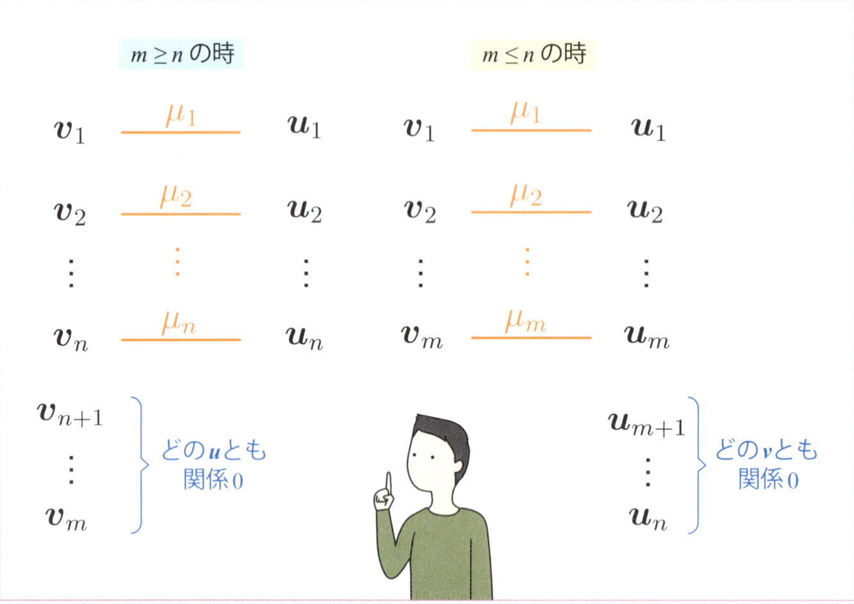

では、式(14.3.1)の証明を見てみましょう。これも少し厳密さを欠く議論ですが、概ね次の数式で計算できます。

$$
\begin{aligned}
{}^t\boldsymbol{v}_i R\boldsymbol{u}_j &= {}^t\boldsymbol{v}_i \mu_j \boldsymbol{v}_j \quad \text{......}\ (1)\\
&= \mu_j {}^t\boldsymbol{v}_i \boldsymbol{v}_j \quad \text{......}\ (2)\\
&= \mu_j \delta_{ij} \quad \text{......}\ (3)\\
&= \mu_i \delta_{ij} \quad \text{......}\ (4)
\end{aligned}
$$

(1) $R\boldsymbol{u}_i = \mu_i \boldsymbol{v}_i$ を代入（式 (14.2.1)）

(2) μ_j は数値なので掛け算の順序の先頭へ

(3) V は直交行列なので、固有ベクトル同士の内積 ${}^t\boldsymbol{v}_i\boldsymbol{v}_j$ は δ_{ij} で表せる（P283 の式 (12.3.5)）

(4) $i \neq j$ の時のみ $\delta_{ij} \neq 0$ なので、μ_j を μ_i に書き換えても同じ値を意味する

例によって、$m \leq n$ で $m < j\ (\leq n)$ の時は、(1) の計算は不正確です。厳密には次のように計算できます。この場合では $R\boldsymbol{u}_j = \boldsymbol{0}$ なので、${}^t\boldsymbol{v}_i R\boldsymbol{u}_j = 0$ です。一方、

$1 \leq i \leq m$ かつ $m < j$ なので $i \neq j$ とわかり、$\mu_i \delta_{ij} = 0$ が得られます。そのため、この場合も ${}^t\boldsymbol{v}_i R \boldsymbol{u}_j = \mu_i \delta_{ij}$ が成立するとわかります。

関係の分解 - ${}^t(\Sigma x_i \boldsymbol{u}_i) R (\Sigma y_j \boldsymbol{v}_j) = \Sigma \mu_i x_i y_i$

ここまでの議論で、特異ベクトル同士の関係の強さは計算できました。次に、特異ベクトルの係数付き和の場合も計算してみましょう。左右の特異ベクトルの係数付き和を次のように書いた時、

$$\sum_{1 \leq i \leq m} x_i \boldsymbol{v}_i = x_1 \boldsymbol{v}_1 + x_2 \boldsymbol{v}_2 + \cdots + x_m \boldsymbol{v}_m, \quad \sum_{1 \leq j \leq n} y_j \boldsymbol{u}_j = y_1 \boldsymbol{u}_1 + y_2 \boldsymbol{u}_2 + \cdots + y_n \boldsymbol{u}_n$$

これらの関係の強さ ${}^t(\Sigma x_i \boldsymbol{v}_i) R (\Sigma y_j \boldsymbol{u}_j)$ は、次の式で計算できます。

$$ {}^t\left(\sum_{1 \leq i \leq m} x_i \boldsymbol{v}_i\right) R \left(\sum_{1 \leq j \leq n} y_j \boldsymbol{u}_j\right) = \sum_{1 \leq i \leq \min(m,n)} \mu_i x_i y_i \qquad (14.3.2)$$

まずはこの式を証明し、その後に意味を説明します。

この式の証明は次のとおりです。

$$\begin{aligned} {}^t\left(\sum_{1 \leq i \leq m} x_i \boldsymbol{v}_i\right) R \left(\sum_{1 \leq j \leq n} y_j \boldsymbol{u}_j\right) &= \sum_{i,j} {}^t(x_i \boldsymbol{v}_i) R (y_j \boldsymbol{u}_j) \quad \text{......} (1) \\ &= \sum_{i,j} x_i y_j {}^t\boldsymbol{v}_i R \boldsymbol{u}_j \quad \text{......} (2) \\ &= \sum_{i,j} x_i y_j \mu_i \delta_{ij} \quad \text{......} (3) \\ &= \sum_{i} \mu_i x_i y_i \quad \text{......} (4) \end{aligned}$$

(1) カッコを外して Σ をまとめた
(2) 数値 x_i, y_j を掛け算順序の前半へ
(3) 式 (14.3.1) ${}^t\boldsymbol{v}_i R \boldsymbol{u}_j = \mu_i \delta_{ij}$ を代入
(4) $i \neq j$ の時は値が 0 なので和を $i = j$ の場合のみとし、添字を i に揃えた

では、式(14.3.2)の意味を見ていきましょう。本来なら、$\Sigma x_i \boldsymbol{u}_i$ と $\Sigma y_j \boldsymbol{v}_j$ の関係の強さの計算では、全ての $x_i \boldsymbol{v}_i$ と $y_j \boldsymbol{u}_j$ の組み合わせでの関係の強さを計算して、それ

らを合計する必要があります（上の式変形の（1））。しかし、$i \neq j$ なら $\boldsymbol{v}_i$ と $\boldsymbol{u}_j$ の関係の強さが0なので、合計するのは $i = j$ の組み合わせのみで充分です（上の式の（2）から（4）への式変形と対応）。この時、$x_i\boldsymbol{v}_i$ と $y_i\boldsymbol{u}_i$ の関係の強さは ${}^t(x_i\boldsymbol{v}_i)Ry_i\boldsymbol{u}_i = x_iy_i{}^t\boldsymbol{v}_iR\boldsymbol{u}_i = x_iy_i\mu_i = \mu_ix_iy_i$ だから、これらを合計した $\Sigma\,\mu_ix_iy_i$ で、$\Sigma\,x_i\boldsymbol{v}_i$ と $\Sigma\,y_j\boldsymbol{u}_j$ の関係の強さ ${}^t(\Sigma x_i\boldsymbol{v}_i)R(\Sigma y_j\boldsymbol{u}_j)$ が計算できるのです。このように、特異値分解 $R = VMU^{-1}$ を用いると、R の定める関係を、対応する特異ベクトル同士の関係に分解して計算できます（P288の図12.4.1と同様の現象が起こっています）。

この式を用いると、一般の m 次元ベクトル $\boldsymbol{a}$ と n 次元ベクトル $\boldsymbol{b}$ の関係の強さ ${}^t\boldsymbol{a}R\boldsymbol{b}$ も簡単に計算できます。それぞれ $\boldsymbol{a} = x_1\boldsymbol{v}_1 + x_2\boldsymbol{v}_2 + \ldots + x_m\boldsymbol{v}_m$ や $\boldsymbol{b} = y_1\boldsymbol{u}_1 + y_2\boldsymbol{u}_2 + \ldots + y_n\boldsymbol{u}_n$ と書くと、U, V は直交行列なので、P289の式(12.4.6)と同様に $x_i = \boldsymbol{a}\cdot\boldsymbol{v}_i$、$y_j = \boldsymbol{b}\cdot\boldsymbol{u}_j$ と計算できます。よって、

$$ {}^t\boldsymbol{a}R\boldsymbol{b} = \sum_{1\leq i\leq \min(m,n)} \mu_i(\boldsymbol{a}\cdot\boldsymbol{v}_i)(\boldsymbol{b}\cdot\boldsymbol{u}_i) $$

で計算できます。

ここまで見てきたとおり、対称行列の対角化と特異値分解はかなり類似した計算方法だとわかります。対称行列は同種の対象同士の関係を分解していましたが、特異値分解は別種の対象の間の関係を分解します。そのため、対称行列の対角化における主成分分析への応用と同様に、主成分分析は正準相関分析と呼ばれる分析に応用を持ちます。

また、主成分分析の結果得られる合成変数が互いに無相関であったのと同様に、正準相関分析で得られる合成変数も互いに無相関になります（これらは、第15章で扱います）。

一般的には、対角化と特異値分解は異なる計算であると見なされ、紹介されることが多いです。ですが、これらの用途に踏み込み、関係の分解という側面から見ると、対称行列の対角化と特異値分解はかなり類似する方法だと理解することができるのです。

14.4 対角化と特異値分解の違い

対角化は同種、特異値分解は別種

ここまで、3節にわたって特異値分解について説明してきました。図14.1.1で見たとおり、特異値分解と対角化は非常に似た数式で書かれ、似た公式が成立し、似た方法で計算できます。ですが、対角化と特異値分解では用いる場面が決定的に異なります。

変換を表現する行列では、対角化を用いるのは変換の前後が同種の場合、特異値分解を用いるのは変換の前後が別種の場合です。同様に、関係を表現する行列では、対角化を用いるのは関係の左右が同種の場合、特異値分解を用いるのは関係の左右が別種の場合です。本節では、対角化と特異値分解の利用場面の違いについて探求していきます。

まずは、P264の対角化の式(11.2.2) $A\boldsymbol{p}_i = \lambda_i \boldsymbol{p}_i$ を見てみましょう。左辺は変換後のベクトル $A\boldsymbol{p}_i$ であり、右辺は変換前のベクトル $\boldsymbol{p}_i$ の λ_i 倍です。これらが等しいという式は、言外に、$A\boldsymbol{p}_i$ と $\boldsymbol{p}_i$ は比較可能であると主張しています。つまり、変換を表現する行列を対角化する場面では、変換の前後は同種の対象なのです。

また、関係の分解として、対称行列の対角化 $S = U\Lambda U^{-1}$ を紹介しました。ここで、そもそも関係を表現する行列 S が対称行列であるのは、（ほとんどの場合）同種の対象を比較した時のみです。確かに、分散共分散行列 Σ の場合、比較の左右はどちらも X_1 から X_n の変数を表していました。

以上をまとめると、対角化を用いているなら、変換の前後や比較の左右は同種の対象であるとわかります。

一方、特異値分解の場合、R は $m \times n$ 行列のため、変換前のベクトルは n 次元、変換後のベクトルは m 次元です。よって、同種の対象ではありえません。関係の場合も、左が m 次元、右が n 次元なので、やはり同種の対象ではありえません。そのため、特異値分解を用いているなら、変換の前後や比較の左右は別種の対象であるとわかります。確かに、12.1節で紹介した選好行列 R の場合、m 次元ベクトルが商品を表しており、n 次元ベクトルは被験者を表わすため、比較の左右は別物です。仮に、たまたま $m = n$ だったとしても、特異値分解の利用が自然な場面では、（ほとんどの場合）別種の対象が扱われています。

具体例での計算

最後に、$A = R = \begin{pmatrix} 2 & 1 \\ 0 & \sqrt{3} \end{pmatrix}$ の対角化と特異値分解を比較してみます。この行列は、次の式で対角化・特異値分解されます。

$$A = \begin{pmatrix} 2 & 1 \\ 0 & \sqrt{3} \end{pmatrix} = \begin{pmatrix} 1 & 2+\sqrt{3} \\ 0 & -1 \end{pmatrix} \begin{pmatrix} 2 & 0 \\ 0 & \sqrt{3} \end{pmatrix} \begin{pmatrix} 1 & 2+\sqrt{3} \\ 0 & -1 \end{pmatrix}^{-1}$$

$$R = \begin{pmatrix} 2 & 1 \\ 0 & \sqrt{3} \end{pmatrix} = \begin{pmatrix} \sqrt{3}/2 & 1/2 \\ 1/2 & -\sqrt{3}/2 \end{pmatrix} \begin{pmatrix} \sqrt{6} & 0 \\ 0 & \sqrt{2} \end{pmatrix} \begin{pmatrix} 1/\sqrt{2} & 1/\sqrt{2} \\ 1/\sqrt{2} & -1/\sqrt{2} \end{pmatrix}^{-1}$$

対角化の計算を確認しておきましょう。実際に計算してみると次のようになるので、

$$\begin{pmatrix} 2 & 1 \\ 0 & \sqrt{3} \end{pmatrix} \begin{pmatrix} 1 \\ 0 \end{pmatrix} = \begin{pmatrix} 2 \\ 0 \end{pmatrix} = 2 \times \begin{pmatrix} 1 \\ 0 \end{pmatrix}$$

$$\begin{pmatrix} 2 & 1 \\ 0 & \sqrt{3} \end{pmatrix} \begin{pmatrix} 2+\sqrt{3} \\ -1 \end{pmatrix} = \begin{pmatrix} 3+2\sqrt{3} \\ -\sqrt{3} \end{pmatrix} = \sqrt{3} \times \begin{pmatrix} 2+\sqrt{3} \\ -1 \end{pmatrix}$$

確かに $\boldsymbol{p}_1 = \begin{pmatrix} 1 \\ 0 \end{pmatrix}$ は固有値 $\lambda_1=2$ の固有ベクトルで、$\boldsymbol{p}_2 = \begin{pmatrix} 2+\sqrt{3} \\ -1 \end{pmatrix}$ は固有値 $\lambda_2=\sqrt{3}$ の固有ベクトルだとわかります。

この対角化と特異値分解を用いて変換の様子を可視化すると、図 14.4.1 が得られます。

対角化では、固有ベクトルの長さが変わるものの向きは変わりません。そのため、変換の前後を同じ平面に図示する方が、向きの不変性を強調できて良いでしょう。一方、特異値分解では、左右の特異ベクトルで向きが異なります。そのため、

同じ平面に図示するとごちゃごちゃしてしまいます。なので、変換の前後で別の平面に図示したほうが良いでしょう。

こういう場面にも、対角化（同種）と特異値分解（別種）の性格の違いが見て取れます。

図 14.4.1　対角化と特異値分解の可視化の比較

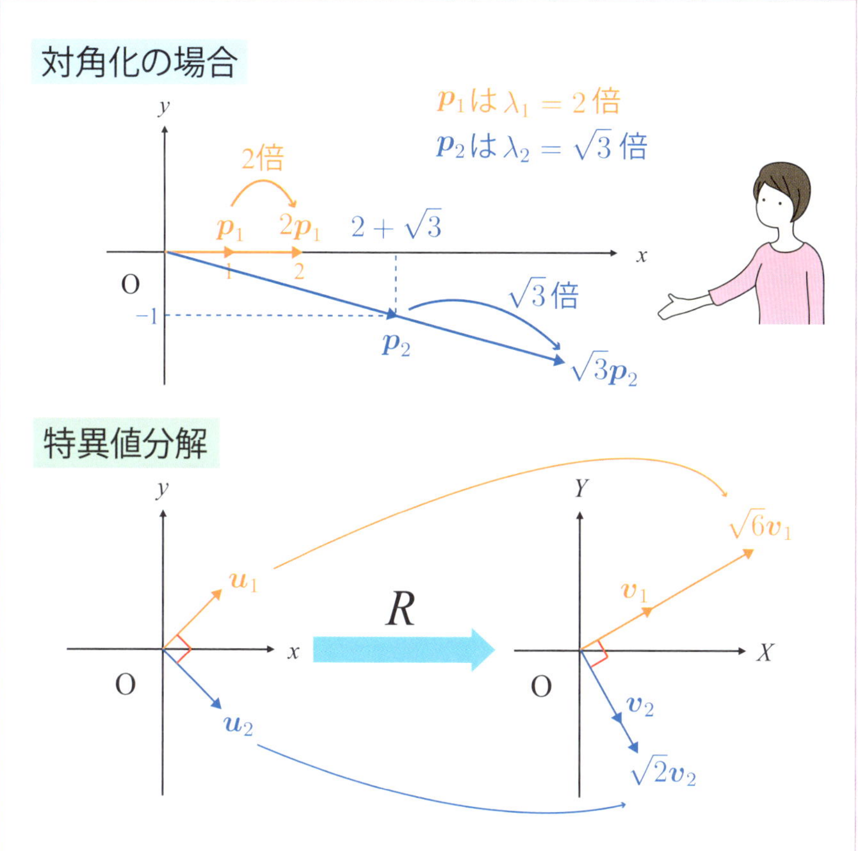

第14章のまとめ

- 特異値分解は対角化と似た数式で定義され、似た公式を持ち、似た方法で計算できる一方で、利用する場面は大きく異なる
- 特異値分解は、変換の前後が別種の場合や、関係の左右が別種の場合に用いられる。一方、対角化は同種の場合に用いられる
- 行列 R の表す変換を、特異値分解 $R = VMU^{-1}$ を通して見ると、右特異ベクトル $\boldsymbol{u}_i$ を左特異ベクトル $\boldsymbol{v}_i$ に変えつつ、長さを特異値 μ_i 倍する変換だと捉えられる
- 関係を表す行列を特異値分解すると、左右の特異ベクトル同士の関係に分解できる

第15章

正準相関分析と特異値分解

関係の分解による変数群間の関係の把握

ここからは、特異値分解の応用について説明します。本章では、特異値分解による関係の分解を活用した正準相関分析を扱います。正準相関分析は、2グループに分かれた変数たちの関係を、合成変数の相関の最大化を通して分析する分析モデルです。この相関係数の最大化において、特異値分解による関係の分解が活躍します。

正準相関分析は、主成分分析の対となる分析モデルでもあります。同種の対象同士の関係を分析する主成分分析に対称行列の対角化が用いられる一方、別種の対象同士の関係を分析する正準相関分析には特異値分解が用いられるのです。

15.1 正準相関分析

正準相関分析はデータ間の関連の抽出

正準相関分析は2群のデータの間の関連を抜き出す分析であり、様々な応用が知られています。例えば、脳部位Aと脳部位Bの活動データを2群のデータと捉えて正準相関分析を実施し、その結果から脳部位間の関連を調べる分析や、遺伝子データと身体的特徴（表現型）のデータに正準相関分析を実施し、これらの関連を調べる分析などが知られています。本書では、例として広告費と事業指標との関連の分析を紹介します。

実は、正準相関分析の数理的本質は、特異値分解が握っています。この正準相関分析を通して、特異値分解の活用方法を見ていきましょう。

正準相関分析とは

正準相関分析 (Canonical Correlation Analysis / CCA) は、2群のデータの関連を見出す分析であり、主成分分析（第13章）と似た手順で分析が進められます。正準相関分析では、脳部位Aと脳部位Bのデータなど、2グループのデータを用います。この2群のデータに含まれる変数をそれぞれ、$X_1, X_2, \ldots, X_m$ と $Y_1, Y_2, \ldots, Y_n$ と書くことにしましょう（変数の数は、X は m 個、Y は n 個です）。

まずは、正準相関分析の考え方を紹介します。正準相関分析では、m 次元ベクトル $\boldsymbol{a}$ と n 次元ベクトル $\boldsymbol{b}$ を用いた合成変数 $X_{\boldsymbol{a}} = a_1X_1 + a_2X_2 + \ldots + a_mX_m$ と、$Y_{\boldsymbol{b}} = b_1Y_1 + b_2Y_2 + \ldots + b_nY_n$ を用意します。そして、これら $X_{\boldsymbol{a}}$ と $Y_{\boldsymbol{b}}$ の相関係数 $\rho = cor(X_{\boldsymbol{a}}, Y_{\boldsymbol{b}})$ が最大である $\boldsymbol{a}, \boldsymbol{b}$ を探した後、そのベクトル $\boldsymbol{a}, \boldsymbol{b}$ や合成変数 $X_{\boldsymbol{a}}, Y_{\boldsymbol{b}}$ を見て、2群のデータの関連を調べます。

次に、記号や用語を確認しましょう。実は、この相関 $\rho = cor(X_{\boldsymbol{a}}, Y_{\boldsymbol{b}})$ の最大値

は、合成変数の分散が $V[X_a]=V[Y_b]=1$ を満たす $\boldsymbol{a}, \boldsymbol{b}$ から見つかります [1)]。合成変数の分散が 1 で、相関の最大値を与える $\boldsymbol{a}, \boldsymbol{b}$ を $\boldsymbol{a}_1, \boldsymbol{b}_1$ と書くことにします。この $\boldsymbol{a}_1, \boldsymbol{b}_1$ を用いた合成変数 X_{a_1}, Y_{b_1} を第 1 次**正準変量 (canonical variable)**、係数 $\boldsymbol{a}_1, \boldsymbol{b}_1$ を第 1 次**正準変量係数 (coefficient of canonical variable)** と言い、相関係数 $\rho_1 = cor\left(X_{a_1}, Y_{b_1}\right)$ を第 1 次**正準相関係数 (canonical correlation)** と言います。

正準相関分析でも主成分分析と同様に、最も強く相関する合成変数 X_{a_1}, Y_{b_1} に続いて、2 番目に相関の強い合成変数 X_{a_2}, Y_{b_2}、3 番目に相関の強い合成変数 X_{a_3}, Y_{b_3} …… を計算できます。2 番目の合成変数の探索では、第 1 次正準変量とは異なる

図 15.1.1　正準相関分析の考え方

正準相相関分析の考え方

関連の強い合成変数をたくさん作る
‖
相関

異なる正準変量は別の関連を表す
相関 0

第 1 次正準変量

$\boldsymbol{a}_1$ は $V[X_{\boldsymbol{a}_1}]=1$ 、$\boldsymbol{b}_1$ は $V[Y_{\boldsymbol{b}_1}]=1$
のベクトルで、
相関 $cor(X_{\boldsymbol{a}_1}, Y_{\boldsymbol{b}_1})$ が最大のもの

第 2 次正準変量

$\boldsymbol{a}_2$ は $V[X_{\boldsymbol{a}_2}]=1$ かつ $cor(X_{\boldsymbol{a}_2}, X_{\boldsymbol{a}_1})=0$、
$\boldsymbol{b}_2$ は $V[Y_{\boldsymbol{b}_2}]=1$ かつ $cor(Y_{\boldsymbol{b}_2}, Y_{\boldsymbol{b}_1})=0$
相関 0
のベクトルで、
相関 $cor(X_{\boldsymbol{a}_2}, Y_{\boldsymbol{b}_2})$ が最大のもの

1) 正の定数 $r, s>0$ について、$cor(X_{ra}, Y_{sb}) = cor(rX_a, sY_b) = cor(X_a, Y_b)$ が成立します。ですので、相関係数の最大値を与える $\boldsymbol{a}, \boldsymbol{b}$ が見つかったら、正の数 r, s で分散が $V[X_{ra}]=V[Y_{sb}]=1$ となるよう調整すれば、分散が 1 の合成変数で相関係数の最大値を実現できます。

関連の抽出を狙うため、ベクトル$\boldsymbol{a}_2$は、合成変数$X_{\boldsymbol{a}_2}$が$X_{\boldsymbol{a}_1}$と無相関であるものの中から選び、ベクトル$\boldsymbol{b}_2$は、合成変数$Y_{\boldsymbol{b}_2}$が$Y_{\boldsymbol{b}_1}$と無相関であるものの中から選びます。その条件の下で、相関係数$\rho_2 = cor\left(X_{\boldsymbol{a}_2}, Y_{\boldsymbol{b}_2}\right)$が最大となるベクトル$\boldsymbol{a}_2, \boldsymbol{b}_2$を探します。こうして得られる$X_{\boldsymbol{a}_2}, Y_{\boldsymbol{b}_2}$を第2次正準変量、$\boldsymbol{a}_2, \boldsymbol{b}_2$を第2次正準変量係数、$\rho_2 = cor\left(X_{\boldsymbol{a}_2}, Y_{\boldsymbol{b}_2}\right)$を第2次正準相関と言います。以降も同様に、それまでの正準変量と無相関である合成変数の中で、相関係数が最大である合成変数を探し、第i次正準変量等が定義されます。

正準相関分析の利用例

ここでは、ある事業の広告費と事業数値の関連の分析を紹介します。その事業では6種類の広告を出稿しており、5種の事業指標で事業の調子を把握しています。この6種の広告をA, B, C, D, E, Fと書き、5種の事業指標をP, Q, R, S, Tと書き[2)]、広告費を表す変数を順番に$X_1, X_2, \ldots, X_6$、事業指標を表す変数を順番に$Y_1, Y_2, \ldots, Y_5$とします。また、これらの変数は平均0、分散1に標準化してあるとします[3)]。

今回利用する11変数のデータの共分散行列は右ページの表にあるとおりです。標準化済みなので、各変数の分散は全て1です。また、分散が1なので、共分散と相関係数は一致するため、この行列は相関行列でもあります。このデータでは、全ての変数が正に相関しています。広告により事業が成長し、事業成長によって広告費を拡大すると、こういう相関行列が得られることはよくあります（なお、このデータは、説明のために作成したダミーデータです）。

しかし、このデータを見ても「全部相関している」くらいしか読み取れることがありません。強いて言えば、広告Aと指標P, Qの相関が高く、広告Dと指標S, Tの相関が高く見えます。このデータに対して、正準相関分析を実施してみましょう。右ページの下の表は、得られた正準変量係数（ベクトル$\boldsymbol{a}_i, \boldsymbol{b}_i$）を第2次まで表示したものです。なお、正準相関係数は$\rho_1 = 0.666$, $\rho_2 = 0.253$です。

2) 広告の効果分析に詳しい人は、これらの広告をA: 検索連動広告、B:YouTube、C:SNS、D:TV、E: 雑誌、F: 屋外と、事業指標をP: サイト訪問数、Q: 売上、R: 新規会員登録数、S: 認知度、T: 好感度、の5種と読み替えて読んでください。どちらも前半が事業成果に近く、後半が認知的な広告・指標です。

3) 平均μ、分散σ^2の確率変数Xについて、新しい確率変数$X^{\mathrm{std}} = (X - \mu)/\sigma$を作る操作を標準化と言います。標準化すると、$X^{\mathrm{std}}$は平均0、分散1の確率変数になります。

▼ 広告・事業データの共分散行列

	広告A	広告B	広告C	広告D	広告E	広告F	指標P	指標Q	指標R	指標S	指標T
広告A	1.000	0.373	0.402	0.469	0.463	0.439	0.392	0.407	0.359	0.272	0.293
広告B	0.373	1.000	0.414	0.484	0.467	0.476	0.257	0.284	0.309	0.287	0.312
広告C	0.402	0.414	1.000	0.457	0.475	0.475	0.293	0.297	0.305	0.260	0.357
広告D	0.469	0.484	0.457	1.000	0.451	0.461	0.310	0.340	0.311	0.422	0.484
広告E	0.463	0.467	0.475	0.451	1.000	0.431	0.289	0.318	0.259	0.294	0.386
広告F	0.439	0.476	0.475	0.461	0.431	1.000	0.259	0.277	0.243	0.256	0.349
指標P	0.392	0.257	0.293	0.310	0.289	0.259	1.000	0.671	0.536	0.209	0.207
指標Q	0.407	0.284	0.297	0.340	0.318	0.277	0.671	1.000	0.450	0.235	0.278
指標R	0.359	0.309	0.305	0.311	0.259	0.243	0.536	0.450	1.000	0.180	0.245
指標S	0.272	0.287	0.260	0.422	0.294	0.256	0.209	0.235	0.180	1.000	0.364
指標T	0.293	0.312	0.357	0.484	0.386	0.349	0.207	0.278	0.245	0.364	1.000

▼ 正準変量係数

	第1次正準変量係数	第2次正準変量係数
広告A	0.238	1.032
広告B	0.112	0.326
広告C	0.174	0.165
広告D	0.486	-0.745
広告E	0.195	-0.326
広告F	0.071	-0.255

	第1次正準変量係数	第2次正準変量係数
指標P	0.152	0.241
指標Q	0.200	0.339
指標R	0.202	0.397
指標S	0.326	-0.237
指標T	0.455	-0.618

この結果を解釈してみましょう。

第1次正準変量を見ると、Xの合成変数とYの合成変数の相関が最大なのは、$X_{a_i} = 0.238\,X_1 + 0.112\,X_2 + \ldots + 0.071\,X_6$ と $Y_{b_1} = 0.152\,Y_1 + 0.200\,Y_2 + \ldots + 0.455\,Y_5$ の時です。これらの相関係数である第1次正準相関係数 $\rho_1 = cor(X_{a_1}, Y_{b_1}) = 0.666$ なので、X_{a_i} が大きいと Y_{b_1} も大きい傾向を示しています。第1次正準相関係数を与えるベクトル $\boldsymbol{a}_1$ と $\boldsymbol{b}_1$ の全ての成分が正なので、全体的に広告費が多いほど、全体的に事業指標が良い傾向があると示しています。

ただ、そんなことは分析前から知っていましたよね。本当に面白いのは第2正準変量です。第2次正準変量 $X_{a_2} = 1.032\,X_1 + 0.326\,X_2 + \ldots - 0.255\,X_6$ は、広告A, B, Cの広告費が多く、D, E, Fの広告費が少ないほど値が大きくなる変数です。また、$Y_{b_2} = 0.241\,Y_1 + 0.339\,Y_2 + \ldots - 0.618\,Y_5$ は、指標P, Q, Rの数値が大きく、S, T

の数値が小さいほど値が大きくなる変数です。そのため、X_{a_2} と Y_{b_2} の相関は、広告A, B, Cの広告費が多い時は指標P, Q, Rの数値が大きい傾向にあり（X_{a_2} も Y_{b_2} も大きい）、逆に広告D, E, Fの広告費が多い時は指標S, Tの数値が大きい（X_{a_2} も Y_{b_2} も小さい）傾向にあるとわかります。

この2つの正準変量とその相関を見ると、広告A, B, Cは指標P, Q, Rに効く広告であり、広告D, E, Fは指標S, Tに効く広告だと考えられるでしょう（図15.1.2）。この2種の関連は、元の共分散行列を見ていてもわかりません。正準相関分析は、共分散の構造を分解することで、変数間の関係を分解して理解できる分析モデルなのです。

図 15.1.2　正準相関分析による関係の分解

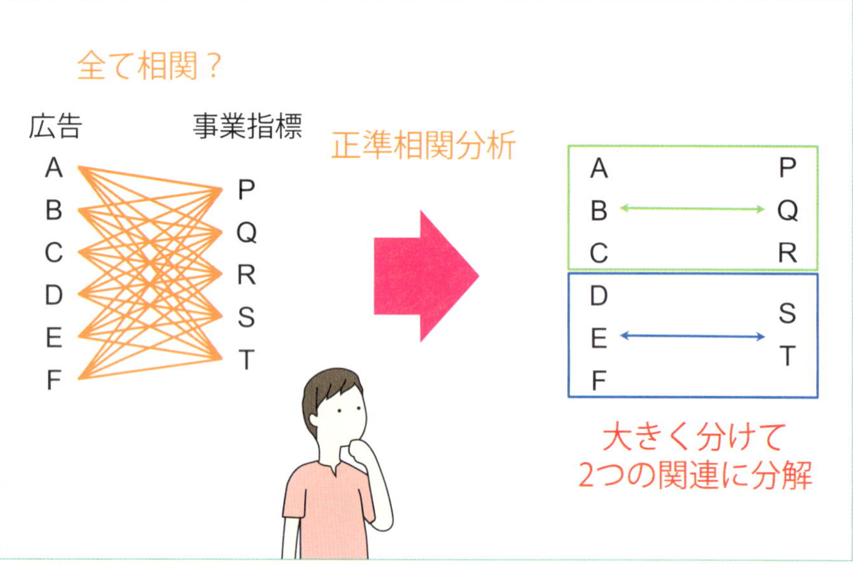

15.2 正準相関分析と特異値分解

正準相関分析の定式化

前節で説明したとおり、正準相関分析は、合成変数の相関係数を手がかりに、2群のデータの関係を抽出する分析モデルです。この計算では、特異値分解による関係の分解が活躍します。正準相関分析は、主成分分析に似た計算が多く登場するため、主成分分析と対比させながら見ると理解が深まりやすいでしょう。

まずは、各種の記号の設定を紹介します。ベクトル$\boldsymbol{a}, \boldsymbol{b}$を用いた合成変数$X_a, Y_b$の相関係数$cor(X_a, Y_b)$は、

$$cor(X_a, Y_b) = \frac{cov(X_a, Y_b)}{\sqrt{V[X_a]}\sqrt{V[Y_b]}}$$

で定義・計算されます。ここで、変数Xたちの分散共分散行列を$\Sigma_X = (cov(X_i, X_j))_{ij}$と書き、変数$Y$たちの分散共分散行列を$\Sigma_Y = (cov(Y_i, Y_j))_{ij}$と書くと、分母にある分散は

$$V[X_a] = {}^t\boldsymbol{a}\Sigma_X\boldsymbol{a},\ V[Y_b] = {}^t\boldsymbol{b}\Sigma_Y\boldsymbol{b}$$

で計算できます（P276の式(12.1.4)）。これに加えて、変数XたちとYたちの間の共分散を表す行列Σ_{XY}を、そのij成分が$cov(X_i, Y_j)$である$m \times n$行列$\Sigma_{XY} = (cov(X_i, Y_j))_{ij}$として定めると、分子にある共分散は

$$cov(X_a, Y_b) = {}^t\boldsymbol{a}\Sigma_{XY}\boldsymbol{b} \tag{15.2.1}$$

で計算できます（式(12.1.4)と同様の計算です。証明は数理解説で紹介します）。これらの行列を用いると、合成変数X_a, Y_bの相関$cor(X_a, Y_b)$は

$$cor(X_a, Y_b) = \frac{{}^t\boldsymbol{a}\Sigma_{XY}\boldsymbol{b}}{\sqrt{{}^t\boldsymbol{a}\Sigma_X\boldsymbol{a}}\sqrt{{}^t\boldsymbol{b}\Sigma_Y\boldsymbol{b}}} \tag{15.2.2}$$

で計算できます。

正準相関分析では、この相関係数の最大値を与える係数ベクトル$\boldsymbol{a}, \boldsymbol{b}$を、合成

変数の分散が 1 のものから探します（$V[X_{\boldsymbol{a}}] = {}^t\boldsymbol{a}\Sigma_X\boldsymbol{a} = 1,\ V[Y_{\boldsymbol{b}}] = {}^t\boldsymbol{b}\Sigma_Y\boldsymbol{b} = 1$）。この時、相関係数は $cor(X_{\boldsymbol{a}}, Y_{\boldsymbol{b}}) = cov(X_{\boldsymbol{a}}, Y_{\boldsymbol{b}}) = {}^t\boldsymbol{a}\Sigma_{XY}\boldsymbol{b}$ で計算できます。そのため、第 1 次正準変量係数のベクトル $\boldsymbol{a}_1,\ \boldsymbol{b}_1$ は、条件 ${}^t\boldsymbol{a}_1\Sigma_X\boldsymbol{a}_1 = {}^t\boldsymbol{b}_1\Sigma_Y\boldsymbol{b}_1 = 1$ の下での、${}^t\boldsymbol{a}_1\Sigma_{XY}\boldsymbol{b}_1$ の最大値を与えるベクトルです。

第 2 次正準変量係数 $X_{\boldsymbol{a}_2}, Y_{\boldsymbol{b}_2}$ には、分散 $= 1$ の条件に加え、第 1 次正準変量係数との無相関の条件 $cor(X_{\boldsymbol{a}_2}, X_{\boldsymbol{a}_1}) = cor(Y_{\boldsymbol{b}_2}, Y_{\boldsymbol{b}_1}) = 0$ が加わります。この相関係数は、$cor(X_{\boldsymbol{a}_2}, X_{\boldsymbol{a}_1}) = cov(X_{\boldsymbol{a}_2}, X_{\boldsymbol{a}_1}) = {}^t\boldsymbol{a}_2\Sigma_X\boldsymbol{a}_1$ と書けます。ですので、第 2 次正準変量係数のベクトル $\boldsymbol{a}_2,\ \boldsymbol{b}_2$ は、条件 ${}^t\boldsymbol{a}_2\Sigma_X\boldsymbol{a}_2 = {}^t\boldsymbol{b}_2\Sigma_Y\boldsymbol{b}_2 = 1$ と ${}^t\boldsymbol{a}_2\Sigma_X\boldsymbol{a}_1 = {}^t\boldsymbol{b}_2\Sigma_Y\boldsymbol{b}_1 = 0$ の下で、$cor(X_{\boldsymbol{a}_2}, Y_{\boldsymbol{b}_2}) = {}^t\boldsymbol{a}_2\Sigma_{XY}\boldsymbol{b}_2$ の最大値を与えるベクトルで定義されます。

また、第 3 次以降も同様に、分散が 1 で、それまでの全ての正準変量と無相関であるという条件のもと、最大の相関係数を与えるベクトルとして計算されます。

正準相関分析と特異値分解

一般の場合は難しいので、まず Σ_X や Σ_Y が単位行列の場合について調べてみましょう。この場合は、次の分析結果が得られます。

定理（正準相関分析と特異値分解①）

共分散行列 Σ_X, Σ_Y が単位行列とする。言い換えると、X_i や Y_j の分散が 1 で、X 同士・Y 同士は無相関である。この時、正準相関分析により得られる正準変量係数のベクトルは、Σ_{XY} の特異値分解 $\Sigma_{XY} = VMU^{-1}$ による特異ベクトルと一致する。つまり、

$$\boldsymbol{a}_i = \boldsymbol{v}_i,\quad \boldsymbol{b}_i = \boldsymbol{u}_i$$

である。この時、第 i 次正準相関係数 ρ_i は第 i 特異値 μ_i と一致し、

$$\rho_i = cor\left(X_{\boldsymbol{a}_i}, Y_{\boldsymbol{b}_i}\right) = \mu_i$$

$i \neq j$ の時、

$$cor\left(X_{\boldsymbol{a}_i}, Y_{\boldsymbol{b}_j}\right) = 0,\ \ cor\left(X_{\boldsymbol{a}_i}, X_{\boldsymbol{a}_j}\right) = 0,\ \ cor\left(Y_{\boldsymbol{b}_i}, Y_{\boldsymbol{b}_j}\right) = 0$$

である。そのため、$i \neq j$ の時、「第 i 次正準変量 $X_{\boldsymbol{a}_i}$ と第 j 次正準変量 $Y_{\boldsymbol{b}_j}$」「第 i 次正準変量 $X_{\boldsymbol{a}_i}$ と第 j 次正準変量 $X_{\boldsymbol{a}_j}$」「第 i 次正準変量 $Y_{\boldsymbol{b}_i}$ と第 j 次正準変量 $Y_{\boldsymbol{b}_j}$」は全て無相関である。

この定理の背景にある計算を紹介します。

今、Σ_X, Σ_Y は単位行列なので、分散は $V[X_{\boldsymbol{a}_i}] = {}^t\boldsymbol{a}_i \Sigma_X \boldsymbol{a}_i = {}^t\boldsymbol{a}_i \boldsymbol{a}_i = \|\boldsymbol{a}_i\|^2$ と計算でき、正準変量係数同士の相関は $cor(X_{\boldsymbol{a}_i}, X_{\boldsymbol{a}_j}) = {}^t\boldsymbol{a}_i \Sigma_X \boldsymbol{a}_j = {}^t\boldsymbol{a}_i \boldsymbol{a}_j = \boldsymbol{a}_i \cdot \boldsymbol{a}_j$ と計算できます。よって、分散 = 1 の条件は長さ = 1 の条件に、無相関の条件は直交（内積 = 0）の条件になります。そのため、この時は主成分分析とかなり状況が類似します。

また、${}^t\boldsymbol{v}_i \Sigma_{XY} \boldsymbol{u}_i = \mu_i$ なので、$cor(X_{\boldsymbol{v}_i}, Y_{\boldsymbol{u}_i}) = {}^t\boldsymbol{v}_i \Sigma_{XY} \boldsymbol{u}_i = \mu_i$ であり、相関係数が特異値と一致します。このように、正準相関分析の考え方と特異値分解の計算結果が完璧に対応するので、第 i 次正準変量係数が左右の第 i 特異ベクトルで、第 i 次正準相関係数が第 i 特異値で計算できるのです。

図 15.2.1　正準相関分析と特異値分解（Σ_X と Σ_Y が単位行列の場合）

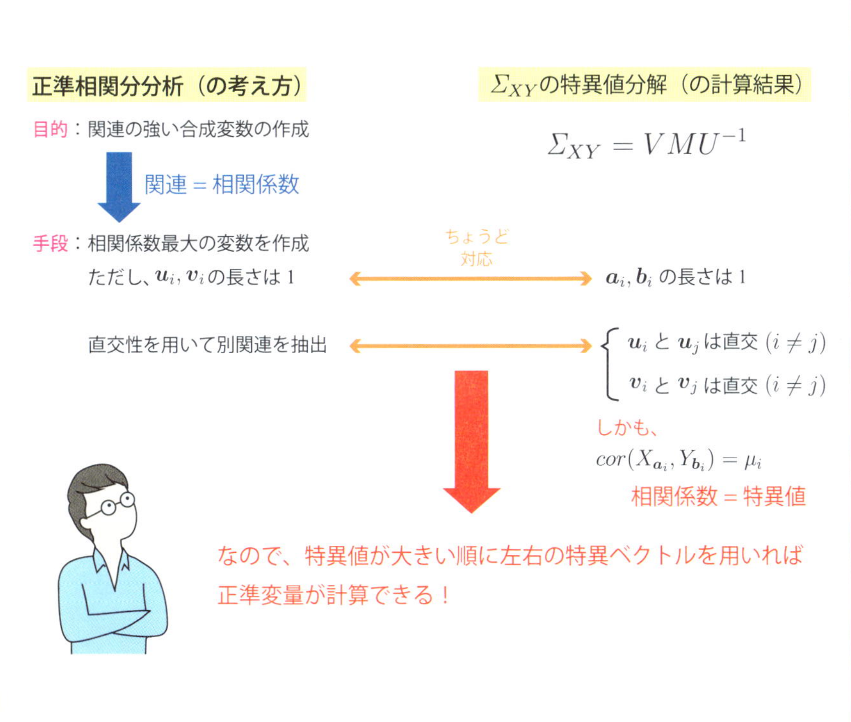

Point!

正準相関分析と特異値分解

- 正準相関分析は、相関係数最大の合成変数を作成し、2 群の変数の間の関連を調べる分析である
- 行列Σ_{XY}を特異値分解すると、左右の第 i 特異ベクトルに対応する合成変数の相関係数は特異値に一致する（相関係数 = 特異値）
- ベクトルの長さと直交の条件が、正準相関分析とΣ_{XY}の特異値分解で一致する
- 結果、特異値を大きい順に用いれば、正準相関分析の計算が完了する
- さらに、正準変量はそれぞれ無相関である

分散最大化の計算の証明

最後に、数式を用いた計算でも、正準相関分析と特異値分解の関係を確認しておきましょう。ここでは、$m \geq n$ の場合を扱います（$m \leq n$ の場合も同様です）。なお、議論を簡単にするため、特異値の値が互いに異なり、$\mu_1 > \mu_2 > \ldots > \mu_n > 0$ が成立しているとします。

この計算は箇条書きの方が見通し良く理解できるので、箇条書きで紹介します。第 1 次正準変量 $X_{\boldsymbol{a}_1}, Y_{\boldsymbol{b}_1}$ を与える係数ベクトル $\boldsymbol{a}_1, \boldsymbol{b}_1$ の計算は、次のとおりです。

- ベクトル $\boldsymbol{a}_1, \boldsymbol{b}_1$ は長さ 1 の（$\|\boldsymbol{a}_1\| = \|\boldsymbol{b}_1\| = 1$）ベクトルの中で、相関 $cor(X_{\boldsymbol{a}_i}, Y_{\boldsymbol{b}_1}) = {}^t\boldsymbol{a}_1\Sigma_{XY}\boldsymbol{b}_1$ が最大のものである
- $\boldsymbol{a}_1 = x_1\boldsymbol{v}_1 + x_2\boldsymbol{v}_2 + \ldots + x_m\boldsymbol{v}_m,\ \boldsymbol{b}_1 = y_1\boldsymbol{u}_1 + y_2\boldsymbol{u}_2 + \ldots + y_n\boldsymbol{u}_n$ と書くことにする
- すると、$\|\boldsymbol{a}_1\|^2 = x_1^{\ 2} + x_2^{\ 2} + \ldots + x_m^{\ 2},\ \|\boldsymbol{b}_1\|^2 = y_1^{\ 2} + y_2^{\ 2} + \ldots + y_n^{\ 2}$ であり（式 (13.2.5)）
- $cor(X_{\boldsymbol{a}_i}, Y_{\boldsymbol{b}_1}) = {}^t\boldsymbol{a}_1\Sigma_{XY}\boldsymbol{b}_1 = \mu_1x_1y_1 + \mu_2x_2y_2 + \ldots + \mu_nx_ny_n$ である（式 (14.3.2)）
- なので、条件 $x_1^{\ 2} + x_2^{\ 2} + \ldots + x_m^{\ 2} = y_1^{\ 2} + y_2^{\ 2} + \ldots + y_n^{\ 2} = 1$ の下で、$\mu_1x_1y_1 + \mu_2x_2y_2 + \ldots + \mu_nx_ny_n$ の最大を与える $x_1, x_2, \ldots, x_m, y_1, y_2, \ldots, y_n$ を探せば良い
- これは、$x_1 = y_1 = \pm 1,\ x_2 = x_3 = \ldots = x_m = y_2 = y_3 = \ldots = y_n = 0$ の時に最大となる（数理解説で証明します）
- なので、$\boldsymbol{a}_1 = \boldsymbol{v}_1,\ \boldsymbol{b}_1 = \boldsymbol{u}_1$ とすれば、これが第 1 次正準変量 $X_{\boldsymbol{a}_1}, Y_{\boldsymbol{b}_1}$ を与える

第 2 次正準変量の場合も同様で、次のとおりです。

- ベクトル $\boldsymbol{a}_2, \boldsymbol{b}_2$ は長さ 1 で（$\|\boldsymbol{a}_2\| = \|\boldsymbol{b}_2\| = 1$）、$\boldsymbol{a}_1, \boldsymbol{b}_1$ とそれぞれ直交する（$\boldsymbol{a}_2 \cdot \boldsymbol{a}_1 = \boldsymbol{b}_2 \cdot \boldsymbol{b}_1 = 0$）ベクトルの中で、分散 $cor(X_{\boldsymbol{a}_2}, Y_{\boldsymbol{b}_2}) = {}^t\boldsymbol{a}_2 \Sigma_{XY} \boldsymbol{b}_2$ が最大のものである
- $\boldsymbol{a}_2 = x_1\boldsymbol{v}_1 + x_2\boldsymbol{v}_2 + \ldots + x_m\boldsymbol{v}_m,\ \boldsymbol{b}_2 = y_1\boldsymbol{u}_1 + y_2\boldsymbol{u}_2 + \ldots + y_n\boldsymbol{u}_n$ と書くと、以下が成立
- $\|\boldsymbol{a}_1\|^2 = x_1{}^2 + x_2{}^2 + \ldots + x_m{}^2,\ \|\boldsymbol{b}_1\|^2 = y_1{}^2 + y_2{}^2 + \ldots + y_n{}^2$（式 (13.2.5)）
- $\boldsymbol{a}_2 \cdot \boldsymbol{a}_1 = (x_1\boldsymbol{v}_1 + x_2\boldsymbol{v}_2 + \ldots + x_m\boldsymbol{v}_m) \cdot (1 \times v_1 + 0 \times v_2 + \ldots + 0 \times v_m) = x_1$（式 (13.2.4)）
- $\boldsymbol{b}_2 \cdot \boldsymbol{b}_1 = (y_1\boldsymbol{u}_1 + y_2\boldsymbol{u}_2 + \ldots + y_n\boldsymbol{u}_n) \cdot (1 \times u_1 + 0 \times u_2 + \ldots + 0 \times u_m) = y_1$（式 (13.2.4)）
- $cor(X_{\boldsymbol{a}_2}, Y_{\boldsymbol{b}_2}) = {}^t\boldsymbol{a}_2 \Sigma_{XY} \boldsymbol{b}_2 = \mu_1 x_1 y_1 + \mu_2 x_2 y_2 + \ldots + \mu_n x_n y_n$（式 (14.3.2)）
- だから、条件 $x_1{}^2 + x_2{}^2 + \ldots + x_m{}^2 = y_1{}^2 + y_2{}^2 + \ldots + y_n{}^2 = 1,\ x_1 = y_1 = 0$ の下で、$\mu_1 x_1 y_1 + \mu_2 x_2 y_2 + \ldots + \mu_n x_n y_n$ の最大を与える $x_1, x_2, \ldots, x_m, y_1, y_2, \ldots, y_n$ を探せば良い
- つまり、条件 $x_2{}^2 + x_3{}^2 + \ldots + x_m{}^2 = y_2{}^2 + y_3{}^2 + \ldots + y_n{}^2 = 1,\ x_1 = y_1 = 0$ の下で、$\mu_2 x_2 y_2 + \mu_3 x_3 y_3 + \ldots + \mu_n x_n y_n$ の最大を与える $x_1, x_2, \ldots, x_m, y_1, y_2, \ldots, y_n$ を探せば良い
- これは、$x_2 = y_2 = \pm 1,\ x_1 = x_3 = x_4 = \ldots = x_m = y_1 = y_3 = y_4 = \ldots = y_n = 0$ の時に最大となる
- よって、$\boldsymbol{a}_2 = \boldsymbol{v}_2,\ \boldsymbol{b}_2 = \boldsymbol{u}_2$ とすれば、これが第 2 次正準変量 $X_{\boldsymbol{a}_2}, Y_{\boldsymbol{b}_2}$ を与える

さらに、第 3 次正準変量以降の議論も同様に行えば、$\boldsymbol{a}_i = \boldsymbol{v}_i,\ \boldsymbol{b}_i = \boldsymbol{u}_i$ がわかります（なお、ここに登場する数式は、式(13.2.4)(13.2.5) はP301 に、式(14.4.3) はP317 にあります）。

ここまでが、Σ_X と Σ_Y が単位行列の場合の正準相関分析です。一般の場合については、その計算結果のみ以下の定理で紹介します [4)]。

定理（正準相関分析と特異値分解②）

正準相関分析により得られる正準変量係数のベクトル $\boldsymbol{a}_i, \boldsymbol{b}_i$ は、行列 $\Sigma_X^{-\frac{1}{2}} \Sigma_{XY} \Sigma_Y^{-\frac{1}{2}}$ の特異値分解を $\Sigma_X^{-\frac{1}{2}} \Sigma_{XY} \Sigma_Y^{-\frac{1}{2}} = VMU^{-1}$ とする時、

4) 統計に詳しい人は、2 群の変数をそれぞれ白色化してから特異値分解を行った後で、白色化を戻して正準変量係数を計算していると考えると良いでしょう。

$$\boldsymbol{a}_i = \Sigma_X^{-\frac{1}{2}} \boldsymbol{v}_i,\ \boldsymbol{b}_i = \Sigma_Y^{-\frac{1}{2}} \boldsymbol{u}_i$$

である。この時、第 i 次正準相関係数 ρ_i は第 i 特異値 μ_i であり、

$$\rho_i = cor\left(X_{\boldsymbol{a}_i}, Y_{\boldsymbol{b}_i}\right) = \mu_i$$

$i \neq j$ の時、

$$cor\left(X_{\boldsymbol{a}_i}, Y_{\boldsymbol{b}_j}\right) = 0,\ cor\left(X_{\boldsymbol{a}_i}, X_{\boldsymbol{a}_j}\right) = 0,\ cor\left(Y_{\boldsymbol{b}_i}, Y_{\boldsymbol{b}_j}\right) = 0$$

である。そのため、$i \neq j$ の時、「第 i 次正準変量 $X_{\boldsymbol{a}_i}$ と第 j 次正準変量 $Y_{\boldsymbol{b}_j}$」「第 i 次正準変量 $X_{\boldsymbol{a}_i}$ と第 j 次正準変量 $X_{\boldsymbol{a}_j}$」「第 i 次正準変量 $Y_{\boldsymbol{b}_i}$ と第 j 次正準変量 $Y_{\boldsymbol{b}_j}$」は全て無相関である。

数理解説：共分散の計算式 (15.2.1) の証明

共分散の式 (15.2.1) は、P276 の式 (12.1.4) の証明とほぼ同じ計算で証明できます。共分散は双線型なので（P277 の式 (12.1.5)）、

$$cov\left(X_{\boldsymbol{a}}, Y_{\boldsymbol{b}}\right) = cov\left(\sum_i a_i X_i, \sum_j b_j Y_j\right) = \sum_{i,j} a_i b_j cov(X_i, Y_j)$$

で計算できます。一方、Σ_{XY} の ij 成分は $cov(X_i, Y_j)$ なので、

$${}^t\boldsymbol{a}\Sigma_{XY}\boldsymbol{b} = \sum_{i,j} a_i cov(X_i, Y_j) b_j$$

です。これらの 2 つの式の値は等しいので、$cov(X_{\boldsymbol{a}}, Y_{\boldsymbol{b}}) = {}^t\boldsymbol{a}\Sigma_{XY}\boldsymbol{b}$ が成立します。

数理解説：相関最大化の計算の証明

ここでは、条件 $g_1(\boldsymbol{x}) = x_1^2 + x_2^2 + \ldots + x_m^2 - 1 = 0$, $g_2(\boldsymbol{y}) = y_1^2 + y_2^2 + \ldots + y_n^2 - 1 = 0$ の下で、$f(\boldsymbol{x}, \boldsymbol{y}) = \mu_1 x_1 y_1 + \mu_2 x_2 y_2 + \ldots + \mu_n x_n y_n$ の最大化問題を解きます。また本文と同様に、$m \geq n$ かつ $\mu_1 > \mu_2 > \ldots > \mu_n > 0$ の場合で説明します。Lagrange の未定乗数法に用いる関数 Φ は

$$\Phi(\boldsymbol{x}, \boldsymbol{y}, \lambda_1, \lambda_2) = f(\boldsymbol{x}, \boldsymbol{y}) - \lambda_1 g_1(\boldsymbol{x}) - \lambda_2 g_2(\boldsymbol{y})$$
$$= \mu_1 x_1 y_1 + \mu_2 x_2 y_2 + \ldots + \mu_n x_n y_n$$
$$- \lambda_1({x_1}^2 + {x_2}^2 + \ldots + {x_m}^2 - 1) - \lambda_2({y_1}^2 + {y_2}^2 + \ldots + {y_n}^2 - 1)$$

なので、最大を与える x_i, y_i では、ある λ_1, λ_2 が存在して、

$$\partial_{x_i}\Phi = \mu_i y_i - 2\lambda_1 x_i = 0 \quad ......① \ (i \leq n)$$
$$\partial_{x_i}\Phi = -2\lambda_1 x_i = 0 \quad ......② \ (i > n)$$
$$\partial_{y_i}\Phi = \mu_i x_i - 2\lambda_2 y_i = 0 \quad ......③$$
$$\partial_{\lambda_1}\Phi = -(x_1^2 + x_2^2 + \cdots + x_m^2 - 1) = 0 \quad ......④$$
$$\partial_{\lambda_2}\Phi = -(y_1^2 + y_2^2 + \cdots + y_n^2 - 1) = 0 \quad ......⑤$$

が成立します。ここで、

$$\mu_i^2 y_i - 2\lambda_1 \mu_i x_i = 0 \quad ...... ① \times \mu_i$$
$$2\lambda_1 \mu_i x_i - 4\lambda_1 \lambda_2 y_i = 0 \quad ...... ③ \times 2\lambda_1$$

を比較すると、$\mu_i^2 y_i = 4\lambda_1\lambda_2 y_i \ (i \leq n)$ がわかります。また⑤より、少なくとも1つの i については $y_i \neq 0$ なので、その i について $\mu_i^2 = 4\lambda_1\lambda_2$ だとわかります。今、特異値は全て異なるので、他の j については $\mu_j^2 \neq 4\lambda_1\lambda_2$ だから、$y_j = 0$ とわかります。再び⑤より、$y_i = \pm 1$ とわかります。

ここで、$4\lambda_1\lambda_2 = \mu_i^2 > 0$ なので、$\lambda_1 \neq 0$ です。これと②から、$j > n$ について $x_j = 0$ がわかります。また、$j \neq i$ なら $y_j = 0$ なので、これを①と合わせると $x_j = 0$ がわかります。最後に、④より、$x_i = \pm 1$ がわかります。

ここまでの議論で、最大を与える $\boldsymbol{x}, \boldsymbol{y}$ の候補は、$\boldsymbol{x} = \pm \boldsymbol{e}_i, \boldsymbol{y} = \pm \boldsymbol{e}_i \ (1 \leq i \leq n)$（複号任意）に絞られました。これらについて f の値を計算すると、$f(\pm \boldsymbol{e}_i, \pm \boldsymbol{e}_i) = \mu_i, f(\pm \boldsymbol{e}_i, \mp \boldsymbol{e}_i) = -\mu_i$（複号同順）です。この中で最大なのは、$\boldsymbol{x} = \boldsymbol{y} = \pm \boldsymbol{e}_1$ の時の μ_1 です。

以上の議論をまとめると、$x_1 = y_1 = \pm 1, x_2 = x_3 = \ldots = x_m = y_2 = y_3 = \ldots = y_n = 0$ の時に $f(\boldsymbol{x}, \boldsymbol{y})$ が最大だとわかります。

第15章のまとめ

- 正準相関分析は、2 群の変数 $X_1, X_2, \ldots, X_m$ と $Y_1, Y_2, \ldots, Y_n$ の関連を、相関の最大化を通して抽出する分析モデルである
- 正準相関分析は、脳部位同士の関連や、遺伝子と表現系の関連の抽出、広告と事業指標の関連の抽出など多様な応用を持つ
- 相関関係を表す行列 Σ_{XY} や $\Sigma_X^{-\frac{1}{2}}\Sigma_{XY}\Sigma_Y^{-\frac{1}{2}}$ を特異値分解すると、相関関係が左右の特異ベクトル方向に分解される
- この特異値分解を利用すると、相関最大化を用いた関連抽出である正準相関分析は、単に特異値の大きい順に左右の特異ベクトルを並べるだけで実現できる
- $i \neq j$ なら、「第 i 次正準変量 X_{a_i} と第 j 次正準変量 Y_{b_j}」「第 i 次正準変量 X_{a_i} と第 j 次正準変量 X_{a_j}」「第 i 次正準変量 Y_{b_i} と第 j 次正準変量 Y_{b_j}」は全て無相関である。これは特異値分解による関係の分解の成果であり、直交行列が無相関を実現する例である

第16章

特異値と深層学習

勾配消失・爆発とランダム行列の積

本章では、特異値分解による変換の表現の応用として、深層学習における勾配消失・爆発の解析とその対処について解説します。深層学習研究の初期では、深すぎるモデルの性能は悪く、そもそもまともな学習すら困難でした。その原因の１つに勾配消失・爆発があり、これは活性化関数が無い場合でも生じます。この現象の解析においては、ランダム行列や、その特異値分解が重要な役割を果たします。

16.1 特異値と変換の倍率

特異値分解と変換の倍率の関係

本章では、変換を表す行列Rについての特異値分解$R = VMU^{-1}$の応用として、深層学習との関係を紹介します。実は、2010年代前半までは、深いモデルの学習は困難でした。その原因と解決の理論的側面に、特異値分解が深く関わっています。

まずは、特異値分解と変換の倍率についての以下の定理を紹介します。

定理（特異値分解と変換の倍率）

Rを$m \times n$行列とし、$R = VMU^{-1}$を特異値分解とする。この時、n次元ベクトル$\boldsymbol{u}$に対し、変換後のベクトル$R\boldsymbol{u}$の長さ$\|R\boldsymbol{u}\|$について以下の不等式が成立する。

$$\mu_n\|\boldsymbol{u}\| \leq \|R\boldsymbol{u}\| \leq \mu_1\|\boldsymbol{u}\| \tag{16.1.1}$$

特に、ベクトル$\boldsymbol{u}$の長さが1の場合、変換後のベクトル$R\boldsymbol{u}$の長さ$\|R\boldsymbol{u}\|$の最大値はμ_1であり、最小値はμ_nである。したがって、

$$\mu_n \leq \|R\boldsymbol{u}\| \leq \mu_1 \tag{16.1.2}$$

が成立する。

まずは、この式の意味を紹介してから、細かい計算の説明に移ります。

式(16.1.1)によると、変換後のベクトルの長さ$\|R\boldsymbol{u}\|$は、変換前のベクトルの長さ$\|\boldsymbol{u}\|$のμ_n倍からμ_1倍の間にあります。言い換えると、行列Rの表す変換は、ベクトルの長さをμ_n倍からμ_1倍の間の長さのベクトルに変換するとわかります。

例えば、$\mu_n = 1,\ \mu_1 = 5$なら、行列Rの表す変換は長さを減らすことはなく、長さを最大で5倍にする変換だとわかります。$\mu_n = 0.5,\ \mu_1 = 3$なら、この変換で長

さは0.5倍～3倍に変化します。また、$\mu_n = 0$ の場合、$R\boldsymbol{u}_n = \boldsymbol{0}$ なので、行列 R の表す変換では、$\boldsymbol{0}$ に変換されるベクトル $\boldsymbol{u}\ (\neq \boldsymbol{0})$ が存在するとわかります。特に、$m < n$ の時は $\mu_{m+1} = \mu_{m+2} = \ldots = \mu_n = 0$ と設定していたので、この時は必ず $R\boldsymbol{u} = \boldsymbol{0}$ となるベクトル $\boldsymbol{u}\ (\neq \boldsymbol{0})$ が存在します。これは、P310の式(14.2.2)や図14.2.2そのものですね。このように、特異値分解して特異値の μ_1 と μ_n を見ると、行列 R の表す変換による長さの変化を把握できます。

変換の倍率の計算

意味の紹介が終わったところで、式(16.1.1)(16.1.2)を証明してみましょう。これは今まで紹介してきた計算技術で計算できます。今回は、計算がシンプルな式(16.1.2)の場合で説明しましょう。

行列 R を変換として見る場合、入力のベクトル $\boldsymbol{u}$ を右特異ベクトル $\boldsymbol{u}_i$ の係数付き和 $\boldsymbol{u} = x_1\boldsymbol{u}_1 + x_2\boldsymbol{u}_2 + \ldots + x_n\boldsymbol{u}_n$ で表現するのが良いでしょう。この時、ベクトル $\boldsymbol{u}_i$ たちは直交行列 U の中の縦ベクトルなので、$\|\boldsymbol{u}\| = 1$ の条件は $x_1^2 + x_2^2 + \ldots + x_n^2 = 1$ と書けます（P301の式(13.2.5) $\|\boldsymbol{u}\|^2 = \|\boldsymbol{x}\|^2$ より）。

この時、$R\boldsymbol{u}$ は $R\boldsymbol{u} = \mu_1 x_1 \boldsymbol{v}_1 + \mu_2 x_2 \boldsymbol{v}_2 + \ldots$ であり、ベクトル $\boldsymbol{v}_i$ たちも直交行列 V の中の縦ベクトルなので、$\|R\boldsymbol{u}\| = \mu_1^2 x_1^2 + \mu_2^2 x_2^2 + \ldots + \mu_n^2 x_n^2$ と計算できます[1)]。ここで、特異値は $\mu_1 \geq \mu_2 \geq \ldots \geq \mu_n \geq 0$ が成立するように順番に並べていたので、$x_1 = \pm 1,\ x_2 = x_3 = \ldots = x_n = 0$ の時に最大値 μ_1 が得られます。また、$x_1 = x_2 = \ldots = x_{n-1} = 0,\ x_n = \pm 1$ の時に最小値 μ_n であるとわかります。

この計算には、特異値分解の強みが詰まっています。変換を表す行列 R を特異値分解 $R = VMU^{-1}$ すると、この変換は、$\boldsymbol{u}_i$ を $\boldsymbol{v}_i$ にして係数を μ_i 倍する変換だとわかります（P309の式(14.2.1)）。ここで、ベクトル $\boldsymbol{u}_i$ や $\boldsymbol{v}_i$ は直交行列 U, V の中の縦ベクトルなので、長さの計算との相性が良いです（式(13.2.5)）。この2つの背景があるので、係数の倍率の最小値が μ_n・最大値が μ_1 だから、ベクトルの長さの倍率も最小値が μ_n・最大値が μ_1 とわかるのです。

1) この議論には少しごまかしを入れました。$m \geq n$ の場合は今の議論で問題ない一方、$m \leq n$ の場合は $R\boldsymbol{u} = \mu_1 x_1 \boldsymbol{v}_1 + \mu_2 x_2 \boldsymbol{v}_2 + \ldots + \mu_m x_m \boldsymbol{v}_m$ なので、少し調整が必要です（添字が m で終わっています）。この時、$\|R\boldsymbol{u}\| = \mu_1^2 x_1^2 + \mu_2^2 x_2^2 + \ldots + \mu_m^2 x_m^2$ ですが、$m \geq n$ の時は $\mu_{m+1} = \mu_{m+2} = \ldots = \mu_n = 0$ と設定していたので、$\mu_{m+1}^2 x_{m+1}^2 + \mu_{m+2}^2 x_{m+2}^2 + \ldots + \mu_n^2 x_n^2 = 0$ です。だから、$\|R\boldsymbol{u}\| = \mu_1^2 x_1^2 + \mu_2^2 x_2^2 + \ldots + \mu_m^2 x_m^2 = \mu_1^2 x_1^2 + \mu_2^2 x_2^2 + \ldots + \mu_n^2 x_n^2$ が成立します。

Rの特異値分解と${}^tRR$の対角化

行列Rの表す変換の倍率を調べる際、行列${}^tRR$の対角化を行う場合があるので、これについて説明しておきます。

行列Rの特異値分解を$R = VMU^{-1}$とすると、${}^tRR$は次のように計算できます。

$$
\begin{aligned}
{}^tRR &= {}^t(VMU^{-1})\, VMU^{-1} \quad \text{......（1）}\\
&= {}^tU^{-1}\, {}^tM\, {}^tVVMU^{-1} \quad \text{......（2）}\\
&= U\, {}^tMMU^{-1} \quad \text{......（3）}
\end{aligned}
$$

（1）$R = VMU^{-1}$を代入
（2）${}^t(ABC) = {}^tC\,{}^tB\,{}^tA$を用いて式変形（P60の式2.2.3）
（3）Vは直交行列なので${}^tVV = 1$、Uも直交行列なので${}^tU^{-1} = {}^t({}^tU) = U$

ここで、${}^tMM$は、対角成分がμ_i^2である$n \times n$対角行列であると計算できます。

$$
{}^tMM = \begin{pmatrix} \mu_1^2 & & & 0 \\ & \mu_2^2 & & \\ & & \ddots & \\ 0 & & & \mu_n^2 \end{pmatrix} \tag{16.1.3}
$$

実際、$m \geq n$の時は

$$
{}^tMM = \begin{pmatrix} \mu_1 & & & 0 & \\ & \mu_2 & & & \\ & & \ddots & & 0 \\ 0 & & & \mu_n & \end{pmatrix} \begin{pmatrix} \mu_1 & & & 0 \\ & \mu_2 & & \\ & & \ddots & \\ 0 & & & \mu_n \\ & & 0 & \end{pmatrix} = \begin{pmatrix} \mu_1^2 & & & 0 \\ & \mu_2^2 & & \\ & & \ddots & \\ 0 & & & \mu_n^2 \end{pmatrix}
$$

であり、$m \leq n$の時は（$\mu_{m+1} = \mu_{m+2} = \ldots = \mu_n = 0$なので）

$$
{}^t MM = \begin{pmatrix} \mu_1 & & & 0 \\ & \mu_2 & & \\ & & \ddots & \\ 0 & & & \mu_m \\ & & & \\ & & 0 & \end{pmatrix} \begin{pmatrix} \mu_1 & & & 0 & \\ & \mu_2 & & & 0 \\ & & \ddots & & \\ 0 & & & \mu_m & \end{pmatrix}
$$

$$
= \begin{pmatrix} \mu_1^2 & & & & & 0 \\ & \mu_2^2 & & & & \\ & & \ddots & & & \\ & & & \mu_m^2 & & \\ & & & & 0 & \\ 0 & & & & & \ddots \\ & & & & & & 0 \end{pmatrix}
$$

$$
= \begin{pmatrix} \mu_1^2 & & & 0 \\ & \mu_2^2 & & \\ & & \ddots & \\ 0 & & & \mu_n^2 \end{pmatrix}
$$

と計算できます。この ${}^tMM$ を N と書くと、式 ${}^tRR = UNU^{-1}$ は ${}^tRR$ の対角化になっています。さらに、${}^tRR$ の固有値は R の特異値の 2 乗です。だから、行列 R の表す変換の長さの倍率を考える際、R の特異値分解の代わりに ${}^tRR$ の対角化を用いて固有値 $\lambda_1, \lambda_2, \ldots, \lambda_n$ を計算し、その平方根 $\sqrt{\lambda_1}, \sqrt{\lambda_2}, \ldots, \sqrt{\lambda_n}$ を計算すれば行列 R の特異値が計算できます。これを用いることで、行列 R の表す変換の長さの倍率も計算できるのです。

16.2 特異値と深いモデルの学習

深層学習と行列の積

この節では、深層学習における学習の際に問題となる、勾配消失・爆発と特異値の関係について説明します。まずは、深層学習のモデルとその勾配計算を復習しましょう。

深層学習は、単純な関数を深く積み重ねて、所望の機能を持つ複雑な関数を表現・探索する技術です。まずは、P192で紹介した深層学習のモデルを表す式(8.3.1)を再び紹介します。深層学習で用いる関数 $\boldsymbol{y} = \boldsymbol{f}(\boldsymbol{x})$ は、入力を $\boldsymbol{x}$、出力を $\boldsymbol{y}$ とし、比較的単純な関数 $\boldsymbol{f}_1, \boldsymbol{f}_2, \ldots, \boldsymbol{f}_L$ とパラメーター $\boldsymbol{\theta} = (\boldsymbol{\theta}_1, \boldsymbol{\theta}_2, \ldots, \boldsymbol{\theta}_L)$ を用いて、次のように表されるのでした。

$$\boldsymbol{z}_1 = \boldsymbol{f}_1(\boldsymbol{x}, \boldsymbol{\theta}_1),\ \ \boldsymbol{z}_2 = \boldsymbol{f}_2(\boldsymbol{z}_1, \boldsymbol{\theta}_2), \ldots, \boldsymbol{z}_{L-1} = \boldsymbol{f}_{L-1}(\boldsymbol{z}_{L-2}, \boldsymbol{\theta}_{L-1}),\ \ \boldsymbol{y} = \boldsymbol{f}_L(\boldsymbol{z}_{L-1}, \boldsymbol{\theta}_L)$$

ここでは話を単純にするため、この式に登場するベクトル $\boldsymbol{x}, \boldsymbol{z}_1, \boldsymbol{z}_2, \ldots, \boldsymbol{z}_{L-1}, \boldsymbol{y}$ の次元は全て n であり、各関数は行列の表す線形変換

$$\boldsymbol{z}_1 = W_1\boldsymbol{x},\ \ \boldsymbol{z}_2 = W_2\boldsymbol{z}_1, \ldots,\ \ \boldsymbol{z}_{L-1} = W_{L-1}\boldsymbol{z}_{L-2},\ \ \boldsymbol{y} = W_L\boldsymbol{z}_{L-1}$$

だとします。

このモデルを学習するためには、パラメーター $\boldsymbol{\theta}_l = W_l$ についての損失関数 $L(\boldsymbol{\theta})$ の微分を誤差逆伝播計算する必要があります。ここでも8.3節と同様に、データは1つ $(\boldsymbol{x}^{\mathrm{data}}, \boldsymbol{y}^{\mathrm{data}})$ のみの場合を考えることにします。

このデータでの予測値を $\boldsymbol{y} = \boldsymbol{f}(\boldsymbol{x}^{\mathrm{data}}, \boldsymbol{\theta})$ と書くと、損失関数 $L(\boldsymbol{\theta})$ は $L(\boldsymbol{\theta}) = l(\boldsymbol{y}^{\mathrm{data}}, \boldsymbol{y}) = l(\boldsymbol{y}^{\mathrm{data}}, f(\boldsymbol{x}^{\mathrm{data}}, \boldsymbol{\theta}))$ と書けます。この損失関数 $L(\boldsymbol{\theta})$ に対してP202の誤差逆伝播の式(8.3.4)を用いると、

$$\frac{\partial L}{\partial \theta_l} = \frac{\partial l}{\partial \boldsymbol{y}} \frac{\partial \boldsymbol{f}_L}{\partial \boldsymbol{z}_{L-1}} \frac{\partial \boldsymbol{f}_{L-1}}{\partial \boldsymbol{z}_{L-2}} \cdots \frac{\partial \boldsymbol{f}_{l+2}}{\partial \boldsymbol{z}_{l+1}} \frac{\partial \boldsymbol{f}_{l+1}}{\partial \boldsymbol{z}_l} \frac{\partial \boldsymbol{f}_l}{\partial \theta_l}$$

が得られます。今の場合は $\dfrac{\partial \boldsymbol{f}_l}{\partial \boldsymbol{z}_{l-1}} = W_l$ なので、この微分は次のように書けます。

$$\frac{\partial L}{\partial \theta_l} = \frac{\partial l}{\partial \boldsymbol{y}} W_L W_{L-1} \cdots W_{l+1} \frac{\partial \boldsymbol{f}_l}{\partial \theta_l} \tag{16.2.1}$$

実は、この計算過程の中の、たくさんの行列の積 $W_L W_{L-1} \ldots W_{l+1}$ の部分が問題を引き起こします。

ランダム行列の特異値

深層学習では、勾配法やその発展（第8章）を用いてパラメーターを学習します。そのため、最初にパラメーターを初期化する必要があります。初期化には様々な技法がありますが、ここではXavierの初期化を紹介します。

Xavierの初期化では、行列 W_l の ij 成分 $w_{l,ij}$ を（互いに独立な）平均0、分散 $\frac{1}{n}$ の正規分布を用いて決定します。このように、何らかの確率分布を用いてランダムに生成される行列を、**ランダム行列(Random Matrix)** と言います。

たくさんの行列の積を考える前に、行列が1つの場合から考えましょう。Xavierの初期値を用いたランダム行列 W の場合、行列 W の表す変換 $\boldsymbol{b} = W\boldsymbol{a}$ では長さの2乗の期待値が変わりません（数理解説で計算します）。今回のモデルでは何度も行列を掛けるので、長さの2乗の期待値が変わらないこの初期値は適切でしょう。

一方、長さの期待値は変わらないとはいえ、実際には長くなるベクトルもあれば、短くなるベクトルもあります。この長さの変化を捉えるため、ランダム行列 W の特異値分解 $W = VMU^{-1}$ を考えてみましょう。実は、次元 n が大きくなると、特異値 μ の分布は確率密度関数

$$p_1(\mu) = \frac{1}{\pi}\sqrt{4-\mu^2} \quad (0 \le \mu \le 2) \tag{16.2.2}$$

で表される分布に近づくことが知られています。これを、**Marchenko–Pasturの法則（Marchenko–Pastur's law / マルチェンコ－パスツールの法則）** と言います[2)]。

このMarchenko–Pasturの法則を $n = 2000$ の場合に実験した結果が、図16.2.1で

2)　本来のMarchenko–Pasturの法則は、${}^tWW$ の固有値分布についての定理です。これで得られる μ^2 の分布を、μ の分布に変換した式が(16.2.2)です。ちなみに、この法則では正方行列でないランダム行列 W についての特異値分布も扱われています。

す。ランダム行列を1つ用意し、その2000個の特異値を計算して、ヒストグラムを青の棒グラフで記しました。また、オレンジの曲線は式(16.2.2)のグラフです。ランダム行列の特異値分布が、理論の予測とよく一致していることがわかります。

図 16.2.1　Marchenko-Pastur の法則

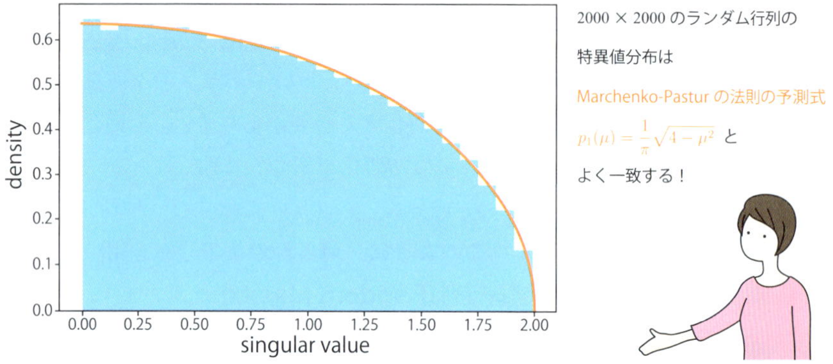

この計算例では、$\mu_{288} = 1.502$, $\mu_{289} = 1.499$, $\mu_{1370} = 0.50009$, $\mu_{1371} = 0.49997$ でした。なので、右特異ベクトル $\boldsymbol{u}_1$〜$\boldsymbol{u}_{288}$ は長さが1.5倍以上のベクトルに変換され、$\boldsymbol{u}_{1371}$〜$\boldsymbol{u}_{2000}$ は長さが0.5倍以下のベクトルに変換されます（P309の式(14.2.1)）。

数理解説：Xavier の初期値の等長性

行列 W を、Xavier の初期化によるランダム行列を表す確率変数とします。この時、ベクトル $\boldsymbol{b} = W\boldsymbol{a}$ の長さの2乗の期待値が、ベクトル $\boldsymbol{a}$ の長さの2乗 $\|\boldsymbol{a}\|^2$ に一致します。これを証明しましょう。

行列 W の ij 成分を w_{ij} と書きます。行列 W が Xavier の初期値に従うので、w_{ij} は平均0、分散 $\frac{1}{n}$ の正規分布に従います。この時、ベクトル $\boldsymbol{b}$ の第 i 成分 b_i は $b_i = w_{i1}a_1 + w_{i2}a_2 + \ldots + w_{in}a_n$ なので、b_i の期待値も0です。そのため、b_i の2乗の期待値 $E[b_i^2]$ は、b_i の分散 $V[b_i]$ と等しいです。これを用いると、ベクトル $\boldsymbol{b}$ の長さの2乗 $\|\boldsymbol{b}\|^2$ の期待値は次のように計算できます。

$$E[\|\boldsymbol{b}\|^2] = E\left[\sum_{1\le i\le n} b_i^2\right] = \sum_{1\le i\le n} E[b_i^2] = \sum_{1\le i\le n} V[b_i]$$
$$= \sum_{1\le i\le n} V[w_{i1}a_1 + w_{i2}a_2 + \cdots + w_{in}a_n]$$

ここで、w_{ij} は互いに独立なので、さらに以下の式変形をすれば

$$= \sum_{1\le i,j\le n} V[w_{ij}a_j] = \sum_{1\le i,j\le n} a_j^2 V[w_{ij}] = \sum_{1\le i,j\le n} \frac{a_j^2}{n} = \sum_{1\le j\le n} a_j^2 = \|\boldsymbol{a}\|^2$$

が得られます。

以上で、$E[\|\boldsymbol{b}\|^2] = \|\boldsymbol{a}\|^2$ が証明できました。

勾配消失・発散とその対処

ランダム行列が 1 つの場合、長さの 2 乗の倍率の期待値は 1 ですが、実際には長さは 0～2 倍されるのでした。ランダム行列を M 個掛けた場合も、長さの 2 乗の倍率の期待値は 1 ですが、倍率の分布は大きく様子が異なります。実際、Xavier の初期値に従う $n \times n$ のランダム行列 M 個の積の特異値分布は、n が大きい場合、次の確率密度関数 $p_M(\mu)$ が表す分布で近似できると知られています。

$$p_M(\mu) = \frac{2}{\pi\mu} \frac{\sin(M+1)\varphi}{\sin M\varphi} \sin\varphi \qquad (16.2.3)$$

ここで、特異値 μ の範囲は $0 < \mu < \sqrt{\frac{(M+1)^{M+1}}{M^M}}$ であり、パラメーター φ は $0 < \varphi < \frac{\pi}{M+1}$ で

$$\mu^2 = \frac{(\sin(M+1)\varphi)^{M+1}}{\sin\varphi(\sin M\varphi)^M}$$

を満たす変数です[3)]。

3) 詳細は Bjorck, Nils, et al. "Understanding batch normalization." Advances in neural information processing systems 31 (2018). の式 (5) 等で見つけられます。ただし、この論文中の $\rho_M(x)$ の x は特異値 μ の 2 乗なので、本書の $p_M(\mu)$ とは $2\mu\rho_M(\mu^2) = p_M(\mu)$ の関係にあります。

この数式を見ていてもよくわからないので、グラフを描いて検討してみましょう。

図 16.2.2　たくさんのランダム行列の積と特異値

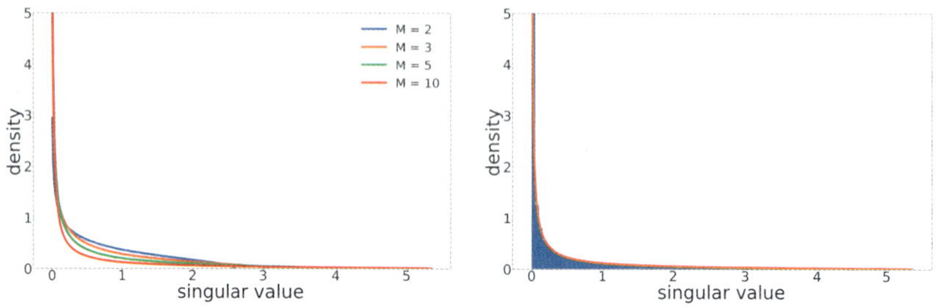

図 16.2.2 左が、$M = 2, 3, 5, 10$ での特異値分布のグラフです。ランダム行列の個数 M が大きいほど、分布の右端がより右に進み、0 付近の特異値の割合が増加します。図右は、数値計算と理論の比較です。青い棒グラフは、実際に $n = 2000$ でのランダム行列 10 個の積の特異値を計算し、その分布を示したヒストグラムです。またオレンジの曲線は、$M = 10$ の場合の $p_M(\mu)$ のグラフです。この両者を比較すると、実際の特異値分布と理論の示す曲線がよく一致しているとわかります。

実は、ランダム行列の個数 M を大きくすると、特異値の最大値はさらに大きくなる一方、大半の特異値は 0 付近に集まっていくとわかります。なので、大量のランダム行列の積による変換では、ほとんど全ての特異ベクトルは長さがほぼ 0 のベクトルに変換され、一部の特異ベクトルだけが激しく長いベクトルに変換されます。これが深いモデルの学習で問題を起こします。先ほど計算した式(16.2.1)

$$\frac{\partial L}{\partial \theta_l} = \frac{\partial l}{\partial \boldsymbol{y}} W_L W_{L-1} \cdots W_{l+1} \frac{\partial \boldsymbol{f}_l}{\partial \boldsymbol{\theta}_l}$$

では、$\boldsymbol{y}$ を変化させるべき方向 $\frac{\partial l}{\partial \boldsymbol{y}}$ に様々な行列を掛けて、$\boldsymbol{\theta}_l$ を変化させるべき方向 $\frac{\partial l}{\partial \boldsymbol{y}} W_L W_{L-1} \cdots W_{l+1} \frac{\partial \boldsymbol{f}_l}{\partial \boldsymbol{\theta}_l}$ を計算しています。この時、$\frac{\partial l}{\partial \boldsymbol{y}} W_L W_{L-1} \cdots W_{l+1}$ の段階で、ベクトル $\frac{\partial l}{\partial \boldsymbol{y}}$ のほとんど全ての方向がほぼ 0 倍につぶされ、一部の方向のみが大きく引き伸ばされてしまいます。その結果、$\boldsymbol{y}$ を変化させるべき方向 $\frac{\partial l}{\partial \boldsymbol{y}}$ の情報の一部のみしか伝わらず、学習の効率が大きく低下してしまうのです。

この議論のように、誤差逆伝播の計算の中で、長さの倍率が0に漸近することを**勾配消失 (vanishing gradient)**、倍率がどんどん大きくなることを**勾配爆発 (exploding gradient)** と言います[4)]。これらは深いモデルの学習を困難にする理由として、長く君臨していました。

この問題の対処法には、適切な活性化関数の利用や、skip connection を導入してネットワークの構造や勾配の計算を大きく変える方法、Batch Normalization を用いてベクトルの長さの変化を抑える方法などがあります。また、これらの手法を用いずに、自由確率論を用いて直接的に特異値分布を制御する手法も知られています[5)]。

4) 今回紹介した例はかなり単純化してあり、歴史的に初期に問題視されていた現象とは若干異なります。他にも、活性化関数の選択や Normalization 等のモデル構造が、勾配消失・爆発に本質的に寄与します。

5) skip connection や Batch Normalization については岡野原大輔『ディープラーニングを支える技術』(技術評論社、2021) を、自由確率論を用いた深いモデルの学習については Pennington, Jeffrey, Samuel Schoenholz, and Surya Ganguli. "The emergence of spectral universality in deep networks." International Conference on Artificial Intelligence and Statistics. PMLR, 2018. を参考にしてください。

第16章のまとめ

- 行列 R の特異値分解 $R = VMU^{-1}$ を用いると、R が表す変換での長さの倍率を評価できる。具体的には、ベクトル $\boldsymbol{u}$ の長さが 1 の時、ベクトル $\|R\boldsymbol{u}\|$ の長さの最小値は μ_n・最大値は μ_1 とわかる
- Xavier の初期値を用いて定義されたランダム行列の特異値の分布は、行列のサイズが大きい時、Marchenko–Pastur の法則が示す確率分布で近似できる
- Xavier の初期値を用いて定義されたランダム行列をたくさん掛け合わせると、ほとんどの特異値が 0 付近に集まる一方、一部の特異値が非常に大きな値を持つ
- その結果、誤差逆伝播で計算を進めるごとに勾配の情報の大半が消失し、一部の情報が拡大されてしまう。この現象を、勾配消失・爆発と言う

第17章

意味表現空間としての高次元線形空間と内積

AIを支える高次元線形空間

2022年に登場したMidjourney(画像生成AI)、ChatGPT(対話AI)を皮切りに、生成AIが猛烈な勢いで発展し、マルチモーダルモデルや基盤モデルが相次いで登場しています。その影響を受け、情報処理分野のほぼ全ての領域が変化・発展しています。

これらの多くの技術の中で、高次元のベクトルが情報伝達の媒介役として用いられ、中心的な役割を担っています。本章では、その背景にある高次元ベクトルの性質と、うまい取り回し方について説明します。

17.1 マルチモーダル・基盤モデルと高次元ベクトル

マルチモーダルモデルと基盤モデル

「第4部　線形代数とデータ分析」の最後ということで、近年のデータサイエンスやAI開発での高次元ベクトルの活躍について説明します。

2022年11月30日に、対話AIであるChatGPTが公開されて以降、**大規模言語モデル（Large Language Models / LLM）**が幅広い分野で活用されています。原稿執筆時点（2024年4月）では、自然言語のみならず、画像・音声・音楽・動画・3Dモデルなど、多種多様なモダリティの情報を取り扱い、生成できるようになってきています[1)]。このうち、複数のモダリティを扱うモデルを**マルチモーダルモデル(Multi-Modal models)**と言います。

また、モデルの学習において、モデルを1から学習させるより、事前に学習させたマルチモーダルモデルを微調整する形で学習した方が良い場合があります。このように、微調整で多様な能力を獲得できるよう学習された大規模言語モデルやマルチモーダルモデルを、**基盤モデル(Foundation Models)**と呼びます。

共通言語としての高次元ベクトル

これらのモデル開発の背景には、Transformerという深層学習のモデルがあります[2)]。Transformerはもともと機械翻訳のためのモデルであり、入力した単語を高次元ベクトルで表現し、その類似度を元にデータ処理を進めるモデルです。大規模言語モデルの多くはこのTransformerを元にしており、モデル構造に若干の工夫を入れつつ大規模化したモデルで作られています。大規模言語モデルで用いられる

1) 「モダリティ」は多様な領域で用いられている用語であり、情報処理分野ではやや特殊な意味で用いられています。この領域では、モダリティとはおおむね情報の種類のことであり、人が処理する時に異なる感覚器・処理経路が用いられる情報は、異なるモダリティであると考えられることが多いようです。

2) 前著『分析モデル入門』（ソシム、2022）や、以下の動画で詳しく紹介しています。
【深層学習】Transformer - Multi-Head Attentionを理解してやろうじゃないの【ディープラーニングの世界vol.28】- YouTube https://www.youtube.com/watch?v=50XvMaWhiTY

ベクトルの次元はかなり高く、ChatGPT の前身である GPT–3 では、12288 次元のベクトルが内部で用いられています[3)]。

大規模言語モデルの情報処理能力は極めて高く、言語のみならず、多様なモダリティのデータを扱い、生成できるモデルが多く開発されています。大規模言語モデルを用いた多くのマルチモーダル生成モデルでは、図 17.1.1 のような流れ（またはその一部）で情報処理が行われています。

図 17.1.1　LLM を用いたマルチモーダルモデルのデータ処理の流れ[4)]

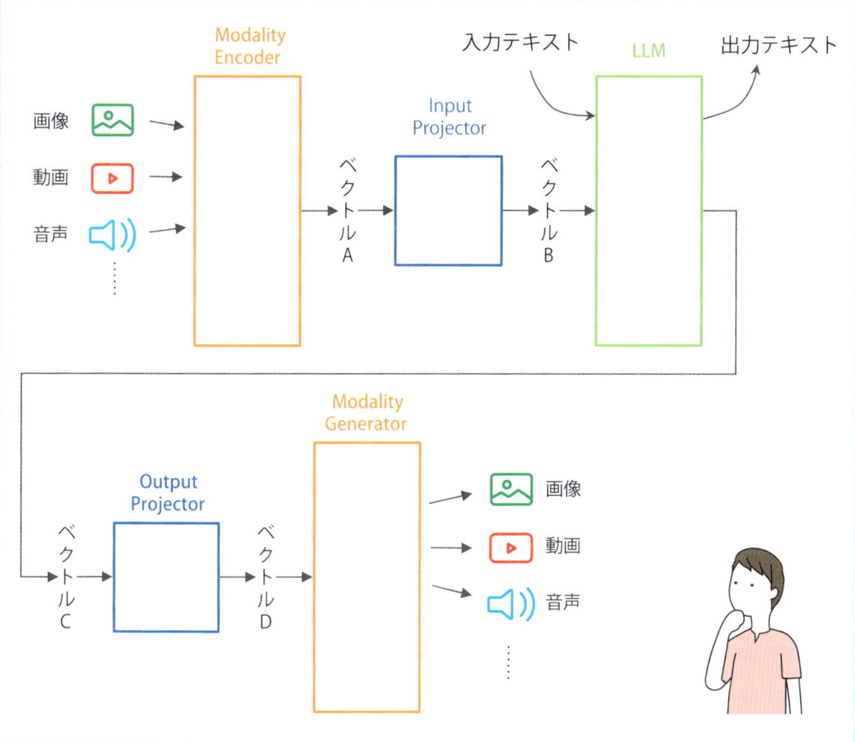

例えば、画像と指示テキストを入力し、それに合う音楽を出力する場合、次の 5 ステップが用いられます。

3)　Brown, Tom, et al. "Language models are few–shot learners." Advances in neural information processing systems 33 (2020): 1877-1901.

4)　Zhang, Duzhen, et al. "Mm-llms: Recent advances in multimodal large language models." arXiv preprint arXiv:2401.13601 (2024). の Figure2 を改変。この論文はかなり更新が早いです。対応する図が見当たらない場合は [v4] のバージョンを見てください。

(1) 画像を高次元ベクトル A に変換（Modality Encoder）
(2) ベクトル A を大規模言語モデル用のベクトル B に変換（Input Projector）
(3) 大規模言語モデルでベクトル B とテキストを合わせて処理し、音楽生成用のベクトル C とテキストを出力（LLM）
(4) ベクトル C を音楽生成用のベクトル D に変換（Output Projector）
(5) ベクトル D を用いて音楽を生成（Modality Generator）

ここでは 5 つの情報処理機構があり、その間の情報のやり取りには高次元ベクトルが用いられます[5]。この情報処理の設計意図は以下のとおりです。まず Modality Encoder で画像の意味を反映したベクトルを計算します。その画像意味ベクトルを大規模言語モデルが理解できるベクトルに変換し、そのベクトルと指示テキストを大規模言語モデルで処理します。ここで出力されるベクトルには、生成したい音楽の方針の意味が詰まっています。このベクトルを、音楽生成モデルである Modality Generator に合わせたベクトルに変換し、その生成方針ベクトルを用いて音楽が生成されます。

このように、高次元ベクトルとその変換を活用することで、高性能なマルチモーダル生成 AI が数多く開発されています。そのため、高次元ベクトルには多様な意味を持たせることができると言えるでしょう。

実は、このアーキテクチャーを用いる場合、学習コストが極めて高い Modality Encoder、LLM、Modality Generator の学習を行わずにマルチモーダルモデルを開発することができます。これらの 3 者には公開されているモデルをそのまま利用しておいて、Input Projector と Output Projector の学習のみで、高性能なマルチモーダルモデルが作れるのです。

この学習戦略を取る場合、Modality Encoder、LLM はそれぞれ独立に学習されているので、Modality Encoder の出力のベクトルの意味を LLM は解釈できません。この間の翻訳を行うのが、Input Projector の役割です。LLM から Modality Generator への翻訳を担う Output Projector も同様です。旧来、この手の Projector の学習はかなり困難だとされていましたが、近年は技術開発が進み、この方針でのモデル開発も現実的に可能になりました。

---

5) もちろん例外もあります。また、かなり早く発展している分野なので、「2024 年 4 月頃はそうであった」程度に捉えると良いでしょう。既に新しい技術が提案され、普及している可能性も高いので、最新の情報が知りたい場合は適宜論文等を参照してください。

17.2 高次元線形空間の広さとの表現力

高次元線形空間は広い

前節では、最新の生成AIの構造について説明しました。ここでは、特に高次元ベクトルを利用する利点に注目し、その中でも「高次元線形空間は広い」「高次元の線形変換の表現力は高い」の2つについて説明します。

まずは、高次元の広さについてです。図17.1.1で紹介した通り、各種モダリティのデータは、高次元ベクトルへ変換されてから利用されることが多いです。本書では、このベクトルへの変換を**埋め込み（Embedding）**と呼び、その結果のベクトルを**埋め込みベクトル**と書くことにします。埋め込みでは、意味的に近いデータは、距離や角度が近いベクトルに変換されるよう学習されます。

この埋め込みをテーマに、n次元空間にはおおよそ何種類の意味を埋め込めるかを検討してみましょう。ここでは次の問題を考えてみます。

問題：次の2条件を満たすように埋め込みベクトルを作成する時、n次元空間には何種類の意味のデータを埋め込めるか？

(1) 埋め込みベクトルの長さは1
(2) 異なる意味のデータの埋め込みベクトルは、少なくとも距離が1以上離れている

この問題設定では、(1) 限られた範囲内に、(2) 異なる意味に対応する埋め込みベクトルの距離を離すようにベクトルを詰め込んだ時に、いくつまでベクトルが入るかを考えています。これで、n次元空間に埋め込める意味の量がおおよそ推定できるでしょう。

実は、この場合の埋め込みベクトルの数の最大値は、n次元の**キス数(kissing number)**と呼ばれています。このキス数$K(n)$については、次の不等式が知られ

ています[6)]。

$$K(n) \geq (1+o(1))\sqrt{\frac{3\pi}{8}}\log\frac{3}{2\sqrt{2}}\, n^{\frac{3}{2}}\left(\frac{2}{\sqrt{3}}\right)^n$$

この観察によると、次元を上げるごとに、埋め込める意味の量が指数関数$\left(\frac{2}{\sqrt{3}}\right)^n$より早いペースで増加するとわかります。実際、ここまで完璧な効率で埋め込みを学習できるとは限りませんが、高次元線形空間が受け入れられる意味の個数は極めて多く、高次元ベクトル空間は相当に広いことがわかるでしょう。

コラム

キス数

普通は、キス数は別の方法で定義されます。

一般的なキス数の定義は、基準となるn次元の単位球体を起点として、基準の単位球体と接する単位球体を、互いが重ならないように置いていく時の、最大で設置できる単位球体の個数です。2次元の場合、円の周囲には同じ半径の円を6つまで重ならないように配置できるので、$K(2)=6$とわかります（図17.2.1左）。

図右に、キス数を与える球配置と最大個数の埋め込みベクトルの対応があります。基準の単位球体の中心から各球体の中心へのベクトルを集めると、長さは2で、互いに距離が2以上離れているとわかります。そのため、キス数を与える球配置が得られれば、これらのベクトルの長さを半分にすることで、最大個数の埋め込みを与えるベクトルが得られます。また、逆のことを考えれば、条件を満たす埋め込みから互いに重ならない球配置を作れるので、球配置と埋め込みは1対1に対応します。

なお、キス数の計算は極めて難しく、現在までにキス数の計算が完了しているのは、$K(1)=2, K(2)=6, K(3)=12, K(4)=24, K(8)=240, K(24)=196560$のみです。

6) Jenssen, Matthew, Felix Joos, and Will Perkins. "On kissing numbers and spherical codes in high dimensions." Advances in Mathematics 335 (2018): 307-321.

図 17.2.1　キス数と埋め込み

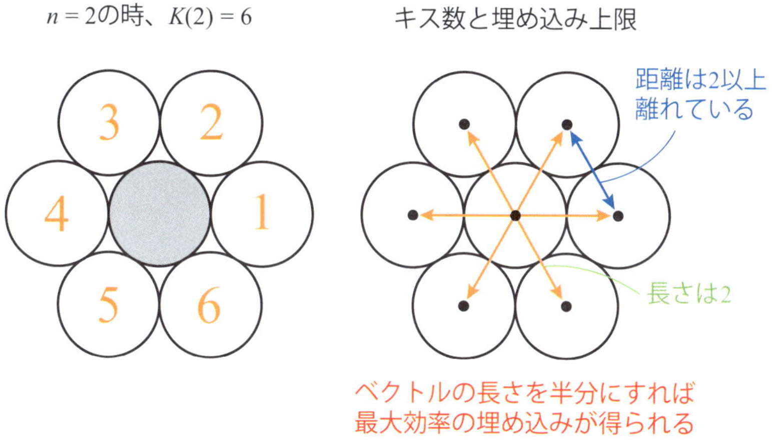

高次元線形写像は表現力が高い

非常に高い次元のベクトルを用いると、どんな複雑な関数も線形写像+αで表現できます。これを主張する次の定理を紹介します。

定理（普遍性定理（の一例））

関数 $f(x_1, x_2, \ldots, x_n)$ は、$-1 \leq x_i \leq 1$ で定義されている連続関数とする。この時、十分に大きいNと、$N \times n$ 行列A、N次元ベクトル$\boldsymbol{w}, \boldsymbol{b}$ を用いて作られる

$$g(\boldsymbol{x}) = \boldsymbol{w} \cdot \sigma(A\boldsymbol{x} + \boldsymbol{b}) \tag{17.2.1}$$

の形の関数gで、fを任意の精度で近似できる。

まずは、登場する記号とこの定理の内容について説明します。ここに登場する関数σは、次の式で定義されるシグモイド関数です。

$$\sigma(x) = \frac{1}{1+e^{-x}}$$

入力がベクトル $\boldsymbol{v}$ の場合は、各成分への σ の適用を用いて以下で定義します。

$$\boldsymbol{v} = \begin{pmatrix} v_1 \\ v_2 \\ \vdots \\ v_n \end{pmatrix} \text{の時}\ \sigma(\boldsymbol{v}) = \begin{pmatrix} \sigma(v_1) \\ \sigma(v_2) \\ \vdots \\ \sigma(v_n) \end{pmatrix}$$

次に、定理の内容について確認します。この定理の中にある「任意の精度で近似できる」とは、与えられた誤差の上限 $\varepsilon > 0$ に対して、上手い $N, A, \boldsymbol{b}, \boldsymbol{w}$ を用意すれば、どんな $\boldsymbol{x}$ についても誤差を ε 未満に $|f(\boldsymbol{x}) - g(\boldsymbol{x})| < \varepsilon$ とできるという意味です。つまり、相手がどんなに複雑な関数 f で、近似精度としてどれほど小さな許容誤差 ε を渡されたとしても、行列 A の掛け算、ベクトル $\boldsymbol{b}$ の足し算、シグモイド関数 σ の各成分への適用、ベクトル $\boldsymbol{w}$ との内積で近似できるのです[7)]。

では、式(17.2.1) を詳しく見てみましょう。ここでは、入力の変数 $\boldsymbol{x}$ を $A\boldsymbol{x}+\boldsymbol{b}$ に変換し、シグモイド関数を通した後、ベクトル $\boldsymbol{w}$ との内積を取っています。ベクトル $A\boldsymbol{x}+\boldsymbol{b}$ の第 i 成分は $a_{i1}x_1 + a_{i2}x_2 + \ldots + a_{in}x_n + b_i$ と書けるので、$g(\boldsymbol{x})$ の値は

$$g(\boldsymbol{x}) = \sum_{1 \le i \le N} w_i \sigma(a_{i1}x_1 + a_{i2}x_2 + \cdots + a_{in}x_n + b_i)$$

と書けます。ですので、この関数 $g(\boldsymbol{x})$ は「x_i の 1 次関数をシグモイド関数 σ に入れたものに、係数 w_i を付けて足した」だけのものです。

実は、実際に関数を近似してみると、ベクトル $A\boldsymbol{x}, \boldsymbol{b}, \boldsymbol{w}$ の次元 N はかなり大きくなります。各部品は特に複雑ではないので、この近似可能性は高次元のなせる技と言っていいでしょう。

7) これは、ε–δ 論法と同様の考え方をする議論です。

17.3 内積とスコアリング

結局は数値化と大小判定

多くのAIは、最終的には何らかの数値の計算と、その大小比較で答えを出しています。例えば検索エンジンは、検索クエリ（入力された語句や条件）と検索対象（GoogleならWebページ、通販サイトなら商品等）のマッチ度を数値化し、その数値が一定以上のものを、数値が大きい順に並べて表示すれば実現できます。レコメンドアルゴリズムも、ユーザーの嗜好性と商品等の相性を数値化し、それが大きい商品から順番に並べて提示すれば実現できます。大規模言語モデルが文章を書く場合も、「今ある文章の次に来る単語としてふさわしい度合い」を候補の単語について計算し、この値が大きい単語の並びを生成しているのです[8]。他にも、スパムメール判定のアルゴリズムでは、各メールについてスパム度合いの数値を計算し、その数値がしきい値以上のメールをスパムと判定しています。

これらの例が示す通り、かなり多くのAIが、数値化と大小比較の組み合わせで実現されます。

図 17.3.1　数値化と大小判定で実現できる AI

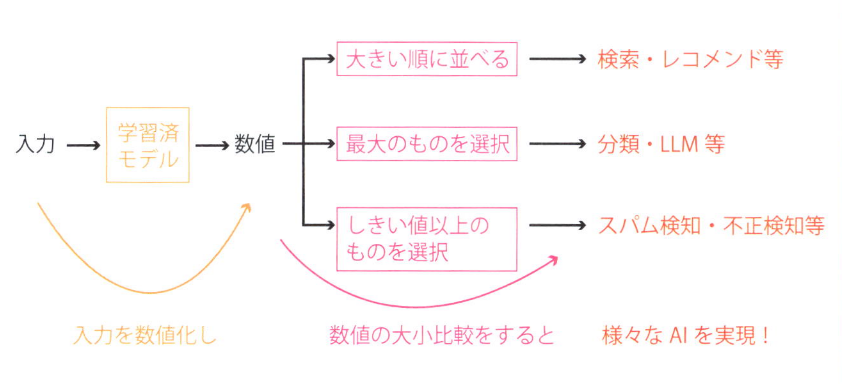

8)　厳密には、単語単位ではなく token と呼ばれる単位で処理されています。

内積による類似度スコアリング

この数値化の手法として、内積がよく用いられています。例として、通販サイトでのレコメンドアルゴリズムを考えてみましょう。この通販サイトの商品情報は、埋め込みによってベクトル化されているとします。i 番目の商品を商品 i と呼び、対応する埋め込みベクトルを $\boldsymbol{v}_i$ と書き、その長さは1に揃えられているとします。また、この埋め込みでは、商品 i と j が似ているほどベクトル $\boldsymbol{v}_i$ と $\boldsymbol{v}_j$ の距離が近く、$\|\boldsymbol{v}_i - \boldsymbol{v}_j\|^2$ が小さいとします。

この設定では、埋め込みベクトルの内積で商品の類似度を計算できます。実際に2つのベクトルの距離の2乗 $\|\boldsymbol{v}_i - \boldsymbol{v}_j\|^2$ を計算してみると、次のように計算できます。

$$\|\boldsymbol{v}_i - \boldsymbol{v}_j\|^2 = (\boldsymbol{v}_i - \boldsymbol{v}_j) \cdot (\boldsymbol{v}_i - \boldsymbol{v}_j) = \|\boldsymbol{v}_i\|^2 + \|\boldsymbol{v}_j\|^2 - 2\,\boldsymbol{v}_i \cdot \boldsymbol{v}_j = 2 - 2\,\boldsymbol{v}_i \cdot \boldsymbol{v}_j$$

だから、内積 $\boldsymbol{v}_i \cdot \boldsymbol{v}_j$ が大きいほど距離 $\|\boldsymbol{v}_i - \boldsymbol{v}_j\|^2$ が小さく、商品 i と商品 j は似ているとわかります[9]。このように、埋め込みベクトルを用いると、内積の大小で意味の近さを判定できるのです[10]。

特に、ベクトルの長さが1の時は、$\boldsymbol{v}_i \cdot \boldsymbol{v}_j = \|\boldsymbol{v}_i\|\,\|\boldsymbol{v}_j\| \cos\theta_{ij} = \cos\theta_{ij}$ と計算できます。ここで、θ_{ij} はベクトル $\boldsymbol{v}_i$ と $\boldsymbol{v}_j$ のなす角です。cos は、角度が小さいほど大きな値を取るので、ベクトルのなす角の小ささが意味の近さを表すと考えることもできます。この考え方を、長さが1とは限らないベクトルに用いて、ベクトル $\boldsymbol{v}_i$ と $\boldsymbol{v}_j$ の類似度を $\cos\theta_{ij}$ で計算する方法があります。この類似度指標を、**コサイン類似度（cosine similarity）**と言います。

内積の双線形性と合成スコア

内積は非常にシンプルな計算技法なので、ここから様々なアルゴリズムを作成できます。ここでは、通販サイトのレコメンドアルゴリズムの例として、購入済み商品と類似する商品を推薦するアルゴリズムを考えてみましょう。例えば、と

9) この議論は、懐かしの余弦定理（$\|\boldsymbol{v}_i - \boldsymbol{v}_j\|^2 = \|\boldsymbol{v}_i\|^2 + \|\boldsymbol{v}_j\|^2 - 2\,\|\boldsymbol{v}_i\|\,\|\boldsymbol{v}_j\| \cos\theta_{ij}$）そのものです。

10) 最近流行している「ドキュメントを保存した vector DB を利用した RAG」において、その vector DB での文書検索の距離設定を inner product や dot product などの名称で指定している場合、ここで紹介した内積による類似度判定が用いられていると思われます。

あるユーザーは5つの商品 $i_1, i_2,..., i_5$ を買ったとします。この人に対して、商品 i_1〜i_5 にまんべんなく似ている商品を推薦するアルゴリズムを考えてみます。実は、このアルゴリズムは、埋め込みと内積だけでかなり良いものを作ることができます。

まず、推薦候補となる商品 j と、今までに購入した商品との類似度を、内積 $\boldsymbol{v}_{i_1} \cdot \boldsymbol{v}_j$, $\boldsymbol{v}_{i_2} \cdot \boldsymbol{v}_j, ..., \boldsymbol{v}_{i_5} \cdot \boldsymbol{v}_j$ で計算しておきましょう。商品 j が今まで購入した商品と似ている場合、これらの内積の平均値

$$\frac{1}{5}\boldsymbol{v}_{i_1} \cdot \boldsymbol{v}_j + \frac{1}{5}\boldsymbol{v}_{i_2} \cdot \boldsymbol{v}_j + \cdots + \frac{1}{5}\boldsymbol{v}_{i_5} \cdot \boldsymbol{v}_j$$

は大きいと考えられます。この考え方を用いて、この平均値が大きい順に商品を推薦すれば、「今まで購入した商品とまんべんなく似ている商品」を推薦できるでしょう。

このように、埋め込みベクトルと内積を用いると、簡単にレコメンドアルゴリズムを作成することができます。

ただし、このアルゴリズムをそのまま実装すると問題が生じる場合があります。このアルゴリズムでは、今まで購入した全ての商品のデータを読み込み、それらの埋め込みベクトルの内積を計算する必要があります。そのため、今まで購入した商品数が多い場合、計算速度が遅くなりすぎる可能性があるのです。

この問題を解消するため、次の式変形を考えてみましょう。

$$\frac{1}{5}\boldsymbol{v}_{i_1} \cdot \boldsymbol{v}_j + \frac{1}{5}\boldsymbol{v}_{i_2} \cdot \boldsymbol{v}_j + \cdots + \frac{1}{5}\boldsymbol{v}_{i_5} \cdot \boldsymbol{v}_j = \frac{1}{5}\left(\boldsymbol{v}_{i_1} + \boldsymbol{v}_{i_2} + \cdots + \boldsymbol{v}_{i_5}\right) \cdot \boldsymbol{v}_j \tag{17.3.1}$$

この式の右辺を見ると、内積の計算回数が1回で済んでいます。また、右辺に登場する「今までに購入した商品の埋め込みベクトルの平均」をユーザー別に計算して事前にデータベースに保存しておけば、読み込む必要があるデータ数も削減できます。これらの工夫を行えば、現実的な速さで動作するレコメンドアルゴリズムとして実装することができます[11]。

11) 実際、著者は、この考え方を用いたレコメンドアルゴリズムを用いた精度改善に成功しました。執筆時点では、そのアルゴリズムは現役で動いています。

さて、この式変形(17.3.1)では、内積の双線形性という性質が用いられています。これは非常によく使われる性質なので、改めてここでまとめておきましょう。

定理（内積の双線形性）

数値 a, b とベクトル $\boldsymbol{v}, \boldsymbol{v}_1, \boldsymbol{v}_2, \boldsymbol{w}, \boldsymbol{w}_1, \boldsymbol{w}_2$ について、次の式が成立する。この式をもって、内積は**双線形(bilinear)**であるという。

$$(a\boldsymbol{v})\cdot\boldsymbol{w} = a\,\boldsymbol{v}\cdot\boldsymbol{w}$$

$$\boldsymbol{v}\cdot(b\boldsymbol{w}) = b\,\boldsymbol{v}\cdot\boldsymbol{w}$$

$$(\boldsymbol{v}_1+\boldsymbol{v}_2)\cdot\boldsymbol{w} = \boldsymbol{v}_1\cdot\boldsymbol{w}+\boldsymbol{v}_2\cdot\boldsymbol{w}$$

$$\boldsymbol{v}\cdot(\boldsymbol{w}_1+\boldsymbol{w}_2) = \boldsymbol{v}\cdot\boldsymbol{w}_1+\boldsymbol{v}\cdot\boldsymbol{w}_2$$

また上の式を繰り返し用いると、数値 $a_1, a_2,\ldots, a_n, b_1, b_2,\ldots, b_n$ とベクトル $\boldsymbol{v}, \boldsymbol{v}_1, \boldsymbol{v}_2,\ldots, \boldsymbol{v}_n\ \boldsymbol{w}, \boldsymbol{w}_1, \boldsymbol{w}_2,\ldots,\boldsymbol{w}_n$ について、次の式が導出できる。

$$(a_1\boldsymbol{v}_1+a_2\boldsymbol{v}_2+\ldots+a_n\boldsymbol{v}_n)\cdot\boldsymbol{w} = a_1\boldsymbol{v}_1\cdot\boldsymbol{w}+a_2\boldsymbol{v}_2\cdot\boldsymbol{w}+\ldots+a_n\boldsymbol{v}_n\cdot\boldsymbol{w}$$

$$\boldsymbol{v}\cdot(b_1\boldsymbol{w}_1+b_2\boldsymbol{w}_2+\ldots+b_n\boldsymbol{w}_n) = b_1\boldsymbol{v}\cdot\boldsymbol{w}_1+b_2\boldsymbol{v}\cdot\boldsymbol{w}_2+\ldots+b_n\boldsymbol{v}\cdot\boldsymbol{w}_n$$

以上で見たとおり、内積は、非常にシンプルな計算でありながら、ベクトルの類似度を定量化できる手法です。また、内積はシンプルな計算であるがゆえに、双線形性などの便利な性質が成立します。そのため、内積を用いるだけで、十分実用に耐えるアルゴリズムが作成できるのです。

なお、この手法で精度の良いレコメンドアルゴリズムを作るためには、埋め込みの精度が良いことが必要です。数年前（2022年以前）までは、精度の良い埋め込みの学習は困難でした。しかし、大規模言語モデルや基盤モデルの出現以降、精度の良い事前学習済モデルが様々に公開され、クラウド上のAPIなどの方法で簡単に利用可能になりました。この埋め込みの恩恵に浴せば、内積による類似度評価と内積の線形性だけでも面白いものが素早く作れる時代になったのです。ぜひ、積極的に活用してみてください。

第17章のまとめ

- 現代の AI では、高次元ベクトルが情報伝達の媒介役として本質的に用いられている
- 特に、データの意味を翻訳した埋め込みベクトルがよく用いられている。これらのベクトルでは、2 つのデータが意味的に近い場合、それぞれのデータから作られた 2 つのベクトルは距離的に近く、または角度的に近くに配置される
- 高次元の線形空間は非常に広く、様々な意味のベクトルを包含できる
- 高次元を用いた線形写像は、非常に複雑な関数も表現できる
- 多くのアルゴリズムが、数値化と大小比較から構成されている
- 内積は、高次元ベクトルの数値化手法として強力な道具である
- 内積の双線形性を用いると、高度なアルゴリズムを簡単に作れる

第4部のまとめ

第４部では、線形代数の追加的話題として逆行列・対角化・特異値分解を紹介したとともに、この技術のデータ分析への応用について説明しました。データ分析への応用では、古典的な多変量解析の手法から、深層学習・最新のAIでの高次元ベクトルの活用まで言及しています。線形代数（の中でも、データ分析で頻出のもの）をマスターするだけで、かなり幅広いデータ分析に対応できることが伝わったのではないでしょうか。

本書の中でも最も振れ幅の大きいのが、この第４部です。ぜひ、ここで目次をあらためて見返して、自分の歩みを振り返ってみてください。

ポイントは？

- 逆行列は成分抽出である
- 対称行列の対角化は同種の対象同士の関係を分解し、その応用として主成分分析がある
- 特異値分解は別種の対象同士の関係を分解し、その応用として正準相関分析がある
- 特異値分解を用いた線形変換の長さの倍率の評価は、深層学習の理論で活用されている
- 高次元は広く、表現力が豊かなため、高度なAIの作成に本質的に活用されている
- 線形代数１つで、かなり幅広いデータ分析に対応できる

本書最後の第５部では、微積分と線形代数の双方を活用した分析モデルについて説明します。第５部も振れ幅が広く、最も基礎的な分析モデルである線形回帰分析と、生成AIで用いられている拡散モデルを扱います。線形代数と微分積分を駆使できれば、古典から最先端まで、ほとんど全ての分析モデルの原理を理解することができます。その両端を見ることで、ぜひ実感してみてください。

第5部

微分積分と線形代数を活用したデータ分析

データ分析で使われる数学のほとんどは、微分積分と線形代数です。そのため、この2つをマスターすれば数学で困ることはほとんどなくなります。

第5部では、回帰分析と生成モデルを中心に扱います。回帰分析は最も広く用いられている基礎的な分析モデルであり、生成モデルは最新の生成AIに用いられている技術です。分析モデルの中でも両極端に位置するこの2つも、今まで紹介した数学で充分に理解できることでしょう。

第18章

回帰分析と擬似逆行列

2種の逆がもたらす代数的理解と幾何的理解

回帰分析は、数値の予測や変数同士の関係の分析に用いられる、最も基礎的な分析モデルです。基礎的であるがゆえ、幅広い分析で活用されているとともに、初学者に優しい数式も多く、教科書の最初に登場することが多い分析モデルでもあります。しかし、変数が増えて重回帰分析になった途端、そのパラメーターを導く公式が難解な $\hat{\boldsymbol{a}} = \left({}^t\tilde{X}\tilde{X}\right)^{-1}{}^t\tilde{X}\boldsymbol{y}$ となり、多くの人の理解を拒んでいます。

実は、この公式は特異値分解を用いると非常にスッキリと理解できるのです。本章では、その新しい理解を目標とします。

18.1 回帰分析

回帰分析とその用語

回帰分析は最も基礎的な分析モデルであり、実務・研究開発を問わず、あらゆる領域で活用されています。しかし、回帰分析におけるパラメーターの推定公式

$$\hat{\boldsymbol{a}} = \left({}^t\tilde{X}\tilde{X}\right)^{-1}{}^t\tilde{X}\boldsymbol{y} \tag{18.1.1}$$

は、お世辞にもわかりやすそうには見えません。実は、この公式の背景にはとても明瞭な代数的意味・幾何的意味があります。この理解を本章の目標とします[1)]。

回帰分析とは、数値の予測や変数の間の関係を分析する分析モデルです。ここでは数値の予測を軸に説明します。

予測したい変数をy、予測に用いる変数を$x_1, x_2, \ldots, x_n$と書きます。この時、回帰分析は、次の式を用いて$x_1, x_2, \ldots, x_n$の値からyの値を予測する分析モデルです。

$$y = a_1x_1 + a_2x_2 + \ldots + a_nx_n + b + \varepsilon \tag{18.1.2}$$

式(18.1.2)にある通り、回帰分析では$x_1, x_2, \ldots, x_n$の1次関数を用いてyの値を予測します。1次関数はシンプルであるがゆえに、回帰分析では深い洞察の抽出が可能です。

ここで用語をいくつか紹介します。予測対象の変数yを**被説明変数(explained variable)**、予測に用いる変数$x_1, x_2, \ldots, x_n$を**説明変数(explanatory variable)**と言います。式の中の$a_1, a_2, \ldots, a_n, b$が、データを用いて推定されるパラメーターであり、$a_1, a_2, \ldots, a_n$を**偏回帰係数(partial regression coefficient)**、bを**バイアス(bias)**と呼びます。最後のεは、実際のyの値と予測値$a_1x_1 + a_2x_2 + \ldots + a_nx_n + b$の間の誤差を表す確率変数であり、**誤差項(error term)**と呼ばれます。

1) 本書では、回帰分析の使いこなし方ではなく、ここに用いられている数式の解説に重点を置きます。前者については、『分析モデル入門』（ソシム、2022）や『統計学入門』（ソシム、2021）を参考にしてください。

最小二乗法

次に、パラメーターの推定方法について説明します。まずはデータの記法から紹介します。データは全部でN件とし、被説明変数yの各データでの値を$y_1, y_2, \ldots, y_N$と書き、これを縦に並べたベクトルを$\boldsymbol{y}$と書きます。i番目のデータのj番目の変数x_jの値をx_{ij}と書き、j番目の変数の値を縦に並べたベクトルを$\boldsymbol{x}_j$、第ij成分がx_{ij}である行列をXと書きます。

$$\boldsymbol{y} = \begin{pmatrix} y_1 \\ y_2 \\ \vdots \\ y_N \end{pmatrix}, \boldsymbol{x}_1 = \begin{pmatrix} x_{11} \\ x_{21} \\ \vdots \\ x_{N1} \end{pmatrix}, \boldsymbol{x}_2 = \begin{pmatrix} x_{12} \\ x_{22} \\ \vdots \\ x_{N2} \end{pmatrix}, \ldots, \boldsymbol{x}_n = \begin{pmatrix} x_{1n} \\ x_{2n} \\ \vdots \\ x_{Nn} \end{pmatrix}, X = \begin{pmatrix} x_{11} & x_{12} & \cdots & x_{1n} \\ x_{21} & x_{22} & & x_{2n} \\ \vdots & & \ddots & \vdots \\ x_{N1} & x_{N2} & \cdots & x_{Nn} \end{pmatrix}$$

この記法は、一般的な表計算ソフトでデータを扱う時の数値の並びと対応しています。混乱した際は思い出してみると良いでしょう。

図 18.1.1 データベクトル・行列の定義

アイスの売上（被説明変数）と関連する項目（説明変数）のデータ

アイスの売上	最高気温	晴れフラグ (1: 晴れ)	付近の道路の利用人数	付近でのイベント有無
¥220,100	17	0	22,072	0
¥386,900	24	1	21,942	0
¥287,500	24	1	30,999	1
¥306,000	23	0	22,611	0
¥379,300	26	1	19,699	0
¥453,500	25	0	19,584	0
¥390,700	25	0	21,631	0
¥497,900	30	1	19,320	0
¥374,400	30	1	22,565	0
¥338,200	28	0	21,514	0
¥463,700	34	1	18,022	0
¥366,900	30	0	20,899	0

x_{42}：（上から）4番目のデータの（左から）2番目の変数の値

$\boldsymbol{y}$　X　$\boldsymbol{x}_3$

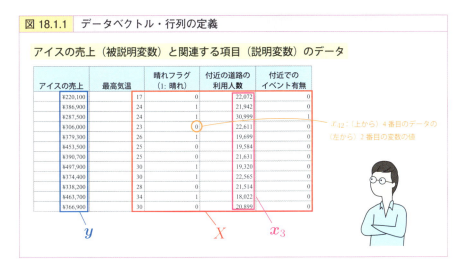

様々なパラメーターの推定法のうち、最も代表的な方法が**最小二乗法 (Ordinary Least Squares / OLS)** です。最小二乗法では、良いパラメーターとは、予測の誤差が小さいパラメーターであると考えます。

ここで、i 番目のデータについての予測の誤差は次のように書けます。

$$y_i - (a_1 x_{i1} + a_2 x_{i2} + \ldots + a_n x_{in} + b)$$

最小二乗法は、この誤差の二乗の和

$$E = \frac{1}{2} \sum_i (y_i - (a_1 x_{i1} + a_2 x_{i2} + \cdots + a_n x_{in} + b))^2 \tag{18.1.3}$$

を用い、この E の値が最小のパラメーターを推定値として採用する手法です。この E を**誤差関数 (error function)** と言います。また、誤差関数の最小値を与えるパラメーター $a_1, a_2, \ldots, a_n, b$ の値を $\hat{a}_1, \hat{a}_2, \ldots, \hat{a}_n, \hat{b}$ と書き、これを**最小二乗推定量 (Least Squares Estimator / LSE)** と言います。

ちなみに、式(18.1.3) のΣの中身は、ベクトル

$$\boldsymbol{y} - (a_1 \boldsymbol{x}_1 + a_2 \boldsymbol{x}_2 + \ldots + a_n \boldsymbol{x}_n + b\mathbf{1})$$

の第 i 成分の 2 乗と一致します。ですので、ベクトルの長さ（の 2 乗）を用いて次のようにも書けます。ここで、$\mathbf{1}$ は全ての成分が 1 である N 次元ベクトルです。

$$E = \frac{1}{2} \| \boldsymbol{y} - (a_1 \boldsymbol{x}_1 + a_2 \boldsymbol{x}_2 + \cdots + a_n \boldsymbol{x}_n + b\mathbf{1}) \|^2$$

このように、最小二乗法の誤差関数は、ベクトル $\boldsymbol{y}$ と $a_1\boldsymbol{x}_1 + a_2\boldsymbol{x}_2 + \ldots + a_n\boldsymbol{x}_n + \boldsymbol{b}$ の差の長さの 2 乗の形で書けます。この表式には、計算が進めやすくなり、幾何的な解釈が生じるなど、様々なメリットがあります[2)]。

次節からは、これらの数式を用いた最小二乗推定量の計算について解説します。

2) 前著『分析モデル入門』（ソシム、2022）では、本書で紹介するものとはまた別の幾何的解釈を紹介しています。興味がある方は、合わせてご覧ください。

18.2 重回帰分析とベクトル微分

重回帰分析と誤差関数

ここでは、重回帰分析の最小二乗推定量 $\hat{\boldsymbol{a}}$ の公式(18.1.1) $\hat{\boldsymbol{a}} = \left({}^t\tilde{X}\tilde{X}\right)^{-1}{}^t\tilde{X}\boldsymbol{y}$ の導出を行います。本節の内容は「微分をひたすら計算したらこの式が出てきた」です。この計算の過程で、ベクトルでの微分公式をいくつか紹介します。

しかし、この計算はかなり大変です。詳細な計算に興味が無い人は、この公式を信じて本節を読み飛ばし、次節から読んでも構いません（その場合でも、記号 $\tilde{X},\tilde{\boldsymbol{a}},\hat{\boldsymbol{a}}$ の定義は確認してください）。

では、計算に入ります。今回求める最小二乗推定量 $\hat{a}_1, \hat{a}_2, .., \hat{a}_n, \hat{b}$ は、誤差関数 E

$$E = \frac{1}{2}\sum_i (y_i - (a_1x_{i1} + a_2x_{i2} + \cdots + a_nx_{in} + b))^2$$

$$= \frac{1}{2}\| \boldsymbol{y} - (a_1\boldsymbol{x}_1 + a_2\boldsymbol{x}_2 + \cdots + a_n\boldsymbol{x}_n + b\mathbf{1}) \|^2$$

が最小になるパラメーター $a_1, a_2,..., a_n, b$ の値です。さて、E のベクトル表記の中にある $a_1\boldsymbol{x}_1 + a_2\boldsymbol{x}_2 + ... + a_n\boldsymbol{x}_n$ は、行列とベクトルの積

$$a_1\boldsymbol{x}_1 + a_2\boldsymbol{x}_2 + \cdots + a_n\boldsymbol{x}_n = (\boldsymbol{x}_1\ \boldsymbol{x}_2\ \cdots\ \boldsymbol{x}_n)\begin{pmatrix} a_1 \\ a_2 \\ \vdots \\ a_n \end{pmatrix} = X\begin{pmatrix} a_1 \\ a_2 \\ \vdots \\ a_n \end{pmatrix}$$

で書き表せます（P66 の式 (2.3.2)）。ここに最後の $b\mathbf{1}$ も加えると、次のように書けます。

$$a_1\boldsymbol{x}_1 + a_2\boldsymbol{x}_2 + ... + a_n\boldsymbol{x}_n + b\mathbf{1} = (\boldsymbol{x}_1\ \boldsymbol{x}_2\ \cdots\ \boldsymbol{x}_n\ \mathbf{1})\begin{pmatrix} a_1 \\ a_2 \\ \vdots \\ a_n \\ b \end{pmatrix}$$

ですので、記号

$$\tilde{X}=(\boldsymbol{x}_1\ \boldsymbol{x}_2 \cdots \boldsymbol{x}_n\ \boldsymbol{1})=\begin{pmatrix} x_{11} & x_{12} & \cdots & x_{1n} & 1 \\ x_{21} & x_{22} & & x_{2n} & 1 \\ \vdots & & \ddots & \vdots & \vdots \\ x_{N1} & x_{N2} & \cdots & x_{Nn} & 1 \end{pmatrix},\ \tilde{\boldsymbol{a}}=\begin{pmatrix} a_1 \\ a_2 \\ \vdots \\ a_n \\ b \end{pmatrix},\ \hat{\boldsymbol{a}}=\begin{pmatrix} \hat{a}_1 \\ \hat{a}_2 \\ \vdots \\ \hat{a}_n \\ \hat{b} \end{pmatrix}$$

を用意すると、誤差関数 E は次のように書けます。

$$E=\frac{1}{2}\|\boldsymbol{y}-\tilde{X}\tilde{\boldsymbol{a}}\|^2$$

また、最小二乗推定量 $\hat{\boldsymbol{a}}$ は、この最小値を与えるベクトル $\tilde{\boldsymbol{a}}$ の値であるとも言い換えられます。では、この最小を考えるため、微分しやすいようさらに式変形しましょう。すると、次のように書けます。

$$\begin{aligned} E &= \frac{1}{2}\|\boldsymbol{y}-\tilde{X}\tilde{\boldsymbol{a}}\|^2 \\ &= \frac{1}{2}\,{}^t\!\left(\boldsymbol{y}-\tilde{X}\tilde{\boldsymbol{a}}\right)\left(\boldsymbol{y}-\tilde{X}\tilde{\boldsymbol{a}}\right) \\ &= \frac{1}{2}\left({}^t\tilde{\boldsymbol{a}}\,{}^t\tilde{X}\tilde{X}\tilde{\boldsymbol{a}} - {}^t\tilde{\boldsymbol{a}}\,{}^t\tilde{X}\boldsymbol{y} - {}^t\boldsymbol{y}\tilde{X}\tilde{\boldsymbol{a}} + {}^t\boldsymbol{y}\boldsymbol{y}\right) \\ &= \frac{1}{2}\,{}^t\tilde{\boldsymbol{a}}\,{}^t\tilde{X}\tilde{X}\tilde{\boldsymbol{a}} - {}^t\tilde{\boldsymbol{a}}\,{}^t\tilde{X}\boldsymbol{y} + \frac{1}{2}\,{}^t\boldsymbol{y}\boldsymbol{y} \end{aligned}$$

2 行目への式変形では ${}^t\!\left(\boldsymbol{y}-\tilde{X}\tilde{\boldsymbol{a}}\right)={}^t\boldsymbol{y}-{}^t\tilde{\boldsymbol{a}}\,{}^t\tilde{X}$ を利用し、最後の式変形では ${}^t\boldsymbol{y}\tilde{X}\tilde{\boldsymbol{a}}={}^t\tilde{\boldsymbol{a}}\,{}^t\tilde{X}\boldsymbol{y}$ を利用しました。この 2 つめの式が成立する理由は以下のとおりです。

まず、${}^t\boldsymbol{y}\tilde{X}\tilde{\boldsymbol{a}}$ は数値（1 × 1 行列）です。ですので、${}^t\boldsymbol{y}\tilde{X}\tilde{\boldsymbol{a}}={}^t\!\left({}^t\boldsymbol{y}\tilde{X}\tilde{\boldsymbol{a}}\right)$ が成立します。この右辺を式変形すると、${}^t\boldsymbol{y}\tilde{X}\tilde{\boldsymbol{a}}={}^t\!\left({}^t\boldsymbol{y}\tilde{X}\tilde{\boldsymbol{a}}\right)={}^t\tilde{\boldsymbol{a}}\,{}^t\tilde{X}\,{}^t\!\left({}^t\boldsymbol{y}\right)={}^t\tilde{\boldsymbol{a}}\,{}^t\tilde{X}\boldsymbol{y}$ とわかります（P60 の式 (2.2.3)）。

誤差関数の微分

では、誤差関数 E の最小を与えるパラメーター $\hat{\boldsymbol{a}}$ を求めるため、E の微分を計算しましょう。ここでは議論の省略のため、$b=a_{n+1}$ と書くことにします。

まず、微分の線形性（P87 の式(3.2.1)(3.2.2)）を用いると、次のように計算できます。

$$\frac{\partial E}{\partial a_i} = \frac{\partial}{\partial a_i}\left(\frac{1}{2}\,{}^t\tilde{\boldsymbol{a}}\,{}^t\tilde{X}\tilde{X}\tilde{\boldsymbol{a}} - {}^t\tilde{\boldsymbol{a}}\,{}^t\tilde{X}\boldsymbol{y} + \frac{1}{2}\,{}^t\boldsymbol{y}\boldsymbol{y}\right)$$
$$= \frac{1}{2}\frac{\partial}{\partial a_i}\,{}^t\tilde{\boldsymbol{a}}\,{}^t\tilde{X}\tilde{X}\tilde{\boldsymbol{a}} - \frac{\partial}{\partial a_i}\,{}^t\tilde{\boldsymbol{a}}\,{}^t\tilde{X}\boldsymbol{y} + \frac{1}{2}\frac{\partial}{\partial a_i}\,{}^t\boldsymbol{y}\boldsymbol{y}$$

この中で、${}^t\boldsymbol{y}\boldsymbol{y}$ は a_i に依存しないので、

$$\frac{\partial}{\partial a_i}\,{}^t\boldsymbol{y}\boldsymbol{y} = 0$$

がわかります。次に、$\frac{\partial}{\partial a_i}\,{}^t\tilde{\boldsymbol{a}}\,{}^t\tilde{X}\boldsymbol{y}$ を計算しましょう。これは、ただ定義通りに計算するのが良いです。ベクトル $\tilde{\boldsymbol{a}}$ の第 i 成分だけに h を加えたベクトルは $\tilde{\boldsymbol{a}} + h\boldsymbol{e}_i$ と書けることを用いると、次のように計算できます

$$\frac{\partial}{\partial a_i}\,{}^t\tilde{\boldsymbol{a}}\,{}^t\tilde{X}\boldsymbol{y} = \lim_{h\to 0}\frac{{}^t(\tilde{\boldsymbol{a}} + h\boldsymbol{e}_i)\,{}^t\tilde{X}\boldsymbol{y} - {}^t\tilde{\boldsymbol{a}}\,{}^t\tilde{X}\boldsymbol{y}}{h}$$
$$= \lim_{h\to 0}\frac{h\,{}^t\boldsymbol{e}_i\,{}^t\tilde{X}\boldsymbol{y}}{h}$$
$$= \lim_{h\to 0}\,{}^t\boldsymbol{e}_i\,{}^t\tilde{X}\boldsymbol{y}$$
$$= {}^t\boldsymbol{e}_i\,{}^t\tilde{X}\boldsymbol{y}$$

この最後の項は、ベクトル $\boldsymbol{e}_i$ とベクトル ${}^t\tilde{X}\boldsymbol{y}$ の内積 $\boldsymbol{e}_i \cdot {}^t\tilde{X}\boldsymbol{y}$ と等しいため、ベクトル ${}^t\tilde{X}\boldsymbol{y}$ の第 i 成分 $\left({}^t\tilde{X}\boldsymbol{y}\right)_i$ と等しいです。ですので、次のように計算できます。

$$\frac{\partial E}{\partial a_i} = \left({}^t\tilde{X}\boldsymbol{y}\right)_i \tag{18.2.1}$$

最後に、$\frac{\partial}{\partial a_i}\,{}^t\tilde{\boldsymbol{a}}\,{}^t\tilde{X}\tilde{X}\tilde{\boldsymbol{a}}$ を計算します。これも定義通りに書いてみると、

$$\frac{\partial}{\partial a_i}\,{}^t\tilde{\boldsymbol{a}}\,{}^t\tilde{X}\tilde{X}\tilde{\boldsymbol{a}} = \lim_{h\to 0}\frac{{}^t(\tilde{\boldsymbol{a}} + h\boldsymbol{e}_i)\,{}^t\tilde{X}\tilde{X}(\tilde{\boldsymbol{a}} + h\boldsymbol{e}_i) - {}^t\tilde{\boldsymbol{a}}\,{}^t\tilde{X}\tilde{X}\tilde{\boldsymbol{a}}}{h}$$

が得られます。これに積の微分公式（4.1 節）の証明と同様の式変形を施すと、次のように計算できます。

$$
\begin{aligned}
&= \lim_{h\to 0}\frac{{}^t\tilde{\boldsymbol{a}}\,{}^t\tilde{X}\tilde{X}\tilde{\boldsymbol{a}} + {}^t\tilde{\boldsymbol{a}}\,{}^t\tilde{X}\tilde{X}h\boldsymbol{e}_i + h\,{}^t\boldsymbol{e}_i\,{}^t\tilde{X}\tilde{X}\tilde{\boldsymbol{a}} + h\,{}^t\boldsymbol{e}_i\,{}^t\tilde{X}\tilde{X}h\boldsymbol{e}_i - {}^t\tilde{\boldsymbol{a}}\,{}^t\tilde{X}\tilde{X}\tilde{\boldsymbol{a}}}{h}\\
&= \lim_{h\to 0}\left(\frac{{}^t\tilde{\boldsymbol{a}}\,{}^t\tilde{X}\tilde{X}h\boldsymbol{e}_i + h\,{}^t\boldsymbol{e}_i\,{}^t\tilde{X}\tilde{X}\tilde{\boldsymbol{a}} + h\,{}^t\boldsymbol{e}_i\,{}^t\tilde{X}\tilde{X}h\boldsymbol{e}_i}{h}\right)\\
&= \lim_{h\to 0}\left({}^t\tilde{\boldsymbol{a}}\,{}^t\tilde{X}\tilde{X}\boldsymbol{e}_i + {}^t\boldsymbol{e}_i\,{}^t\tilde{X}\tilde{X}\tilde{\boldsymbol{a}} + h\,{}^t\boldsymbol{e}_i\,{}^t\tilde{X}\tilde{X}\boldsymbol{e}_i\right)\\
&= {}^t\tilde{\boldsymbol{a}}\,{}^t\tilde{X}\tilde{X}\boldsymbol{e}_i + {}^t\boldsymbol{e}_i\,{}^t\tilde{X}\tilde{X}\tilde{\boldsymbol{a}}
\end{aligned}
$$

ここで、最後の項は数値なので、${}^t\tilde{\boldsymbol{a}}\,{}^t\tilde{X}\tilde{X}\boldsymbol{e}_i = {}^t\left({}^t\tilde{\boldsymbol{a}}\,{}^t\tilde{X}\tilde{X}\boldsymbol{e}_i\right) = {}^t\boldsymbol{e}_i\,{}^t\tilde{X}\,{}^t\left({}^t\tilde{X}\right){}^t\left({}^t\tilde{\boldsymbol{a}}\right) = {}^t\boldsymbol{e}_i\,{}^t\tilde{X}\tilde{X}\tilde{\boldsymbol{a}}$ が成立します。結局、

$$
\frac{\partial}{\partial a_i}\,{}^t\tilde{\boldsymbol{a}}\,{}^t\tilde{X}\tilde{X}\tilde{\boldsymbol{a}} = {}^t\tilde{\boldsymbol{a}}\,{}^t\tilde{X}\tilde{X}\boldsymbol{e}_i + {}^t\boldsymbol{e}_i\,{}^t\tilde{X}\tilde{X}\tilde{\boldsymbol{a}} = 2\,{}^t\boldsymbol{e}_i\,{}^t\tilde{X}\tilde{X}\tilde{\boldsymbol{a}}
$$

が得られます。これも、ベクトル $\boldsymbol{e}_i$ とベクトル ${}^t\tilde{X}\tilde{X}\tilde{\boldsymbol{a}}$ の内積 $\boldsymbol{e}_i\cdot{}^t\tilde{X}\tilde{X}\tilde{\boldsymbol{a}}$ と捉えると、これはベクトル ${}^t\tilde{X}\tilde{X}\tilde{\boldsymbol{a}}$ の第 i 成分 $\left({}^t\tilde{X}\tilde{X}\tilde{\boldsymbol{a}}\right)_i$ と書けるので

$$
\frac{\partial}{\partial a_i}\,{}^t\tilde{\boldsymbol{a}}\,{}^t\tilde{X}\tilde{X}\tilde{\boldsymbol{a}} = 2\left({}^t\tilde{X}\tilde{X}\tilde{\boldsymbol{a}}\right)_i \tag{18.2.2}
$$

とわかります。以上の計算を合わせると、次のように計算できます。

$$
\begin{aligned}
\frac{\partial E}{\partial a_i} &= \frac{1}{2}\frac{\partial}{\partial a_i}\,{}^t\tilde{\boldsymbol{a}}\,{}^t\tilde{X}\tilde{X}\tilde{\boldsymbol{a}} - \frac{\partial}{\partial a_i}\,{}^t\tilde{\boldsymbol{a}}\,{}^t\tilde{X}\boldsymbol{y} + \frac{1}{2}\frac{\partial}{\partial a_i}\,{}^t\boldsymbol{y}\boldsymbol{y}\\
&= \frac{1}{2}\left(2\left({}^t\tilde{X}\tilde{X}\tilde{\boldsymbol{a}}\right)_i\right) - \left({}^t\tilde{X}\boldsymbol{y}\right)_i\\
&= \left({}^t\tilde{X}\tilde{X}\tilde{\boldsymbol{a}}\right)_i - \left({}^t\tilde{X}\boldsymbol{y}\right)_i
\end{aligned}
$$

つまり、誤差関数 E の a_i での偏微分 $\dfrac{\partial E}{\partial a_i}$ は、ベクトル ${}^t\tilde{X}\tilde{X}\boldsymbol{a} - {}^t\tilde{X}\boldsymbol{y}$ の第 i 成分に一致するのです。この偏微分を縦に並べたベクトルが grad E なので（P98 の式 (3.3.3)）、grad E は次の式で計算できます。

$$
\mathrm{grad}\,E = {}^t\tilde{X}\tilde{X}\tilde{\boldsymbol{a}} - {}^t\tilde{X}\boldsymbol{y} \tag{18.2.3}
$$

公式(18.1.1)の導出

誤差関数Eの最小値を与えるパラメーターの値では、全ての$i\ (1 \le i \le n+1)$について$\dfrac{\partial E}{\partial a_i}=0$なので、$\mathrm{grad}\,E=\mathbf{0}$が成立します。逆に、$\mathrm{grad}\,E=\mathbf{0}$の時、誤差関数$E$の値が最小だと知られています。$\mathrm{grad}\,E={}^t\tilde{X}\tilde{X}\tilde{\boldsymbol{a}}-{}^t\tilde{X}\boldsymbol{y}=\mathbf{0}$の時、${}^t\tilde{X}\tilde{X}\tilde{\boldsymbol{a}}={}^t\tilde{X}\boldsymbol{y}$が成立するので、誤差関数を最小にするパラメーター$\hat{\boldsymbol{a}}$は次の式で計算できます。

$$\hat{\boldsymbol{a}}=\left({}^t\tilde{X}\tilde{X}\right)^{-1}{}^t\tilde{X}\boldsymbol{y}$$

Point!

最小二乗推定量の導出

- 誤差関数は、$E=\frac{1}{2}\sum_i(y_i-(a_1x_{i1}+a_2x_{i2}+\cdots+a_nx_{in}+b))^2$で与えられる
- この誤差関数は、データを用いて定義した行列とベクトルを用いると、$E=\frac{1}{2}\|\boldsymbol{y}-\tilde{X}\tilde{\boldsymbol{a}}\|^2$と書ける
- 勾配ベクトルは、$\mathrm{grad}\,E={}^t\tilde{X}\tilde{X}\tilde{\boldsymbol{a}}-{}^t\tilde{X}\boldsymbol{y}$と計算できる
- 方程式$\mathrm{grad}\,E=\mathbf{0}$を解くと、最小二乗推定量$\hat{\boldsymbol{a}}$の公式$\hat{\boldsymbol{a}}=\left({}^t\tilde{X}\tilde{X}\right)^{-1}{}^t\tilde{X}\boldsymbol{y}$が得られる

ベクトルの微分公式

記号を調整して今回の計算を一般化すると、次の2つの公式が得られます。

定理（ベクトルの微分公式）

$n\times n$行列Aとn次元ベクトル$\boldsymbol{a}$を用いた$\boldsymbol{x}$の関数$f(\boldsymbol{x})=f(x_1,x_2,\ldots,x_n)={}^t\boldsymbol{x}A\boldsymbol{x}$, $g(\boldsymbol{x})=g(x_1,x_2,\ldots,x_n)={}^t\boldsymbol{x}\boldsymbol{a}$について、その勾配$\mathrm{grad}\,f$, $\mathrm{grad}\,g$は

$$\mathrm{grad}\,f=(A+{}^tA)\boldsymbol{x}$$

$$\mathrm{grad}\,g=\boldsymbol{a}$$

で計算できる。

関数の微分$\dfrac{\partial f}{\partial \boldsymbol{x}}$や$\dfrac{\partial g}{\partial \boldsymbol{x}}$は$\mathrm{grad}\,f$, $\mathrm{grad}\,g$の転置なので、

$$\frac{\partial f}{\partial \boldsymbol{x}} = {}^t\boldsymbol{x}\left(A + {}^tA\right)$$

$$\frac{\partial g}{\partial \boldsymbol{x}} = {}^t\boldsymbol{a}$$

で計算できる。

grad fの計算について少し補足します。先ほどの計算と同様に偏微分を計算すると、$\frac{\partial f}{\partial x_i} = {}^t\boldsymbol{x}A\boldsymbol{e}_i + {}^t\boldsymbol{e}_iA\boldsymbol{x}$ が得られます。この右辺第1項は数値なので、${}^t\boldsymbol{x}A\boldsymbol{e}_i = {}^t\left({}^t\boldsymbol{x}A\boldsymbol{e}_i\right) = {}^t\boldsymbol{e}_i\,{}^tA\boldsymbol{x}$ です。ですので、fの偏微分は次のように計算できます。

$$\frac{\partial f}{\partial x_i} = {}^t\boldsymbol{x}A\boldsymbol{e}_i + {}^t\boldsymbol{e}_iA\boldsymbol{x} = {}^t\boldsymbol{e}_i\,{}^tA\boldsymbol{x} + {}^t\boldsymbol{e}_iA\boldsymbol{x} = {}^t\boldsymbol{e}_i\left(A + {}^tA\right)\boldsymbol{x} = \left(\left(A + {}^tA\right)\boldsymbol{x}\right)_i$$

これを縦に並べると、grad $f = (A + {}^tA)\boldsymbol{x}$ が得られます。

コラム

記号の定義には要注意！

資料によっては記号の定義が異なる場合があります。具体的には、

$$\frac{\partial f}{\partial \boldsymbol{x}} = \left(A + {}^tA\right)\boldsymbol{x}$$

$$\frac{\partial g}{\partial \boldsymbol{x}} = \boldsymbol{a}$$

で定義・計算されることもあります（転置の有無が変わっています）。

どちらの記法も誤りではなく、それぞれに理由・事情があって採用されている記法です。しかし我々にとって悪いことに、この両者の出現頻度は半々くらいで、両方ともよく見かけます。これらの公式を覚えようにも、どこに転置「^{t}」が付いて、どういう順番で掛けるべきかを正しく覚えるのは不可能に近いでしょう。実務的には、2つの流儀の記法が併存する事実を受け入れ、読んでいる資料に応じてどちらの記法が用いられているかを確認し、毎回考え直しながら読むのが良いでしょう。

18.3 特異値分解と2つの逆の行列

2つの逆の行列

前節までで、誤差関数 $E=\frac{1}{2}\|\boldsymbol{y}-\tilde{X}\tilde{\boldsymbol{a}}\|^2$ を最小にするパラメーター $\hat{\boldsymbol{a}}$ は $\left({}^t\tilde{X}\tilde{X}\right)^{-1}{}^t\tilde{X}\boldsymbol{y}$ であると計算しました。しかし、この数式はあまりに複雑で難解です。誤差関数 E は、$\boldsymbol{y}$ と $\tilde{X}\tilde{\boldsymbol{a}}$ のズレの大きさの指標です。そのため、この E の最小化問題を解くならば、$\boldsymbol{y}\fallingdotseq\tilde{X}\hat{\boldsymbol{a}}$ であるベクトル $\hat{\boldsymbol{a}}$ が見つかれば良いでしょう。であれば、"$\tilde{X}^{-1}\boldsymbol{y}$" 的な式で計算できたほうが嬉しいはずです。

実は、この "$\tilde{X}^{-1}\boldsymbol{y}$" の方針での計算は、2つの「逆の行列」を駆使すると実現できます。本節でその2つの「逆の行列」の性質を紹介し、次節で回帰分析の公式との関係について説明します。

この方針を探求すべく、一般の $m\times n$ 行列 R について、次の2つの「逆の行列」を考えてみましょう。行列 R の特異値分解 $R=VMU^{-1}$ によると、行列 R の表す線形変換では、$\boldsymbol{u}_i$ が $\mu_i\boldsymbol{v}_i$ に変換されます（P309 の式(14.2.1)）。

これを逆にする方法としては、次の2つが考えられます。

逆（1）$\boldsymbol{v}_i$ を $\mu_i\boldsymbol{u}_i$ に変換する
逆（2）$\boldsymbol{v}_i$ を $\mu_i^{-1}\boldsymbol{u}_i$ に変換する

逆(1) では、倍率はそのままに変換の向きを反転し、逆(2) では倍率も反転させています。これらの逆の行列による変換の様子を、図 18.3.1 にまとめました。

この2つの逆の行列を駆使すると、最小二乗推定量の公式(18.1.1) $\hat{\boldsymbol{a}}=\left({}^t\tilde{X}\tilde{X}\right)^{-1}{}^t\tilde{X}\boldsymbol{y}$ を、$\hat{\boldsymbol{a}}=\tilde{X}^{(-1)}\boldsymbol{y}$（式(18.4.1)）と書き換えることができます。これを目標に、以降の議論を進めていきましょう。

図 18.3.1　2つの逆の変換の様子

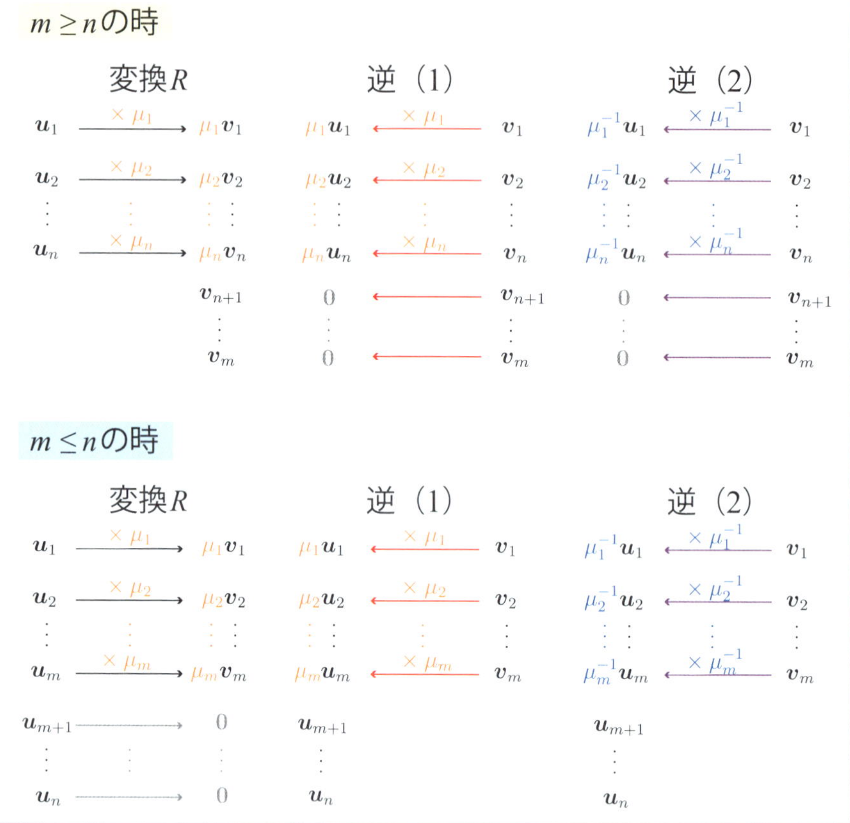

逆向きの変換 ${}^tR$

実は、逆(1)は行列Rの転置${}^tR$で表現できます。これを計算で確認してみましょう。行列Rの特異値分解$R = VMU^{-1}$の両辺の転置を計算してみましょう。すると、以下のようになります。

$$
\begin{aligned}
{}^tR &= {}^t(VMU^{-1}) \quad \text{......}\ (1)\\
&= {}^tU^{-1}\,{}^tM\,{}^tV \quad \text{......}\ (2)\\
&= {}^t({}^tU)\,{}^tMV^{-1} \quad \text{......}\ (3)\\
&= U\,{}^tMV^{-1} \quad \text{......}\ (4)
\end{aligned}
$$

(1) 特異値分解の式 $R = VMU^{-1}$ の両辺に転置を適用
(2) ${}^t(ABC) = {}^tC\,{}^tB\,{}^tA$ の利用（P60 の式 (2.2.3)）
(3) U, V は直交行列なので、$U^{-1} = {}^tU,\ V^{-1} = {}^tV$
(4) 転置を２回適用すると元に戻り、${}^t({}^tU) = U$ が成立

ここで、U, V は直交行列で、${}^tM$ も長方対角行列なので、${}^tR = U\,{}^tMV^{-1}$ は ${}^tR$ の特異値分解を与えます。そのため、

$$ {}^tR\boldsymbol{v}_i = \mu_i \boldsymbol{u}_i \tag{18.3.1} $$

が成立します（P309 の式 (14.2.1)）。ですので、行列 R の逆 (1) は転置 ${}^tR$ だとわかります。

倍率も逆向きの行列 $R^{(-1)}$

一方、逆 (2) の定義は一筋縄では行きません。なぜなら、$\mu_i = 0$ の場合は μ_i^{-1} が定義できないからです。この場合に対応するため、次の記号を定義します。

定義（一般化逆）

実数 x について、$x^{(-1)}$ を以下で定義する。

$$ x^{(-1)} = \begin{cases} x^{-1} & (x \neq 0) \\ 0 & (x = 0) \end{cases} $$

これを用いて、行列 R の逆 (2) を定義します。具体的には、この逆 (2) を表す行列を $R^{(-1)}$ と書き、$R^{(-1)}$ が表す変換の倍率が

$$ R^{(-1)}\boldsymbol{v}_i = \mu_i^{(-1)} \boldsymbol{u}_i \tag{18.3.2} $$

となるように定義します。厳密には、次の数式で定義します。

定義（擬似逆行列・一般化逆行列）

$m \times n$ 行列 R について、$R = VMU^{-1}$ をその特異値分解とする。この時、$R^{(-1)}$ を

$$R^{(-1)} = UM^{(-1)}V^{-1} \tag{18.3.3}$$

で定義する。この行列 $R^{(-1)}$ を、行列 R の**擬似逆行列 (pseudo inverse matrix)** や**一般化逆行列 (generalized inverse matrix)** と言う。

ここで、$M^{(-1)}$ は、$m \geq n$ の時は

$$\boldsymbol{M} = \begin{pmatrix} \mu_1 & & & 0 \\ & \mu_2 & & \\ & & \ddots & \\ 0 & & & \mu_n \\ & & 0 & \end{pmatrix} \text{に対して} \boldsymbol{M}^{(-1)} = \begin{pmatrix} \mu_1^{(-1)} & & & 0 & \\ & \mu_2^{(-1)} & & & 0 \\ & & \ddots & & \\ 0 & & & \mu_n^{(-1)} & \end{pmatrix}$$

で、$m \leq n$ の時は

$$\boldsymbol{M} = \begin{pmatrix} \mu_1 & & & 0 & \\ & \mu_2 & & & 0 \\ & & \ddots & & \\ 0 & & & \mu_m & \end{pmatrix} \text{に対して} \boldsymbol{M}^{(-1)} = \begin{pmatrix} \mu_1^{(-1)} & & & 0 \\ & \mu_2^{(-1)} & & \\ & & \ddots & \\ 0 & & & \mu_m^{(-1)} \\ & & 0 & \end{pmatrix}$$

で定義する。

このように行列 $R^{(-1)}$ を定義すると、式(18.3.2) の $R^{(-1)}\boldsymbol{v}_i = \mu_i^{(-1)}\boldsymbol{u}_i$ が成立します。なぜなら、式(18.3.3) の $R^{(-1)} = UM^{(-1)}V^{-1}$ が、ほとんど $R^{(-1)}$ の特異値分解になっているからです。

ここで「ほとんど」としたのは、行列 $M^{(-1)}$ の対角成分 $\mu_i^{(-1)}$ が大きい順に並んでおらず、本書の定義では厳密には特異値分解ではないからです。とはいえ、対角成分の大小が関係無い公式は全て成立するので、式(18.3.3) についても特異値分

解の公式がおおよそ成立します[3)]。特に、P309の式(14.2.1)もそのまま成立するので、式(18.3.2)の成立がわかります。

なお、擬似逆行列の定義は以下で行われる場合も多くあります。

定義（擬似逆行列）

$m \times n$ 行列 R に対し、以下の4式を満たす $n \times m$ 行列 B を、R の擬似逆行列と言う。

$$RBR = R, \quad BRB = B, \quad {}^t(RB) = RB, \quad {}^t(BR) = BR$$

実は、先に定義した $R^{(-1)}$ はこの4式を満たし、かつ、この4式を満たす行列は $R^{(-1)}$ しかないと知られています（数理詳細で説明します）。2つめの定義には、特異値分解を知らなくとも利用できる利点があります。しかし、特異値分解を知っているのであれば、式(18.3.2)や(18.3.3)の定義のほうがわかりやすいでしょう。

なお、擬似逆行列 $R^{(-1)}$ は、R^{+} や $R^{\dagger}$ 等で書かれることもあります。

2つの逆の関係

行列 A の普通の逆行列 A^{-1} の場合、$A^{-1}A = AA^{-1} = 1$ が成立すると説明しました。ここで、1は単位行列です。今紹介した ${}^tR$ と $R^{(-1)}$ も R の逆の行列なので、${}^tRR$, $R{}^tR$ や $R^{(-1)}R$, $RR^{(-1)}$ について調べてみましょう。ここに登場する行列 R, ${}^tR$, $R^{(-1)}$ を変換と捉えた時、$R\boldsymbol{u}_i = \mu_i\boldsymbol{v}_i$, ${}^tR\boldsymbol{v}_i = \mu_i\boldsymbol{u}_i$, $R^{(-1)}\boldsymbol{v}_i = \mu_i^{(-1)}\boldsymbol{u}_i$ が成立するので（P309の式(14.2.1)と式(18.3.1)(18.3.2)）、次のように計算できます。

$$
\begin{aligned}
{}^tRR\boldsymbol{u}_i &= {}^tR\mu_i\boldsymbol{v}_i = \mu_i^2\boldsymbol{u}_i \\
R{}^tR\boldsymbol{v}_i &= R\mu_i\boldsymbol{u}_i = \mu_i^2\boldsymbol{v}_i \\
R^{(-1)}R\boldsymbol{u}_i &= R^{(-1)}\mu_i\boldsymbol{v}_i = \mu_i^{(-1)}\mu_i\boldsymbol{u}_i \\
RR^{(-1)}\boldsymbol{v}_i &= R\mu_i^{(-1)}\boldsymbol{u}_i = \mu_i^{(-1)}\mu_i\boldsymbol{v}_i
\end{aligned}
$$

3) 番号が付いている式で成立しないものは、特異値の大小に関するP307の式(14.1.2)と、変換の倍率に関するP338の式(16.1.1)(16.1.2)のみです。

ここで、$\mu_i^{(-1)}\mu_i$ は、$\mu_i \neq 0$ なら $\mu_i^{(-1)}\mu_i = \mu_i^{-1} \times \mu_i = 1$、$\mu_i = 0$ なら $\mu_i^{(-1)}\mu_i = 0 \times 0 = 0$ です。これを用いると、次の 4 式が得られます。

$$ {}^tR R \boldsymbol{u}_i = \mu_i^2 \boldsymbol{u}_i \tag{18.3.4} $$

$$ R\,{}^tR \boldsymbol{v}_i = \mu_i^2 \boldsymbol{v}_i \tag{18.3.5} $$

$$ R^{(-1)} R \boldsymbol{u}_i = \begin{cases} \boldsymbol{u}_i & (\mu_i \neq 0) \\ 0 & (\mu_i = 0) \end{cases} \tag{18.3.6} $$

$$ R R^{(-1)} \boldsymbol{v}_i = \begin{cases} \boldsymbol{v}_i & (\mu_i \neq 0) \\ 0 & (\mu_i = 0) \end{cases} \tag{18.3.7} $$

図 18.3.2　2 つの逆の関係式

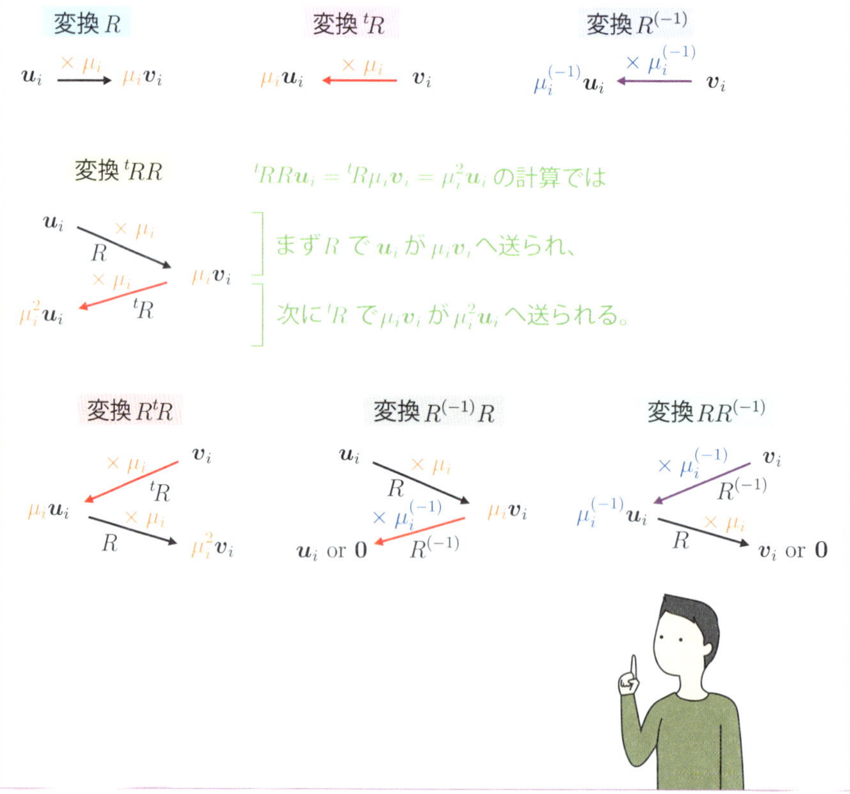

擬似逆行列の計算公式

これらの公式を用いると、行列 R の擬似逆行列 $R^{(-1)}$ の公式が導けます。

定理（擬似逆行列の公式）

行列 R の擬似逆行列 $R^{(-1)}$ について、以下の公式が成立する。

$$R^{(-1)} = ({}^tRR)^{(-1)}\,{}^tR = {}^tR(R\,{}^tR)^{(-1)} \tag{18.3.8}$$

特に、${}^tRR$ に逆行列が存在する場合、擬似逆行列 $R^{(-1)}$ は以下の式で計算できる。

$$R^{(-1)} = ({}^tRR)^{-1}\,{}^tR \tag{18.3.9}$$

また、$R\,{}^tR$ に逆行列が存在する場合、擬似逆行列 $R^{(-1)}$ は以下の式で計算できる。

$$R^{(-1)} = {}^tR(R\,{}^tR)^{-1} \tag{18.3.10}$$

これらの数式の見た目は複雑ですが、実態はかなりシンプルです。

まず、2つの逆の行列では

$$ {}^tR\boldsymbol{v}_i = \mu_i\boldsymbol{u}_i,\ R^{(-1)}\boldsymbol{v}_i = \mu_i^{(-1)}\boldsymbol{u}_i$$

が成立します。そのため、${}^tR\boldsymbol{v}_i = \mu_i\boldsymbol{u}_i$ を $\mu_i^{(-2)} = (\mu_i^{(-1)})^2$ 倍すると、$R^{(-1)}\boldsymbol{v}_i = \mu_i^{(-1)}\boldsymbol{u}_i$ に一致します。よって、${}^tR$ で $\boldsymbol{v}_i$ を $\mu_i\boldsymbol{u}_i$ に変換した後に $({}^tRR)^{(-1)}$ で $\mu_i\boldsymbol{u}_i$ を $\mu_i^{(-2)}$ 倍するか、先に $(R\,{}^tR)^{(-1)}$ で $\boldsymbol{v}_i$ を $\mu_i^{(-2)}\boldsymbol{v}_i$ に変換した後、${}^tR$ で $\mu_i^{(-2)}\boldsymbol{v}_i$ を $\mu_i^{(-1)}\boldsymbol{v}_i$ に変換すれば、$R^{(-1)}\boldsymbol{v}_i = \mu_i^{(-1)}\boldsymbol{u}_i$ の計算が実現できます。これが、式(18.3.8)の背後にある考え方です（図18.3.3）。

図 18.3.3 擬似逆行列の計算方法

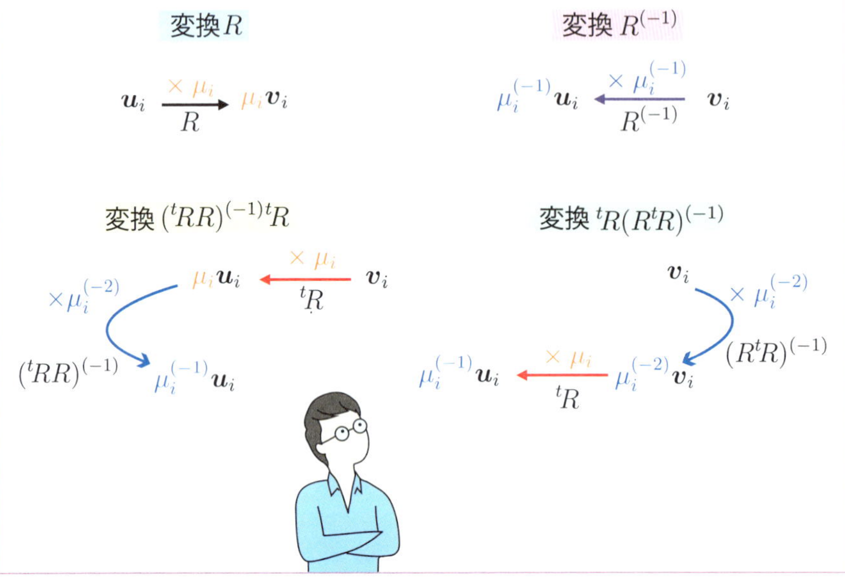

では、計算の細部を確認しましょう。やや詳細な計算が必要なので、興味が無い人は軽く読み飛ばしてください。

式(18.3.8) の計算では、以下の 3 つの式の成立が確認できれば良いでしょう。

(1) $\mu_i^{(-2)} \times \mu_i = \mu_i^{(-1)}$

(2) $({}^tRR)^{(-1)} \boldsymbol{u}_i = \mu_i^{(-2)} \boldsymbol{u}_i$

(3) $(R{}^tR)^{(-1)} \boldsymbol{v}_i = \mu_i^{(-2)} \boldsymbol{v}_i$

1 つめは、$\mu_i = 0$ か否かで場合分けを行えば計算できます。$\mu_i = 0$ の場合、μ_i, $\mu_i^{(-1)}$, $\mu_i^{(-2)}$ は全て 0 なので、$\mu_i^{(-2)} \times \mu_i = \mu_i^{(-1)}$ が成立します。$\mu_i \neq 0$ の場合、$\mu_i^{(-1)} = \mu_i^{-1}$, $\mu_i^{(-2)} = \mu_i^{-2}$ なので、やはり $\mu_i^{(-2)} \times \mu_i = \mu_i^{(-1)}$ が成立します。

2 つめは次の計算で証明できます。R の特異値分解 $R = VMU^{-1}$ を用いると、${}^tRR$ は、

$$\begin{aligned} {}^tRR &= {}^t(VMU^{-1})VMU^{-1} \\ &= U\,{}^tMV^{-1}VMU^{-1} \\ &= U\,{}^tMMU^{-1} \end{aligned}$$

と書けます。ここで、${}^tMM$は対角成分がμ_i^2の $n \times n$ 対角行列です（P340 の式(16.1.3)）。${}^tMM$をNと書くと、この式${}^tRR = UNU^{-1}$ が${}^tRR$ の特異値分解を与えます（左右の直交行列に同じ U を用いた特異値分解です）。そのため、${}^tRR$ の擬似逆行列 $({}^tRR)^{(-1)}$ は、$({}^tRR)^{(-1)} = UN^{(-1)}U^{-1}$ で定義・計算されます。行列 $N^{(-1)}$ の ii 成分は $\mu_i^{(-2)}$ なので、確認すべきだった計算式 $({}^tRR)^{(-1)}\boldsymbol{u}_i = \mu_i^{(-2)}\boldsymbol{u}_i$ が成立するとわかります（P309 の式 (14.2.1)）。

3 つめの $(R\,{}^tR)^{(-1)}\boldsymbol{v}_i = \mu_i^{(-2)}\,\boldsymbol{v}_i$ も、同様に計算できます。

式(18.3.9)(18.3.10) は、擬似逆行列の性質を用いれば証明できます。実は、正方行列 A が逆行列を持つ場合、A の擬似逆行列 $A^{(-1)}$ は逆行列 A^{-1} と一致します。そのため、擬似逆行列の代わりに逆行列を用いたこの 2 式が成立するのです。

数理解説：擬似逆行列の 2 つの定義

ここでは、行列R の一般化逆行列の 2 つの定義の関係を紹介します。

行列Rの特異値分解を$R = VMU^{-1}$ と書き、一般化逆行列を$R^{(-1)} = UM^{(-1)}V^{-1}$ とします。ここでは、$R^{(-1)} = UM^{(-1)}V^{-1}$ で定義される行列$R^{(-1)}$ が、コラムで紹介した一般化逆行列の 4 つの式を満たすことを紹介します。

この時、$MM^{(-1)}$ は m 次対角行列、$M^{(-1)}M$ は n 次対角行列で、第ii 成分が、$\mu_i \neq 0$ なら 1、$\mu_i = 0$ なら 0 だと計算できます。そのため、$MM^{(-1)}M = M,\ M^{(-1)}MM^{(-1)} = M^{(-1)},\ {}^t(MM^{(-1)}) = MM^{(-1)},\ {}^t(M^{(-1)}M) = M^{(-1)}M$がわかるので、コラムで紹介した一般化逆行列の 4 つの式は以下のように証明できます。

$$RR^{(-1)}R = VMU^{-1}\ UM^{(-1)}V^{-1}\ VMU^{-1} = VMM^{(-1)}MU^{-1} = VMU^{-1} = R$$
$$R^{(-1)}RR^{(-1)} = UM^{(-1)}V^{-1}\ VMU^{-1}\ UM^{(-1)}V^{-1} = UM^{(-1)}MM^{(-1)}V^{-1} = UM^{(-1)}V^{-1} = R^{(-1)}$$
$${}^t(RR^{(-1)}) = {}^t(VMU^{-1}\ UM^{(-1)}V^{-1}) = {}^t(VMM^{(-1)}V^{-1}) = VMM^{(-1)}V^{-1} = RR^{(-1)}$$
$${}^t(R^{(-1)}R) = {}^t(UM^{(-1)}V^{-1}\ VMU^{-1}) = {}^t(UM^{(-1)}MU^{-1}) = UM^{(-1)}MU^{-1} = R^{(-1)}R$$

18.4 重回帰分析と擬似逆行列

最小二乗推定量と擬似逆行列

では、難解な公式(18.1.1)

$$\hat{\boldsymbol{a}} = \left({}^t\tilde{X}\tilde{X}\right)^{-1} {}^t\tilde{X}\boldsymbol{y}$$

の意味を解き明かしましょう。見ての通り、$\left({}^t\tilde{X}\tilde{X}\right)^{-1}\ {}^t\tilde{X}$ の部分はデータ行列 $\tilde{X}$ の擬似逆行列 $\tilde{X}^{(-1)}$ です。ですので、次のように書き直せます。

$$\hat{\boldsymbol{a}} = \tilde{X}^{(-1)}\boldsymbol{y} \tag{18.4.1}$$

目論見どおり、$\hat{\boldsymbol{a}}$ を"$\tilde{X}^{-1}\boldsymbol{y}$" 的な式で計算できました。

最小二乗法の計算の意味

では、なぜ最小二乗推定量 $\hat{\boldsymbol{a}}$ は $\hat{\boldsymbol{a}} = \tilde{X}^{(-1)}\boldsymbol{y}$ で求まるのでしょうか？

式(18.4.1)の意味を捉えるには、データ行列 $\tilde{X}$ の特異値分解 $\tilde{X} = VMU^{-1}$ を考えるのが良いです。データ行列 $\tilde{X}$ は $N \times (n+1)$ 行列であり、今はデータ数 N が十分大きく、$N \gg n+1$ だとします。この時、データベクトル $\boldsymbol{y}$ と係数ベクトル $\tilde{\boldsymbol{a}}$ は、特異ベクトル $\boldsymbol{u}_i, \boldsymbol{v}_i$ を用いて次のように書けます。

$$\boldsymbol{y} = p_1\boldsymbol{v}_1 + p_2\boldsymbol{v}_2 + \ldots + p_N\boldsymbol{v}_N$$

$$\tilde{\boldsymbol{a}} = q_1\boldsymbol{u}_1 + q_2\boldsymbol{u}_2 + \ldots + q_{n+1}\boldsymbol{u}_{n+1}$$

すると、予測値を並べたベクトル $\tilde{X}\tilde{\boldsymbol{a}}$ は次のように計算できます。

$$\tilde{X}\tilde{\boldsymbol{a}} = q_1\mu_1\boldsymbol{v}_1 + q_2\mu_2\boldsymbol{v}_2 + \ldots + q_{n+1}\mu_{n+1}\boldsymbol{v}_{n+1}$$

このベクトルが $\boldsymbol{y}$ に最も近くなるようにパラメーターを調整すると、最小二乗推定量 $\hat{\boldsymbol{a}}$ が得られます。

さて、この $\boldsymbol{y} = p_1\boldsymbol{v}_1 + p_2\boldsymbol{v}_2 + \ldots + p_N\boldsymbol{v}_N$ の中でも、$p_1\boldsymbol{v}_1 + p_2\boldsymbol{v}_2 + \ldots + p_{n+1}\boldsymbol{v}_{n+1}$ の部分（添字が $n+1$ まで）は $\tilde{X}\tilde{\boldsymbol{a}}$ で表せますが、$p_{n+2}\boldsymbol{v}_{n+2} + p_{n+3}\boldsymbol{v}_{n+3} + \ldots + p_N\boldsymbol{v}_N$ の部分（添字

が $n+2$ から）はどんな $\tilde{\boldsymbol{a}}$ を用いたとしても、$\tilde{X}\tilde{\boldsymbol{a}}$ では表せません。

図 18.4.1　データベクトル $\boldsymbol{y}$ と予測値ベクトル $\tilde{X}\boldsymbol{a}$ の比較

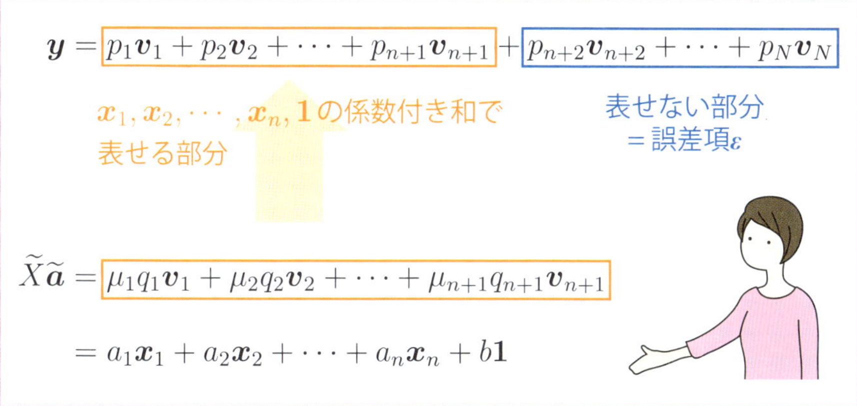

この時、$\boldsymbol{y}$ と $\tilde{X}\tilde{\boldsymbol{a}}$ の差 $\boldsymbol{y} - \tilde{X}\tilde{\boldsymbol{a}}$ の長さを最小になるのは、$\boldsymbol{y}$ と $\tilde{X}\tilde{\boldsymbol{a}}$ の $\boldsymbol{v}_1$ から $\boldsymbol{v}_{n+1}$ までの部分が一致する時です（コラムで紹介します）。ですので、$q_i = \mu_i^{-1} p_i$ としておけば良いでしょう[4]。よって、$\hat{\boldsymbol{a}}$ は次のように計算できます（図 18.4.2）。

$$\hat{\boldsymbol{a}} = \mu_1^{-1} p_1 \boldsymbol{u}_1 + \mu_2^{-1} p_2 \boldsymbol{u}_2 + \ldots + \mu_{n+1}^{-1} p_{n+1} \boldsymbol{u}_{n+1} \tag{18.4.2}$$

図 18.4.2　最小二乗推定量の計算

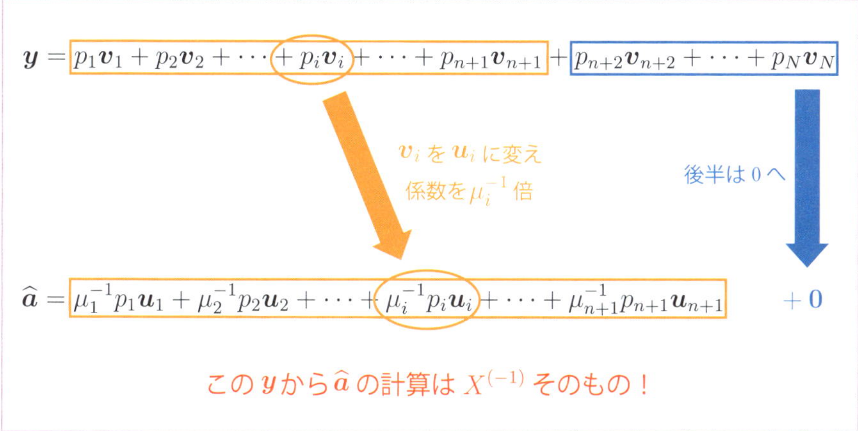

4) ここでは、${}^t\tilde{X}\tilde{X}$ に逆行列が存在すると仮定しました。なので、$1 \le i \le n+1$ について $\mu_i > 0$ が成立します。そのため、$\mu_i^{(-1)}$ ではなく μ_i^{-1} が利用できます。

この$\boldsymbol{y}$から$\hat{\boldsymbol{a}}$を作る操作を言語化すると「$\tilde{X}$を掛けた時に係数が一致するように、$\boldsymbol{v}_i$の係数にμ_i^{-1}を掛け、$\boldsymbol{v}_i$を$\boldsymbol{u}_i$に変える」と表現できます。これは、$\tilde{X}^{(-1)}$による変換そのものですね（式(18.3.2)）。以上より、$\tilde{X}\tilde{\boldsymbol{a}}$を$\boldsymbol{y}$に最近接させる最小二乗推定量$\hat{\boldsymbol{a}}$は、$\tilde{X}^{(-1)}\boldsymbol{y}$そのものだと言えるでしょう。

コラム

最小二乗法の幾何

ここでは、式(18.4.2)の厳密な計算を紹介しつつ、最小二乗法の幾何学的解釈について説明します。最小二乗推定量$\hat{\boldsymbol{a}}$は$E = \frac{1}{2}\|\boldsymbol{y} - \tilde{X}\tilde{\boldsymbol{a}}\|^2$が最小になるパラメーターです。この$\boldsymbol{y} - \tilde{X}\tilde{\boldsymbol{a}}$を書き下すと次のように書けます。

$$\boldsymbol{y} - \tilde{X}\tilde{\boldsymbol{a}} = (p_1 - \mu_1 q_1)\boldsymbol{v}_1 + (p_2 - \mu_2 q_2)\boldsymbol{v}_2 + \ldots + (p_{n+1} - \mu_{n+1} q_{n+1})\boldsymbol{v}_{n+1}$$
$$+ p_{n+2}\boldsymbol{v}_{n+2} + \ldots + p_N \boldsymbol{v}_N$$

ですので、次のように計算できます（P301 の式 13.2.5）。

$$\|\boldsymbol{y} - \tilde{X}\tilde{\boldsymbol{a}}\|^2 = (p_1 - \mu_1 q_1)^2 + (p_2 - \mu_2 q_2)^2 + \ldots + (p_{n+1} - \mu_{n+1} q_{n+1})^2 + {p_{n+2}}^2 + \ldots + {p_N}^2$$

これを$q_1, q_2, \ldots, q_{n+1}$の関数と見て、最小を与える$q_i$を計算すると、$q_i = \mu_i^{-1} p_i$が得られます。行列$V$が直交行列なので、$\boldsymbol{v}_i$は互いに直交し長さが1です。そのため、係数比較で最小値を与えるパラメーターが得られるのです。

この計算は別の見方でも実行できます。ベクトル$\tilde{X}\tilde{\boldsymbol{a}}$は、適当な係数$r_1, r_2, \ldots, r_{n+1}$を用いて$\tilde{X}\tilde{\boldsymbol{a}} = r_1\boldsymbol{v}_1 + r_2\boldsymbol{v}_2 + \ldots + r_{n+1}\boldsymbol{v}_{n+1}$と書けます。これらのベクトルが張る$\mathbb{R}^N$の部分空間を$\pi$と書くことにします。誤差関数$E = \frac{1}{2}\|\boldsymbol{y} - \tilde{X}\tilde{\boldsymbol{a}}\|^2$は、ベクトル$\boldsymbol{y}$と$\tilde{X}\tilde{\boldsymbol{a}}$の距離の2乗なので、この部分空間$\pi$の中で$\boldsymbol{y}$と最も近いベクトルが$\tilde{X}\hat{\boldsymbol{a}}$だとわかります。そのため、$\tilde{X}\hat{\boldsymbol{a}}$は、$\boldsymbol{y}$から部分空間$\pi$へ下ろした垂線の足に一致します。ここで、$\boldsymbol{t} = \boldsymbol{y} - \tilde{X}\hat{\boldsymbol{a}}$と書くと、

$$\tilde{X}\hat{\boldsymbol{a}} = p_1\boldsymbol{v}_1 + p_2\boldsymbol{v}_2 + \ldots + p_{n+1}\boldsymbol{v}_{n+1}$$

$$\boldsymbol{t} = p_{n+2}\boldsymbol{v}_{n+2} + p_{n+3}\boldsymbol{v}_{n+3} + \ldots + p_N\boldsymbol{v}_N$$

と計算できます（後で確認します）。そのため、

$$\hat{\boldsymbol{a}} = {\mu_1}^{-1} p_1 \boldsymbol{u}_1 + {\mu_2}^{-1} p_2 \boldsymbol{u}_2 + \ldots + {\mu_{n+1}}^{-1} p_{n+1} \boldsymbol{u}_{n+1}$$

が得られます。このように、幾何的な考え方を用いると、図 18.4.2 の計算を再確認できます。

図 18.4.3　最小二乗推定量と擬似逆行列の幾何

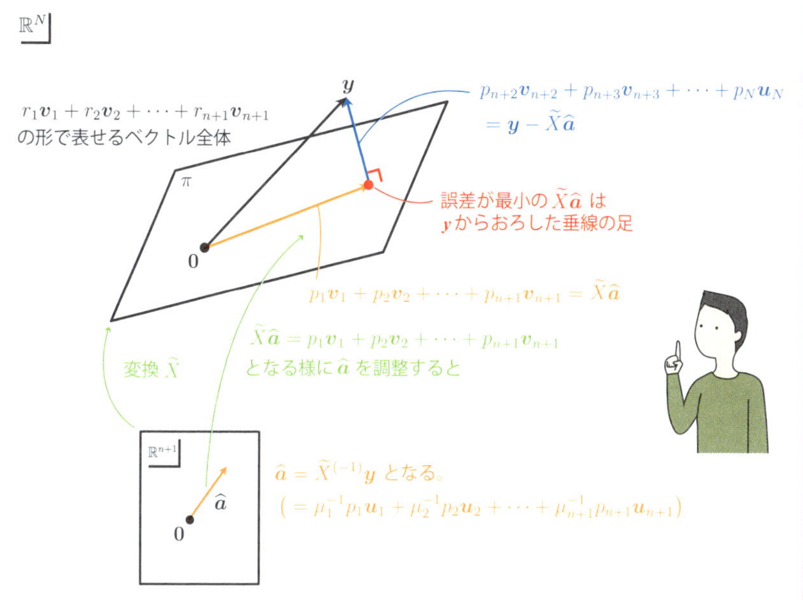

なお、$\tilde{X}\hat{\boldsymbol{a}}$, $\boldsymbol{t}$ の計算は以下の議論で行えます。まず、部分空間 π のベクトルは、$r_1\boldsymbol{v}_1 + r_2\boldsymbol{v}_2 + \ldots + r_{n+1}\boldsymbol{v}_{n+1}$ の形で書けるベクトルでした。ベクトル$\boldsymbol{t}$は部分空間πへの垂線を与えるベクトルなので、$r_1\boldsymbol{v}_1 + r_2\boldsymbol{v}_2 + \ldots + r_{n+1}\boldsymbol{v}_{n+1}$ の形をしたベクトル全てと直交します。そのため、$\boldsymbol{t}$ は $r_{n+2}\boldsymbol{v}_{n+2} + r_{n+3}\boldsymbol{v}_{n+3} + \ldots + r_N\boldsymbol{v}_N$ の形をしたベクトルであるとわかります。ここで、$\tilde{X}\hat{\boldsymbol{a}}$ も $r_1\boldsymbol{v}_1 + r_2\boldsymbol{v}_2 + \ldots + r_{n+1}\boldsymbol{v}_{n+1}$ の形で書けるベクトルであり、$\boldsymbol{y} = p_1\boldsymbol{v}_1 + p_2\boldsymbol{v}_2 + \ldots + p_N\boldsymbol{v}_N = \tilde{X}\hat{\boldsymbol{a}} + \boldsymbol{t}$ なので、$\tilde{X}\hat{\boldsymbol{a}} = p_1\boldsymbol{v}_1 + p_2\boldsymbol{v}_2 + \ldots + p_{n+1}\boldsymbol{v}_{n+1}$ と $\boldsymbol{t} = p_{n+2}\boldsymbol{v}_{n+2} + p_{n+3}\boldsymbol{v}_{n+3} + \ldots + p_N\boldsymbol{v}_N$ がわかります。

第18章のまとめ

・回帰分析は、被説明変数の値を、説明変数の一次式を用いて予測し、数値データの予測や変数間の関係の調査に用いる分析モデルである
・回帰分析のパラメーターの推定方法の1つに、最小二乗法がある。最小二乗推定量は、推定公式 $\hat{\boldsymbol{a}} = \left({}^t\tilde{X}\tilde{X}\right)^{-1}{}^t\tilde{X}\boldsymbol{y}$ で計算できる（式 (18.1.1)）
・行列 R の2つの逆の行列として、転置 ${}^tR$ と擬似逆行列 $R^{(-1)}$ がある
・擬似逆行列について、等式 $R^{(-1)} = ({}^tRR)^{(-1)}\,{}^tR = {}^tR(R{}^tR)^{(-1)}$ が成立する（式 (18.3.8)）
・最小二乗推定量の公式は、擬似逆行列を用いれば $\hat{\boldsymbol{a}} = \tilde{X}^{(-1)}\boldsymbol{y}$ とシンプルに書ける（式 (18.4.1)）
・この公式は、直交射影を用いた幾何的な解釈が可能である

第19章

多変量正規分布とその積分

多変数の確率分布の構造と特性

多変量正規分布は、多変数のデータに対して用いられる確率分布であり、正規分布を一般化した確率分布です。正規分布と同様に理論的な解析との相性が良く、古典的な統計技法から最新のAIまで、幅広く活用されています。

本章では、多変量正規分布が持つ主成分の構造を見た後、理論解析で重宝される和の公式と引き合いの公式について説明します。

19.1 多変量正規分布

多変量正規分布とは

多変量正規分布とは、複数の連続確率変数 $X_1, X_2,\ldots, X_n$ を定める確率分布であって、各 X_i が正規分布に従う確率分布です。多変量正規分布は理論的に扱いやすく、様々な分析モデルで重宝されています。まず本節では、この多変量正規分布の定義と基礎的な事項について説明します。

はじめに、多変量の場合の確率密度関数を定義します。

定義（多変量の確率密度関数）

関数 $p(\boldsymbol{x}) = p(x_1, x_2,\ldots, x_n)$ が、任意の $\boldsymbol{x}$ について $p(\boldsymbol{x}) \geq 0$ で、

$$\int_{-\infty}^{\infty}\int_{-\infty}^{\infty}\cdots\int_{-\infty}^{\infty} p(\boldsymbol{x})d\boldsymbol{x} = 1$$

が成立する時、この関数 $p(\boldsymbol{x})$ を確率密度関数と言う。

また、確率変数 $X_1, X_2,\ldots, X_n$ が確率密度関数 $p(\boldsymbol{x})$ の定める確率分布に従う時、各 X_i の値が a_i から b_i の範囲に入る確率 $P(a_1 \leq X_1 \leq b_1, a_2 \leq X_2 \leq b_2,\ldots, a_n \leq X_n \leq b_n)$ は、($-\infty \leq a_i \leq b_i \leq \infty$ の時）以下の式で計算される。

$$P(a_1 \leq X_1 \leq b_1, a_2 \leq X_2 \leq b_2,\ldots, a_n \leq X_n \leq b_n) = \int_{a_1}^{b_1}\int_{a_2}^{b_2}\cdots\int_{a_n}^{b_n} p(\boldsymbol{x})d\boldsymbol{x}$$

これは、6.1 節で紹介した 1 変数の確率密度関数の多変数への拡張です。

これを用いて、平均 $\boldsymbol{\mu}$、分散共分散行列 Σ の**多変量正規分布 (multivariate normal distribution)** の確率密度関数 $p_{\boldsymbol{\mu},\Sigma}(\boldsymbol{x})$ は、次の式で定義されます。

$$p_{\boldsymbol{\mu},\Sigma}(\boldsymbol{x}) = \frac{1}{(2\pi)^{\frac{n}{2}}(\det\Sigma)^{\frac{1}{2}}}\exp\left(-\frac{1}{2}{}^t(\boldsymbol{x}-\boldsymbol{\mu})\Sigma^{-1}(\boldsymbol{x}-\boldsymbol{\mu})\right) \tag{19.1.1}$$

ここで、$\boldsymbol{\mu}$ は n 次元ベクトルであり、Σ は $n \times n$ の対称行列です。

本節と次節の目標は、この数式の意味と構造の理解です。1 つずつ、式の意味

に迫っていきましょう。確率変数 $X_1, X_2, \ldots, X_n$ をこの多変量正規分布に従う確率変数として、これらを縦に並べたベクトルを $\boldsymbol{X}$ と書きます。また、$\boldsymbol{\mu}$ と Σ の成分を以下のように書きます。

$$\boldsymbol{X} = \begin{pmatrix} X_1 \\ X_2 \\ \vdots \\ X_n \end{pmatrix}, \ \boldsymbol{\mu} = \begin{pmatrix} \mu_1 \\ \mu_2 \\ \vdots \\ \mu_n \end{pmatrix}, \ \Sigma = \begin{pmatrix} \sigma_{11} & \sigma_{12} & \cdots & \sigma_{1n} \\ \sigma_{21} & \sigma_{22} & & \sigma_{2n} \\ \vdots & & \ddots & \vdots \\ \sigma_{n1} & \sigma_{n2} & \cdots & \sigma_{nn} \end{pmatrix}$$

この時、次の性質が成立します。

- 確率変数 X_i の平均 $E[X_i]$ は μ_i である
- 確率変数 X_i と X_j の共分散 $cov(X_i, X_j)$ は σ_{ij} である
- 確率変数 X_i は正規分布に従う
- 確率変数 $X_1, X_2, \ldots, X_n$ の係数付き和 $X_a = a_1X_1 + a_2X_2 + \ldots + a_nX_n$ も正規分布に従う

これらを今後の議論で調べていく中で、多変量正規分布の意味を理解していきましょう。

確率密度関数の観察

まずは、式(19.1.1)の確率密度関数を観察してみます。ここに登場する $\det \Sigma$ は、行列 Σ の**行列式(determinant)**と呼ばれる数値であり、行列 Σ が表す変換による体積の倍率の意味を持ちます。定義や計算方法は様々にありますが、本書では行列の対角化

$$\Sigma = UNU^{-1}, \ N = \begin{pmatrix} \nu_1 & & & 0 \\ & \nu_2 & & \\ & & \ddots & \\ 0 & & & \nu_n \end{pmatrix}$$

を用いて、$\det \Sigma = \nu_1 \times \nu_2 \times \ldots \times \nu_n$ と定義・計算することにします。なお、ここで用いた記号 ν, N はギリシャ文字であり、「ニュー」と読みます（λ, Λ は後の議論で別の記号に用いるため、ここでは ν, N を用いました）。

次に、正規分布と多変量正規分布の確率密度関数を見比べてみましょう。これらはかなり似ています。例えばexp の中身は、$\frac{1}{\sigma^2}$ と Σ^{-1}、$(x-\mu)^2$ と ${}^t(\boldsymbol{x}-\boldsymbol{\mu}), (\boldsymbol{x}-\boldsymbol{\mu})$ が対応しています。

図 19.1.1　正規分布の確率密度関数の比較

■平均 μ、分散 σ^2 の正規分布

$$p_{\mu,\sigma^2}(x) = \frac{1}{\sqrt{2\pi}\sigma^2} \exp\left(-\frac{(x-\mu)^2}{2\sigma^2}\right)$$

■平均 μ、分散共分散行列 Σ の多変量正規分布

$$p_{\boldsymbol{\mu},\Sigma}(\boldsymbol{x}) = \frac{1}{(2\pi)^{\frac{n}{2}} (\det \Sigma)^{\frac{1}{2}}} \exp\left(-\frac{1}{2} {}^t(\boldsymbol{x}-\boldsymbol{\mu}) \Sigma^{-1} (\boldsymbol{x}-\boldsymbol{\mu})\right)$$

多変量正規分布の平均

次に、確率密度関数 $p_{\boldsymbol{\mu},\Sigma}(\boldsymbol{x})$ に従う確率変数 $\boldsymbol{X}$ の平均が $\boldsymbol{\mu}$ であることを計算で確認しましょう。多変量であっても、10.1 節での計算と似た方法で計算できます。多変量正規分布に従う確率変数のベクトル $\boldsymbol{X}$ の期待値 $E[\boldsymbol{X}]$ は、$\boldsymbol{X}$ の値 $\boldsymbol{x}$ とその確率 $p_{\boldsymbol{\mu},\Sigma}(\boldsymbol{x})$ の積を全ての $\boldsymbol{x}$ で合計すれば良いので、

$$E[\boldsymbol{X}] = \int_{-\infty}^{\infty}\int_{-\infty}^{\infty}\cdots\int_{-\infty}^{\infty} \boldsymbol{x}p(\boldsymbol{x})d\boldsymbol{x}$$

で定義されます。記号がやや煩雑なので、以降は、同じ範囲の積分については次のように略記します。

$$E[\boldsymbol{X}] = \int_{-\infty}^{\infty} \boldsymbol{x} p(\boldsymbol{x}) d\boldsymbol{x}$$

ここで、$\boldsymbol{x} = \boldsymbol{\mu} + \boldsymbol{t}$ と $\boldsymbol{x} = \boldsymbol{\mu} - \boldsymbol{t}$ での確率密度関数の値を比較すると、

$$p_{\mu,\Sigma}(\boldsymbol{\mu} + \boldsymbol{t}) = \frac{1}{(2\pi)^{\frac{n}{2}} (\det \Sigma)^{\frac{1}{2}}} \exp\left(-\frac{1}{2} {}^t\boldsymbol{t} \Sigma^{-1} \boldsymbol{t} \right)$$

$$p_{\mu,\Sigma}(\boldsymbol{\mu} - \boldsymbol{t}) = \frac{1}{(2\pi)^{\frac{n}{2}} (\det \Sigma)^{\frac{1}{2}}} \exp\left(-\frac{1}{2} {}^t(-\boldsymbol{t}) \Sigma^{-1} (-\boldsymbol{t}) \right)$$

$$= \frac{1}{(2\pi)^{\frac{n}{2}} (\det \Sigma)^{\frac{1}{2}}} \exp\left(-\frac{1}{2} {}^t\boldsymbol{t} \Sigma^{-1} \boldsymbol{t} \right)$$

ですので、両者の値は一致します。したがって、この 2 つの $\boldsymbol{x}$ での $\boldsymbol{x} \times p_{\mu,\Sigma}(\boldsymbol{x})$ の値について

$$(\boldsymbol{\mu} + \boldsymbol{t}) \times p_{\mu,\Sigma}(\boldsymbol{\mu} + \boldsymbol{t}) + (\boldsymbol{\mu} - \boldsymbol{t}) \times p_{\mu,\Sigma}(\boldsymbol{\mu} - \boldsymbol{t}) = \boldsymbol{\mu} \times p_{\mu,\Sigma}(\boldsymbol{\mu} + \boldsymbol{t}) + \boldsymbol{\mu} \times p_{\mu,\Sigma}(\boldsymbol{\mu} - \boldsymbol{t})$$

が成立します。そのため、$\boldsymbol{x} \times p_{\mu,\Sigma}(\boldsymbol{x})$ の合計と $\boldsymbol{\mu} \times p_{\mu,\Sigma}(\boldsymbol{x})$ の合計は等しく[1]、次のように計算できます。

$$E[\boldsymbol{X}] = \int_{-\infty}^{\infty} \boldsymbol{x} p(\boldsymbol{x}) d\boldsymbol{x} = \int_{-\infty}^{\infty} \boldsymbol{\mu} p(\boldsymbol{x}) d\boldsymbol{x} = \boldsymbol{\mu} \int_{-\infty}^{\infty} p(\boldsymbol{x}) d\boldsymbol{x} = \boldsymbol{\mu}$$

期待値 $E[\boldsymbol{X}]$ の第 i 成分は確率変数 X_i の期待値 $E[X_i]$ であり、これが $\boldsymbol{\mu}$ の第 i 成分 μ_i と等しいので、X_i の期待値は $E[X_i] = \mu_i$ とわかります。

ところで、次に X_i と X_j の共分散 $cov(X_i, X_j)$ を計算したいところですが、真面目に計算するのはそれなりに大変です[2]。ですから、この計算については次節の最後の数理解説で、難しい積分を計算しなくても良い方法を紹介します。

1) 厳密には、重積分における置換積分である変数変換と Jacobian の議論が必要です。

2) この共分散を計算するには、$(2\pi)^{-n/2}(\det \Sigma)^{-1/2} \int_{-\infty}^{\infty} (x_i - \mu_i)(x_j - \mu_j) \exp\left({}^t(\boldsymbol{x} - \mu) \Sigma^{-1} (\boldsymbol{x} - \mu) \right) d\boldsymbol{x} = \sigma_{ij}$ を証明する必要がありますが、この計算はかなり大変です。

19.2 多変量正規分布の構造と主成分

確率密度関数の分解

本節では、多変量正規分布の確率密度関数の意味を解明するとともに、この数式の中に隠された主成分の構造を明らかにします（その過程で、第10章と第13章の技術が活躍します）。なお、数式の単純化のため、平均$\boldsymbol{\mu}$は$\boldsymbol{\mu}=\mathbf{0}$とし、平均$\mathbf{0}$、分散共分散行列$\Sigma$の正規分布の確率密度関数$p_{\mathbf{0},\Sigma}(\boldsymbol{x})$を考察の対象とします。

$$p_{\mathbf{0},\Sigma}(\boldsymbol{x})=\frac{1}{(2\pi)^{\frac{n}{2}}(\det\Sigma)^{\frac{1}{2}}}\exp\left(-\frac{1}{2}\,{}^t\boldsymbol{x}\Sigma^{-1}\boldsymbol{x}\right) \tag{19.2.1}$$

まずは、${}^t\boldsymbol{x}\Sigma^{-1}\boldsymbol{x}$を計算しましょう。この${}^t\boldsymbol{x}\Sigma^{-1}\boldsymbol{x}$は$\Sigma^{-1}$で測った$\boldsymbol{x}$同士の関係の強さなので、その計算をするには、$\Sigma^{-1}$の対角化を用いて関係を分解すると良いでしょう。行列Σの対角化を$\Sigma=UNU^{-1}$とすると、その逆行列Σ^{-1}は

$$\Sigma^{-1}=UN^{-1}U^{-1},\ N^{-1}=\begin{pmatrix} v_1^{-1} & & & 0 \\ & v_2^{-1} & & \\ & & \ddots & \\ 0 & & & v_n^{-1} \end{pmatrix}$$

で対角化できると知られています。そのため次のように計算できます（P290の式12.4.7）。

$${}^t\boldsymbol{x}\Sigma^{-1}\boldsymbol{x}=\sum_i v_i^{-1}(\boldsymbol{x}\cdot\boldsymbol{u}_i)^2$$

ここで、ベクトル$\boldsymbol{u}_i$は直交行列Uの第i番目の縦ベクトルです。

$$U = \begin{pmatrix} u_{11} & u_{12} & \cdots & u_{1n} \\ u_{21} & u_{22} & & u_{2n} \\ \vdots & & \ddots & \vdots \\ u_{n1} & u_{n2} & \cdots & u_{nn} \end{pmatrix},\ \boldsymbol{u}_1 = \begin{pmatrix} u_{11} \\ u_{21} \\ \vdots \\ u_{n1} \end{pmatrix},\ \boldsymbol{u}_2 = \begin{pmatrix} u_{12} \\ u_{22} \\ \vdots \\ u_{n2} \end{pmatrix},\ldots,\ \boldsymbol{u}_n = \begin{pmatrix} u_{1n} \\ u_{2n} \\ \vdots \\ u_{nn} \end{pmatrix}$$

これと、$\det \Sigma = v_1 \times v_2 \times \ldots \times v_n$ を用いて式(19.2.1) を書き換えると、

$$\begin{aligned} p_{\mathbf{0},\Sigma}(\boldsymbol{x}) &= \frac{1}{(2\pi)^{\frac{n}{2}}(\det \Sigma)^{\frac{1}{2}}} \exp\left(-\frac{1}{2}\,{}^t\boldsymbol{x}\Sigma^{-1}\boldsymbol{x}\right) \\ &= \frac{1}{(2\pi)^{\frac{n}{2}}(v_1 \times v_2 \times \cdots \times v_n)^{\frac{1}{2}}} \exp\left(-\frac{1}{2}\sum_i v_i^{-1}(\boldsymbol{x}\cdot\boldsymbol{u}_i)^2\right) \\ &= \frac{1}{\sqrt{2\pi v_1}} \times \frac{1}{\sqrt{2\pi v_2}} \times \cdots \times \frac{1}{\sqrt{2\pi v_n}} \prod_i \exp\left(-\frac{(\boldsymbol{x}\cdot\boldsymbol{u}_i)^2}{2v_i}\right) \\ &= \prod_i \frac{1}{\sqrt{2\pi v_i}} \exp\left(-\frac{(\boldsymbol{x}\cdot\boldsymbol{u}_i)^2}{2v_i}\right) \end{aligned} \tag{19.2.2}$$

が得られます。これを見ると、「$\boldsymbol{x}\cdot\boldsymbol{u}_i$」が、平均 0、分散 v_i の正規分布に従っているように見えます。

では、この $\boldsymbol{x}\cdot\boldsymbol{u}_i$ とは何でしょうか？ これは見ての通り $\boldsymbol{x}$ と $\boldsymbol{u}_i$ の内積なので、

$$\boldsymbol{x}\cdot\boldsymbol{u}_i = x_1u_{1i} + x_2u_{2i} + \ldots + x_nu_{ni}$$

です。ここで、x_i は確率変数 X_i の値なので、$\boldsymbol{x}\cdot\boldsymbol{u}_i = x_1u_{1i} + x_2u_{2i} + \ldots + x_nu_{ni}$ は確率変数

$$X_{\boldsymbol{u}_i} = u_{1i}X_1 + u_{2i}X_2 + \ldots + u_{ni}X_n$$

の値です。$X_{\boldsymbol{u}_i}$ は第 i 主成分なので（第 13 章）、式 (19.2.2) の積の中身は、主成分 $X_{\boldsymbol{u}_i}$ についての、平均 0、分散 v_i の正規分布の確率密度関数です。ですので、式 (19.2.2) は多変量正規分布の確率密度関数を、主成分の確率密度関数の積に分解する式になっています。

確率密度関数が積に分解できるので、$X_{\boldsymbol{u}_i}$ たちは互いに独立で、それぞれ平均0、分散 v_i の正規分布に従うとわかります。(厳密な議論を数理解説で扱います)。

以上により、多変量正規分布は互いに独立な確率変数 $X_{\boldsymbol{u}_i}$ の集まりであり、$X_{\boldsymbol{u}_i}$ は平均0、分散 v_i(分散共分散行列 Σ の固有値)の正規分布に従うのです。

最後に、確率変数 X_i が正規分布に従うことを確認しましょう。主成分 $X_{\boldsymbol{u}_i}$ が互いに独立な正規分布に従うことと、次節の内容を用いると、次のように、確率変数 X_i が正規分布に従うとわかります。実は、正規分布に従う確率変数の定数倍は(また別の)正規分布に従い、互いに独立な正規分布に従う確率変数同士の和も(また別の)正規分布に従うと知られています(これは次節で証明します)。

ここで、確率変数 X_i は $X_i = X_{\boldsymbol{e}_i}$ であり、

$$\boldsymbol{e}_i = (\boldsymbol{e}_i \cdot \boldsymbol{u}_1)\boldsymbol{u}_1 + (\boldsymbol{e}_i \cdot \boldsymbol{u}_2)\boldsymbol{u}_2 + \ldots + (\boldsymbol{e}_i \cdot \boldsymbol{u}_n)\boldsymbol{u}_n = u_{i1}\boldsymbol{u}_1 + u_{i2}\boldsymbol{u}_2 + \ldots + u_{in}\boldsymbol{u}_n \quad (19.2.3)$$

なので、次の式が成立します。

$$X_i = X_{\boldsymbol{e}_i} = u_{i1}X_{\boldsymbol{u}_1} + u_{i2}X_{\boldsymbol{u}_2} + \cdots + u_{in}X_{\boldsymbol{u}_n} \quad (19.2.4)$$

その結果、確率変数 X_i は、正規分布に従う互いに独立な確率変数の係数付き和なので、X_i も正規分布に従うとわかります。

数理解説:主成分の独立性

確率密度関数 $p(x, y)$ が $p(x, y) = p(x)p(y)$ と積に分解する時、確率密度関数 $p(x, y)$ に従う確率変数 X, Y は独立です。しかし、今の式(19.2.2)の場合、$x_1, x_2, \ldots, x_n$ そのものではなく、$\boldsymbol{x} \cdot \boldsymbol{u}_1, \boldsymbol{x} \cdot \boldsymbol{u}_2, \ldots, \boldsymbol{x} \cdot \boldsymbol{u}_n$ の関数の積に分解されています。そのため、これらの独立性を証明するには追加の議論が必要です。

具体的には、$x_1, x_2, \ldots, x_n$ を $\boldsymbol{x} \cdot \boldsymbol{u}_1, \boldsymbol{x} \cdot \boldsymbol{u}_2, \ldots, \boldsymbol{x} \cdot \boldsymbol{u}_n$ へ変数変換し、その変換のJacobianを検討する必要があります。今回の場合、変換が線形変換なのでJacobianは定数であり、積への分解の構造に影響を与えません。そのため、変数変換後も確率密度関数が積に分解し、$X_{\boldsymbol{u}_i}$ たちが互いに独立だとわかります。

数理解説：共分散 $cov(X_i, X_j)$ の計算

ここまでの議論を使うと、共分散 $cov(X_i, X_j)$ を計算できます。実際、以下で計算できます。

$$
\begin{aligned}
cov(X_i, X_j) &= cov(u_{i1}X_{\boldsymbol{u}_1} + u_{i2}X_{\boldsymbol{u}_2} + \cdots + u_{in}X_{\boldsymbol{u}_n}, u_{j1}X_{\boldsymbol{u}_1} + u_{j2}X_{\boldsymbol{u}_2} + \cdots + u_{jn}X_{\boldsymbol{u}_n}) \quad (1) \\
&= v_1 u_{i1}u_{j1} + v_2 u_{i2}u_{j2} + \cdots + v_n u_{in}u_{jn} \quad (2) \\
&= {}^t(u_{i1}\boldsymbol{u}_1 + u_{i2}\boldsymbol{u}_2 + \cdots + u_{in}\boldsymbol{u}_n)\boldsymbol{\Sigma}(u_{j1}\boldsymbol{u}_1 + u_{j2}\boldsymbol{u}_2 + \cdots + u_{jn}\boldsymbol{u}_n) \quad (3) \\
&= {}^t\boldsymbol{e}_i\boldsymbol{\Sigma}\boldsymbol{e}_j \quad (4) \\
&= \sigma_{ij} \quad (5)
\end{aligned}
$$

(1) 式 (19.2.4) を代入
(2) 各 $X_{\boldsymbol{u}_i}$ が互いに独立で分散が v_i
(3) P286 の式 (12.4.5) を逆向きに利用
(4) 式 (19.2.3) を代入
(5) P275 の式 (12.1.1) を利用

19.3 正規分布の2種の融合

正規分布の理論的な強み

第10章でも触れたとおり、正規分布は理論解析ととても相性が良い確率分布です。本節では特に、「正規分布を足しても正規分布」「正規分布で引っ張り合っても正規分布」の2つの性質を紹介します。この2つの性質の成立の背景には平方完成があり、難しい積分の計算を回避しながら様々な公式を導出できます。

正規分布の精度

正規分布では、分散の逆数を**精度(precision)**と言います。1変数の正規分布の場合、精度 λ は分散 σ^2 の逆数 $\lambda = \frac{1}{\sigma^2}$ で定義されます。この精度を用いると、平均 μ、精度 λ（分散 σ^2）の正規分布の確率密度関数は次のように書けます。

$$p_{\mu,\lambda^{-1}}(x) = \sqrt{\frac{\lambda}{2\pi}} \exp\left(-\frac{1}{2}\lambda(x-\mu)^2\right) \tag{19.3.1}$$

多変量正規分布の場合、**精度行列(precision matrix)** Λ が分散共分散行列 Σ の逆行列 $\Lambda = \Sigma^{-1}$ で定義されます。この精度行列を用いると、平均 $\boldsymbol{\mu}$、精度行列 Λ（分散共分散行列 Σ）の多変量正規分布の確率密度関数は次のように書けます。

$$p_{\boldsymbol{\mu},\Lambda^{-1}}(\boldsymbol{x}) = \frac{(\det \Lambda)^{\frac{1}{2}}}{(2\pi)^{\frac{n}{2}}} \exp\left(-\frac{1}{2}{}^{t}\left(\boldsymbol{x}-\boldsymbol{\mu}\right)\Lambda(\boldsymbol{x}-\boldsymbol{\mu})\right) \tag{19.3.2}$$

場面によっては、分散 σ^2, Σ より精度 λ, Λ の方が見通しよく計算できます。適宜、使い分けるのが良いでしょう。

正規分布と和の公式

正規分布では、**再生性(reproductive property)**と呼ばれる性質が成り立ちます。これは、2つの独立な正規分布に従う確率変数X, Yについて、その和$X+Y$もまた正規分布に従うという性質です。多変量正規分布の場合も同様です。

独立な確率変数の和の期待値・分散は、元の確率変数の期待値・分散の和と一致するので、次の定理が成立します。

定理（正規分布の和）

確率変数X, Yは互いに独立な正規分布に従い、Xの平均はμ_X、分散は${\sigma_X}^2$で、Yの平均はμ_Y、分散は${\sigma_Y}^2$であるとする。この時、確率変数$Z=X+Y$は平均$\mu_X+\mu_Y$、分散${\sigma_X}^2+{\sigma_Y}^2$の正規分布に従う。

また、確率変数$\boldsymbol{X}, \boldsymbol{Y}$は互いに独立な多変量正規分布に従い、$\boldsymbol{X}$の平均は$\boldsymbol{\mu}_X$、分散共分散行列は$\Sigma_X$で、$\boldsymbol{Y}$の平均は$\boldsymbol{\mu}_Y$、分散共分散行列は$\Sigma_Y$であるとする。この時、確率変数$\boldsymbol{Z}=\boldsymbol{X}+\boldsymbol{Y}$は平均$\boldsymbol{\mu}_X+\boldsymbol{\mu}_Y$、分散共分散行列$\Sigma_X+\Sigma_Y$の多変量正規分布に従う。

正規分布のこの性質は非常に便利で、様々な場面で活躍します（証明は本節後半で行います）。

正規分布の引き合いの公式

突然ですが、次の問題を考えてみてください。

問題：確率変数X, Y, Zについて、以下の2つが成立する。

(1) XとYの差は、平均0、精度λ_Xの正規分布に従う
(2) ZとYの差は、平均0、精度λ_Zの正規分布に従う

ここでXとZの値がそれぞれx, zと判明した時、Yの値yはいくつと考えれば良いだろうか？

確率変数Xの情報を用いると、Yの値yはだいたい$x \pm \sigma_X$くらいだと考えられ

ます。ですので、この情報は「Yの値 y はだいたい x」と主張します。一方、同様に考えると、Zの情報は「Yの値 y はだいたい z」と主張します。これら2つの情報は共に、Yの値 y は自分の値に近いと主張しており、引っ張り合いの状況にあると表現できるでしょう。

この問題は、次のような状況で遭遇します。例えば、とある物体の重さYを測るため、2つの異なる測定装置で測り、その値が x, z であったとしましょう。各測定装置の誤差は、それぞれ平均0、精度 λ_X, λ_Z の正規分布に従うとわかっているとします。この時、重さYの値 y はいくつだと考えるのが良いでしょうか？

2つの測定装置の精度が等しい時（$\lambda_X = \lambda_Z = \lambda$）は、$Y$の値 y は、x と z の平均 $\frac{x+z}{2}$ と考えるのが良いでしょう。一方、2つの測定装置で誤差の精度が異なり、1つめの測定装置の方が2倍正確($\lambda_X = 2\lambda_Z$)だとします。この時は、Yの値 y は x と z の中間よりは x 寄りにあると考えるのが自然です。

この問題について、確率を用いて厳密に計算したものが次の定理です。

定理（正規分布の引き合い）

確率変数 X, Y, Z について、XとYの差は平均0、精度 λ_X の正規分布に従い、ZとYの差は平均0、精度 λ_Z の正規分布に従うとする。ここで、XとZの値が x, z と判明したとすると、Yは平均 $\frac{\lambda_X x + \lambda_Z z}{\lambda_X + \lambda_Z}$、精度 $\lambda_X + \lambda_Z$ の正規分布に従う。

また、確率変数$\boldsymbol{X}, \boldsymbol{Y}, \boldsymbol{Z}$について、$\boldsymbol{X}$と$\boldsymbol{Y}$の差は平均$\boldsymbol{0}$、精度 Λ_X の多変量正規分布に従い、$\boldsymbol{Z}$と$\boldsymbol{Y}$の差は平均$\boldsymbol{0}$、精度 Λ_Z の多変量正規分布に従うとする。ここで、$\boldsymbol{X}$と$\boldsymbol{Z}$の値が$\boldsymbol{x}, \boldsymbol{z}$と判明したとすると、$\boldsymbol{Y}$は平均$(\Lambda_X + \Lambda_Z)^{-1}(\Lambda_X\boldsymbol{x} + \Lambda_Z\boldsymbol{z})$、精度 $\Lambda_X + \Lambda_Z$ の多変量正規分布に従う。

正規分布のこの性質もかなり便利で、様々な場面で多用されます。この定理によれば、測定精度が等しい場合、Yは平均 $\frac{x+z}{2}$、精度$\lambda_X + \lambda_Z = 2\lambda$の正規分布に従うとわかります。2つめの例では、$Y$は平均 $\frac{2x+z}{3}$、精度 $\lambda_X + \lambda_Z = 1.5\lambda_X = 3\lambda_Z$ の正規分布に従うとわかり、確かに y はやや x 寄りの値に計算されていると確認できます。一般の場合では、Yの値 y は精度の比に応じた内分点 $\frac{\lambda_X x + \lambda_Z z}{\lambda_X + \lambda_Z}$ と考えるのが妥当だと、この定理は教えてくれます。

ここから、2つの性質の証明を数理解説として紹介します。本書では、一切省略せず、全ての計算を書きました。実は、この2つの性質は、平方完成を用いた計算をゴリ押せば、難しい積分を計算せず証明できます。以降の数理解説を読む人も読まない人も、この点はぜひ押さえておいてください。

なお、以降の計算では、あえて計算の工夫を一切せず、泥臭い計算の全てを書いてあります。「ただ計算すればできる」と感じられると良いでしょう。

数理解説：平方完成

正規分布の計算で大活躍する平方完成を先に紹介しておきます。

定理（平方完成）

変数xの2次式ax^2+bx+cを平方完成すると、以下の式が得られる。

$$ax^2+bx+c=a\left(x+\frac{b}{2a}\right)^2-\frac{b^2}{4a}+c \tag{19.3.3}$$

2次式が$-\frac{1}{2}ax^2+bx+c$の場合は、以下の式が得られる。

$$-\frac{1}{2}ax^2+bx+c=-\frac{1}{2}a\left(x-\frac{b}{a}\right)^2+\frac{b^2}{2a}+c \tag{19.3.4}$$

また、$-\frac{1}{2}a_1x^2+b_1x+c_1$と$-\frac{1}{2}a_2x^2+b_2x+c_2$の和の場合、以下の式が得られる。

$$\begin{aligned}&-\frac{1}{2}a_1x^2+b_1x+c_1-\frac{1}{2}a_2x^2+b_2x+c_2\\&\qquad=-\frac{1}{2}(a_1+a_2)\left(x-\frac{b_1+b_2}{a_1+a_2}\right)^2+\frac{(b_1+b_2)^2}{2(a_1+a_2)}+c_1+c_2\end{aligned} \tag{19.3.5}$$

証明も紹介しておきましょう。まず、式(19.3.3)は

$$ax^2+bx+c=a\left(x^2+\frac{b}{a}x\right)+c=a\left(\left(x+\frac{b}{2a}\right)^2-\frac{b^2}{4a^2}\right)+c=a\left(x+\frac{b}{2a}\right)^2-\frac{b^2}{4a}+c$$

で計算できます。式 (19.3.4) を得るには、a を $-\frac{1}{2}a$ に取り替えれば良いです。また、式 (19.3.5) を得るには、式 (19.3.4) の a に a_1+a_2 を、b に b_1+b_2 を、c に c_1+c_2 を代入すれば良いでしょう。

なお、x がベクトル $\boldsymbol{x}$ の場合は、対称行列 A、ベクトル $\boldsymbol{b}$、定数 c について以下の式が成立します。これは、多変数の場合の証明に用いられます（本書では省略します）。

$$ {}^t\boldsymbol{x}A\boldsymbol{x}+{}^t\boldsymbol{b}\boldsymbol{x}+c={}^t\left(\boldsymbol{x}+\frac{1}{2}A^{-1}\boldsymbol{b}\right)A\left(\boldsymbol{x}+\frac{1}{2}A^{-1}\boldsymbol{b}\right)-\frac{1}{4}\,{}^t\boldsymbol{b}A^{-1}\boldsymbol{b}+c $$

数理解説：正規分布の和の公式の証明

この証明で計算すべきは、確率変数 $Z=X+Y$ の確率密度関数 $p_Z(z)$ です。ここでは、確率変数 X, Y の確率密度関数も $p_X(x), p_Y(y)$ と書いておきましょう。

さて、$Z=z$ となるのは、とある実数 t について $X=t$ かつ $Y=z-t$ の時であり、こうなる確率（密度）は $p_X(t)\times p_Y(z-t)$ で表せます。これを全ての t について総和すれば、$Z=z$ の確率（密度）$p_Z(z)$ が求まるでしょう。連続なパラメーターについての総和は積分なので、

$$ p_Z(z)=\int_{-\infty}^{\infty}p_X(t)p_Y(z-t)\,dt $$

とわかります。ここからはこの積分を計算しますが、特に工夫は不要で、平方完成して愚直に計算すれば計算できます。まずは、

$$ \begin{aligned} p_Z(z)&=\int_{-\infty}^{\infty}p_X(t)p_Y(z-t)\,dt\\ &=\int_{-\infty}^{\infty}\frac{1}{\sqrt{2\pi\sigma_X^2}}\exp\left(-\frac{1}{2}\lambda_X(t-\mu_X)^2\right)\frac{1}{\sqrt{2\pi\sigma_Y^2}}\exp\left(-\frac{1}{2}\lambda_Y(z-t-\mu_Y)^2\right)dt\\ &=\frac{1}{\sqrt{2\pi\sigma_X^2}}\frac{1}{\sqrt{2\pi\sigma_Y^2}}\int_{-\infty}^{\infty}\exp\left(-\frac{1}{2}\lambda_X(t-\mu_X)^2-\frac{1}{2}\lambda_Y(z-t-\mu_Y)^2\right)dt \end{aligned} $$

と計算できます。ここで exp の中身を t の 2 次式と見て平方完成すると、

$$ -\frac{1}{2}\lambda_X(t-\mu_X)^2-\frac{1}{2}\lambda_Y(z-t-\mu_Y)^2 $$

$$= -\frac{1}{2}\lambda_X t^2 + \lambda_X \mu_X t - \frac{1}{2}\lambda_X \mu_X^2 - \frac{1}{2}\lambda_Y t^2 + \lambda_Y (z-\mu_Y) t - \frac{1}{2}\lambda_Y (z-\mu_Y)^2$$

$$= -\frac{1}{2}(\lambda_X + \lambda_Y)\left(t - \frac{\lambda_X \mu_X + \lambda_Y (z-\mu_Y)}{\lambda_X + \lambda_Y}\right)^2 + \frac{1}{2}\frac{(\lambda_X \mu_X + \lambda_Y (z-\mu_Y))^2}{\lambda_X + \lambda_Y}$$
$$-\frac{1}{2}\lambda_X \mu_X^2 - \frac{1}{2}\lambda_Y (z-\mu_Y)^2$$

と書けます（式 19.3.5）。この式の $(t-●)^2$ の部分の●を C と書き、それ以降の 3 項をまとめて D と書くことにします。つまり、

$$C = \frac{\lambda_X \mu_X + \lambda_Y (z-\mu_Y)}{\lambda_X + \lambda_Y},\ D = \frac{1}{2}\frac{(\lambda_X \mu_X + \lambda_Y (z-\mu_Y))^2}{\lambda_X + \lambda_Y} - \frac{1}{2}\lambda_X \mu_X^2 - \frac{1}{2}\lambda_Y (z-\mu_Y)^2$$

と書くと、この両者は t に依らない定数なので、

$$p_Z(z) = \int_{-\infty}^{\infty} p_X(t) p_Y(z-t)\,dt$$
$$= \frac{1}{\sqrt{2\pi\sigma_X^2}}\frac{1}{\sqrt{2\pi\sigma_Y^2}}\int_{-\infty}^{\infty}\exp\left(-\frac{1}{2}(\lambda_X + \lambda_Y)(t-C)^2 + D\right)dt$$
$$= \frac{1}{\sqrt{2\pi\sigma_X^2}}\frac{1}{\sqrt{2\pi\sigma_Y^2}}e^D\int_{-\infty}^{\infty}\exp\left(-\frac{1}{2}(\lambda_X + \lambda_Y)(t-C)^2\right)dt$$

と書けます。被積分関数は、平均 C、精度 $\lambda_X + \lambda_Y$ の正規分布の確率密度関数の $\sqrt{\frac{2\pi}{\lambda_X + \lambda_Z}}$ 倍なので、この積分の部分は（$\lambda_X = \frac{1}{\sigma_X^2}, \lambda_Y = \frac{1}{\sigma_Y^2}$ を用いると）

$$\int_{-\infty}^{\infty}\exp\left(-\frac{1}{2}(\lambda_X + \lambda_Y)(t-C)^2\right)dt = \sqrt{\frac{2\pi}{\lambda_X + \lambda_Z}} = \sqrt{\frac{2\pi}{\frac{1}{\sigma_X^2} + \frac{1}{\sigma_Y^2}}} = \sqrt{\frac{2\pi\sigma_X^2\sigma_Y^2}{\sigma_X^2 + \sigma_Y^2}}$$

と計算できます。よって、

$$p_Z(z) = \frac{1}{\sqrt{2\pi\sigma_X^2}}\frac{1}{\sqrt{2\pi\sigma_Y^2}}e^D\int_{-\infty}^{\infty}\exp\left(-\frac{1}{2}(\lambda_X + \lambda_Y)(t-C)^2\right)dt$$
$$= \frac{1}{\sqrt{2\pi\sigma_X^2}}\frac{1}{\sqrt{2\pi\sigma_Y^2}}e^D\sqrt{\frac{2\pi\sigma_X^2\sigma_Y^2}{\sigma_X^2 + \sigma_Y^2}}$$

$$=\frac{1}{\sqrt{2\pi(\sigma_X^2+\sigma_Y^2)}}\exp\left(\frac{1}{2}\frac{(\lambda_X\mu_X+\lambda_Y(z-\mu_Y))^2}{\lambda_X+\lambda_Y}-\frac{1}{2}\lambda_X\mu_X^2-\frac{1}{2}\lambda_Y(z-\mu_Y)^2\right)$$

と計算できます。かなり重たい計算ですが、良い兆しが見えてきました。ここで答えをカンニングすると、この確率密度関数は

$$p_{\mu_X+\mu_Y,\sigma_X^2+\sigma_Y^2}(z)=\frac{1}{\sqrt{2\pi(\sigma_X^2+\sigma_Y^2)}}\exp\left(-\frac{(z-(\mu_X+\mu_y))^2}{2(\sigma_X^2+\sigma_Y^2)}\right)$$

に一致するはずです。ここまでの計算で、exp の前の定数項は一致しました。ですので、あとは exp の中身 D を計算して整理すれば良いでしょう。またも気合を動員して計算すると、

$$D=\frac{1}{2}\frac{(\lambda_X\mu_X+\lambda_Y(z-\mu_Y))^2}{\lambda_X+\lambda_Y}-\frac{1}{2}\lambda_X\mu_X^2-\frac{1}{2}\lambda_Y(z-\mu_Y)^2$$

$$=\frac{1}{2}\frac{1}{\lambda_X+\lambda_Y}\left((\lambda_X\mu_X+\lambda_Y(z-\mu_Y))^2-(\lambda_X+\lambda_Y)\lambda_X\mu_X^2-(\lambda_X+\lambda_Y)\lambda_Y(z-\mu_Y)^2\right)$$

$$=\frac{1}{2}\frac{1}{\lambda_X+\lambda_Y}\left(\lambda_X^2\mu_X^2+\lambda_Y^2(z-\mu_Y)^2+2\lambda_X\mu_X\lambda_Y(z-\mu_Y)-\lambda_X^2\mu_X^2-\lambda_Y\lambda_X\mu_X^2-\lambda_X\lambda_Y(z-\mu_Y)^2-\lambda_Y^2(z-\mu_Y)^2\right)$$

$$=\frac{1}{2}\frac{1}{\lambda_X+\lambda_Y}\left(\cancel{\lambda_X^2\mu_X^2}+\cancel{\lambda_Y^2(z-\mu_Y)^2}+2\lambda_X\mu_X\lambda_Y(z-\mu_Y)-\cancel{\lambda_X^2\mu_X^2}-\lambda_Y\lambda_X\mu_X^2-\lambda_X\lambda_Y(z-\mu_Y)^2-\cancel{\lambda_Y^2(z-\mu_Y)^2}\right)$$

$$=\frac{1}{2}\frac{1}{\lambda_X+\lambda_Y}\left(2\lambda_X\lambda_Y\mu_X(z-\mu_Y)-\lambda_X\lambda_Y\mu_X^2-\lambda_X\lambda_Y(z-\mu_Y)^2\right)$$

$$=\frac{1}{2}\frac{1}{\lambda_X+\lambda_Y}(-\lambda_X\lambda_Y)\left((z-\mu_Y)^2+\mu_X^2-2\mu_X(z-\mu_Y)\right)$$

$$=-\frac{1}{2}\frac{\lambda_X\lambda_Y}{\lambda_X+\lambda_Y}(z-\mu_Y-\mu_X)^2$$

$$=-\frac{1}{2}\frac{\lambda_X\lambda_Y}{\lambda_X+\lambda_Y}\left(z-(\mu_X+\mu_Y)\right)^2$$

です。ここで、

$$\frac{\lambda_X\lambda_Y}{\lambda_X+\lambda_Y}=\frac{\frac{1}{\sigma_X^2}\frac{1}{\sigma_Y^2}}{\frac{1}{\sigma_X^2}+\frac{1}{\sigma_Y^2}}=\frac{1}{\sigma_X^2+\sigma_Y^2} \tag{19.3.6}$$

なので、結局は

$$D = -\frac{1}{2}\frac{\lambda_X\lambda_Y}{\lambda_X+\lambda_Y}(z-(\mu_X+\mu_Y))^2 = -\frac{(z-(\mu_X+\mu_Y))^2}{2(\sigma_X^2+\sigma_Y^2)}$$

とわかります。

以上をまとめると、次のように計算できます。

$$\begin{aligned} p_Z(z) &= \int_{-\infty}^{\infty} p_X(t)p_Y(z-t)\,dt \\ &= \frac{1}{\sqrt{2\pi(\sigma_X^2+\sigma_Y^2)}}\exp\left(\frac{1}{2}\frac{(\lambda_X\mu_X+\lambda_Y(z-\mu_Y))^2}{\lambda_X+\lambda_Y}-\frac{1}{2}\lambda_X\mu_X^2-\frac{1}{2}\lambda_Y(z-\mu_Y)^2\right) \\ &= \frac{1}{\sqrt{2\pi(\sigma_X^2+\sigma_Y^2)}}\exp\left(-\frac{(z-(\mu_X+\mu_Y))^2}{2(\sigma_X^2+\sigma_Y^2)}\right) \end{aligned}$$

これは、平均 $\mu_X+\mu_Y$、分散 ${\sigma_X}^2+{\sigma_Y}^2$ の正規分布の確率密度関数なので、$Z=X+Y$ は平均 $\mu_X+\mu_Y$、分散 ${\sigma_X}^2+{\sigma_Y}^2$ の正規分布に従うとわかります。

数理解説：正規分布の引き合いの式の証明

引き合いの場合の Y の確率密度関数 $p_Y(y)$ の計算には、条件付きの場合のベイズの定理を用います。ベイズの定理は、$P(A|B)=\dfrac{P(B|A)P(A)}{P(B)}$ で表される確率の計算規則です。条件付きの場合は、以下の式で書かれます。

$$P(A|B,C) = \frac{P(B|A,C)P(A|C)}{P(B|C)} \tag{19.3.7}$$

この A を $Y=y$、B を $Z=z$、C を $X=x$ として、確率密度関数を用いて書くと、

$$\begin{aligned} P(A|C) &= p(y|x) = \sqrt{\frac{\lambda_X}{2\pi}}\exp\left(-\frac{1}{2}\lambda_X(y-x)^2\right) \\ P(B|A,C) &= p(z|y,x) = \sqrt{\frac{\lambda_Z}{2\pi}}\exp\left(-\frac{1}{2}\lambda_Z(y-z)^2\right) \\ P(B|C) &= p(z|x) = \frac{1}{\sqrt{2\pi(\sigma_X^2+\sigma_Z^2)}}\exp\left(-\frac{(z-x)^2}{2(\sigma_X^2+\sigma_Z^2)}\right) \end{aligned}$$

となります。はじめの2式は問題設定「XとYの差は平均0、精度λ_Xの正規分布に従う」「ZとYの差は平均0、精度λ_Zの正規分布に従う」から得られます。3式目の導出には正規分布の和の公式が用られています。確率変数$Y-X$は平均0、分散${\sigma_X}^2$の正規分布に従い、確率変数$Z-Y$は平均0、分散${\sigma_Z}^2$の正規分布に従います。これらの合計が$Z-X$なので、$Z-X$は平均0、分散${\sigma_X}^2+{\sigma_Z}^2$の正規分布に従うのです。

これらの3式を条件付きベイズの定理（式(19.3.7)）に代入すると、$X=x$, $Z=z$とわかった時のYの値yの確率密度関数$p_Y(y)=p(y\,|\,x, z)$は、次のように書けます。

$$p_Y(y)=\frac{\sqrt{\frac{\lambda_X}{2\pi}}\exp\left(-\frac{1}{2}\lambda_X\left(y-x\right)^2\right)\sqrt{\frac{\lambda_Z}{2\pi}}\exp\left(-\frac{1}{2}\lambda_Z\left(y-z\right)^2\right)}{\frac{1}{\sqrt{2\pi(\sigma_X^2+\sigma_Z^2)}}\exp\left(-\frac{(z-x)^2}{2(\sigma_X^2+\sigma_Z^2)}\right)}$$

$$=\sqrt{\frac{\lambda_X}{2\pi}}\sqrt{\frac{\lambda_Z}{2\pi}}\sqrt{2\pi(\sigma_X^2+\sigma_Z^2)}\exp\left(-\frac{1}{2}\lambda_X\left(y-x\right)^2-\frac{1}{2}\lambda_Z\left(y-z\right)^2+\frac{(z-x)^2}{2(\sigma_X^2+\sigma_Z^2)}\right)$$

この式の式変形を1つずつ進めていきましょう。まず、定数部分は

$$\sqrt{\frac{\lambda_X}{2\pi}}\sqrt{\frac{\lambda_Z}{2\pi}}\sqrt{2\pi(\sigma_X^2+\sigma_Z^2)}=\sqrt{\frac{1}{2\pi}\lambda_X\lambda_Z(\sigma_X^2+\sigma_Z^2)}=\sqrt{\frac{1}{2\pi}\lambda_X\lambda_Z\left(\frac{1}{\lambda_X}+\frac{1}{\lambda_Z}\right)}=\sqrt{\frac{\lambda_X+\lambda_Z}{2\pi}}$$

です。これは、精度 $\lambda_X+\lambda_Z$ の正規分布の定数項と一致しており幸先が良いですね。あとは、exp の中身を計算していけば良いでしょう。これをyの2次式と見なして平方完成すると、

$$-\frac{1}{2}\lambda_X\left(y-x\right)^2-\frac{1}{2}\lambda_Z\left(y-z\right)^2+\frac{(z-x)^2}{2(\sigma_X^2+\sigma_Z^2)}$$

$$=-\frac{1}{2}\lambda_X y^2+\lambda_X xy-\frac{1}{2}\lambda_X x^2-\frac{1}{2}\lambda_Z y^2+\lambda_Z zy-\frac{1}{2}\lambda_Z z^2+\frac{(z-x)^2}{2(\sigma_X^2+\sigma_Z^2)}$$

$$=-\frac{1}{2}(\lambda_X+\lambda_Z)\left(y-\frac{\lambda_X x+\lambda_Z z}{\lambda_X+\lambda_Z}\right)^2+\frac{1}{2}\frac{(\lambda_X x+\lambda_Z z)^2}{\lambda_X+\lambda_Z}-\frac{1}{2}\lambda_X x^2-\frac{1}{2}\lambda_Z z^2+\frac{(z-x)^2}{2(\sigma_X^2+\sigma_Z^2)}$$

が得られます（式19.3.5）。第1項がちょうど平均 $\frac{\lambda_X x+\lambda_Z z}{\lambda_X+\lambda_Z}$ 精度 $\lambda_X+\lambda_Z$ の

正規分布の確率密度関数の exp の中身に一致するので、残りの 4 項の合計が 0 であれば良いでしょう。実際、式 (19.3.6) より得られる $\frac{\lambda_X+\lambda_Z}{\sigma_X^2+\sigma_Z^2}=\lambda_X\lambda_Z$ を用いて計算すると、

$$
\begin{aligned}
&\frac{1}{2}\frac{(\lambda_X x+\lambda_Z z)^2}{\lambda_X+\lambda_Z}-\frac{1}{2}\lambda_X x^2-\frac{1}{2}\lambda_Z z^2+\frac{(z-x)^2}{2(\sigma_X^2+\sigma_Z^2)}\\
&=\frac{1}{2}\frac{1}{\lambda_X+\lambda_Z}\left((\lambda_X x+\lambda_Z z)^2-(\lambda_X+\lambda_Z)\lambda_X x^2-(\lambda_X+\lambda_Z)\lambda_Z z^2+\frac{\lambda_X+\lambda_Z}{(\sigma_X^2+\sigma_Z^2)}(z-x)^2\right)\\
&=\frac{1}{2}\frac{1}{\lambda_X+\lambda_Z}(\lambda_X^2x^2+\lambda_Z^2z^2+2\lambda_X x\lambda_Z z-\lambda_X^2x^2-\lambda_X\lambda_Z x^2-\lambda_X\lambda_Z z^2-\lambda_Z^2z^2+\lambda_X\lambda_Z(z-x)^2)\\
&=\frac{1}{2}\frac{1}{\lambda_X+\lambda_Z}(\cancel{\lambda_X^2x^2}+\cancel{\lambda_Z^2z^2}+2\lambda_X x\lambda_Z z-\cancel{\lambda_X^2x^2}-\lambda_X\lambda_Z x^2-\lambda_X\lambda_Z z^2-\cancel{\lambda_Z^2z^2}+\lambda_X\lambda_Z(z-x)^2)\\
&=\frac{1}{2}\frac{1}{\lambda_X+\lambda_Z}(2\lambda_X x\lambda_Z z-\lambda_X\lambda_Z x^2-\lambda_X\lambda_Z z^2+\lambda_X\lambda_Z(z-x)^2)\\
&=\frac{1}{2}\frac{\lambda_X\lambda_Z}{\lambda_X+\lambda_Z}(2xz-x^2-z^2+(z-x)^2)\\
&=0
\end{aligned}
$$

となります。無事 0 になりましたね。

以上により、

$$
\begin{aligned}
p_Y(y)&=\frac{\sqrt{\frac{\lambda_X}{2\pi}}\exp\left(-\frac{1}{2}\lambda_X\left(y-x\right)^2\right)\sqrt{\frac{\lambda_Z}{2\pi}}\exp\left(-\frac{1}{2}\lambda_Z\left(y-z\right)^2\right)}{\frac{1}{\sqrt{2\pi(\sigma_X^2+\sigma_Z^2)}}\exp\left(-\frac{(z-x)^2}{2(\sigma_X^2+\sigma_Z^2)}\right)}\\
&=\sqrt{\frac{\lambda_X+\lambda_Z}{2\pi}}\exp\left(-\frac{1}{2}\lambda_X\left(y-x\right)^2-\frac{1}{2}\lambda_Z\left(y-z\right)^2+\frac{(z-x)^2}{2(\sigma_X^2+\sigma_Z^2)}\right)\\
&=\sqrt{\frac{\lambda_X+\lambda_Z}{2\pi}}\exp\left(-\frac{1}{2}(\lambda_X+\lambda_Z)\left(y-\frac{\lambda_X x+\lambda_Z z}{\lambda_X+\lambda_Z}\right)^2\right)
\end{aligned}
$$

と計算できます。そのため、Y は平均 $\frac{\lambda_X x+\lambda_Z z}{\lambda_X+\lambda_Z}$、精度 $\lambda_X+\lambda_Z$ の正規分布に従うとわかります。

結果を知っていれば計算は簡単

最後に、公式の思い出し方を紹介します。正規分布の和の場合、独立な確率変数の和では平均も分散も元の確率変数のものの和と一致するので、$Z = X + Y$ は平均 $\mu_X + \mu_Y$、分散 $\sigma_X{}^2 + \sigma_Y{}^2$ の正規分布に従うとすぐわかります。

引き合いの場合、結果が正規分布であると信じれば、

$$p_Y(y) = C \times \exp\left(-\frac{1}{2}\lambda_X(y-x)^2 - \frac{1}{2}\lambda_Z(y-z)^2 + D\right)$$

のうち、exp の中身の $-\frac{1}{2}(\lambda_X + \lambda_Z)y^2 + (\lambda_X x + \lambda_Z z)y$ の部分のみに注目すれば良く、この平方完成の $-\frac{1}{2}(\lambda_X + \lambda_Z)\left(y - \frac{\lambda_X x + \lambda_Z z}{\lambda_X + \lambda_Z}\right)^2$ の部分だけ見れば、平均 $\frac{\lambda_X x + \lambda_Z z}{\lambda_X + \lambda_Z}$、精度 $\lambda_X + \lambda_Z$ の正規分布に従うことがわかります。

第19章のまとめ

- 多変量正規分布には、互いに独立な主成分が隠れている。これらは独立な正規分布に従い、各主成分の分散は分散共分散行列 Σ の固有値と一致する
- 正規分布に従う確率変数の和は、また正規分布に従う
- 2 つの正規分布に引っ張られる確率変数もまた、正規分布に従う
- この 2 つの性質は、理論計算で大きく活躍する
- これらの証明の計算は非常に大変だが、計算のやり方はどうでも良く、計算できるという事実が極めて重要である

第20章

生成モデルと変分自由エネルギー

本来は不可能な学習を可能にした技術

生成モデルは、データが生じる過程の確率的なモデル化であり、そこに含まれるパラメーターの最適化を通して、データ構造の理解や人工データ生成等に活用できます。特に人工データ生成では、画像生成AIや動画生成AIなどによって、あらゆるモダリティのデータを高速かつ高品質に生成できるようになりました。

生成モデルの学習は難しいのですが、変分自由エネルギーという量を用いると学習が可能になります。本章では、変分自由エネルギーの変幻自在の活躍を軸に、様々な生成モデルについて解説します。

20.1 生成モデルの学習と変分自由エネルギー

生成モデルとは

生成モデル (generative models) とは、データが生じる過程の確率的なモデル化であり、パラメーターの学習を通して、データ構造の理解やデータ生成過程の再現を与えるモデルです。生成モデルの種類は多く、古くからクラスタリングやデータマイニングに用いられてきたモデルもあれば、2022年に登場した画像生成AIのStable Diffusionを皮切りに発展した、画像等の生成AIもあります。

実は、生成モデルの学習は難しいです。通常の手法では学習不可能なので、様々な工夫が施されています。その中でも本章では、変分自由エネルギーの活躍を軸に、様々な生成モデルを観察して、変分自由エネルギーを深く理解することを目標とします。

生成モデルの考え方

生成モデルの背景には、データが持つ本質的な情報は、より低次元の変数で表現できるという信念があります。この低次元の変数を、**潜在変数 (latent variable)** と言います。例えばクラスタリングでは、類似するデータを1つのクラスター（データの集まり）にまとめ、データの特徴を表現しています。クラスタリングが成功すれば、そのデータの特徴は「何番目のクラスタに属すか」を表す1つの変数で表現できます。

他の例として、画像データについて考えてみましょう。画像データは各ピクセルの色情報の集まりであり、1ピクセルごとに赤緑青の色の強さを表す3つの数値が振られています。例えば、1920×1080ピクセルのカラー画像データの場合、そのデータは1920 × 1080 × 3 = 6220800個の数値で表現されます。そのため、この画像データは約600万次元のデータです。しかし、画像に何が写っているかを表す情報を表現するだけなら、もっと低い次元のデータでも表現可能でしょう。

図 20.1.1　データは低次元で表現可能

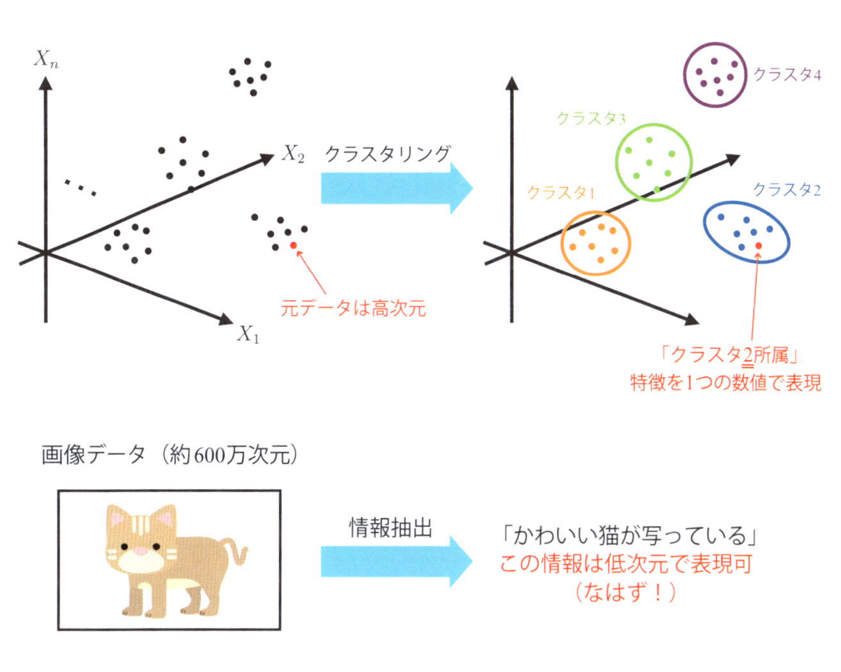

この信念をもとに、生成モデルでは次の 2 ステップでデータの生成過程を表現します。

> **ステップ（1）潜在変数 z が、確率分布 $p(z)$ に従って生じる**
> **ステップ（2）データ $\boldsymbol{x}$ が、確率分布 $p_\theta(\boldsymbol{x}|z)$ に従って生じる**

生成モデルでは、まず先に潜在変数 z があり、確率分布 $p_\theta(\boldsymbol{x}|z)$ を通じてデータ $\boldsymbol{x}$ の詳細が決まると考えます。ここに登場する潜在変数 z の確率分布 $p(z)$ は、どんな（本質的な）情報を持つデータがどの程度の割合で存在するかを表す確率分布です。データの詳細を決める確率分布 $p_\theta(\boldsymbol{x}\,|\,z)$ は、「潜在変数が z の時にデータが $\boldsymbol{x}$ である確率」として、条件付き確率で表されます。ここに登場する $\boldsymbol{\theta}$ は、潜在変数 z からデータ $\boldsymbol{x}$ への対応を表すパラメーターで、後に学習を通して決定されます。

また、生成モデルではデータ $\boldsymbol{x}$ から潜在変数 z を推論する確率分布 $q_\phi(z|\boldsymbol{x})$ も利用します。これらの確率分布は、$p_\theta(\boldsymbol{x}|z)$ がデータの生成を担当し、$q_\phi(z|\boldsymbol{x})$ が情報の識別を担当します。

図 20.1.2　生成と識別の流れ

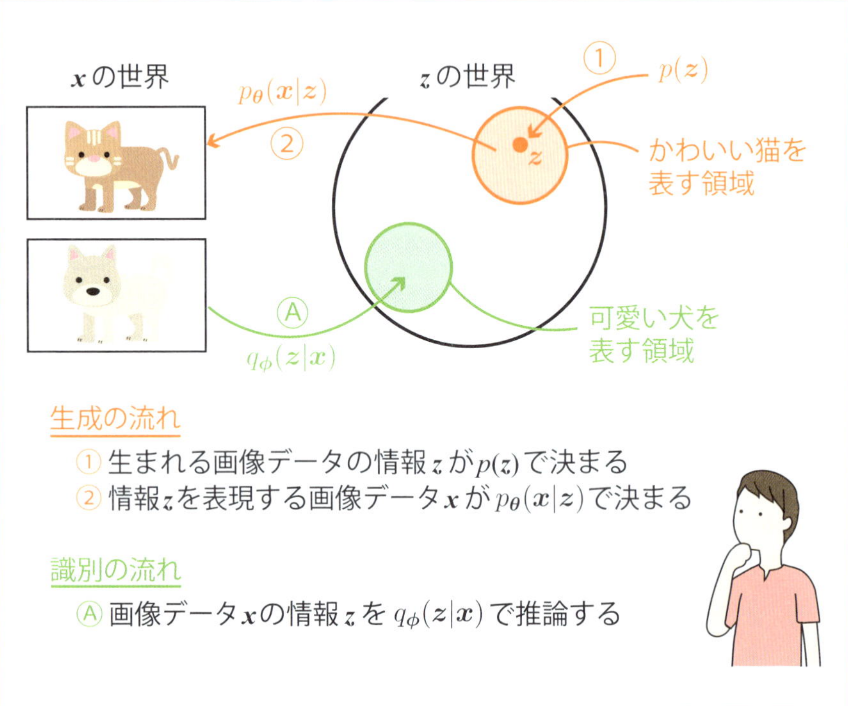
xの世界
zの世界
①
$p(z)$
$p_\theta(x|z)$
②
z
かわいい猫を
表す領域
Ⓐ
$q_\phi(z|x)$
可愛い犬を
表す領域
生成の流れ
① 生まれる画像データの情報zが$p(z)$で決まる
② 情報zを表現する画像データxが$p_\theta(x|z)$で決まる
識別の流れ
Ⓐ 画像データxの情報zを$q_\phi(z|x)$で推論する

生成モデルの学習は工夫無しでは不可能

生成モデルの学習は、普通に実行しようとしても不可能です。例えば、データ$\boldsymbol{x}$が生成される確率$p_\theta(\boldsymbol{x})$は、次の式で書かれます。

$$p_\theta(\boldsymbol{x}) = \int_{-\infty}^{\infty} p_\theta(\boldsymbol{x}|z)p(z)dz$$

一般的な機械学習では、手元にあるデータ$X = \{\boldsymbol{x}_1, \boldsymbol{x}_2, \ldots, \boldsymbol{x}_N\}$を元に、そのデータの生成確率$L(\theta) = \Pi_i\, p_\theta(\boldsymbol{x}_i)$が最大になるパラメーターを探索します。この関数$L(\theta)$を**尤度(likelihood)**と言い、この手法を**最尤法**や**最尤推定(Maximum Likelihood Estimation / MLE)**と言います。しかし、この確率$p_\theta(\boldsymbol{x})$を与える積分やそのθでの微分を、近似無しで計算することは基本的に不可能です。例えば画像生成AIの場合、$p_\theta(\boldsymbol{x}|z)$は極めて複雑なので、数式を用いた式変形では積分や微分を計算できないので、最尤法では生成モデルを学習できません。

また、$q_\phi(z|\boldsymbol{x})$ の学習も困難です。確率分布 $q_\phi(z|\boldsymbol{x})$ は、ベイズの定理で計算される以下の確率分布に近くなるよう学習するのが良いでしょう。

$$p_{\boldsymbol{\theta}}(z|\boldsymbol{x}) = \frac{p_{\boldsymbol{\theta}}(\boldsymbol{x}|z)p(z)}{p_{\boldsymbol{\theta}}(\boldsymbol{x})}$$

しかし、右辺の分母に計算不可能な $p_\theta(\boldsymbol{x})$ があるため、q_ϕ の学習も工夫無しには不可能です。以降、現実的には計算が不可能な関数 $p_\theta(\boldsymbol{x})$ や $p_\theta(z|\boldsymbol{x})$ 等には、「×」を付けて $p_{\boldsymbol{\theta}}^{\times}(\boldsymbol{x})$ や $p_{\boldsymbol{\theta}}^{\times}(z|\boldsymbol{x})$ と書くことにします。

ここまでの議論をまとめると、生成モデルの学習では「×」が含まれる計算不可能な確率分布が登場するため、$L^{\times}(\boldsymbol{\theta}) = \Pi_i p_{\boldsymbol{\theta}}^{\times}(\boldsymbol{x}_i)$ を大きくする最尤法での$\boldsymbol{\theta}$の学習も、$q_\phi(z|\boldsymbol{x})$ を $p_{\boldsymbol{\theta}}^{\times}(z|\boldsymbol{x})$ に近づける方針での $\boldsymbol{\phi}$ の学習も、現実的に実行不可能なのです。この事実に対して、先人の発見した工夫が何とか学習を可能にし、現在の様々な生成モデルがあります。これを順次説明していきます。

変分自由エネルギー

生成モデルの学習は、次の式で定義される**変分自由エネルギー(variational free energy)** F の最大化で行います [1]。

$$F = F(\boldsymbol{\theta},\boldsymbol{\phi},X) = \sum_i E_{q_\phi(z|\boldsymbol{x}_i)}\left[\log\frac{p_{\boldsymbol{\theta}}(\boldsymbol{x}_i,z)}{q_\phi(z|\boldsymbol{x}_i)}\right]$$

$$= \sum_i \int_{-\infty}^{\infty} \log\frac{p_{\boldsymbol{\theta}}(\boldsymbol{x}_i,z)}{q_\phi(z|\boldsymbol{x}_i)} q_\phi(z|\boldsymbol{x}_i)dz \qquad (20.1.1)$$

この F は、**変分下限(Evidence Lower Bound / ELBO)** とも呼ばれます。なお、分子の $p_\theta(\boldsymbol{x}, z)$ は $p_\theta(\boldsymbol{x}, z) = p_\theta(\boldsymbol{x}|z) \times p(z)$ であり、これは計算可能なので「×」は付きません。

変分自由エネルギーは先人たちの工夫の中で見出された関数であり、これを使うと生成モデルの学習が非常にうまくいきます。一方、変分自由エネルギーを用いるべき数理的な背景として万人が合意できるものはなく、研究と議論が続いています。

1) この −1 倍を変分自由エネルギーと定義する場合もあります。

本書では、「なぜ」変分自由エネルギーを用いると良いのか、その原理の話には一切触れません。その代わり、変分自由エネルギーの計算上の便利さと、その結果生まれた種々の応用を紹介することにします。

変分自由エネルギー = 尤度 - KL divergence

変分自由エネルギーの便利さの根源には、式変形の豊富さがあります。多くの式変形があるので、場面に応じて最も便利な式を選択でき、様々な計算が可能になるのです。

まずは、以下の式変形について説明します。

$$
\begin{aligned}
F = F(\boldsymbol{\theta},\boldsymbol{\phi},X) &= \log L^{\times}(\boldsymbol{\theta}) - \sum_i KL[q_{\boldsymbol{\phi}}(\boldsymbol{z}|\boldsymbol{x}_i) \,\|\, p^{\times}_{\boldsymbol{\theta}}(\boldsymbol{z}|\boldsymbol{x}_i)] \\
&= \sum_i \left(\log p^{\times}_{\boldsymbol{\theta}}(\boldsymbol{x}_i) - KL[q_{\boldsymbol{\phi}}(\boldsymbol{z}|\boldsymbol{x}_i) \,\|\, p^{\times}_{\boldsymbol{\theta}}(\boldsymbol{z}|\boldsymbol{x}_i)] \right)
\end{aligned}
\tag{20.1.2}
$$

この式によると、変分自由エネルギーは尤度からKL divergenceを引いた量だとわかります。このFを大きくするには、尤度$L^{\times}(\boldsymbol{\theta})$を大きくしつつ、KL divergenceで測った$q_{\phi}(\boldsymbol{z}|\boldsymbol{x}_i)$と$p^{\times}_{\boldsymbol{\theta}}(\boldsymbol{z}|\boldsymbol{x}_i)$の距離を小さくすれば良いでしょう。ですので、変分自由エネルギーFの最大化で、不可能だったはずの尤度$L^{\times}(\boldsymbol{\theta})$の最大化と、$q_{\boldsymbol{\phi}}(\boldsymbol{z}|\boldsymbol{x})$での$p^{\times}_{\boldsymbol{\theta}}(\boldsymbol{z}|\boldsymbol{x}_i)$の近似が実現できるのです。

なお、EMアルゴリズム（20.2節）では、この数式がq_{ϕ}の最適化に用いられます。

前述の式変形は、以下の計算で実現します。記号をシンプルにするため、データが$\boldsymbol{x}$の1つのみの場合で計算すると、次のようになります。

$$
\begin{aligned}
F &= \int_{-\infty}^{\infty} \log \frac{p_{\boldsymbol{\theta}}(\boldsymbol{x},\boldsymbol{z})}{q_{\boldsymbol{\phi}}(\boldsymbol{z}|\boldsymbol{x})} q_{\phi}(\boldsymbol{z}|\boldsymbol{x}) dz \\
&= \int_{-\infty}^{\infty} \log \frac{p^{\times}_{\boldsymbol{\theta}}(\boldsymbol{z}|\boldsymbol{x}) p^{\times}_{\boldsymbol{\theta}}(\boldsymbol{x})}{q_{\boldsymbol{\phi}}(\boldsymbol{z}|\boldsymbol{x})} q_{\phi}(\boldsymbol{z}|\boldsymbol{x}) dz \\
&= \int_{-\infty}^{\infty} \log p^{\times}_{\boldsymbol{\theta}}(\boldsymbol{x}) q_{\phi}(\boldsymbol{z}|\boldsymbol{x}) dz + \int_{-\infty}^{\infty} \log \frac{p^{\times}_{\boldsymbol{\theta}}(\boldsymbol{z}|\boldsymbol{x})}{q_{\boldsymbol{\phi}}(\boldsymbol{z}|\boldsymbol{x})} q_{\phi}(\boldsymbol{z}|\boldsymbol{x}) dz \\
&= \log p^{\times}_{\boldsymbol{\theta}}(\boldsymbol{x}) - KL[q_{\boldsymbol{\phi}}(\boldsymbol{z}|\boldsymbol{x}) \,|\, p^{\times}_{\boldsymbol{\theta}}(\boldsymbol{z}|\boldsymbol{x})]
\end{aligned}
$$

変分自由エネルギーは p_θ と q_ϕ を近づけつつ正則化

また別の式変形を行うと、変分自由エネルギー F は次のように計算できます。

$$F = \sum_i \left(-KL[q_\phi(z|\boldsymbol{x}_i) \| p(z)] + E_{q_\phi(z|\boldsymbol{x}_i)}[\log p_\theta(\boldsymbol{x}_i|z)] \right) \tag{20.1.3}$$

右辺第 2 項は、$\log p_\theta(\boldsymbol{x}_i|z)$ の期待値を、z についての確率分布 $q_\phi(z|\boldsymbol{x}_i)$ で計算しています。この式は、VAE（20.3 節）や拡散モデル（20.4 節）の学習で用いられます。

さて、この期待値が大きな値をとるのは、$q_\phi(z|\boldsymbol{x}_i)$ が大きい z で $p_\theta(\boldsymbol{x}_i|z)$ も大きい場合です。つまり、識別 q_ϕ と生成 p_θ が噛み合うと大きくなるわけです。

しかし、単に p_θ と q_ϕ の相性が良くなるように学習しても、良い結果は得られません。なぜなら、p_θ がデータの生成を表す関数ではなく、ただ単に q_ϕ との相性が良いだけの関数になってしまい、q_ϕ も p_θ との相性が良いだけの関数になってしまうからです[2)]。

この現象を、右辺第 1 項の $-KL[q_\phi(z|\boldsymbol{x}_i)\|p(z)]$ が抑制します。変分自由エネルギー F を大きくするには、この KL divergence は小さい必要があります。そのため、$q_\phi(z|\boldsymbol{x}_i)$ が $p(z)$ から離れて、p_θ との相性だけに特化することが防がれます。変分自由エネルギーはこのバランスが良く、F の最大化でうまく学習が進むのです。

この式変形は、以下で計算できます。

$$\begin{aligned}
F &= \sum_i \int_{-\infty}^{\infty} \log \frac{p_\theta(\boldsymbol{x}_i, z)}{q_\phi(z|\boldsymbol{x}_i)} q_\phi(z|\boldsymbol{x}_i) dz \\
&= \sum_i \int_{-\infty}^{\infty} \log \frac{p_\theta(\boldsymbol{x}_i|z)p(z)}{q_\phi(z|\boldsymbol{x}_i)} q_\phi(z|\boldsymbol{x}_i) dz \\
&= \sum_i \left(\int_{-\infty}^{\infty} \log \frac{p(z)}{q_\phi(z|\boldsymbol{x}_i)} q_\phi(z|\boldsymbol{x}_i) dz + \int_{-\infty}^{\infty} \log p_\theta(\boldsymbol{x}_i|z) q_\phi(z|\boldsymbol{x}_i) dz \right) \\
&= \sum_i \left(-KL[q_\phi(z|\boldsymbol{x}_i) \| p(z)] + E_{q_\phi(z|\boldsymbol{x}_i)}[\log p_\theta(\boldsymbol{x}_i|z)] \right)
\end{aligned}$$

2)　この現象（問題）は、生成 AI における GAN や、強化学習における Actor–Critic などでも起こる普遍的な困難です。

変分自由エネルギーは θ の関数としてシンプル

また別の式変形では、変分自由エネルギー F を

$$F = \sum_i \left(E_{q_\phi(z|x_i)}[\log p_\theta(\boldsymbol{x}_i, z)] - H[q_\phi(z|\boldsymbol{x}_i)] \right) \tag{20.1.4}$$

と計算できます。なお、$H[q_\phi(z|\boldsymbol{x}_i)]$ は、z についての確率分布 $q_\phi(z|\boldsymbol{x}_i)$ のエントロピー（P239 の式 (10.2.1)）です。右辺第 2 項は$\boldsymbol{\theta}$に依存しないので、$\boldsymbol{\theta}$ についての最適化では右辺第 1 項のみを考えれば良いでしょう。この式は、EM アルゴリズムで活用されます。

この式変形は、以下で計算できます。

$$\begin{aligned}
F &= \sum_i \int_{-\infty}^{\infty} \log \frac{p_\theta(\boldsymbol{x}_i, z)}{q_\phi(z|\boldsymbol{x}_i)} q_\phi(z|\boldsymbol{x}_i) dz \\
&= \sum_i \left(\int_{-\infty}^{\infty} \log p_\theta(\boldsymbol{x}_i, z) q_\phi(z|\boldsymbol{x}_i) dz + \int_{-\infty}^{\infty} \log \frac{1}{q_\phi(z|\boldsymbol{x}_i)} q_\phi(z|\boldsymbol{x}_i) dz \right) \\
&= \sum_i \left(E_{q_\phi(z|x_i)}[\log p_\theta(\boldsymbol{x}_i, z)] - H[q_\phi(z|\boldsymbol{x}_i)] \right)
\end{aligned}$$

変幻自在な変分自由エネルギー

ここまでで、変分自由エネルギーの式を 4 つ見てきました。これらの特徴をまとめると、次のようになります。

- 変分自由エネルギーは式 (20.1.1) で定義される
- 式 (20.1.2) を見ると、変分自由エネルギーの最大化は、尤度 $L^\times(\boldsymbol{\theta})$ の最大化と、$q_\phi(z|\boldsymbol{x}_i)$ による $p_\theta^\times(z|\boldsymbol{x}_i)$ の近似を同時に達成するとわかる
- 式 (20.1.3) を見ると、変分自由エネルギーの最大化は、p_θと q_ϕ の相性を良くする学習を、$-KL[q_\phi(z|\boldsymbol{x}_i) \| p(z)]$ による抑制のもとで行うことだとわかる
- 式 (20.1.4) を用いると、$\boldsymbol{\theta}$の最適化が単純になる

変分自由エネルギーの強みは、この豊富な式変形にあります。場面に応じて都

合の良い式を用いることで、様々な計算が可能になるのです。

図 20.1.3　変幻自在な変分自由エネルギー

	特徴	用途
$F = \sum_i E_{q_\phi(\boldsymbol{z}\|\boldsymbol{x}_i)}\left[\log \frac{p_{\boldsymbol{\theta}}(\boldsymbol{x}_i, \boldsymbol{z})}{q_\phi(\boldsymbol{z}\|\boldsymbol{x}_i)}\right]$	定義	理論的背景あり？
$= \sum_i \left(\log p^\times_{\boldsymbol{\theta}}(\boldsymbol{x}_i) - \mathrm{KL}[q_\phi(\boldsymbol{z}\|\boldsymbol{x}_i) \\| p^\times_{\boldsymbol{\theta}}(\boldsymbol{z}\|\boldsymbol{x}_i)]\right)$	尤度を大きくしつつ $q_\phi(\boldsymbol{z}\|\boldsymbol{x}_i)$ で $p^\times_{\boldsymbol{\theta}}(\boldsymbol{z}\|\boldsymbol{x}_i)$ を近似	EMアルゴリズムのEステップ
$= \sum_i \left(-\mathrm{KL}[q_\phi(\boldsymbol{z}\|\boldsymbol{x}_i) \\| p(\boldsymbol{z})] + E_{q_\phi(\boldsymbol{z}\|\boldsymbol{x}_i)}[\log p_{\boldsymbol{\theta}}(\boldsymbol{x}_i\|\boldsymbol{z})]\right)$	p と q の相性を良くしつつ正則化	VAE、拡散モデル
$= \sum_i \left(E_{q_\phi(\boldsymbol{z}\|\boldsymbol{x}_i)}[\log p_{\boldsymbol{\theta}}(\boldsymbol{x}_i, \boldsymbol{z})] - H[q_\phi(\boldsymbol{z}\|\boldsymbol{x}_i)]\right)$	第2項が $\boldsymbol{\theta}$ によらない	EMアルゴリズムのMステップ

コラム

変分自由エネルギー F は変分下限 ELBO である

式(20.1.2)を見ると、KL divergence が非負（P244 の式(10.2.3)）なので、対数尤度 $\log L^\times(\boldsymbol{\theta})$ は変分自由エネルギー F 以上で、$\log L^\times(\boldsymbol{\theta}) \geq F$ だとわかります。そのため、変分自由エネルギーは**変分下限 (Evidence Lower Bound / ELBO)** とも呼ばれます。

実は、この不等式は Jensen の不等式（P245 の式(10.2.4)）を用いても証明できます。データが 1 つのみの場合の証明が以下です。この 2 行目から 3 行目への不等式で Jensen の不等式が用いられています。

$$
\begin{aligned}
\log L^\times(\boldsymbol{\theta}) = \log p^\times_\theta(\boldsymbol{x}) &= \log \int_{-\infty}^{\infty} p_\theta(\boldsymbol{x}|z)p(z)dz \\
&= \log \int_{-\infty}^{\infty} \frac{p_\theta(\boldsymbol{x},z)}{q_\phi(z|\boldsymbol{x})} \times q_\phi(z|\boldsymbol{x})dz \\
&\geq \int_{-\infty}^{\infty} \log \frac{p_\theta(\boldsymbol{x},z)}{q_\phi(z|\boldsymbol{x})} \times q_\phi(z|\boldsymbol{x})dz \\
&= F
\end{aligned}
$$

この不等式の差 $\log L^\times(\boldsymbol{\theta}) - F$ は、KL divergence $KL[q_\phi(z|\boldsymbol{x}) \| p^\times_\theta(z|\boldsymbol{x})]$ と一致します（式(20.1.2)）。Jensen の不等式によって生じた差が本質的な意味を持つ現象はよく見られます。本書では、P249 の式(10.2.6) 周辺で行った分散の議論以来 2 度目です。

20.2 EMアルゴリズム

混合ガウスモデル

EMアルゴリズムは、$p_\theta^\times(z|\boldsymbol{x})$が計算可能な生成モデルなどの学習に用いられるアルゴリズムで、p_θとq_ϕを交互に学習する手法です。本節では、まずEMアルゴリズムを用いた計算方法を紹介し、その後に変分自由エネルギーとの関係について説明します。なお、EMアルゴリズムの一般論は難しいので、ここでは混合ガウスモデルをテーマとします。

混合ガウスモデル(Gaussian mixture models)は、データ生成の背後に複数の（多変量）正規分布が存在すると想定する生成モデルです（図20.2.1）。ここで用いる正規分布の数は、分析者が事前に指定します。この個数をJ個とし、j番目の多変量正規分布は平均$\boldsymbol{\mu}_j$、分散共分散行列Σ_jとします。この時、混合ガウスモデルは、次の2ステップでデータ$\boldsymbol{x}$が生成されると考えます。

ステップ（1）潜在変数zが$z=1, 2,..., J$のどれかに決まる
ステップ（2）$z=j$の時、j番目の正規分布を用いてデータ$\boldsymbol{x}$が生成される

混合ガウスモデルの学習がうまくいくと、その結果を用いてデータのクラスタリングができ、パラメーター$\boldsymbol{\mu}_j, \Sigma_j$から各クラスターの特徴をうかがい知ることができます。

クラスタリングでは、各データ$\boldsymbol{x}_i$の潜在変数の確率分布$q_\phi(z \mid \boldsymbol{x}_i)$を計算します。この値が最も大きい$z$の値に対応するクラスターに所属すると判定すれば、各データをクラスターに振り分けることができます。また、全ての$q_\phi(z \mid \boldsymbol{x}_i)$の値が小さいデータ$\boldsymbol{x}_i$については、「所属クラスタ不明」と判定することもできます。

パラメーター$\boldsymbol{\mu}_j, \Sigma_j$は、$j$番目のクラスターでのデータ生成を表す正規分布の平均と分散共分散行列です。そのため、j番目のクラスターのデータの平均は$\boldsymbol{\mu}_j$で、共分散がΣ_jであるようにデータが散らばっていると捉えることができます。

このように、混合ガウスモデルを用いると、データの持つ構造を深く理解できます。

図 20.2.1 混合ガウスモデルの考え方

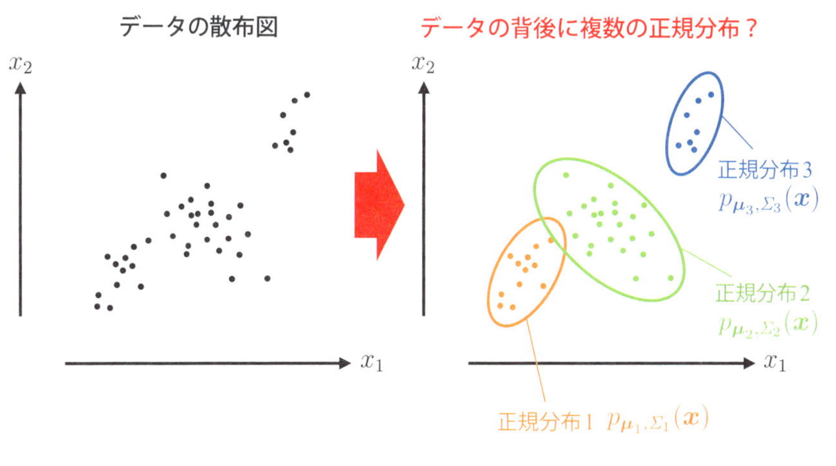

混合ガウスモデルでのEMアルゴリズム

では、**EMアルゴリズム(EM algorithm / Expectation-Maximization algorithm)** を用いた学習を見ていきましょう。ここでは話を単純にするため、データ$\boldsymbol{x}$は1変数の数値xであり、正規分布の分散は全て1だとして話を進めます。この設定では、生成モデルのパラメーター$\boldsymbol{\theta}$は$\boldsymbol{\theta}=(\mu_1, \mu_2, \ldots, \mu_J)$です。

混合ガウスモデルでは、$p_{\boldsymbol{\theta}}^{\times}(z|x)=\dfrac{p_{\boldsymbol{\theta}}(x,z)}{p_{\boldsymbol{\theta}}^{\times}(x)}$が例外的に計算可能です。具体的に計算してみましょう。平均μ_j、分散1の正規分布の確率密度関数$p_{\mu_j,1}(x)$を用いると、$p_{\boldsymbol{\theta}}^{\times}(x)=\Sigma_j\, p_{\boldsymbol{\theta}}(x\,|\,z{=}j)\times P(z=j)$です。ここで、$P(z=j)=\alpha_j$と書くと、$p_{\boldsymbol{\theta}}^{\times}(z|x)$は次のように計算できます。

$$p_{\boldsymbol{\theta}}^{\times}(z=j|x)=\frac{p_{\boldsymbol{\theta}}(x\,|\,z)P(z=j)}{\sum_j p_{\boldsymbol{\theta}}(x\,|\,z)P(z=j)}=\frac{\alpha_j p_{\mu_j,1}(x)}{\sum_j \alpha_j p_{\mu_j,1}(x)}$$

この確率を各データx_iに対して計算し、$\gamma_{ij}=p_{\boldsymbol{\theta}}^{\times}(z=j|x_i)$と書くことにします。ここで、確率$\gamma_{ij}$をデータ$x_i$がクラスタ$j$に所属している“個数”と捉えると、パラメーター$\mu_j$は$x_i$の重み付き平均$\mu_j=\dfrac{1}{\Sigma_i\gamma_{ij}}\Sigma_i\gamma_{ij}x_i$と考えるのが自然でしょう。

実は、学習が完了したパラメーター$\boldsymbol{\theta}=(\mu_1, \mu_2, \ldots, \mu_J)$は、以下2つの関係式を

満たすと知られています。

$$\begin{cases} \gamma_{ij} = \dfrac{\alpha_j p_{\mu_j,1}(x_i)}{\sum_j \alpha_j p_{\mu_j,1}(x_i)} & (1 \le i \le N, 1 \le j \le J) \\ \mu_j = \dfrac{1}{\sum_i \gamma_{ij}} \sum_i \gamma_{ij} x_i & (1 \le j \le J) \end{cases} \tag{20.2.1}$$

これを逆手に取り、混合ガウスモデルのEM アルゴリズムでは初期値 $\mu_j^{(0)}$ を設定し、以下の式を用いてパラメーターを更新します。

$$\gamma_{ij}^{(t+1)} = \frac{\alpha_j p_{\mu_j^{(t)},1}(x_i)}{\sum_j \alpha_j p_{\mu_j^{(t)},1}(x_i)} \tag{20.2.2}$$

$$\mu_j^{(t+1)} = \frac{1}{\sum_i \gamma_{ij}^{(t+1)}} \sum_i \gamma_{ij}^{(t+1)} x_i \tag{20.2.3}$$

うまくいけば $\mu_j^{(t)}$ は収束し、連立方程式(20.2.1) を満たすパラメーターが得られます。なお、α_j の値は、学習で決める場合と分析者が最初に設定する場合があります。今回は、分析者が設定する場合を扱い、学習については割愛します。

EMアルゴリズムと変分自由エネルギー

実は、EM アルゴリズムにおける $\mu_j^{(t)}$ と $\gamma_{ij}^{(t)}$ の更新は、変分自由エネルギー F の $\boldsymbol{\theta}, \boldsymbol{\phi}$ での最大化と対応します。この背景には、変分自由エネルギーの変幻自在な活躍があります。これを見ていきましょう。

まずは記号を設定します。時刻 t でのパラメーターを $\boldsymbol{\theta}^{(t)}, \boldsymbol{\phi}^{(t)}$ と書き、$\boldsymbol{\theta}^{(t)} = (\mu_1^{(t)}, \mu_2^{(t)}, \ldots, \mu_J^{(t)})$、$q_{ij}^{(t)} = q_{\boldsymbol{\phi}^{(t)}}(z = j|x_i)$ と書くことにします。まず、変分自由エネルギー F が最大になる $\boldsymbol{\phi}$ を探してみましょう。式(20.1.2) によると、

$$F = F(\boldsymbol{\theta}, \boldsymbol{\phi}, X) = \sum_i \left(-KL\left[q_{\boldsymbol{\phi}}(z \mid x_i) \,\|\, p_{\boldsymbol{\theta}}^{\times}(z \mid x_i) \right] + \log p_{\boldsymbol{\theta}}^{\times}(x_i) \right)$$

と式変形できます。パラメーター $\boldsymbol{\phi}$ は最右辺第 1 項のみに登場するので、F の最大化は、KL divergence の最小化で達成できます。$KL[q \| p]$ は $q = p$ の時に最小値 0 を与えるので、全てのデータ x_i に対して $q_{\boldsymbol{\phi}}(z|x_i) = p_{\boldsymbol{\theta}}^{\times}(z|x_i)$ とすれば F を最大化

できます。$p_{\boldsymbol{\theta}}^{\times}(z=j|x_i)=\gamma_{ij}$ なので、$q_\phi(z=j|x_i)=\gamma_{ij}$ と設定すれば良いでしょう。

これを式(20.2.2)の記号と合わせます。すると、$\gamma_{ij}^{(t+1)}$ の計算は、$F=F(\boldsymbol{\theta}^{(t)},\boldsymbol{\phi},X)$ を最大にする $\boldsymbol{\phi}=\boldsymbol{\phi}^{(t+1)}$ の探索であり、その結果が

$$q_{ij}^{(t+1)}=\gamma_{ij}^{(t+1)}=\frac{\alpha_j p_{\mu_j^{(t)},1}(x_i)}{\sum_j \alpha_j p_{\mu_j^{(t)},1}(x_i)} \tag{20.2.4}$$

だと解釈できます。EM アルゴリズムでは、この計算を **E ステップ (Expectation step)** と言います。この計算は、$p_{\boldsymbol{\theta}}^{\times}$ が計算可能であるため、実現できます。

今度は、$\boldsymbol{\theta}=(\mu_1,\ \mu_2,\ldots,\ \mu_J)$ について、変分自由エネルギー $F=F(\boldsymbol{\theta},\boldsymbol{\phi}^{(t+1)},X)$ を最大化してみましょう。式(20.1.4)によれば、変分自由エネルギーは

$$F=\sum_i\left(E_{q_{\boldsymbol{\phi}}(\boldsymbol{z}|\boldsymbol{x}_i)}[\log p_{\boldsymbol{\theta}}(\boldsymbol{x}_i,\boldsymbol{z})]-H[q_{\boldsymbol{\phi}}(\boldsymbol{z}|\boldsymbol{x}_i)]\right)$$

なので、右辺第1項を $\boldsymbol{\theta}$ について最大化すれば良いでしょう。ここで、

$$\begin{aligned}
&\sum_i E_{q_{\boldsymbol{\phi}^{(t+1)}}(z|x_i)}[\log p_{\boldsymbol{\theta}}(x_i,z)]=\sum_i\sum_j q_{\boldsymbol{\phi}^{(t+1)}}(z=j|x_i)\log p_{\boldsymbol{\theta}}(x_i,z=j)\\
&=\sum_i\sum_j\gamma_{ij}^{(t+1)}\log\left(\alpha_j p_{\mu_j,1}(x_i)\right)\\
&=\sum_i\sum_j\gamma_{ij}^{(t+1)}\log\left(\alpha_j\frac{1}{\sqrt{2\pi}}\exp\left(-\frac{1}{2}(x_i-\mu_j)^2\right)\right)\\
&=\sum_i\sum_j\gamma_{ij}^{(t+1)}\log\left(\frac{\alpha_j}{\sqrt{2\pi}}\right)+\sum_i\sum_j-\frac{1}{2}\gamma_{ij}^{(t+1)}(x_i-\mu_j)^2\\
&=\sum_i\sum_j\gamma_{ij}^{(t+1)}\log\left(\frac{\alpha_j}{\sqrt{2\pi}}\right)+\sum_j\left(-\frac{1}{2}\left(\sum_i\gamma_{ij}^{(t+1)}\right)\mu_j^2+\left(\sum_i\gamma_{ij}^{(t+1)}x_i\right)\mu_j-\frac{1}{2}\sum_i\gamma_{ij}^{(t+1)}x_i^2\right)\\
&=-\frac{1}{2}\sum_j\left(\left(\sum_i\gamma_{ij}^{(t+1)}\right)\left(\mu_j-\frac{\sum_i\gamma_{ij}^{(t+1)}x_i}{\sum_i\gamma_{ij}^{(t+1)}}\right)^2\right)+C
\end{aligned}$$

と計算できます。最後の式変形では平方完成（P401 の式(19.3.4)）を利用しつつ、μ_j を含まない項を C にまとめました。これを最大にするパラメーター $\boldsymbol{\theta}=(\mu_1,\ \mu_2,\ldots,\ \mu_J)$ を、$\boldsymbol{\theta}^{(t+1)}=(\mu_1^{(t+1)},\ \mu_2^{(t+1)},\ldots,\ \mu_J^{(t+1)})$ と書くと、

$$\mu_j^{(t+1)} = \frac{\sum_i \gamma_{ij}^{(t+1)} x_i}{\sum_i \gamma_{ij}^{(t+1)}} = \frac{1}{\sum_i \gamma_{ij}^{(t+1)}} \sum_i \gamma_{ij}^{(t+1)} x_i$$

で計算できます。これが式(20.2.3)です。この最大化を、**Mステップ(Maximization step)**と言います。

以上の議論で、EMアルゴリズムの $\gamma_{ij}^{(t+1)}$ の更新（Eステップ）は $F=F(\boldsymbol{\theta}^{(t)},\boldsymbol{\phi},X)$ の $\boldsymbol{\phi}$ での最大化であり、$\mu_j^{(t)}$ の更新（Mステップ）は $F=F(\boldsymbol{\theta},\boldsymbol{\phi}^{(t+1)},X)$ の $\boldsymbol{\theta}$ での最大化だとわかります。

コラム

パラメーター ϕ は何か

パラメーター ϕ は q_{ij} や γ_{ij} であると思われることがありますが、これらはパラメーターではありません。確率分布 $q_\phi(z|x)$ は任意の入力 x について潜在変数の確率分布を出力する必要がありますが、q_{ij} や γ_{ij} は $x=x_i$ の場合の確率であり、他の入力 x の確率を表現できません。実は、q_ϕ の定義では、これらの値の計算式である式(20.2.4)が直接用いられ、以下の式で定義されます。

$$q_\phi(z=j|x) = \frac{\alpha_j \frac{1}{\sqrt{2\pi}} \exp\left(-\frac{1}{2}(x-\mu_j)^2\right)}{\sum_j \alpha_j \frac{1}{\sqrt{2\pi}} \exp\left(-\frac{1}{2}(x-\mu_j)^2\right)}$$

ここで、ϕ は $\phi=(\mu_1, \mu_2, \ldots, \mu_J)$ です。こうすれば、任意の入力 x に対する潜在変数 z の確率分布を計算できます。

このように見ると、結局 θ と ϕ には同じ意味の変数が入っているので、変分自由エネルギー $F=F(\boldsymbol{\theta},\boldsymbol{\phi},X)$ を $F(\boldsymbol{\theta},\boldsymbol{\theta},X)$ と捉え、$\boldsymbol{\theta}$ の関数として最大化しても良いように思うかもしれません。しかし、$F(\boldsymbol{\theta}, \boldsymbol{\theta}, X)$ の $\boldsymbol{\theta}$ での微分は極めて複雑で、良い更新式を作れません。EMアルゴリズムは、あえて同じ意味の変数を θ と ϕ に分けることで微分をシンプルにし、更新式を見出す手法でもあるのです。このように、複数の変数について順番に最適化する最適化法を、**交互最適化(Alternating Optimization)**と言います。交互最適化には様々な方法があり、理論的な整備も進められています。

20.3 Variational AutoEncoder

Variational AutoEncoderとは

VAE(Variational AutoEncoder)は、**変分オートエンコーダー**や**変分自己符号化器**とも呼ばれる生成モデルであり、画像の情報抽出や画像生成のために開発された生成モデルです。現在では、P351の図17.1.1のModality Encoder/Generatorとして、音声や動画も含め様々なモダリティに対して利用されています。

図20.3.1が、VAEを手書き数字画像データMNISTに対して学習させ、その生成モデルを用いて生成した手書き数字画像です。類似する手書き数字が近くに配置されており、手書き数字らしい画像が生成されています。そのため、$q_\phi(z|\boldsymbol{x})$も$p_\theta(\boldsymbol{x}|z)$もうまく学習できていると言って良いでしょう。

図20.3.1　VAEの学習例[2)]

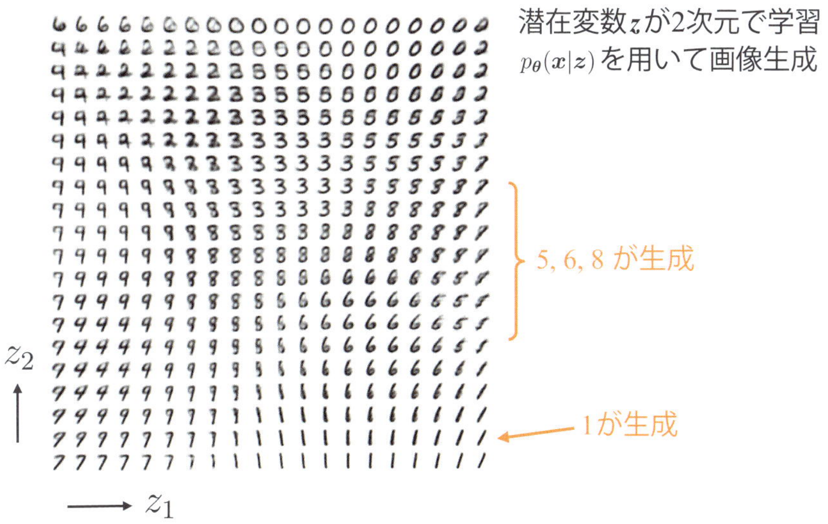

3)　Kingma, Diederik P., and Max Welling. "Auto-encoding variational bayes." arXiv preprint arXiv:1312.6114 (2013). のFigure 4を一部引用し改変。

VAEのモデルと学習

VAEも、$p_\theta(\boldsymbol{x}|\boldsymbol{z})$による生成と、$q_\phi(\boldsymbol{z}|\boldsymbol{x})$による識別の考え方に従った生成モデルです。VAEでは、本来不可能である生成モデルの学習を可能にした工夫に「あらゆるところで正規分布を利用」「re–parametrization trickによる計算の安定性向上」があります。また、ここでも変分自由エネルギーが変幻自在の活躍を見せます。

まず初めに、VAEで用いる確率分布を紹介します。VAEでは確率分布$p(\boldsymbol{z})$, $p_\theta(\boldsymbol{x}|\boldsymbol{z})$, $q_\phi(\boldsymbol{z}|\boldsymbol{x})$を、多変量正規分布を用いて以下で設定します。

- 潜在変数$\boldsymbol{z}$は平均**0**、分散共分散行列が単位行列1の多変量正規分布に従う
- 生成モデル$p_\theta(\boldsymbol{x}|\boldsymbol{z})$は、平均$\boldsymbol{\mu}_{p,\theta}(\boldsymbol{z})$、分散共分散行列$\boldsymbol{\sigma}^2_{p,\theta}(\boldsymbol{z})$の多変量正規分布である
- 識別モデル$q_\phi(\boldsymbol{z}|\boldsymbol{x})$は、平均$\boldsymbol{\mu}_{q,\phi}(\boldsymbol{x})$、分散共分散行列$\boldsymbol{\sigma}^2_{q,\phi}(\boldsymbol{x})$の多変量正規分布である

ここで、$\boldsymbol{\mu}_{p,\theta}(\boldsymbol{z})$と$\boldsymbol{\mu}_{q,\phi}(\boldsymbol{x})$はベクトルであり、その第$j$成分を$\mu_{p,\theta,j}(\boldsymbol{z})$や$\mu_{q,\phi,j}(\boldsymbol{x})$と書きます。また、$\boldsymbol{\sigma}^2_{p,\theta}(\boldsymbol{z})$と$\boldsymbol{\sigma}^2_{q,\phi}(\boldsymbol{x})$は対角行列であり、その第$jj$成分は$\sigma^2_{p,\theta,j}(\boldsymbol{z})$や$\sigma^2_{q,\phi,j}(\boldsymbol{x})$と書きます。

この設定を日本語訳すると、「潜在変数$\boldsymbol{z}$の各成分は、だいたい0 ± 1くらい」「潜在変数が$\boldsymbol{z}$の時のデータの各成分は、だいたい$\mu_{p,\theta,j}(\boldsymbol{z}) \pm \sigma_{p,\theta,j}(\boldsymbol{z})$くらい」「データが$\boldsymbol{x}$の時の潜在変数の各成分は、だいたい$\mu_{q,\phi,j}(\boldsymbol{x}) \pm \sigma_{q,\phi,j}(\boldsymbol{x})$くらい」となります。ですので、$\boldsymbol{\mu}_{p,\theta}(\boldsymbol{z})$と$\boldsymbol{\mu}_{q,\phi}(\boldsymbol{x})$が生成と識別の主役を担っているとわかります。

なお、ここに登場する3つの多変量正規分布は、その分散共分散行列が全て対角行列なので、同じベクトル内の各成分は独立になります（19.2節）。VAEではあらゆる確率分布を正規分布に設定し、様々な成分が独立なので、変分自由エネルギーFとその微分が計算できてしまいます。その結果、不可能だったはずの学習が可能となるのです。この微分計算では、式(20.1.3)を用いて式変形し、図20.3.2の方針で計算します。

図 20.3.2　VAE の学習アルゴリズムの導出方針

$$F = \sum_i \left(\underbrace{-\mathrm{KL}[q_{\boldsymbol{\phi}}(\boldsymbol{z}|\boldsymbol{x}_i) \| p(\boldsymbol{z})]} + \underbrace{E_{q_{\boldsymbol{\phi}}(\boldsymbol{z}|\boldsymbol{x}_i)}[\log p_{\boldsymbol{\theta}}(\boldsymbol{x}_i|\boldsymbol{z})]} \right)$$

両者正規分布なので
計算できる

re-parametrization trick を
用いて期待値をデータ近似

では、右辺第 1 項の KL divergence の微分の計算から始めましょう。$p(\boldsymbol{z})$ も $q_{\boldsymbol{\phi}}(\boldsymbol{z}|\boldsymbol{x})$ も潜在変数 $\boldsymbol{z}$ の各成分は互いに独立なので、この KL divergence は各成分 z_j についての KL divergence の和で計算できると知られています。また、確率分布 $p(\boldsymbol{z})$ に従う z_j は、平均 0、分散 1 の正規分布に従い、$q_{\boldsymbol{\phi}}(\boldsymbol{z}|\boldsymbol{x})$ に従う z_j は、平均 $\mu_{q,\boldsymbol{\phi},j}(\boldsymbol{x})$、分散 $\boldsymbol{\sigma}^2_{q,\boldsymbol{\phi},j}(\boldsymbol{x})$ の正規分布に従うので、次のように計算できます（P250 の式 10.2.7）。

$$\begin{aligned} KL\left[q_{\boldsymbol{\phi}}(\boldsymbol{z}|\boldsymbol{x}_i) \| p(\boldsymbol{z})\right] &= \sum_j KL\left[q_{\boldsymbol{\phi}}(z_j|\boldsymbol{x}_i) \| p(z_j)\right] \\ &= \sum_j KL\left[p_{\mu_{q,\boldsymbol{\phi},j}(\boldsymbol{x}_i),\sigma^2_{q,\boldsymbol{\phi},j}(\boldsymbol{x}_i)}(z_j) \| p_{0,1}(z_j)\right] \\ &= \sum_{i,j} \frac{1}{2}\left(-\log \boldsymbol{\sigma}^2_{q,\boldsymbol{\phi},j}(\boldsymbol{x}_i) - 1 + \boldsymbol{\sigma}^2_{q,\boldsymbol{\phi},j}(\boldsymbol{x}_i) + \left(\mu_{q,\boldsymbol{\phi},j}(\boldsymbol{x}_i)\right)^2\right) \end{aligned}$$

この値は、$\mu_{q,\boldsymbol{\phi},j}(\boldsymbol{x})$ と $\boldsymbol{\sigma}^2_{q,\boldsymbol{\phi},j}(\boldsymbol{x})$ の簡単な式で書けているので、その微分は誤差逆伝播法（8.3 節）で計算できます。

次に、第 2 項の微分の計算を見てみましょう。この期待値は、積分

$$E_{q_{\boldsymbol{\phi}}(\boldsymbol{z}|\boldsymbol{x}_i)}[\log p_{\boldsymbol{\theta}}(\boldsymbol{x}_i|\boldsymbol{z})] = \int_{-\infty}^{\infty} \log p_{\boldsymbol{\theta}}(\boldsymbol{x}_i|\boldsymbol{z}) q_{\boldsymbol{\phi}}(\boldsymbol{z}|\boldsymbol{x}_i) d\boldsymbol{z}$$

で定義されますが、この中の $\log p_{\boldsymbol{\theta}}(\boldsymbol{x}_i|\boldsymbol{z})$ が $\boldsymbol{z}$ に応じてとても複雑に変化する関数なので、数式での積分計算は不可能です。そのため、期待値を平均値で近似します。変数 $\boldsymbol{\varepsilon}_{i,l}$ を、平均が $\mathbf{0}$、分散共分散行列が単位行列 1 である多変量正規分布に従う確率変数とします。すると、次の式で定義される $\boldsymbol{z}_{i,l}$ は、

$$\boldsymbol{z}_{i,l} = \boldsymbol{\mu}_{q,\boldsymbol{\phi}}(\boldsymbol{x}_i) + \boldsymbol{\sigma}_{q,\boldsymbol{\phi}}(\boldsymbol{x}_i)\boldsymbol{\varepsilon}_{i,l}$$

確率分布 $q_{\phi}(\boldsymbol{z}|\boldsymbol{x}_i)$ に従う確率変数になります[4]。これを用いると、

$$E_{q_{\phi}(z|x_i)}[\log p_{\boldsymbol{\theta}}(\boldsymbol{x}_i|\boldsymbol{z})] \fallingdotseq \frac{1}{L}\sum_{1\leq l\leq L} \log p_{\boldsymbol{\theta}}(\boldsymbol{x}_i|\boldsymbol{z}_{i,l})$$

で近似できます。確率変数 $\boldsymbol{\varepsilon}_{i,l}$ から $\boldsymbol{\mu}_{q,\phi}$ と $\boldsymbol{\sigma}_{q,\phi}$ を使って $\boldsymbol{z}_{i,l}$ を作り、積分を平均で近似するこの方法を、**re-parametrization trick** と言います[5]。ここまで式変形すれば、この微分も誤差逆伝播で計算できます。

以上をまとめると、変分自由エネルギー F は

$$\begin{aligned} F = F(\boldsymbol{\theta},\boldsymbol{\phi},X) &= \sum_i \left(-KL[q_{\boldsymbol{\phi}}(\boldsymbol{z}|\boldsymbol{x}_i) \,\|\, p(\boldsymbol{z})] + E_{q_{\boldsymbol{\phi}}(z|x_i)}[\log p_{\boldsymbol{\theta}}(\boldsymbol{x}_i|\boldsymbol{z})] \right) \\ &\fallingdotseq \sum_i \left(\sum_j \frac{1}{2}\left(-\log\sigma^2_{q,\boldsymbol{\phi},j}(\boldsymbol{x}_i) - 1 + \sigma^2_{q,\boldsymbol{\phi},j}(\boldsymbol{x}_i) + (\mu_{q,\boldsymbol{\phi},j}(\boldsymbol{x}_i))^2 \right) + \frac{1}{L}\sum_{1\leq l\leq L} \log p_{\boldsymbol{\theta}}(\boldsymbol{x}_i|\boldsymbol{z}_{i,l}) \right) \end{aligned} \tag{20.3.1}$$

で近似できます。この最後の近似式を $\tilde{F}$ と書くと、この $\tilde{F}$ のパラメーター $\boldsymbol{\theta},\boldsymbol{\phi}$ での微分は、誤差逆伝播法（8.3 節）と合成関数の微分（4.2 節）の組み合わせで計算できます。そのため、VAE の変分自由エネルギーの最大化は、誤差逆伝播（8.3 節）と勾配上昇法（8.2 節）で実現できます。そして、それを実際のデータに対して適用することで、図 20.3.1 の生成が実現でき、生成 AI における Modality Encoder や Modality Generator が実現できるのです。

---

4) 行列 $\boldsymbol{\sigma}_{q,\boldsymbol{\phi}}(\boldsymbol{x}_i)$ も対角行列で、その jj 成分が $\sigma_{q,\boldsymbol{\phi},j}(\boldsymbol{x}_i)$ である行列です。すると、$\boldsymbol{\sigma}_{q,\boldsymbol{\phi}}(\boldsymbol{x}_i)\boldsymbol{\varepsilon}_{i,l}$ の各成分は互いに独立で、第 j 成分は、平均 0、分散 $\sigma^2_{q,\boldsymbol{\phi},j}(\boldsymbol{x}_i)$ の正規分布に従います。

5) 実は、この計算方法を用いると、旧来の方法より圧倒的に効率良く微分が計算できると知られています。具体的には、旧来の方法では $L \fallingdotseq 10^6$ 程度必要だったものが、VAE では $L = 1$ で学習が可能です。

20.4 拡散モデル

拡散モデルの特徴と計算

拡散モデル (Diffusion Models) は、初登場の論文では画像の生成モデルに利用されていた生成モデルです。その発展は凄まじく、動画や音声をはじめとしてあらゆるモダリティの生成モデルとして活用されています。拡散モデルの生成品質はとても高く、図 20.4.1 にある画像が簡単に生成できます。

図 20.4.1　拡散モデルでの生成例[4]

プロンプト：Diffusion Models を解説する、金髪で、大きな青いリボンをつけたアニメキャラクターを、日本のアニメ風で描いてください , widescreen

プロンプト：猫と共に微積分を研究する研究者の写真を生成してください , widescreen

拡散モデルでは、破天荒な工夫を用いて、本来不可能な生成モデルの学習を可能にしているとともに、その特性から高品質な生成 AI を様々に実現しています。代表的な工夫は次の 3 つです。

(1)　q にパラメーター ϕ はなく、都合の良い確率分布を勝手に設定してしまう
(2)　正規分布を多用
(3)　q や p_θ を複数ステップに分ける

---

6)　これは ChatGPT に組み込まれた DALL·E 3 を用いて生成した画像です。この DALL·E 3 にも拡散モデルが用いられています。

特に、q の設定がかなり効いていて、あらゆる計算が単純化されます。その結果、変分自由エネルギー F の最大化が最小二乗法に帰着される上に、学習データを量産できます。また、複数ステップに分解された p_θ のみ学習すれば良く、学習が安定しやすいメリットもあります。これが拡散モデルの性能を支えています。本節では、拡散モデルを紹介した後に、学習アルゴリズムが最小二乗法で書けることの導出を目標として進みます。

拡散モデルのモデル

拡散モデルに利用されている確率分布を紹介します。拡散モデルで利用する確率分布は、VAE での確率分布の多ステップ版であり、都合の良い q を分析者が勝手に設定したものです。まず初めに記号を設定しましょう。学習に利用するデータの i 番目を $\boldsymbol{x}_i^{(0)}$ と書き、データ X を $X = \{\boldsymbol{x}_1^{(0)}, \boldsymbol{x}_2^{(0)}, \dots, \boldsymbol{x}_N^{(0)}\}$ と書きます。拡散モデルでは、$p_\theta(\boldsymbol{x}|\boldsymbol{z})$ と $q_\phi(\boldsymbol{z}|\boldsymbol{x})$ を複数ステップで実現します。このステップ数を T とし、i 番目のデータの潜在変数を $\boldsymbol{x}_i^{(1)}, \boldsymbol{x}_i^{(2)}, \dots, \boldsymbol{x}_i^{(T)}$ と書きます。これらをまとめて $\boldsymbol{x}_i^{(1:T)}$ と書き、データ $\boldsymbol{x}_i^{(0)}$ も含めた $\boldsymbol{x}_i^{(0)}, \boldsymbol{x}_i^{(1)}, \dots, \boldsymbol{x}_i^{(T)}$ を $\boldsymbol{x}_i^{(0:T)}$ などと書きます。この記号のもとで、p と q を以下で設定します。

- $p(\boldsymbol{x}^{(T)})$ は平均 $\mathbf{0}$、分散共分散行列が 1（単位行列）の多変量正規分布
- $p_\theta(\boldsymbol{x}^{(t-1)}|\boldsymbol{x}^{(t)})$ は平均 $\boldsymbol{\mu}_\theta(\boldsymbol{x}^{(t)}, t)$、分散共分散行列 $C_t \times 1$ の多変量正規分布
- $q(\boldsymbol{x}^{(t)}|\boldsymbol{x}^{(t-1)})$ は平均 $\sqrt{\alpha_t}\,\boldsymbol{x}^{(t-1)}$、分散共分散行列 $(1-\alpha_t) \times 1$ の多変量正規分布

ここで、α_t は $0 < \alpha_t < 1$ を満たす定数であり、分析者が最初に指定します。

図 20.4.2　拡散モデルの確率分布

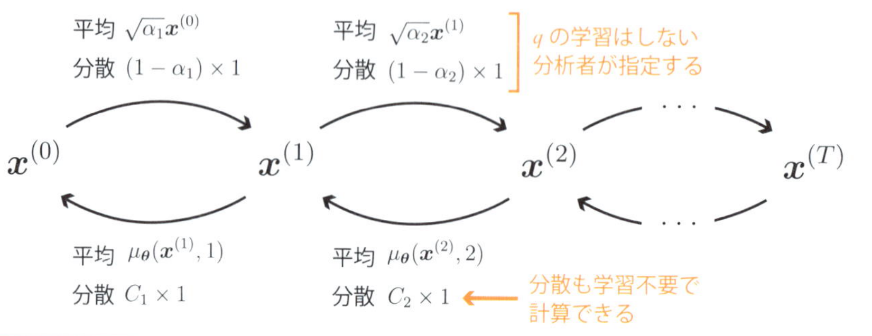

この確率分布で$x_i^{(0)}$から$x_i^{(1)},\ldots,x_i^{(T)}$を作るプロセスは、**拡散過程(diffusion process)**と呼ばれます。拡散過程qを都合の良いように設定したため、変分自由エネルギーFを最大にする$p_\theta(x^{(t-1)}|x^{(t)})$の分散共分散行列$C_t\times 1$を学習不要で計算できます（この計算は後ほど紹介します）。

拡散モデルの学習アルゴリズム

ここから、拡散モデルの学習アルゴリズムの導出を始めます。拡散過程を自分で設定し、正規分布を多用したおかげで、変分自由エネルギーFの最大化は最小二乗法に帰着できます。そのうえ、教師データを大量生産することもできます。

しかし、計算はかなり長いうえに複雑です。だから、まずは全ての計算の詳細を把握するよりも、全体像の把握を目指しましょう。

図 20.4.3　拡散モデルの学習アルゴリズムの導出の全体像

$$F = F(\boldsymbol{\theta},\boldsymbol{\phi},X) = \sum_i \left(-\mathrm{KL}[q_{\boldsymbol{\phi}}(\boldsymbol{z}|\boldsymbol{x}_i)\|p(\boldsymbol{z})] + E_{q_{\boldsymbol{\phi}}(\boldsymbol{z}|\boldsymbol{x}_i)}[\log p_{\boldsymbol{\theta}}(\boldsymbol{x}_i|\boldsymbol{z})]\right)$$

↓ q_ϕを都合よく設定して使う

$$F = F(\boldsymbol{\theta},X) = \sum_i \left(-\mathrm{KL}[q(\boldsymbol{z}|\boldsymbol{x}_i)\|p(\boldsymbol{z})] + E_{q(\boldsymbol{z}|\boldsymbol{x}_i)}[\log p_{\boldsymbol{\theta}}(\boldsymbol{x}_i|\boldsymbol{z})]\right)$$

ϕは不要

パラメーターに依存しないので学習のときは考えなくて良い

qとpを多段階にして大量に計算

↓

大量のKL-divergenceの和になる

↓ すべて正規分布なので更に大量に計算できる

最小二乗法で学習できる

$$\left\|\boldsymbol{\mu}_{\boldsymbol{\theta}}(\boldsymbol{x}_i^{(t)},t) - (A_t\boldsymbol{x}_i^{(0)} + B_t\boldsymbol{x}_i^{(t)})\right\|^2$$ ← これを使うとノイズ除去を学習

or

$$\left\|\boldsymbol{\varepsilon}_{\boldsymbol{\theta}}\left(\sqrt{\overline{\alpha}_t}\boldsymbol{x}_i^{(0)} + \sqrt{1-\overline{\alpha}_t}\boldsymbol{\varepsilon}, t\right) - \boldsymbol{\varepsilon}\right\|^2$$ ← これを使うとノイズ予測を学習

拡散モデルの学習① - 変分自由エネルギーをKLに

ここから、具体的な計算を紹介します。以降、途中の式変形を飛ばして一直線に結論へ向かい、後のコラムで計算の細部を埋めます。

まず、長い式変形の結果、式(20.4.1)が得られます。見ての通り、KL divergenceがたくさん出現します。また、最終辺第1項はパラメーターを含まないので、Fの最大化では考慮する必要がありません。

$$
\begin{aligned}
F = F(\boldsymbol{\theta}, X) &= \sum_i E_{q\left(\boldsymbol{x}_i^{(1:T)} | \boldsymbol{x}_i^{(0)}\right)}\left[\log \frac{p_{\boldsymbol{\theta}}^{\times}\left(\boldsymbol{x}_i^{(0:T)}\right)}{q\left(\boldsymbol{x}_i^{(1:T)} | \boldsymbol{x}_i^{(0)}\right)}\right] \\
&= -\sum_i KL\left[q\left(\boldsymbol{x}_i^{(T)} | \boldsymbol{x}_i^{(0)}\right) \| \, p\left(\boldsymbol{x}_i^{(T)}\right)\right] \\
&\quad -\sum_i \sum_{2 \le t \le T} E_{q\left(\boldsymbol{x}_i^{(t)} | \boldsymbol{x}_i^{(0)}\right)}\left[KL\left[q\left(\boldsymbol{x}_i^{(t-1)} | \boldsymbol{x}_i^{(t)}, \boldsymbol{x}_i^{(0)}\right) \| \, p_{\boldsymbol{\theta}}\left(\boldsymbol{x}_i^{(t-1)} | \boldsymbol{x}_i^{(t)}, t\right)\right]\right] \\
&\quad +\sum_i \int_{-\infty}^{\infty} \log p_{\theta}\left(\boldsymbol{x}_i^{(0)} | \boldsymbol{x}_i^{(1)}, 1\right) q\left(\boldsymbol{x}_i^{(1:T)} | \boldsymbol{x}_i^{(0)}\right) d\boldsymbol{x}_i^{(1:T)}
\end{aligned}
\tag{20.4.1}
$$

拡散モデルの学習② - KLを最小二乗法に

次に、KL divergenceの部分$KL[q(\boldsymbol{x}_i^{(t-1)}|\boldsymbol{x}_i^{(t)}, \boldsymbol{x}_i^{(0)}) \| p_\theta(\boldsymbol{x}_i^{(t-1)}|\boldsymbol{x}_i^{(t)}, t)]$を計算します。まずは、$q(\boldsymbol{x}^{(t-1)}|\boldsymbol{x}^{(t)}, \boldsymbol{x}^{(0)})$を計算しましょう。実は、$\bar{\alpha}_t = \alpha_1 \times \alpha_2 \times ... \times \alpha_t$と書くと、$\boldsymbol{x}_i^{(t)}$は平均$\sqrt{\bar{\alpha}_t}\boldsymbol{x}_i^{(0)}$、分散共分散行列$(1 - \bar{\alpha}_t) \times 1$の多変量正規分布に従います(後の数理解説で紹介します)。そのため、$\boldsymbol{x}^{(t-1)} - \sqrt{\bar{\alpha}_{t-1}}\boldsymbol{x}^{(0)}$と$\boldsymbol{x}^{(t)} - \sqrt{\alpha_t}\boldsymbol{x}^{(t-1)}$は、共に多変量正規分布に従うとわかります。ですので、引き合いの公式より、$q(\boldsymbol{x}^{(t-1)}|\boldsymbol{x}^{(t)}, \boldsymbol{x}^{(0)})$はある定数$A_t, B_t, C_t$を用いて、平均$A_t\boldsymbol{x}^{(0)} + B_t\boldsymbol{x}^{(t)}$、分散共分散行列$C_t \times 1$の多変量正規分布であると計算できます(後の数理解説の式(20.4.5))。

このA_t, B_t, C_tは$\alpha_1, \alpha_2, ..., \alpha_T$から計算できるので、学習不要で値が求まります。これが、拡散過程qをパラメーター無しの正規分布に設定した最大の恩恵です。

さて、今の目標は変分自由エネルギーFの最大化なので、このKL divergenceは小さいほうが望ましいでしょう。KL–divergenceの最小値を与えるのは分散共分散行列が一致する時なので、$p_\theta(\boldsymbol{x}^{(t-1)}|\boldsymbol{x}^{(t)}, t)$の分散共分散行列も$C_t \times 1$に設定します。すると、このKL divergenceは以下で計算できます。

$$KL\left[q(\boldsymbol{x}^{(t-1)}\mid\boldsymbol{x}^{(t)},\boldsymbol{x}^{(0)})\parallel p_{\boldsymbol{\theta}}(\boldsymbol{x}^{(t-1)}\mid\boldsymbol{x}^{(t)},t)\right]=\frac{1}{2C_t}\parallel\mu_{\boldsymbol{\theta}}(\boldsymbol{x}^{(t)},t)-(A_t\boldsymbol{x}^{(0)}+B_t\boldsymbol{x}^{(t)})\parallel^2$$

次に、式(20.4.1)の第3項の積分 $\int_{-\infty}^{\infty}\log p_{\boldsymbol{\theta}}(\boldsymbol{x}^{(0)}|\boldsymbol{x}^{(1)},1)q(\boldsymbol{x}^{(1:T)}|\boldsymbol{x}^{(0)})d\boldsymbol{x}^{(1:T)}$ を処理します。これはKL divergenceへの式変形はできないので、別の特別な処理を実施する必要があります。一方、実践上は、$2\leq t\leq T$ の場合に倣って、$\|\boldsymbol{\mu}_\theta(\boldsymbol{x}^{(1)},1)-\boldsymbol{x}^{(0)}\|^2$ の最小化として学習することもあります。本書では、この方法を採用します。

実は、右辺に付いている係数 $\frac{1}{2C_t}$ を全て1に取り替えても、変分自由エネルギー F の最大値を与えるパラメーター $\boldsymbol{\theta}$ の学習は変わらないと知られています[7)]。ですので、以降 $\frac{1}{2C_t}$ は除去することにします。

以上により、変分自由エネルギー F の最大化は

$$\sum_i\sum_{1\leq t\leq T}E_{q\left(\boldsymbol{x}_i^{(t)}\mid\boldsymbol{x}_i^{(0)}\right)}\left[\left\|\mu_{\boldsymbol{\theta}}\left(\boldsymbol{x}_i^{(t)},t\right)-\left(A_t\boldsymbol{x}_i^{(0)}+B_t\boldsymbol{x}_i^{(t)}\right)\right\|^2\right]\tag{20.4.2}$$

の最小化で学習できるとわかりました。なお、$t=0$ の時は、$A_t\boldsymbol{x}_i^{(0)}+B_t\boldsymbol{x}_i^{(t)}=\boldsymbol{x}_i^{(0)}$ としておきます。以上により、拡散モデルのアイデアを用いると、本来不可能なはずの生成モデルの学習が最小二乗法に帰着できました。これは非常に驚異的です。

この最小二乗法は、説明変数 $\boldsymbol{x}_i^{(t)}, t$、被説明変数 $A_t\boldsymbol{x}^{(0)}+B_t\boldsymbol{x}^{(t)}$ の予測問題を、関数 $\boldsymbol{\mu}_\theta(\boldsymbol{x}^{(t)},t)$ を用いて解いていると見なせます。被説明変数 $A_t\boldsymbol{x}^{(0)}+B_t\boldsymbol{x}^{(t)}$ は確率分布 $q(\boldsymbol{x}_i^{(t-1)}|\boldsymbol{x}_i^{(t)},\boldsymbol{x}_i^{(0)})$ の平均なので、この予測問題は $\boldsymbol{x}_i^{(t)}, t$ から $\boldsymbol{x}_i^{(t-1)}$ を予測していると言えます。ここで、$\boldsymbol{x}_i^{(t)}$ は $\boldsymbol{x}_i^{(t-1)}$ に正規分布を用いてノイズを加えたものと捉えられるので（数理解説で紹介します）、この問題は**ノイズ除去**と呼ばれます。

拡散モデルの学習③ - ノイズ除去からノイズ予測へ

実は、この式はさらに式変形できます。$\boldsymbol{x}_i^{(t)}$ は、平均 $\sqrt{\bar{\alpha}_t}\boldsymbol{x}_i^{(0)}$、分散共分散行列 $(1-\bar{\alpha}_t)\times\mathbf{1}$ の多変量正規分布にしたがって生成されています。ですので、$\boldsymbol{\varepsilon}$ を平均 $\mathbf{0}$、分散共分散行列 $\mathbf{1}$ の多変量正規分布に従う確率変数とすると、$\boldsymbol{x}_i^{(t)}$ は $\boldsymbol{x}_i^{(t)}=\sqrt{\bar{\alpha}_t}\boldsymbol{x}_i^{(0)}+\sqrt{1-\bar{\alpha}_t}\boldsymbol{\varepsilon}$ と書けます。よって、定数 D_t, E_t を用いて次のように書けます。

7)　詳細は岡野原大輔『拡散モデル データ生成技術の数理』（岩波書店、2023）の2.4節にあります。

$$A_t \boldsymbol{x}_i^{(0)} + B_t \boldsymbol{x}_i^{(t)} = A_t \frac{\boldsymbol{x}_i^{(t)} - \sqrt{1-\bar{\alpha}_t}\,\varepsilon}{\sqrt{\bar{\alpha}_t}} + B_t \boldsymbol{x}_i^{(t)} = D_t \boldsymbol{x}_i^{(t)} + E_t \varepsilon$$

これに倣って、$\boldsymbol{\mu}_\theta(\boldsymbol{x}^{(t)}, t)$ も $\boldsymbol{\mu}_\theta(\boldsymbol{x}^{(t)}, t) = D_t \boldsymbol{x}^{(t)} + E_t \boldsymbol{\varepsilon}_\theta(\boldsymbol{x}^{(t)}, t)$ と書くと、次のように書き直せます。

$$\left\| \mu_{\boldsymbol{\theta}}\left(\boldsymbol{x}_i^{(t)}, t\right) - \left(A_t \boldsymbol{x}_i^{(0)} + B_t \boldsymbol{x}_i^{(t)}\right) \right\|^2 = \left\| D_t \boldsymbol{x}_i^{(t)} + E_t \varepsilon_{\boldsymbol{\theta}}\left(\boldsymbol{x}_i^{(t)}, t\right) - \left(D_t \boldsymbol{x}_i^{(t)} + E_t \varepsilon\right) \right\|^2$$
$$= E_t^2 \left\| \varepsilon_{\boldsymbol{\theta}}\left(\sqrt{\bar{\alpha}_t}\, \boldsymbol{x}^{(0)} + \sqrt{1-\bar{\alpha}_t}\,\varepsilon,\, t\right) - \varepsilon \right\|^2$$

ここで、再び係数 E_t^2 を無視すると、変分自由エネルギー F の最大化は

$$\sum_i \sum_{1 \le t \le T} E_{p_{0,1}(\varepsilon)} \left[\left\| \varepsilon_{\boldsymbol{\theta}}\left(\sqrt{\bar{\alpha}_t}\, \boldsymbol{x}^{(0)} + \sqrt{1-\bar{\alpha}_t}\,\varepsilon,\, t\right) - \varepsilon \right\|^2 \right] \tag{20.4.3}$$

の最小化で実現できます。この最小二乗法は、説明変数 $\sqrt{\bar{\alpha}_t}\,\boldsymbol{x}_i^{(0)} + \sqrt{1-\bar{\alpha}_t}\,\boldsymbol{\varepsilon}, t$、被説明変数 $\boldsymbol{\varepsilon}$ の予測問題を、関数 $\boldsymbol{\varepsilon}_\theta$ を用いて解いていると見なせます。この最小化問題ではノイズを予測しているので、**ノイズ予測**と呼ばれます。

教師データの大量生成

式(20.4.3)の期待値は、平均 $\mathbf{0}$、分散・共分散 1 の多変量正規分布に従う $\boldsymbol{\varepsilon}$ について取られています。ですので、この期待値をまた平均で近似すれば、

$$\sum_i \sum_{1 \le t \le T} \frac{1}{L} \sum_{1 \le l \le L} \left\| \varepsilon_\theta\left(\sqrt{\bar{\alpha}_t}\, \boldsymbol{x}^{(0)} + \sqrt{1-\bar{\alpha}_t}\,\varepsilon_{i,t,l},\, t\right) - \varepsilon_{i,t,l} \right\|^2 \tag{20.4.4}$$

の最小化で学習できます。ここで、$\boldsymbol{\varepsilon}_{i,t,l}$ は、平均 $\mathbf{0}$、分散共分散行列が 1 の多変量正規分布からサンプリングした値です。この最小化は、説明変数が $\sqrt{\bar{\alpha}_t}\,\boldsymbol{x}_i^{(0)} + \sqrt{1-\bar{\alpha}_t}\,\boldsymbol{\varepsilon}_{i,t,l}, t$ で、被説明変数が $\boldsymbol{\varepsilon}_{i,t,l}$ である教師データを与えられた予測問題と捉えられます。ですので、L を増やせば、この予測問題の教師データを増やすことができます[8]。これも拡散モデルの強みであり、拡散過程 q を都合の良い多変量正規分布に設定した恩恵です。

8) 実際には、この Σ の合計を最大化するのではなく、i, t, ε をランダムにサンプリングして勾配上昇法を利用する実装が多いです。

以上が、拡散モデルについての解説です。改めて図 20.4.3 を見て、計算の全体像を把握し直すと良いでしょう。最後に、途中で省略した計算を数理解説で紹介して終わります。

数理解説：$q(\boldsymbol{x}^{(t)}|\boldsymbol{x}^{(0)})$ の計算

ここでは、$q(\boldsymbol{x}^{(t)}|\boldsymbol{x}^{(0)})$ が平均 $\sqrt{\bar{\alpha}_t}\boldsymbol{x}_i^{(0)}$、分散共分散行列 $(1-\bar{\alpha}_t)\times 1$ の多変量正規分布であることを証明します。拡散過程の確率分布 $q(\boldsymbol{x}^{(t)}|\boldsymbol{x}^{(t-1)})$ は平均 $\sqrt{\alpha_t}\boldsymbol{x}^{(t-1)}$、分散共分散行列が $(1-\alpha_t)\times 1$ である多変量正規分布です。ですので、ε_t を平均 $\mathbf{0}$、分散共分散行列が 1 の多変量正規分布に従う確率変数とすると、この拡散過程は $\boldsymbol{x}^{(t)}=\sqrt{\alpha_t}\boldsymbol{x}^{(t-1)}+\sqrt{1-\alpha_t}\varepsilon_t$ と書けます。このように、$\boldsymbol{x}^{(t)}$ は $\boldsymbol{x}^{(t-1)}$ にノイズ ε_t を加えて作られていると見ることができます。この式に $\boldsymbol{x}^{(t-1)}=\sqrt{\alpha_{t-1}}\boldsymbol{x}^{(t-2)}+\sqrt{1-\alpha_{t-1}}\varepsilon_{t-1}$ を代入すると、

$$
\begin{aligned}
\boldsymbol{x}^{(t)} &= \sqrt{\alpha_t}\boldsymbol{x}^{(t-1)}+\sqrt{1-\alpha_t}\varepsilon_t \\
&= \sqrt{\alpha_t}\left(\sqrt{\alpha_{t-1}}\boldsymbol{x}^{(t-2)}+\sqrt{1-\alpha_{t-1}}\varepsilon_{t-1}\right)+\sqrt{1-\alpha_t}\varepsilon_t \\
&= \sqrt{\alpha_t}\sqrt{\alpha_{t-1}}\boldsymbol{x}^{(t-2)}+\sqrt{\alpha_t}\sqrt{1-\alpha_{t-1}}\varepsilon_{t-1}+\sqrt{1-\alpha_t}\varepsilon_t
\end{aligned}
$$

と計算できます。ここで、$\sqrt{\alpha_t}\sqrt{1-\alpha_{t-1}}\varepsilon_{t-1}$ と $\sqrt{1-\alpha_t}\varepsilon_t$ は互いに独立で、平均 $\mathbf{0}$、分散共分散行列がそれぞれ $\alpha_t(1-\alpha_{t-1})\times 1, (1-\alpha_t)\times 1$ の多変量正規分布に従います。正規分布の和の公式より、$\sqrt{\alpha_t}\sqrt{1-\alpha_{t-1}}\varepsilon_{t-1}+\sqrt{1-\alpha_t}\varepsilon_t$ の平均は $\mathbf{0}$ で、分散共分散行列は単位行列の $\alpha_t(1-\alpha_{t-1})+(1-\alpha_t)=1-\alpha_t\alpha_{t-1}$ 倍の多変量正規分布に従います。ですので、$\tilde{\varepsilon}_{t-1}$ を平均 $\mathbf{0}$、分散共分散行列が 1 の多変量正規分布に従う確率変数とすれば、

$$
\boldsymbol{x}^{(t)}=\sqrt{\alpha_t\alpha_{t-1}}\boldsymbol{x}^{(t-2)}+\sqrt{1-\alpha_t\alpha_{t-1}}\tilde{\varepsilon}_{t-1}
$$

と書けます。これを繰り返すと、

$$
\boldsymbol{x}^{(t)}=\sqrt{\alpha_t\alpha_{t-1}\cdots\alpha_1}\boldsymbol{x}^{(0)}+\sqrt{1-\alpha_t\alpha_{t-1}\cdots\alpha_1}\tilde{\varepsilon}_1=\sqrt{\bar{\alpha}_t}\boldsymbol{x}^{(0)}+\sqrt{1-\bar{\alpha}_t}\tilde{\varepsilon}_1
$$

が得られます。そのため、$q(\boldsymbol{x}^{(t)}|\boldsymbol{x}^{(0)})$ は、平均 $\sqrt{\bar{\alpha}_t}\boldsymbol{x}_i^{(0)}$、分散共分散行列 $(1-\bar{\alpha}_t)\times 1$ の多変量正規分布であるとわかります。

数理解説：式 (20.4.1) の証明

ここでは、式(20.4.1) の計算を紹介します。途中を省略せずに記すと、以下のとおりになります。単純化のため、ここではデータが $\boldsymbol{x}^{(0)}$ の 1 つのみの場合で記します。また、$q(\boldsymbol{x}^{(1:T)}|\boldsymbol{x}^{(0)})d\boldsymbol{x}^{(1:T)}$ を $dq(\boldsymbol{x}^{(1:T)})$ で略記します。

なお、この手の複雑な計算では、いきなり意味を理解することは難しいです。理解を試みる方は、まず全ての式変形が正しいことを自分の頭で確認しましょう。その次に、最初と最後の式を見比べて、両者が等しい理由がなにか考えてみると良いでしょう。

$$
\begin{aligned}
F &= F(\boldsymbol{\theta}, X) = \int_{-\infty}^{\infty} \log\left(\frac{p_{\boldsymbol{\theta}}(\boldsymbol{x}^{(0:T)})}{q(\boldsymbol{x}^{(1:T)} \mid \boldsymbol{x}^{(0)})}\right) dq(\boldsymbol{x}^{(1:T)}) \\
&= \int_{-\infty}^{\infty} \log\left(p(\boldsymbol{x}^{(T)}) \times \prod_{1 \le t \le T} \frac{p_{\boldsymbol{\theta}}(\boldsymbol{x}^{(t-1)} \mid \boldsymbol{x}^{(t)}, t)}{q(\boldsymbol{x}^{(t)} \mid \boldsymbol{x}^{(t-1)})}\right) dq(\boldsymbol{x}^{(1:T)}) \\
&= \int_{-\infty}^{\infty} \log\left(p(\boldsymbol{x}^{(T)}) \times \prod_{1 \le t \le T} \frac{p_{\boldsymbol{\theta}}(\boldsymbol{x}^{(t-1)} \mid \boldsymbol{x}^{(t)}, t)}{q(\boldsymbol{x}^{(t)} \mid \boldsymbol{x}^{(t-1)}, \boldsymbol{x}^{(0)})}\right) dq(\boldsymbol{x}^{(1:T)}) \\
&= \int_{-\infty}^{\infty} \log\left(p(\boldsymbol{x}^{(T)}) \times \prod_{1 \le t \le T} \frac{p_{\boldsymbol{\theta}}(\boldsymbol{x}^{(t-1)} \mid \boldsymbol{x}^{(t)}, t) q(\boldsymbol{x}^{(t-1)} \mid \boldsymbol{x}^{(0)})}{q(\boldsymbol{x}^{(t-1)} \mid \boldsymbol{x}^{(t)}, \boldsymbol{x}^{(0)}) q(\boldsymbol{x}^{(t)} \mid \boldsymbol{x}^{(0)})}\right) dq(\boldsymbol{x}^{(1:T)}) \\
&= \int_{-\infty}^{\infty} \log\left(p(\boldsymbol{x}^{(T)}) \times \prod_{2 \le t \le T} \frac{p_{\boldsymbol{\theta}}(\boldsymbol{x}^{(t-1)} \mid \boldsymbol{x}^{(t)}, t) q(\boldsymbol{x}^{(t-1)} \mid \boldsymbol{x}^{(0)})}{q(\boldsymbol{x}^{(t-1)} \mid \boldsymbol{x}^{(t)}, \boldsymbol{x}^{(0)}) q(\boldsymbol{x}^{(t)} \mid \boldsymbol{x}^{(0)})} \times \frac{p_{\boldsymbol{\theta}}(\boldsymbol{x}^{(0)} \mid \boldsymbol{x}^{(1)}, 1)}{q(\boldsymbol{x}^{(1)} \mid \boldsymbol{x}^{(0)})}\right) dq(\boldsymbol{x}^{(1:T)}) \\
&= \int_{-\infty}^{\infty} \log\left(p(\boldsymbol{x}^{(T)}) \times \prod_{2 \le t \le T} \frac{p_{\boldsymbol{\theta}}(\boldsymbol{x}^{(t-1)} \mid \boldsymbol{x}^{(t)}, t)}{q(\boldsymbol{x}^{(t-1)} \mid \boldsymbol{x}^{(t)}, \boldsymbol{x}^{(0)})} \times \frac{q(\boldsymbol{x}^{(1)} \mid \boldsymbol{x}^{(0)})}{q(\boldsymbol{x}^{(T)} \mid \boldsymbol{x}^{(0)})} \times \frac{p_{\boldsymbol{\theta}}(\boldsymbol{x}^{(0)} \mid \boldsymbol{x}^{(1)}, 1)}{q(\boldsymbol{x}^{(1)} \mid \boldsymbol{x}^{(0)})}\right) dq(\boldsymbol{x}^{(1:T)}) \\
&= \int_{-\infty}^{\infty} \left(\log \frac{p(\boldsymbol{x}^{(T)})}{q(\boldsymbol{x}^{(T)} \mid \boldsymbol{x}^{(0)})} + \sum_{2 \le t \le T} \log \frac{p_{\boldsymbol{\theta}}(\boldsymbol{x}^{(t-1)} \mid \boldsymbol{x}^{(t)}, t)}{q(\boldsymbol{x}^{(t-1)} \mid \boldsymbol{x}^{(t)}, \boldsymbol{x}^{(0)})} + \log p_{\boldsymbol{\theta}}(\boldsymbol{x}^{(0)} \mid \boldsymbol{x}^{(1)}, 1)\right) dq(\boldsymbol{x}^{(1:T)}) \\
&= -KL\left[q(\boldsymbol{x}^{(T)} \mid \boldsymbol{x}^{(0)}) \parallel p(\boldsymbol{x}^{(T)})\right] - \sum_{2 \le t \le T} E_{q(\boldsymbol{x}^{(t)} \mid \boldsymbol{x}^{(0)})}\left[KL\left[q(\boldsymbol{x}^{(t-1)} \mid \boldsymbol{x}^{(t)}, \boldsymbol{x}^{(0)}) \parallel p_{\boldsymbol{\theta}}(\boldsymbol{x}^{(t-1)} \mid \boldsymbol{x}^{(t)}, t)\right]\right] \\
&\qquad + \int_{-\infty}^{\infty} \log p_{\boldsymbol{\theta}}(\boldsymbol{x}^{(0)} \mid \boldsymbol{x}^{(1)}, 1) dq(\boldsymbol{x}^{(1:T)})
\end{aligned}
$$

ここで、2 行目から 3 行目への式変形では、$q(\boldsymbol{x}^{(t)}|\boldsymbol{x}^{(t-1)})$ が $q(\boldsymbol{x}^{(t)}|\boldsymbol{x}^{(t-1)}, \boldsymbol{x}^{(0)})$ へ変わっています。実は、以下に記す理由で、この 2 者の値は等しいです。拡散過程では、$\boldsymbol{x}^{(t-1)}$ が与えられれば、もともとのデータ $\boldsymbol{x}^{(0)}$ が何であっても、$\boldsymbol{x}^{(t)}$ は確率分布 $q(\boldsymbol{x}^{(t)}|\boldsymbol{x}^{(t-1)})$ に従って決まります。ですので、$\boldsymbol{x}^{(0)}$ の情報が増えても

す。これを、拡散過程の**マルコフ性(Markov property)**と言います。

4行目への式変形は、条件付きベイズの定理（P405の式19.3.7）を用いた $q(\boldsymbol{x}^{(t)}|\boldsymbol{x}^{(t-1)},\boldsymbol{x}^{(0)})=\dfrac{q(\boldsymbol{x}^{(t-1)}|\boldsymbol{x}^{(t)},\boldsymbol{x}^{(0)})q(\boldsymbol{x}^{(t)}|\boldsymbol{x}^{(0)})}{q(\boldsymbol{x}^{(t-1)}|\boldsymbol{x}^{(0)})}$ を利用しました。5行目への式変形では、確率の積の範囲を $1\le t\le T$ から $2\le t\le T$ へ変更し、$t=1$ の場合を右に添えました。6行目への式変形では、積の中で $q(\boldsymbol{x}^{(t)}|\boldsymbol{x}^{(0)})$ が打ち消し合うので、$q(\boldsymbol{x}^{(1)}|\boldsymbol{x}^{(0)})$ と $q(\boldsymbol{x}^{(T)}|\boldsymbol{x}^{(0)})$ だけを残して積の外へ出しました。

最後の式変形でKL divergenceが登場する計算は、次のとおりです。まず $\boldsymbol{x}^{(1)}$ から $\boldsymbol{x}^{(t-2)}$ まで、次に $\boldsymbol{x}^{(T)}$ から $\boldsymbol{x}^{(t+1)}$ まで、最後に $\boldsymbol{x}^{(t-1)}, \boldsymbol{x}^{(t)}$ の順で積分すると、

$$\int_{-\infty}^{\infty}\log\frac{p_{\boldsymbol{\theta}}(\boldsymbol{x}^{(t-1)}|\boldsymbol{x}^{(t)},t)}{q(\boldsymbol{x}^{(t-1)}|\boldsymbol{x}^{(t)},\boldsymbol{x}^{(0)})}dq(\boldsymbol{x}^{(1:T)})=\int_{-\infty}^{\infty}\log\frac{p_{\boldsymbol{\theta}}(\boldsymbol{x}^{(t-1)}|\boldsymbol{x}^{(t)},t)}{q(\boldsymbol{x}^{(t-1)}|\boldsymbol{x}^{(t)},\boldsymbol{x}^{(0)})}q(\boldsymbol{x}^{(1:T)}|\boldsymbol{x}^{(0)})d\boldsymbol{x}^{(1:T)}$$

$$=\int_{-\infty}^{\infty}\log\frac{p_{\boldsymbol{\theta}}(\boldsymbol{x}^{(t-1)}|\boldsymbol{x}^{(t)},t)}{q(\boldsymbol{x}^{(t-1)}|\boldsymbol{x}^{(t)},\boldsymbol{x}^{(0)})}\prod_{1\le\tau\le T}q(\boldsymbol{x}^{(\tau)}|\boldsymbol{x}^{(\tau-1)})d\boldsymbol{x}^{(1:T)}$$

$$=\int_{-\infty}^{\infty}\log\frac{p_{\boldsymbol{\theta}}(\boldsymbol{x}^{(t-1)}|\boldsymbol{x}^{(t)},t)}{q(\boldsymbol{x}^{(t-1)}|\boldsymbol{x}^{(t)},\boldsymbol{x}^{(0)})}\prod_{3\le\tau\le T}q(\boldsymbol{x}^{(\tau)}|\boldsymbol{x}^{(\tau-1)})\times q(\boldsymbol{x}^{(2)}|\boldsymbol{x}^{(1)})q(\boldsymbol{x}^{(1)}|\boldsymbol{x}^{(0)})d\boldsymbol{x}^{(1)}d\boldsymbol{x}^{(2:T)}$$

$$=\int_{-\infty}^{\infty}\log\frac{p_{\boldsymbol{\theta}}(\boldsymbol{x}^{(t-1)}|\boldsymbol{x}^{(t)},t)}{q(\boldsymbol{x}^{(t-1)}|\boldsymbol{x}^{(t)},\boldsymbol{x}^{(0)})}\prod_{3\le\tau\le T}q(\boldsymbol{x}^{(\tau)}|\boldsymbol{x}^{(\tau-1)})\times q(\boldsymbol{x}^{(2)}|\boldsymbol{x}^{(0)})d\boldsymbol{x}^{(2:T)}$$

$$=\cdots$$

$$=\int_{-\infty}^{\infty}\log\frac{p_{\boldsymbol{\theta}}(\boldsymbol{x}^{(t-1)}|\boldsymbol{x}^{(t)},t)}{q(\boldsymbol{x}^{(t-1)}|\boldsymbol{x}^{(t)},\boldsymbol{x}^{(0)})}\prod_{t\le\tau\le T}q(\boldsymbol{x}^{(\tau)}|\boldsymbol{x}^{(\tau-1)})\times q(\boldsymbol{x}^{(t-1)}|\boldsymbol{x}^{(0)})d\boldsymbol{x}^{(t-1:T)}$$

$$=\int_{-\infty}^{\infty}\log\frac{p_{\boldsymbol{\theta}}(\boldsymbol{x}^{(t-1)}|\boldsymbol{x}^{(t)},t)}{q(\boldsymbol{x}^{(t-1)}|\boldsymbol{x}^{(t)},\boldsymbol{x}^{(0)})}\prod_{t+1\le\tau\le T}q(\boldsymbol{x}^{(\tau)}|\boldsymbol{x}^{(\tau-1)})\times q(\boldsymbol{x}^{(t)}|\boldsymbol{x}^{(t-1)})q(\boldsymbol{x}^{(t-1)}|\boldsymbol{x}^{(0)})d\boldsymbol{x}^{(t-1:T)}$$

$$=\int_{-\infty}^{\infty}\log\frac{p_{\boldsymbol{\theta}}(\boldsymbol{x}^{(t-1)}|\boldsymbol{x}^{(t)},t)}{q(\boldsymbol{x}^{(t-1)}|\boldsymbol{x}^{(t)},\boldsymbol{x}^{(0)})}\prod_{t+1\le\tau\le T}q(\boldsymbol{x}^{(\tau)}|\boldsymbol{x}^{(\tau-1)})\times q(\boldsymbol{x}^{(t)},\boldsymbol{x}^{(t-1)}|\boldsymbol{x}^{(0)})d\boldsymbol{x}^{(t-1:T)}$$

$$=\int_{-\infty}^{\infty}\log\frac{p_{\boldsymbol{\theta}}(\boldsymbol{x}^{(t-1)}|\boldsymbol{x}^{(t)},t)}{q(\boldsymbol{x}^{(t-1)}|\boldsymbol{x}^{(t)},\boldsymbol{x}^{(0)})}\prod_{t+1\le\tau\le T}q(\boldsymbol{x}^{(\tau)}|\boldsymbol{x}^{(\tau-1)})\times q(\boldsymbol{x}^{(t-1)}|\boldsymbol{x}^{(t)},\boldsymbol{x}^{(0)})q(\boldsymbol{x}^{(t)}|\boldsymbol{x}^{(0)})d\boldsymbol{x}^{(t-1:T)}$$

$$=\int_{-\infty}^{\infty}\log\frac{p_{\boldsymbol{\theta}}(\boldsymbol{x}^{(t-1)}|\boldsymbol{x}^{(t)},t)}{q(\boldsymbol{x}^{(t-1)}|\boldsymbol{x}^{(t)},\boldsymbol{x}^{(0)})}q(\boldsymbol{x}^{(t-1)}|\boldsymbol{x}^{(t)},\boldsymbol{x}^{(0)})q(\boldsymbol{x}^{(t)}|\boldsymbol{x}^{(0)})d\boldsymbol{x}^{(t-1:t)}$$

$$=-\int_{-\infty}^{\infty}KL\Big[q(\boldsymbol{x}^{(t-1)}|\boldsymbol{x}^{(t)},\boldsymbol{x}^{(0)})\,\|\,p_{\boldsymbol{\theta}}(\boldsymbol{x}^{(t-1)}|\boldsymbol{x}^{(t)},t)\Big]q(\boldsymbol{x}^{(t)}|\boldsymbol{x}^{(0)})d\boldsymbol{x}^{(t)}$$

$$=-E_{q(\boldsymbol{x}^{(t)}|\boldsymbol{x}^{(0)})}\Big[KL\Big[q(\boldsymbol{x}^{(t-1)}|\boldsymbol{x}^{(t)},\boldsymbol{x}^{(0)})\,\|\,p_{\boldsymbol{\theta}}(\boldsymbol{x}^{(t-1)}|\boldsymbol{x}^{(t)},t)\Big]\Big]$$

と計算できます。2行目から4行目への計算で $\boldsymbol{x}^{(1)}$ での積分を実行し、結果

として $q(\boldsymbol{x}^{(2)}|\boldsymbol{x}^{(1)}) \times q(\boldsymbol{x}^{(1)}|\boldsymbol{x}^{(0)})$ が $q(\boldsymbol{x}^{(2)}|\boldsymbol{x}^{(0)})$ へ変化します。これを繰り返した後、7 行目から 9 行目では条件付き確率の公式が用いられています。10 行目への式変形では、$\boldsymbol{x}^{(T)}$ から順に $\boldsymbol{x}^{(t+1)}$ まで積分を行いました。11 行目への式変形は $\boldsymbol{x}^{(t-1)}$ での積分で、これは KL divergence の定義そのものです。12 行目への式変形では、積分を期待値に書き換えました。

数理解説：$q(\boldsymbol{x}^{(t-1)}|\boldsymbol{x}^{(t)}, \boldsymbol{x}^{(0)})$ の計算

最後に、$q(\boldsymbol{x}^{(t-1)}|\boldsymbol{x}^{(t)}, \boldsymbol{x}^{(0)})$ を計算します。元々、$\boldsymbol{x}^{(0)}$ にノイズを加えて $\boldsymbol{x}^{(t-1)}$ を作り、$\boldsymbol{x}^{(t-1)}$ に更にノイズを加えて $\boldsymbol{x}^{(t)}$ を作っていました。そのため、$\boldsymbol{x}^{(t-1)} - \sqrt{\bar{\alpha}_{t-1}}\boldsymbol{x}^{(0)}$ は平均 $\mathbf{0}$、分散共分散行列 $(1-\bar{\alpha}_{t-1}) \times 1$ の多変量正規分布に従い、$\boldsymbol{x}^{(t-1)} - \frac{1}{\sqrt{\alpha_t}}\boldsymbol{x}^{(t)}$ 平均 $\mathbf{0}$、分散共分散行列 $\frac{1-\alpha_t}{\alpha_t} \times 1$ の多変量正規分布に従います。19.3 節の正規分布の引き合いの定理で、$\boldsymbol{X} = \sqrt{\bar{\alpha}_{t-1}}\boldsymbol{x}^{(0)}, \Lambda_X = \frac{1}{1-\bar{\alpha}_{t-1}} \times 1, \boldsymbol{Y} = \boldsymbol{x}^{(t-1)}$, $\boldsymbol{Z} = \frac{1}{\sqrt{\alpha_t}}\boldsymbol{x}^{(t)}, \Lambda_Z = \frac{\alpha_t}{1-\alpha_t} \times 1$ と設定すれば、$q(\boldsymbol{x}^{(t-1)}|\boldsymbol{x}^{(t)}, \boldsymbol{x}^{(0)})$ の平均 $A_t\boldsymbol{x}^{(0)} + B_t\boldsymbol{x}^{(t)}$ と分散共分散行列 $C_t \times 1$ は、次の式で得られます。

$$\text{平均}: \frac{\frac{1}{1-\bar{\alpha}_{t-1}}\sqrt{\bar{\alpha}_{t-1}}\boldsymbol{x}^{(0)} + \frac{\alpha_t}{1-\alpha_t}\frac{1}{\sqrt{\alpha_t}}\boldsymbol{x}^{(t)}}{\frac{1}{1-\bar{\alpha}_{t-1}} + \frac{\alpha_t}{1-\alpha_t}} = A_t\boldsymbol{x}^{(0)} + B_t\boldsymbol{x}^{(t)}$$

$$\text{分散}: \left(\frac{1}{\frac{1}{1-\bar{\alpha}_{t-1}} + \frac{\alpha_t}{1-\alpha_t}}\right) \times 1 = C_t \times 1 \quad (20.4.5)$$

見た目こそ複雑ですが、それは問題ではありません。学習不要でこれらの数値を計算できることが重要なのです。

第20章のまとめ

- 生成モデルは、データの生成 p_θ と識別 q_ϕ の確率分布を用いて、データの生成過程をモデル化したものである
- 生成モデルの学習は、工夫無しでは不可能である。そのため、多様な工夫と学習技術が生まれた
- 生成モデルでは、変分自由エネルギー F の最大化を通して学習を行う
- 変分自由エネルギーを様々に式変形し、その場面に応じて最も都合が良い式を利用すると、学習のための公式が得られる
- EM アルゴリズムの学習の工夫は、事後分布 $p_{\boldsymbol{\theta}}^{\times}(\boldsymbol{z}|\boldsymbol{x})$ が計算可能な生成モデル p_θ の利用であり、p_θ と q_ϕ を反復更新して学習を行う
- VAE やその発展形は、多様なモダリティのデータに対する Modality Encoder 等に活用される生成モデルである
- VAE の学習の工夫は、正規分布の多用と re-parametrization trick である
- 拡散モデルは、多様なモダリティのデータに対する高品質な生成 AI を支える生成モデルである
- 拡散モデルの学習の工夫は、拡散過程の人為的な設定、正規分布の多用、生成と拡散の多ステップ化である。その結果、変分自由エネルギーが式変形で整理でき、「ノイズ除去」や「ノイズ予測」の最小二乗法で学習できる

第5部のまとめ

第５部では、微分積分と線形代数の両方を用いる分析モデルとして、回帰分析と生成モデルを中心に紹介しました。これらの分析モデルは、古典と最先端の両極に位置しています。誌面ボリュームの都合でこれ以上の分析モデルは紹介できませんでしたが、この両極の間に位置する分析モデルも含め、微分積分と線形代数でほぼ全てを攻略できるという主張が、確からしいと感じられるのではないでしょうか。

ポイントは？

- **特異値分解を用いると擬似逆行列が簡潔に書け、重回帰分析の推定公式も簡単に書ける**
- **多変量正規分布は正規分布の多変数版であり、互いに独立な主成分を持つ構造をしている**
- **（多変量）正規分布には和の公式と引き合いの公式が成立し、その結果も（多変量）正規分布になる**
- **生成モデルの学習は困難だが、多くの式変形を持つ変分自由エネルギーが変幻自在の活躍を見せ、学習が可能になる**

本書では、微分積分と線形代数の中からデータ分析に頻出なテーマを厳選し、データ分析の文脈においてふさわしい理解を紹介してきました。本書の内容で、データ分析で利用する数学のかなり多くがカバーされています。

本書では扱わなかった分析モデルの数式も、本書の知識と、第７章で紹介した数式を読み解くコツを駆使すれば、今までより遥かにスムーズに理解できることでしょう。

おわりに

数学と言えば、「難しい」「不可能」「トラウマ」の代名詞です。このことに異論を挟む人はあまり多くないでしょう。ですが、何も数学だけが特別に難しく、特別に不可能なわけではないと筆者は考えています。

IT エンジニアのプロであれば、言語の仕様や特性を把握するとともに、設計や構成について見識があるでしょう。法務や知財に関わるプロであれば、極めて難解に書かれた専門文書を正確に理解できるとともに、専門的な概念を正確に表現する文書を書くこともできるでしょう。営業職のプロであれば、業界や顧客について幅広い知識と洞察を元に、リアルタイムに良い提案ができるでしょう。

どの道のプロであっても、専門的で、習得が容易ではなく、多くの熱意と努力があって初めて獲得できる技能があります。数学だけが、それらと本質的に異なる道理はありません。

強いて違いがあるとすれば、まだ興味が育つ前から勉強させられ、評価された苦い経験にあるかもしれません。とはいえ、そもそも興味がない対象を学べるように人間はできていません。裏を返して言えば、実用上の必要に迫られ、興味を持ったタイミングであれば、プログラミング言語の仕様だろうと法務・知財の用語だろうと、どれだけ難解な対象であっても私たちは理解できるし、使いこなせるようになるものです。

もし、あなたが数学に苦手意識やトラウマを抱いているとしても、それはあなたの能力や数学の難しさが原因ではなく、単に当時の興味の問題かもしれません。

その証拠に、小学校算数の最大の難関である分数や割合も、大人になった今であれば、「降水確率 20% だから 5 回に 1 回は雨が降るのか」とか「売上高 10% 成長！」など、平然と使いこなしているのではないでしょうか。確かに、10 才に満たない子供にはかなり難しい概念であり、実感を持つのも大変でしょう。ですが、必要になり、興味が湧き、人生で何度も触れるなかで、あとはちょっとのやる気と根気があれば、人間は大抵、何だってできるようになるものなのです。

本書を通して「わかる！」と思える箇所が増えたのであれば、それはあなたの人生に経験が蓄積し、興味が成長したことによって、学ぶ準備が整った領域が増えたことを意味しています。仮に今回で全てを理解できなかったとしても、時をおいてまた読み返してみてください。その時にはまた、新しい理解との出会いがあることでしょう。

本書の執筆にあたっては、様々な方に本質的な支援をいただきました。特に、クラスター株式会社メタバース研究所の早瀬友裕氏には第16章のランダム行列と深層学習のテーマについて、その基本的なアイデアを教授いただいたとともに、原稿の確認にもご協力いただきました。大阪大学サイバーメディアセンターの千葉直也氏には、第17章と第20章の先端的なAIのトピックについて、各種技法の立ち位置や技術的詳細の解説への支援をいただきました。また、細野元気氏には、原稿全体を複数回通読いただき、数多のミスを発見いただいたと主に、構成上の価値ある指摘を大量にいただきました。この方々の支援のお陰で、基礎から実践まで非常に幅広く網羅した書籍を作ることができました。

再び繰り返されてしまった私の圧倒的な遅筆と原稿量の増大にもかかわらず、手厚い支援と根気強い指南をいただき、またも書籍の発行まで導いてくれたソシム株式会社の志水宣晴氏に、改めて深く感謝いたします。

最後に、無茶する私を心配しつつも応援し続けてくれた両親と、再び仕事につきっきりになる私を受け入れ、深い愛情で支え続けてくれた妻の佳奈に最大の感謝を捧げます。

2024年8月末日　筆者

索引

■さ行

■ま～わ行

◎著者紹介

杉山 聡（すぎやま さとし）

東京大学大学院にて博士（数理科学）を取得し、株式会社アトラエに入社し現職。同社の1人目の Data Scientist として Data Science team を立ち上げる。

本業のデータ分析を通して社会に価値を提供する傍ら、慶應義塾大学総合政策学部島津明人研究室上席所員として仕事文脈の幸福度であるワーク・エンゲイジメントについての研究支援を行うとともに、データサイエンティスト協会スキル定義委員、データサイエンス VTuber のアイシア＝ソリッドを運営する活動を通して、広くデータ分析の啓蒙や人材育成活動に従事。YouTube (VTuber) 活動では、硬派な技術的内容が中心ながら5.4万人のチャンネル登録者数を誇る。

著書に『本質を捉えたデータ分析のための分析モデル入門』（ソシム、2022）

学歴

2008.4　東京大学教養学部理科I類 入学
2012.3　東京大学理学部数学科 卒業
2012.4　東京大学大学院数理科学研究科数理科学専攻 入学
2014.3　同 修士課程 修了
2017.3　同 博士課程 修了（博士（数理科学）取得）

職歴

2016.10-　株式会社アトラエに入社し現職
2018.04-　北里大学 島津明人研究室 特別研究員
2018.05-　データサイエンスVTuber、AIcia Solid Project開始
2018.10-　アトラエ初のデータサイエンティストへ転向、Data Science Team立ち上げ
2019.04-　慶應義塾大学 総合政策学部 島津明人研究室 上席所員
2019.10-　データサイエンティスト協会、スキル定義委員に参画

カバーデザイン：植竹裕（UeDESIGN）

本文デザイン・DTP：有限会社 中央制作社

■注意

(1) 本書は著者が独自に調査した結果を出版したものです。

(2) 本書の一部または全部について、個人で使用する他は、著作権上、著者およびソシム株式会社の承諾を得ずに無断で複写／複製することは禁じられております。

(3) 本書の内容の運用によっていかなる障害が生じても、ソシム株式会社、著者のいずれも責任を負いかねますのであらかじめご了承ください。

(4) 本書に掲載されている画面イメージ等は、特定の設定に基づいた環境にて再現される一例です。また、サービスのリニューアル等により、操作方法や画面が記載内容と異なる場合があります。

(5) 本書の内容についてのお問い合わせは、弊社ホームページ内のお問い合わせフォーム経由でのみ受け付けております。電話でのお問い合わせは受け付けておりませんので、あらかじめご了承ください。

(6) 商標

本書に記載されている会社名、商品名等は、一般に各社の商標または登録商標です。

妥協しないデータ分析のための微積分+線形代数入門

定義と公式、その背景にある理由、考え方から使い方まで完全網羅!

2024年10月2日　初版第1刷発行

2024年10月21日　初版第3刷発行

著者　杉山 聡

発行人　片柳 秀夫

編集人　志水 宣晴

発行　ソシム株式会社

https://www.socym.co.jp/

〒101-0064　東京都千代田区神田猿楽町 1-5-15 猿楽町 SS ビル

TEL：(03)5217-2400（代表）

FAX：(03)5217-2420

印刷・製本　シナノ印刷株式会社

定価はカバーに表示してあります。

落丁・乱丁本は弊社編集部までお送りください。送料弊社負担にてお取替えいたします。

ISBN 978-4-8026-1480-1　